大数据与人工智能技术丛书

Python
机器学习算法及应用

梁佩莹 编著

清华大学出版社
北京

内 容 简 介

本书以 Python 3.10.7 为平台，以实际应用为背景，通过"概述＋经典应用"的形式，深入浅出地介绍 Python 机器学习算法及应用的相关知识。全书共 12 章，主要内容包括在数据上的计算机学习能力、简单的机器学习分类算法、sklearn 机器学习分类器、数据预处理、降维实现数据压缩、不同模型的集成学习、连续变量的回归分析、数据的聚类分析、从单层到多层的人工神经网络、使用深度卷积神经网络实现图像分类、使用循环神经网络实现序列建模、使用生成对抗网络合成新数据等。通过本书的学习，读者可领略到 Python 的简单、易学、易读、易维护等特点，同时感受到利用 Python 实现机器学习的普遍性与专业性。

本书可作为高等学校相关专业本科生和研究生的学习用书，也可作为相关专业科研人员、学者、工程技术人员的参考用书。

图书在版编目(CIP)数据

Python 机器学习算法及应用 / 梁佩莹编著. -- 北京：清华大学出版社，2024. 6. --（大数据与人工智能技术丛书）. -- ISBN 978-7-302-66448-2

Ⅰ. TP311.561；TP181

中国国家版本馆 CIP 数据核字第 20246UE457 号

责任编辑：黄 芝 张爱华
封面设计：刘 键
责任校对：刘惠林
责任印制：曹婉颖

出版发行：清华大学出版社
网　　址：https://www.tup.com.cn，https://www.wqxuetang.com
地　　址：北京清华大学学研大厦 A 座　　**邮　　编**：100084
社 总 机：010-83470000　　**邮　　购**：010-62786544
投稿与读者服务：010-62776969，c-service@tup.tsinghua.edu.cn
质量反馈：010-62772015，zhiliang@tup.tsinghua.edu.cn
课件下载：https://www.tup.com.cn，010-83470236
印 装 者：河北盛世彩捷印刷有限公司
经　　销：全国新华书店
开　　本：185mm×260mm　　**印　　张**：20　　**字　　数**：523 千字
版　　次：2024 年 7 月第 1 版　　**印　　次**：2024 年 7 月第1 次印刷
印　　数：1～2500
定　　价：89.80 元

产品编号：104464-01

前言

人工智能(Artificial Intelligence,AI)的研究从20世纪40年代已经开始,在近80年的发展中经历了数次大起大落。自从2016年AlphaGo战胜顶尖的人类围棋选手之后,人工智能再一次进入人们的视野,成为当今的热门话题。人工智能的最新发展可以说是“古树发新枝”,到底是什么原因使沉寂多年的人工智能技术焕发了青春的活力呢?

首先,移动互联网的飞速发展产生了海量的数据,使人们有机会更加深入地认识社会、探索世界、掌握规律。其次,大数据技术为人们提供了有力的技术手段,使人们可以面对瞬息万变的市场,有效地存储和处理海量数据。最后,计算技术特别是GPU(图形处理器)的广泛应用使算力有了大幅度的提升,以前需要几天的运算如今只需要几分钟或几秒,这为机器学习的普及与应用提供了计算基础。

机器学习理论主要是设计和分析一些让计算机可以自动“学习”的算法。机器学习算法是一类从数据中自动分析获得规律,并利用规律对未知数据进行预测的算法。因为学习算法中涉及了大量的统计学理论,机器学习与统计推断学联系尤为密切,所以也被称为统计学习理论。

机器学习是数据科学中数据建模和分析的重要方法,既是当前大数据分析的基础和主流工具,又是通往深度学习和人工智能的必经之路;Python是数据科学实践中最常用的计算机编程语言,是当前最流行的机器学习实现工具,因其在理论和应用方面的不断发展完善而拥有长期的竞争优势。在学好机器学习理论的同时,掌握Python语言这个实用工具,是成为数据科学人才所必不可少的。

当全世界都在赞叹人工智能机器时代即将到来的同时,对人工智能机器专业的人才需求急剧增加,大量的高薪职位却招不到人。处在这样一个拥有大好机会的人工智能、机器学习时代,为何不给自己一个进入人工智能行业的机会呢?本书将机器学习的基本理论与应用实践联系起来,通过这种方式让读者聚焦于如何正确地提出问题、解决问题。书中讲解了如何利用Python的核心代码以及强大的函数库,实现机器学习的分析与实战。不管你是初步接触机器学习,还是想进一步拓展对机器学习领域的认知,本书都是一个重要且不可错过的资源,它有助于了解如何使用Python实现解决机器学习中遇到的各种实战问题,让读者能够快速成为机器学习领域的高手。

本书编写特色主要表现在以下方面。

1. 内容浅显易懂

本书不会细究晦涩难懂的概念,而是力求用浅显易懂的语言引出概念,用常用的方式介绍编程,用清晰的逻辑解释思路。

2. 知识全面

机器学习是一个交叉性很强的学科,涉及统计学、数据科学、计算机学科等多个领域的知识。书中从介绍机器学习相关理论出发,接着介绍机器学习分类算法,然后介绍sklearn机器学习分类器,再由实例总结巩固机器学习在各领域中的应用,全面、系统、由浅到深地介绍整本书内容。

3. 实用性强

本书在理论上突出可读性并兼具知识的深度和广度,在实践上强调可操作性并兼具应用的广泛性。书中各章都做到理论与实例相结合,内容丰富实用,帮助读者快速领会知识要点。书中的源代码、数据集等读者都可免费获得。

4. 独特有效的讲解方式

本书采用一种独特而有效的方式讲解机器学习:一方面,依知识点的难度,由浅入深地讨论众多主流机器学习算法的原理;另一方面,通过 Python 编程和可视化图形,直观地展示抽象理论背后的朴素道理和精髓,通过应用案例强化算法的应用实践。

全书共 12 章,各章的主要内容如下。

第 1 章介绍了在数据上的计算机学习能力,主要包括转换机器学习、评估机器学习模型、机器学习工作流程、应用 Python 解决机器学习问题等内容。

第 2 章介绍了简单的机器学习分类算法,主要包括机器学习的早期历史——人工神经网络、自适应神经学习、大规模机器学习与随机梯度下降等内容。

第 3 章介绍了 sklearn 机器学习分类器,主要包括分类器的选择、基于逻辑回归的分类概率建模、支持向量机最大化分类间隔、核 SVM 解决非线性分类问题、决策树等内容。

第 4 章介绍了数据预处理,主要包括数据清洗、划分训练集与测试集、数据特征缩放、特征选择等内容。

第 5 章介绍了降维实现数据压缩,主要包括数据降维、主成分降维、线性判别分析监督数据压缩、非线性映射核主成分降维等内容。

第 6 章介绍了不同模型的集成学习,主要包括集成学习、多投票机制组合分类器、Bagging 模型、Stacking 模型等内容。

第 7 章介绍了连续变量的回归分析,主要包括线性回归、最小二乘线性回归、使用 RANSAC 算法拟合健壮性回归模型、线性回归模型性能的评估等内容。

第 8 章介绍了数据的聚类分析,主要包括 K-Means 算法、层次聚类、DBSCAN 算法等内容。

第 9 章介绍了从单层到多层的人工神经网络,主要包括人工神经网络建模复杂函数、识别手写数字等内容。

第 10 章介绍了使用深度卷积神经网络实现图像分类,主要包括构建卷积神经网络、使用 LeNet-5 实现图像分类、使用 AlexNet 实现图片分类等内容。

第 11 章介绍了使用循环神经网络实现序列建模,主要包括 RNN、双向循环神经网络、Seq2Seq 模型序列分析等内容。

第 12 章介绍了使用生成对抗网络合成新数据,主要包括 GAN 原理、GAN 应用、强化学习等内容。

互联网、物联网对全球的覆盖以及计算机技术的不断提升,推动了机器学习算法的快速发展,并且使其在各个行业领域中得到广泛应用。通过本书的学习,可以学会利用 Python 解决机器学习中的各种实际问题,达到应用自如的程度。

本书由佛山科学技术学院梁佩莹博士编写。

本书可作为高等学校相关专业本科生和研究生的学习用书,也可作为相关专业科研人员、学者、工程技术人员的参考用书。

由于时间仓促,加之编者水平有限,疏漏之处在所难免。在此,诚恳地期望得到各领域专家和广大读者的批评指正。

编　者

2024 年 2 月

目录

查看源码

第 1 章

在数据上的计算机学习能力

机器学习方法在生命、物理、社会经济等复杂系统的应用日渐频繁。如何针对特定任务选取合适的机器学习方法、如何综合利用各类机器学习方法并各取所长,成为机器学习领域的热点问题。图 1-1 为一张典型的智能机器学习图片。

图 1-1 典型的智能机器学习图片

1.1 转换机器学习

机器学习的目标是开发能从经验中学习的计算系统,它是人工智能的一个分支。在有监督机器学习中,机器学习系统从有标签的数据中得到一个可泛化的预测未知数据标签的模型。数据通常用直接描述实例的特征来表征,在存在多个相关机器学习问题的情况下,可以使用一种不同类型的特性,即通过机器学习模型对其他问题下的数据做出预测,称为转换机器学习。

1.1.1 转换机器学习简介

机器学习为开发从经验中学习的计算系统,是最早的一种机器学习程序,它使用机器学习来改进质谱数据分析。机器学习被用于几乎所有的科学领域,例如药物发现、有机合成规划、材料科学、医学等。

大多数机器学习使用特征元组表征训练数据,例如,数据可以放到单个表中,每一行代表一个实例,每一列代表一个特征。实例的特征也可称为属性(attribute)。目前,实例的特征几乎都是内生属性。当存在多个相关的机器学习任务时,外生特征也可能被用到:使用在其余任务上训练的机器学习来对目标实例进行预测，称为转换机器学习。转换机器学习将基于内生属性的表征转换为基于其余模型预测值的外生表征。它使得模型可以利用在其余相关任务中学到的知识，而不必从头开始学习。因此，转换机器学习属于元学习（meta learning）的范式，可改进任何非线性的机器学习算法，尤其适用于存在许多相关小型学习任务的场景。

直观地说，以识别多种动物的学习任务为例。如果需要识别多种动物，并且还有待添加的物种，那么相比采用一个大型分类器而言，对每个物种都采用独立的分类器更合理。标准的机器学习方法采用内生特征来训练分类器。转换机器学习则是先采用标准方法学习各种动物的预测模型，并使用基于这些模型的预测结果表征各种动物。转换机器学习适用于所有机器学习任务共享一组内生特征和目标变量的领域，而这在科学研究中很普遍。转换机器学习的有效性在于利用了编码与先前训练模型中关于世界规律的知识。

1.1.2 转换机器学习对比其他方法

转换机器学习与其他机器学习方法有非常相似的地方。然而，具体的转换机器学习概念之前没有被系统性地评价过。

(1) 转换机器学习与多任务学习非常相似。

多任务学习是一种以相关任务的训练数据中包含的领域信息为归纳基准，从而提高泛化能力的归纳迁移方法。在多任务学习中，相关问题是被同时学习的，目的是利用问题之间的相似性来提高预测性能。多任务学习以共享表征并行训练来达成该目标；从每个任务所学到的知识可以帮助其他任务学得更好。多任务学习和转换机器学习的两个主要区别为：

- 多任务学习的训练通常是并行的，而转换机器学习通常逐个进行训练。
- 转换机器学习在各个任务间共享数据表征，而多任务学习使用单一模型。

(2) 转换机器学习还与迁移学习有密切的关联。

- 迁移学习将信息从特定来源的问题转移为特定目标的问题。
- 迁移学习的思想是从一个或多个源领域提取知识，并在数据稀缺的目标领域复用这些知识，从而在目标领域建立性能更好的学习模型。

但是迁移学习通常不同于转换机器学习，因为迁移学习只针对一个源任务，而转换机器学习需要应对多个源任务。迁移学习已成功应用于药物设计，几个前瞻性的应用证明了其有效性。

(3) 转换机器学习与叠加学习也非常相似。

叠加学习是一种集成机器学习算法，它结合多种算法，以获得比单独使用任何一种算法更好的预测性能。在叠加多个基准模型时，首先训练基准模型，然后使用基准模型的输出训练元模型。转换机器学习和叠加学习的主要区别在于：转换机器学习的训练是在一大组相关任务上进行的，每个任务对应的训练集可能不同。而在叠加学习中，不同的基准模型通常针对同一个任务进行训练。

1.1.3 转换机器学习的改进

转换机器学习适用于任何非线性机器学习的改进。为了评价转换机器学习，可选择以下5种机器学习：

- 随机森林（RF）。
- 梯度增强算法（XGB）。
- 支持向量机（SVM）。

- K 近邻(KNN)。
- 神经网络(NN)。

对于每一种机器学习方法和每一个问题领域,我们比较了转换机器学习和基准机器学习算法的表现,研究了两种形式的预测改进——强改进和联合改进。

- 强改进即使用新的转换机器学习特征,得出的预测优于使用基于基准(内生)特征得出的预测。
- 联合改进即以基准特征作为新的转换机器学习特征,以提高预测性能。

为了增强转换机器学习的预测性能,使用了最简单的叠加方法组合预测结果。结果发现,转换机器学习在三个领域中均显著提高了所有方法的平均预测性能(提高幅度从 4% 到 50%),即针对新的外生特征训练的模型通常优于针对内生特征训练的模型。

1.1.4 转换机器学习的可解释性

机器学习的一个重要分支是可解释的人工智能,因为在许多应用中,有必要使预测具有可理解性。在科学领域,可解释的机器学习预测模型会带来科学新知。机器学习模型的可理解性取决于模型的简单性,及模型表征与人类概念间的密切程度。概念结构的标准理论起源于亚里士多德,该理论是以定义和解释概念间存在充分必要条件为基础的。转换机器学习模型的可解释性基于相似概念存在多种可替换的学习方法。

1.1.5 转换机器学习对比深度神经网络

将转换机器学习与深度神经网络(Deep Neural Network,DNN)进行对比是很有启发性的。DNN 的输入是典型的空间结构或顺序结构,输入结构的先验知识被编码于网络结构。DNN 的成功在于它能够利用多个神经网络层和大量数据,学习如何将较差的输入表征映射到丰富和有效的潜在表征。改善较差输入表征的能力,使 DNN 能够在原先被证明不适合机器学习的领域取得成功,例如,在围棋等游戏中击败世界冠军、比人类专家更好地诊断皮肤癌等。从 DNN 的成功中得到的一个关键经验是,利用机器学习能够增强机器学习的表征。DNN 最适用于有大量可用于训练良好表征的数据,并且不要求所用符号模型适用于人类认知的问题,而大多数科学问题领域都不满足这些标准。

标准 DNN 算法在需要处理多任务问题时,需要学习包含所有问题的单一大型模型。与转换机器学习相比,DNN 问题间的关系和训练数据间的关系都不是以转换特征的形式显示的。对于多任务问题,转换机器学习还具有支持增量机器学习的优势:如果添加新数据或新任务,那么无须重新学习任务模型。虽然转换机器学习增加了一些额外的计算代价,但是与 DNN 学习相比,转换机器学习的额外代价很低。

1.1.6 构建机器学习的生态系统

机器学习的传统方法是将每个学习任务看作一个单独的问题。随着多任务学习、迁移学习、终身学习等方面的进展,这种观点开始发生变化。转换机器学习使人们对作为生态系统的机器学习有了更广阔的视野。在生态系统中,学习任务、学习实例、机器学习方法、机器学习预测、元机器学习方法等都能够协同作用,以提升生态系统中所有任务的性能和可解释性。增加更多的训练数据不仅能够改进特定任务的模型(使用特征选择、集成学习、叠加学习、转换机器学习、二阶转换机器学习等),而且能够改进所有其他使用特定任务模型的模型。与此类似,添加了新任务能够扩展转换后的表征,从而可通过转换机器学习、二阶转换机器学习等方式改进所有其他任务的模型。添加新的机器学习或元机器学习方法，即所有的任务模型都会得到改进。在这样一个机器学习生态系统中，随着新知识的增加，预测性能将逐步提高。因为来自许多不同来源的先验知识被用于所有预测任务中，预测也将更加可靠。

在机器学习领域，人们对机器学习的自动化越来越感兴趣，并且存在许多或免费或商业的系统，这些系统能够自动进行机器学习以解决新的问题。然而，目前还没有一个机器学习自动化系统能够发现一个有价值的机器学习新技巧。尽管目前有越来越多的将科学发现自动化的人工智能系统，但这些系统高度依赖机器学习，很少有工作将人工智能发现系统应用于机器学习。

1.2 三种不同类型的机器学习

根据数据类型的不同，对一个问题的建模有不同的方式。在机器学习或者人工智能领域，人们首先会考虑算法的学习方式，将算法按照学习方式分类可以让人们在建模和算法选择时考虑根据输入数据来选择最合适的算法以获得最好的结果。图 1-2 为监督学习、无监督学习、强化学习实际应用的领域。

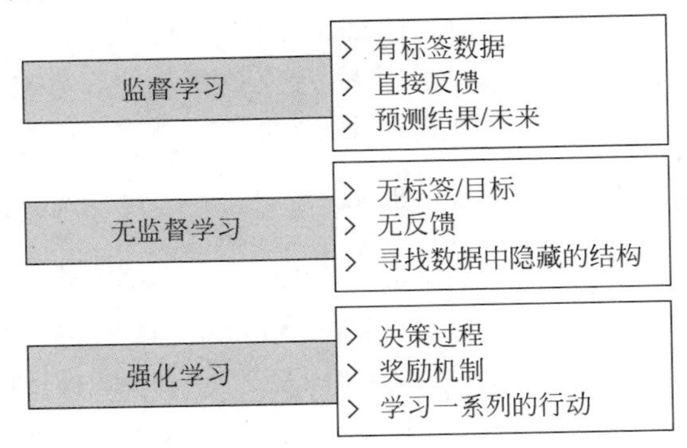

图 1-2　三种机器学习的应用领域

1.2.1 用监督学习预测未来

监督学习目标是从有标签的训练数据中学习模型，以便对未知或未来的数据做出预测。图 1-3 总结了一个典型的监督学习流程，先用机器学习算法对打过标签的训练数据提供拟合预测模型，然后用该模型对未打过标签的新数据进行预测。

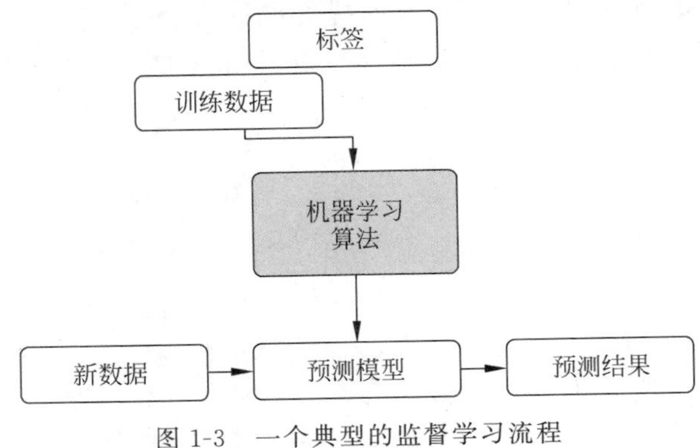

图 1-3　一个典型的监督学习流程

以垃圾邮件过滤为例，可以采用监督机器学习算法在打过标签的电子邮件的语料库上训练模型，然后用该模型来预测新邮件是否属于垃圾邮件。带有离散分类标签的监督学习任务也被称为分类任务。监督学习的另一个子类被称为回归,其结果信号是连续的数值。

1. 分类

监督学习的一个分支是分类,分类的目的是根据过去的观测结果来预测新样本的分类标签。这些分类标签是离散的无序值。前面提到的邮件垃圾检测就是典型的二元分类任务,机器学习算法学习规则用于区分垃圾邮件和非垃圾邮件。

图 1-4 将通过 30 个训练样本介绍二元分类任务的概念。30 个训练样本中有 15 个标签为负类(－),另 15 个标签为正类(＋)。该数据集为二维,这说明每个样本都与 x_1 和 x_2 的值相关。即可通过监督机器学习算法来学习一个规则:用一条虚线来表示决策边界,用于区分两类数据,并根据 x_1 和 x_2 的值为新数据分类。

值得注意的是,类标签集并非都是二元的,经过监督学习算法学习所获得的预测模型可以将训练数据集中出现过的任何维度的类标签分配给还未打标签的新样本。手写字符识别是多类分类任务的典型实例。首先,收集包含字母表中所有字母的多个手写实例所形成的训练数据集。字母(A、B、C 等)代表要预测的不同的无序类别或类标签。然后,当用户通过输入设备提供新的手写字符时,预测模型能够以某一准确率将其识别为字母表中的正确字母。然而,该机器学习系统却无法正确地识别 0～9 的任何数字,因为它们并不是训练数据集中的一部分。

2. 回归

第二类监督学习是对连续结果的预测,也称为回归分析。回归分析包括一些预测(解释)变量和一个连续的响应(结果)变量,用于寻找那些变量之间的关系,从而能够预测结果。

注意,机器学习领域的预测变量通常被称为"特征",而响应变量通常被称为"目标变量"。

图 1-5 为线性回归,给定特征变量 x 和目标变量 y,对数据进行线性拟合,最小化样本点和拟合线之间的距离。

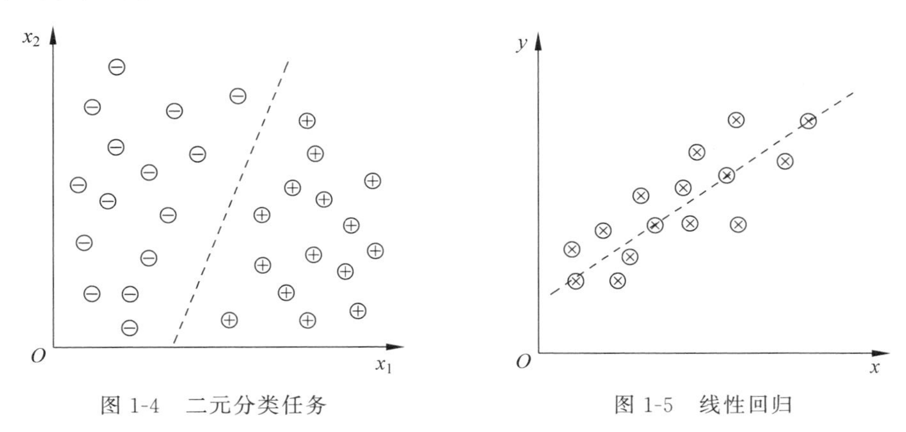

图 1-4 二元分类任务　　图 1-5 线性回归

这时可以用从该数据中学习的截距和斜率来预测新数据的目标变量。

1.2.2 用强化学习解决交互问题

另一类机器学习是强化学习。强化学习的目标是开发一个系统(智能体),通过与环境的交互来提高其性能。当前环境状态的信息通常包含奖励信号,可以把强化学习看作一个与监督学习相关的领域。但强化学习的反馈并非为标定过的正确标签或数值,而是奖励函数对动作度量的结果。智能体可以与环境交互完成强化学习,并通过探索性的试错或深思熟虑的规划来最大化这种奖励。

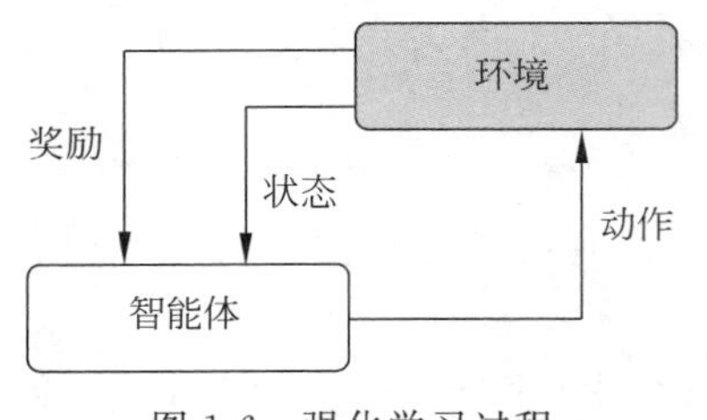

图 1-6 强化学习过程

强化学习的常见实例是国际象棋。智能体根据棋盘的状态或环境来决定一系列的动作,奖励定义为比赛的输或赢,如图 1-6 所示。

强化学习有多种不同的子类,然而,一般模式是强化学习智能体试图通过与环境的一系列交互来最大化奖励。每种状态都可以与正或负的奖励相关联,奖励可以被定义为完成一个总目标,如赢棋或输棋。例如,国际象棋每走一步的结果都可以认为是环境的一个不同状态。为进一步探索国际象棋的实例,观察棋盘上与赢棋相关联的某些状况,例如吃掉对手的棋子或威胁皇后。也注意棋盘上与输棋相关联的状态,例如在接下来的回合中输给对手一个棋子。下棋只有到了结束时才会得到奖励(无论是正面的赢棋还是负面的输棋)。另外,最终的奖励也取决于对手的表现。例如,对手可能牺牲了皇后,但最终赢棋了。

强化学习涉及根据学习一系列的动作来最大化总体奖励,这些奖励可能即时获得,也可能延后获得。

1.2.3 用无监督学习发现隐藏的结构

监督学习训练模型时,事先知道正确的答案;在强化学习的过程中,定义了智能体对特定动作的奖励。但无监督学习处理的是无标签或结构未知的数据。用无监督学习技术,可以在没有已知结果变量或奖励函数的指导下,探索数据结构来提取有意义的信息。

1. 寻找子群

聚类是探索性的数据分析技术,可以在事先不了解成员关系的情况下,将信息分成有意义的子群(集群)。为在分析过程中出现的每个集群定义一组对象,集群的成员之间具有一定程度的相似性,但与其他集群中对象的差异性较大,这就是为什么聚类有时也被称为无监督分类。

聚类是一种构造信息和从数据中推导出有意义关系的有用技术,图 1-7 解释了如何应用聚类把无标签数据根据 x_1 和 x_2 的相似性分成三组。

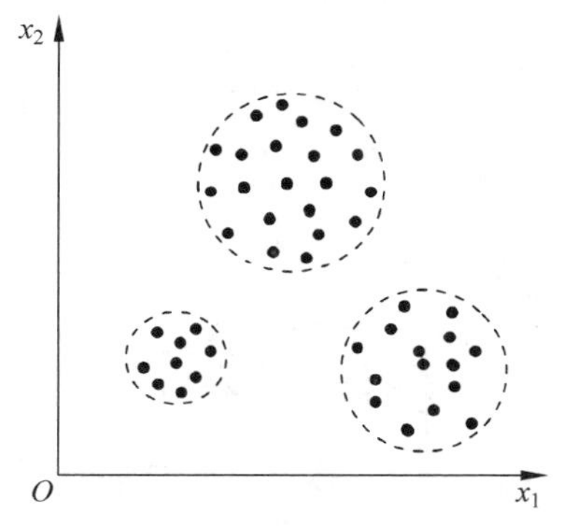

图 1-7 聚类分析法

2. 压缩数据

无监督学习的另一个常用子类是降维。我们经常要面对高维数据,然而,高维数据的每个观察通常都伴随着大量的测量数据,这对有限的存储空间和机器学习算法的计算性能提出了挑战。

无监督降维是特征预处理中一种常用的数据去噪方法,它不仅可以降低某些算法对预测性能的要求,还可以在保留大部分相关信息的同时将数据压缩到较小维数的子空间上。有时降维有利于数据的可视化,例如,为了通过二维散点图、三维散点图或直方图实现数据的可视化,可以把高维特征数据集映射到一维、二维或三维特征空间。图 1-8 展示了一个采用非线性降维将三维特征空间压缩成新的二维特征子空间的实例。

1.2.4 分类和回归术语

分类和回归都包含很多专业术语,这些术语在机器学习领域都有确切的定义。

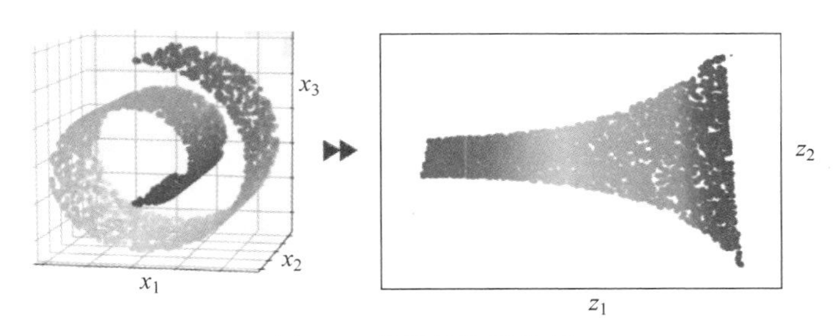

图 1-8　非线性降维效果

- 样本(sample)或输入(input)：进入模型的数据点。
- 目标(target)：真实值。对于外部数据源，理想情况下，模型应该能够预测出目标。
- 预测(prediction)或输出(output)：从模型出来的结果。
- 预测误差(prediction error)或损失值(loss value)：模型预测与目标之间的距离。
- 标签(label)：分类问题中类别标注的具体例子。例如，如果 abcd 号图像被标注为包含类别"狗"，那么"狗"就是 abcd 号图像的标签。
- 类别(class)：分类问题中供选择的一组标签。例如，对猫、狗图像进行分类时"狗"和"猫"就是两个类别。
- 真值(ground-truth)或标注(annotation)：数据集的所有目标，通常由人工收集。
- 二分类(binary classification)：一种分类任务，每个输入样本都应被划分到两个互斥的类别中。
- 多类分类(multiclass classification)：一种分类任务，每个输入样本都应被划分到两个以上的类别中，例如手写数字分类。
- 多标签分类(multilabel classification)：一种分类任务，每个输入样本都可以分配多个标签。举个例子，如果一幅图像中可能既有猫又有狗，那么应该同时标"猫"标签和"狗"标签。每幅图像的标签个数通常是可变的。
- 标量回归(scalar regression)：目标是连续标量值的任务。预测房价就是一个很好的例子，不同的目标价格形成一个连续的空间。
- 向量回归(vector regression)：目标是一组连续值(例如一个连续向量)的任务。如果对多个值(例如图像边界框的坐标)进行回归，那就是向量回归。
- 小批量(mini-batch)或批量(batch)：模型同时处理的一小部分样本，样本数通常取 2 的幂(通常为 8～128)，这样便于 GPU 上的内存分配。训练时，小批量用来为模型权重计算一次梯度下降更新。

1.3　评估机器学习模型

机器学习的目的是使模型能很好地适用于"新样本"，即使该模型具有泛化能力，但在机器学习中，优化和泛化之间是对立的，如果优化过于强大，进而把训练样本本身的特有性质当作所有潜在样本都具有的一般性质，则导致泛化能力减小，出现"过拟合"的情况。如果学习器没有通过训练样本学习到一般性质则会出现"欠拟合"。

评估模型的重点是将数据划分为三个集合：训练集(训练数据)、验证集(验证数据)和测试集(测试数据)。在训练数据上训练模型，在验证数据上评估模型。如果找到了最佳参数，即在测试数据上进行最后一次测试。

如果数据很少，可以用简单的留出验证、K 折验证，以及带有打乱数据的重复 K 折验证这三种经典评估方法进行数据划分。

1.3.1 简单的留出验证

留出验证(hold-out validation)是最简单、最直接的方法,它将留出一定比例的数据作为测试集,接着将剩余的数据进行模型训练,最后在测试集上评估模型。图 1-9 为留出验证示意。

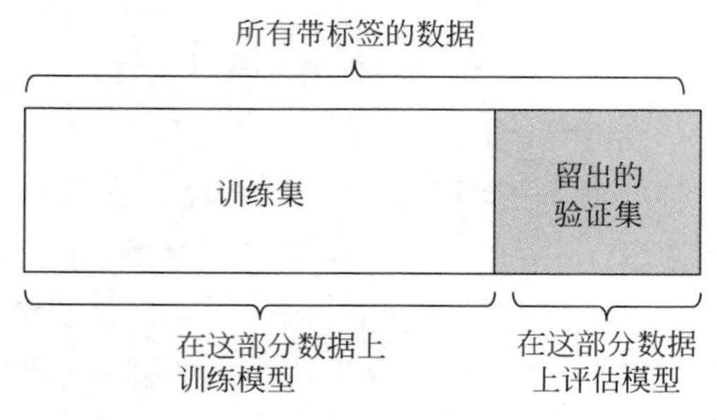

图 1-9 留出验证示意

如果用 sklearn 包实现留出验证,使用的 Python 代码是非常简单的:

```
from sklearn.model_selection import train_test_split
#使用 train_test_split 划分训练集和测试集
train_X , test_X, train_Y ,test_Y = train_test_split(
  X, Y, test_size=0.2,random_state=0)
'''
X 为原始数据的自变量,Y 为原始数据因变量;
train_X,test_X 是将 X 按照 8:2 划分所得;
train_Y,test_Y 是将 X 按照 8:2 划分所得;
test_size 是划分比例;
random_state 设置是否使用随机数
'''
```

需要注意的是,如果数据太少,那么验证集和测试集包含的样本就少,因此,无法在统计学上代表数据。存在这个问题的原因是在划分数据前进行不同的随机打乱,最终得到的模型性能差别大。

【例 1-1】 利用留出验证训练数据集。

```
from sklearn.model_selection import train_test_split
from sklearn.model_selection import StratifiedShuffleSplit
from sklearn.model_selection import ShuffleSplit
from collections import Counter
from sklearn.datasets import load_iris

def test01():
    #加载数据集
    x, y = load_iris(return_X_y=True)
    print('原始类别比例:', Counter(y))
    #留出验证(随机分割)
    x_train, x_test, y_train, y_test = train_test_split(x, y, test_size=0.2)
    print('随机类别分割:', Counter(y_train), Counter(y_test))
    # 留出验证(分层分割)
    x_train, x_test, y_train, y_test = train_test_split(x, y, test_size=0.2, stratify=y)
    print('分层类别分割:', Counter(y_train), Counter(y_test))

def test02():
    #加载数据集
```

```
    x, y = load_iris(return_X_y = True)
    print('原始类别比例:', Counter(y))
    print('*' * 40)
    #多次划分(随机分割)
    spliter = ShuffleSplit(n_splits = 5, test_size = 0.2, random_state = 0)
    for train, test in spliter.split(x, y):
        print('随机多次分割:', Counter(y[test]))
    print('*' * 40)
    #多次划分(分层分割)
    spliter = StratifiedShuffleSplit(n_splits = 5, test_size = 0.2, random_state = 0)
    for train, test in spliter.split(x, y):
        print('分层多次分割:', Counter(y[test]))

if __name__ == '__main__':
    test01()
    test02()
```

运行程序,输出如下:

```
原始类别比例: Counter({0: 50, 1: 50, 2: 50})
随机类别分割: Counter({1: 42, 0: 41, 2: 37}) Counter({2: 13, 0: 9, 1: 8})
分层类别分割: Counter({1: 40, 2: 40, 0: 40}) Counter({1: 10, 2: 10, 0: 10})
原始类别比例: Counter({0: 50, 1: 50, 2: 50})
****************************************
随机多次分割: Counter({1: 13, 0: 11, 2: 6})
随机多次分割: Counter({1: 12, 2: 10, 0: 8})
随机多次分割: Counter({1: 11, 0: 10, 2: 9})
随机多次分割: Counter({2: 14, 1: 9, 0: 7})
随机多次分割: Counter({2: 13, 0: 12, 1: 5})
****************************************
分层多次分割: Counter({0: 10, 1: 10, 2: 10})
分层多次分割: Counter({2: 10, 0: 10, 1: 10})
分层多次分割: Counter({0: 10, 1: 10, 2: 10})
分层多次分割: Counter({1: 10, 2: 10, 0: 10})
分层多次分割: Counter({1: 10, 2: 10, 0: 10})
```

1.3.2 K 折验证

K 折验证(K-fold validation)将数据划分为大小相同的 K 个分区。对于每个分区 i,在剩余的 $K-1$ 个分区上训练模型,然后在分区 i 上评估模型,最终分数等于 K 个分数的平均值。对于不同的训练集-测试集划分,如果模型性能变化很大,那么这种方法很有用。与留出验证一样,这种方法也需要独立的验证集进行模型校正。

K 折验证示意如图 1-10 所示。

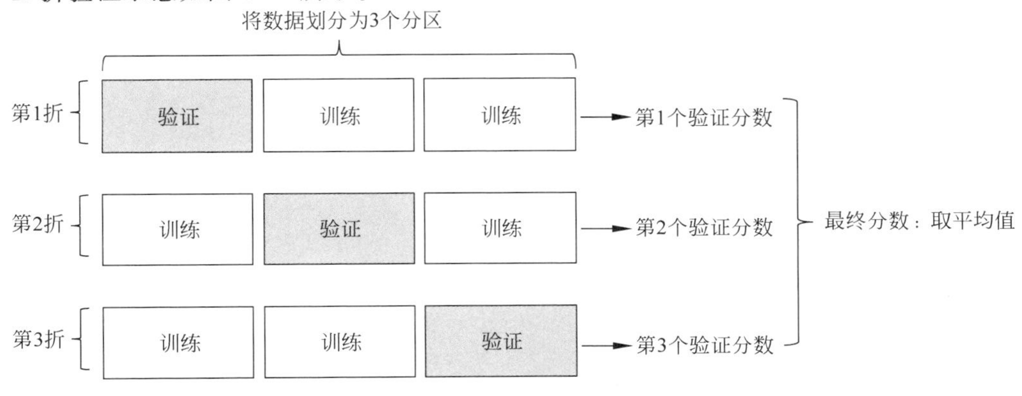

图 1-10 K 折验证示意

【例 1-2】 K 折交叉验证。

解析：先获取数据，把数据分为训练数据和测试数据，然后在不同 K 值的模型下分别训练和测试，得出不同 K 值情况下的模型预测准确性，最后把准确性可视化输出进行整体评估。

```
'''获取数据'''
from sklearn import datasets
iris = datasets.load_iris()
x = iris.data
y = iris.target

'''分离数据'''
from sklearn.model_selection import train_test_split
x_train,x_test,y_train,y_test = train_test_split(x,y,test_size = 0.3)

#test_size = 0.3 相当于测试数据的占比是 0.3,而训练数据的占比是 0.7,也可以通过下面代码验证
print(x_train.shape,x_test.shape,y_train.shape,y_test.shape)
(105, 4) (45, 4) (105,) (45,)

'''不同 k 值的模型下分别训练和测试,得出不同 k 值情况下的模型预测准确性'''
k_range = list(range(1,16))                          #创建一个 1～16 的列表
print(k_range)
[1, 2, 3, 4, 5, 6, 7, 8, 9, 10, 11, 12, 13, 14, 15]

'''分别创建训练数据得分准确率空列表和测试数据得分准确率空列表,用于接收遍历循环后的数据'''
train_score = []
test_score = []

'''导入建立模型模块和判断准确率模块'''
from sklearn.neighbors import KNeighborsClassifier
from sklearn.metrics import accuracy_score
'''开始不同的 k 值遍历循环'''
for k in k_range:
    knn = KNeighborsClassifier(n_neighbors = k)
    knn.fit(x_train,y_train)
    y_train_predict = knn.predict(x_train)
    y_test_predict = knn.predict(x_test)
    a = accuracy_score(y_train,y_train_predict)
    b = accuracy_score(y_test,y_test_predict)
    train_score.append(a)
    test_score.append(b)
'''因为一个模型的评估主要是针对测试数据进行预测的准确率的高低,所以只提取测试数据准确率'''
for k in k_range:
    print(k,test_score[k - 1])
1 0.9111111111111111
2 0.9333333333333333
3 0.9555555555555556
4 0.9333333333333333
5 0.9555555555555556
6 0.8888888888888888
7 0.9111111111111111
8 0.8888888888888888
9 0.9333333333333333
10 0.9111111111111111
11 0.9333333333333333
12 0.9333333333333333
13 0.9555555555555556
14 0.9333333333333333
15 0.9333333333333333
'''评估数据图表可视化'''
```

```
import matplotlib.pyplot as plt                    # 导入绘图库模块
plt.rcParams['font.sans-serif'] = ['SimHei']       # 图形中显示中文
# 开始输出训练数据准确率图,如图 1-11 所示
plt.plot(k_range,train_score)
plt.xlabel('k 值')
plt.ylabel('分数')
plt.show()
Text(0,0.5,'分数')
```

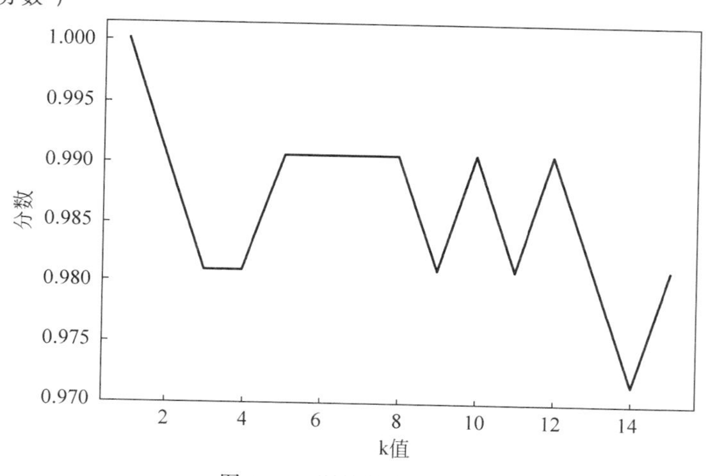

图 1-11 训练数据准确率

```
# 开始输出测试数据准确率,如图 1-12 所示
plt.plot(k_range,test_score)
plt.xlabel('k_value')
plt.ylabel('score')
plt.xlabel('k 值')
plt.ylabel('分数')
Text(0,0.5,'分数')
```

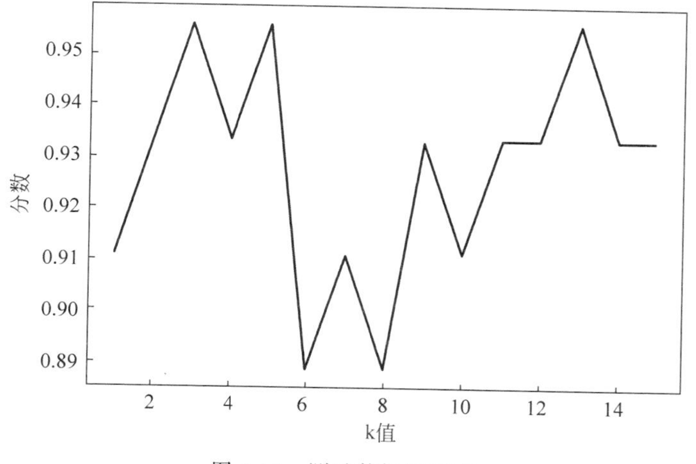

图 1-12 测试数据准确率

从测试数据得分率看出,不是 k 越小或者越大准确率越高。从图 1-12 中可以看出,整体来说呈现先上升后下降的趋势。k 值越小,模型越过于拟合,越复杂。

1.3.3 带有打乱数据的重复 K 折验证

如果可用的数据相对较少,而又需要尽可能精确地评估模型,那么可以选择带有打乱数据

的重复 K 折验证(interated K-fold validation with shuffling)。具体做法是多次使用 K 折验证,在每次数据划分为 K 个分区之前都先将数据打乱。最终分数是每次 K 折验证分数的平均值。注意,这种方法一共要训练和评估 $P\times K$ 个模型(P 是重复次数),计算代价很大。

1.4 数据预处理、特征工程和特征学习

除了模型评估外,在深入研究模型开发前,还必须解决另一个重要问题:如何准备输入数据和目标?下面介绍数据预处理的相关方法。

1.4.1 神经网络的数据预处理

数据预处理的目的是使原始数据更适合神经网络处理,其包括向量化、标准化、处理缺失值和特征提取等操作。

1. 向量化

向量化(vectorization)是指神经网络的所有输入和目标都必须是浮点数向量(特殊情况下可以是整数向量)。在处理所有数据前要先将数据转换为向量,无论处理什么数据(声音、图像还是文本),这一步称为数据向量化(data vectorization)。

2. 标准化

如果输入的数据取值较大或是异常数据,则会让网络产生不安全现象,容易造成较大的梯度更新,导致网络无法收敛。所以,输入的数据应具有以下特征:

- 取值较小,应在 0～1 范围内;
- 同质性(homogenous),即所有特征值的取值范围大致相同。

此外,更严格的标准化方法应做到(对于数字分类问题就不需要这么做):

- 每个特征分别标准化,使其平均值为 0;
- 每个特征分别标准化,使其标准差为 1。

【例 1-3】 数据标准化。

```
import numpy as np
from sklearn import preprocessing
import matplotlib.pyplot as plt
data = np.loadtxt("Iris.txt")
import matplotlib.pyplot as plt
plt.rcParams['font.sans-serif'] = ['SimHei']          #用来正常显示中文标签
plt.rcParams['axes.unicode_minus'] = False            #用来正常显示负号

# Z-Score 标准化
zscore_scaler = preprocessing.StandardScaler()
data_scaler_1 = zscore_scaler.fit_transform(data)
# MaxMin 标准化
minmax_scaler = preprocessing.MinMaxScaler()
data_scaler_2 = minmax_scaler.fit_transform(data)
# MaxAbs 标准化
maxabs_scaler = preprocessing.MaxAbsScaler()
data_scaler_3 = maxabs_scaler.fit_transform(data)
# RobustScaler 标准化
robust_scaler = preprocessing.RobustScaler()
data_scaler_4 = robust_scaler.fit_transform(data)

scaler_list = [15,10,15,10,15,10]                     #创建点尺寸列表
color_list = ['black','red','green','blue','orange']
marker_list = ['o',',','+','s','p']
```

```
plt.figure(figsize=(15,8))
for i,data_single in enumerate(data_list):
    plt.subplot(2,3,i+1)
    plt.scatter(data_single[:,0],data_single[:,-1]
                ,s=scaler_list[i]
                ,marker=marker_list[i]
                ,c=color_list[i])
    plt.title=title_list[i]
plt.suptitle("行数据和标准化数据")
plt.show()
```

运行程序,效果如图 1-13 所示。

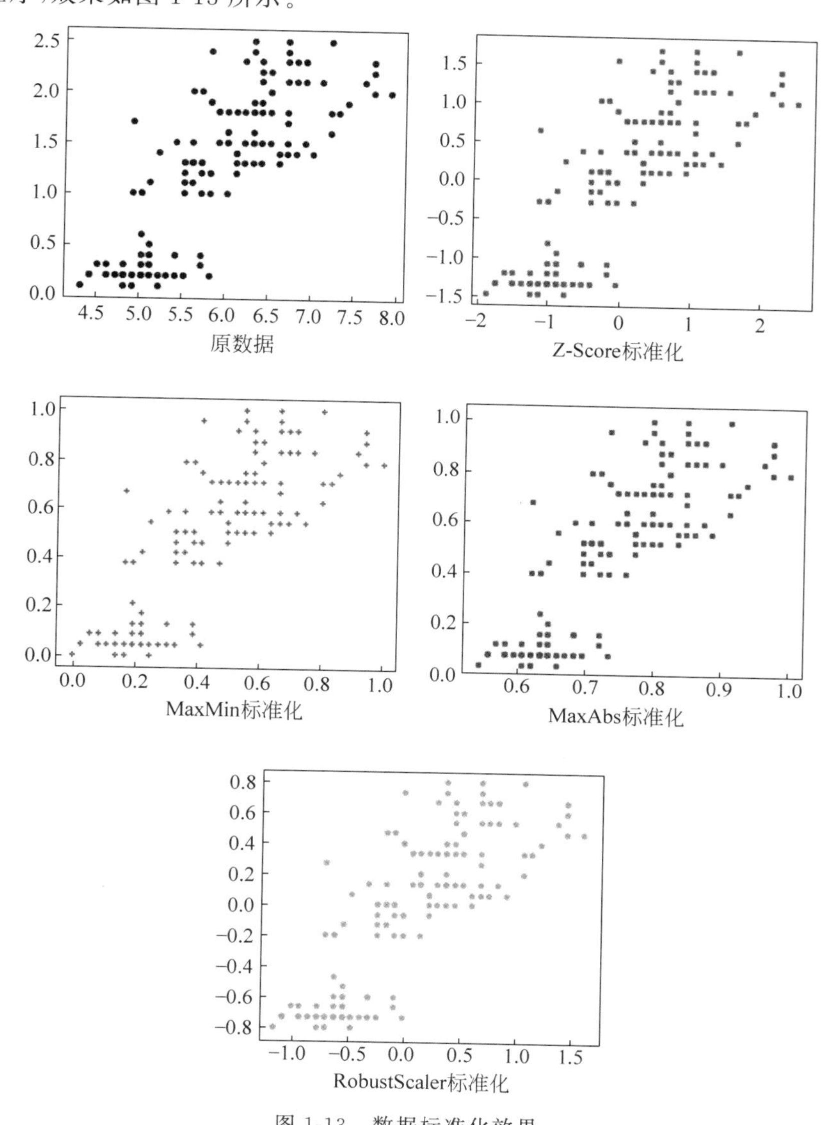

图 1-13　数据标准化效果

3. 处理缺失值

处理数据中可能会有缺失值。在神经网络中,一般设置为 0(只要 0 不是一个有意义的值)。神经网络中把 0 当作缺失值,并忽略这个值。

注意,如果测试数据中有缺失值,而神经网络是在没有缺失值的数据上训练的,那么神经网络不可能会忽略缺失值。在这种情况下,应该人为生成一些有缺失项的训练样本:多次复制一些训练样本,然后删除测试数据中可能缺失的某些特征。

4. 特征提取

特征提取(feature extractor)是将一些原始的输入的数据维度减少或者将原始的特征进行重新组合以便于后续使用。简单来说有两个作用:减少数据维度和整理已有的数据特征。

1.4.2 特征工程

特征工程是将原始数据转换为更能代表预测模型的潜在问题的特征的过程,可以通过挑选最相关的特征、提取特征及创造特征来实现。其中,创造特征又经常以降维算法的方式实现。在特征工程中可能面对的问题有:

- 特征之间有相关性;
- 特征和标签无关;
- 特征太多或太小;
- 无法表现出应有的数据现象或无法展示数据的真实面貌。

在深度学习出现之前,特征工程曾经非常重要,随机深度学习的出现,将数据呈现给算法的方式对解决问题至关重要。例如,卷积神经网络在 MNIST 数字分类问题上取得成功之前,其解决方法通常是基于硬编码的特征。

对于现代深度学习,大部分特征工程都是不需要的,因为神经网络能够从原始数据中自动提取有用的特征。这是否说明只要使用深度神经网络就无须担心特征工程呢?实际并不是这样的,原因有两点:

- 良好的特征可以使用更少的资源更优化地解决问题;
- 良好的特征可以使用更少的数据解决问题。

1.5 过拟合和欠拟合

机器学习中一个重要的话题便是模型的泛化能力。泛化能力强的模型才是好模型。对于训练好的模型,若在训练集表现差,在测试集表现同样会很差,这可能是欠拟合导致的。欠拟合是指模型拟合程度不高,数据距离拟合曲线较远,或指模型没有很好地捕捉到数据特征,不能很好地拟合数据。

为了防止模型从训练数据中记住错误或无关紧要的模式,最优解决方法是获取更多的训练数据。模型的训练数据越多,泛化能力自然也越好。如果无法获取更多数据,次优解决方法是调节模型允许存储的信息量,或对模型允许存储的信息加以约束。如果一个网络只能记住几个模式,那么优化过程会迫使模型集中学习最重要的模式,这样更可能得到良好的泛化。

1.5.1 减小网络大小

防止过拟合的最简单的方法就是减小模型大小,即减小模型中可学习参数的个数(这由层数和每层的单元个数决定)。在深度学习中,模型可学习参数的个数通常被称为模型的容量(capacity)。直观上来看,参数更多的模型拥有更大的记忆容量(memorization capacity),因此能够在训练样本和目标之间轻松地学会完美的字典式映射,这种映射没有任何泛化能力。例如,拥有 500 000 个二进制参数的模型,能够轻松学会 MNIST 训练集中所有数字对应的类别——只需让 50 000 个数字每个都对应 10 个二进制参数。但这种模型对于新数字样本的分类毫无用处。

与此相反，如果网络的记忆资源有限，则无法轻松学会这种映射。因此，为了让损失最小化，网络必须学会对目标具有很强的预测能力的压缩表示，这也正是我们感兴趣的数据表示。需要记住的是，使用的模型应该具有足够多的参数，以防欠拟合，即模型应避免记忆资源不足。在容量过大与容量不足之间要找到一个折中。要找到合适的模型大小，一般的工作流程是开始时选择相对较少的层和参数，然后逐渐增加层的大小或增加新层，直到这种增加对验证损失的影响变得很小。

【例 1-4】 在电影评价上尝试减小网络大小。

```
from keras.datasets import imdb
import numpy as np

'''原始模型'''
from keras import models
from keras import layers
original_model = models.Sequential()
original_model.add(layers.Dense(16, activation='relu', input_shape=(10000,)))
original_model.add(layers.Dense(16, activation='relu'))
original_model.add(layers.Dense(1, activation='sigmoid'))

'''容量更小的模型'''
smaller_model = models.Sequential()
smaller_model.add(layers.Dense(4, activation='relu', input_shape=(10000,)))
smaller_model.add(layers.Dense(4, activation='relu'))
smaller_model.add(layers.Dense(1, activation='sigmoid'))

smaller_model.compile(optimizer='rmsprop',
                      loss='binary_crossentropy',
                      metrics=['acc'])
```

图 1-14 比较了原始网络与更小网络的验证损失。圆点表示更小网络的验证损失值，十字表示原始网络的验证损失值。

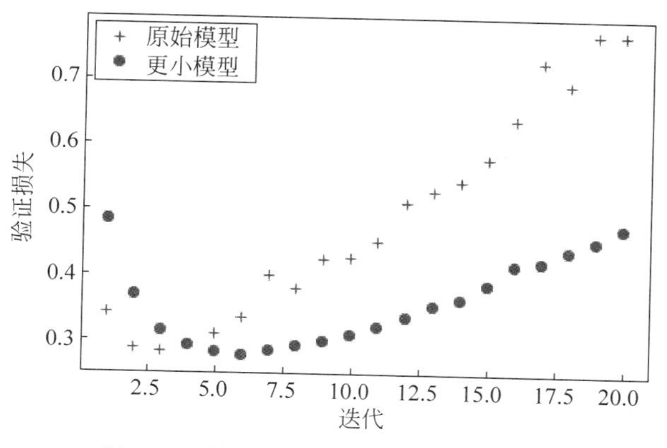

图 1-14 换用更小的网络验证损失效果

由图 1-14 可见，更小的网络开始过拟合的时间要易于参考网络(前者 6 轮后开始过拟合，而后者 4 轮后开始过拟合)，且开始过拟合后，它的速度也更慢。

下面再向这个基准中添加一个容量更大的网络(容量远大于问题所需)。

```
bigger_model = models.Sequential()
bigger_model.add(layers.Dense(512, activation='relu', input_shape=(10000,)))
bigger_model.add(layers.Dense(512, activation='relu'))
bigger_model.add(layers.Dense(1, activation='sigmoid'))
```

图 1-15 显示了更大的网络与参考网络的性能对比。圆点表示更大网络的验证损失值，十字表示原始网络的验证损失值。

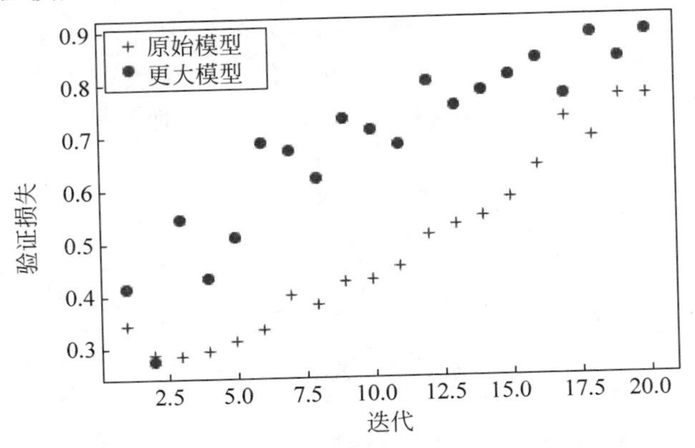

图 1-15 换用更大的网络验证损失效果

从图 1-15 中可以看出，更大的网络只过了一轮就开始过拟合，过拟合也更严重。其验证损失的波动也更大。

图 1-16 同时给出了更小和更大这两个网络的训练损失。从图 1-16 中可见，更大网络的训练损失很快就接近于零。网络的容量越大，它拟合训练数据(即得到很小的训练损失)的速度就越快，但也更容易过拟合(导致训练损失和验证损失有很大差异)。

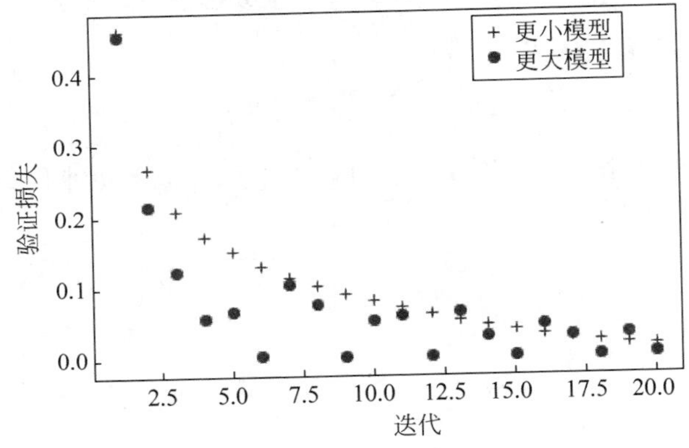

图 1-16 同时对比更小和更大网络的训练损失效果

1.5.2 添加权重正则化

一种常见的降低过拟合的方法就是强制让模型权重只能取较小的值，从而限制模型的复杂度，这使得权重值的分布更加规则(regular)，这种方法叫作权重正则化(weight regularization)，其实现方法是向网络损失函数中添加与较大权重值相关的成本(cost)。这个成本有两种形式。

- L1 正则化(L1 regularization)：添加的成本与权重系数的绝对值(权重的 L1 范数(norm))成正比。
- L2 正则化(L2 regularization)：添加的成本与权重系数的平方(权重的 L2 范数)成正比。神经网络的 L2 正则化也叫权重衰减(weight decay)。权重衰减与 L2 正则化在数学上是完全相同的。

在 Keras 中，添加权重正则化的方法是向层传递权重正则化项实例(weight regularizer instance)作为关键字参数。

【例 1-5】 将向电影评论分类网络中添加 L2 权重正则化。

```
'''向模型添加 L2 权重正则化'''
from keras import regularizers

l2_model = models.Sequential()
l2_model.add(layers.Dense(16, kernel_regularizer = regularizers.l2(0.001),
                          activation = 'relu', input_shape = (10000,)))
l2_model.add(layers.Dense(16, kernel_regularizer = regularizers.l2(0.001),
                          activation = 'relu'))
l2_model.add(layers.Dense(1, activation = 'sigmoid'))
```

l2(0.001)的作用为该层权重矩阵的每个系数都会使网络总损失增加 0.001×weight_coefficient_value。注意,因为这个惩罚项只在训练时添加,所以这个网络的训练损失会比测试损失大很多。

图 1-17 显示了 L2 正则化惩罚的影响。如图 1-17 所示,即使两个模型的参数个数相同,具有 L2 正则化的模型(圆点)比原始模型(十字)更不容易过拟合。

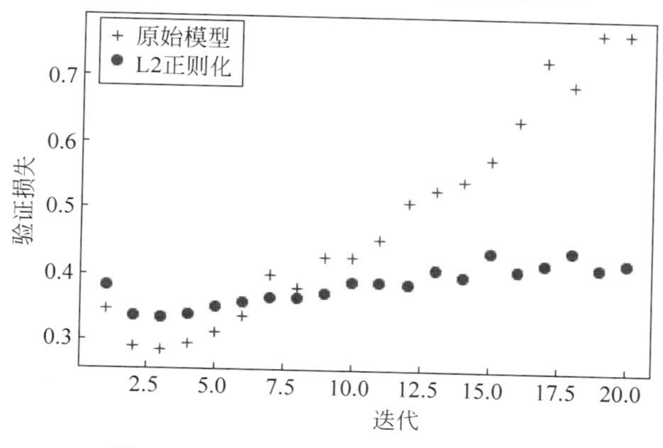

图 1-17　L2 正则化对验证损失的影响

还可以用 Keras 中以下这些权重正则化项来代替 L2 正则化。

```
from keras import regularizers

# L1 正则化
regularizers.l1(0.001)
#同时进行 L1 与 L2 正则化
regularizers.l1_l2(l1 = 0.001, l2 = 0.001)
```

1.5.3 添加 dropout 正则化

dropout 是神经网络中最有效也最常用的正则化方法之一。对某一层使用 doupout,就是在训练过程中随机将该层的一些输出特征舍弃(设置为 0)。假设在训练过程中,某一层对给定输入样本的返回值应该是向量(0.2,0.5,1.3,0.8,1.1),使用 dropout 后,这个向量会有几个随机的元素变成 0,如(0,0.5,1.3,0,1.1),dropout 比率(dropout rate)是被设为 0 的特征所占的比例,通常在 0.2~0.5 范围内。测试时没有单元被舍弃,而该层的输出值需要按 dropout 比率缩小,因为这时比训练时有更多的单元被激活,需要加以平衡。

假设有一个包含某层输出的 NumPy 矩阵 layer_output,其形状为[batch_size,features],训练时,随机将矩阵中一部分值设为 0:

```
#训练时,舍弃 50%的输出单元
layer_output *= np.randint(0, high=2, size=layer_output.shape)
```

测试时,将输出按 dropout 比率缩小。此处乘以 0.5(前面舍弃了一半的单元)。

```
#测试时
ayer_output *= 0.5
```

注意,为了实现这一过程,还可以让两个运算都在训练时进行,而测试时输出保持不变。这通常也是实践中的实现方式。

```
#训练时
layer_output *= np.randint(0, high=2, size=layer_output.shape)
#注意,是成比例放大而不是成比例缩小
layer_output /= 0.5
```

在 Keras 中,可以通过 dropout 层向网络中引入 dropout,dropout 将被应用于前面一层的输出。

```
model.add(layers.Dropout(0.5))
```

向 IMDB 网络中添加两个 dropout 层,观察它们降低过拟合的效果。

```
dpt_model = models.Sequential()
dpt_model.add(layers.Dense(16, activation='relu', input_shape=(10000,)))
dpt_model.add(layers.Dropout(0.5))
dpt_model.add(layers.Dense(16, activation='relu'))
dpt_model.add(layers.Dropout(0.5))
dpt_model.add(layers.Dense(1, activation='sigmoid'))
```

图 1-18 给出了结果的图示,再次看到,这种方法的性能相比原始模型有明显提高。

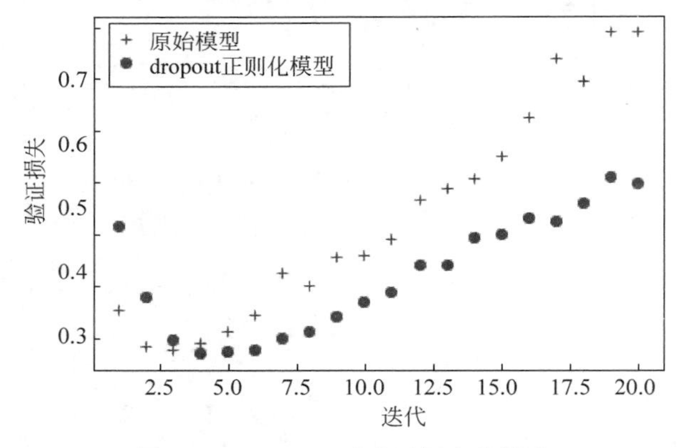

图 1-18　dropout 对验证损失的影响

因此,可总结防止神经网络过拟合的常用方法主要有:

- 获取更多的训练数据。
- 减小网络容量。
- 添加权重正则化。
- 添加 dropout。

1.6　机器学习工作流程

机器学习的通用流程主要分为四部分:问题建模、特征工程、模型选择、模型融合。

(1) 问题建模。

收集问题资料,深入理解问题,然后将问题抽象成机器可预测的问题。明确业务目标和模型预测目标，根据预测目标选择适当的评估指标用于模型评估。

（2）特征工程。

工业界大多数成功应用机器学习的问题，都在特征工程方面做得很好。进行特征工程是为了将特征输入给模型，让模型从数据中学习规律。

（3）模型选择。

众多模型中选择最佳的模型需要对模型有很深入的理解。

（4）模型融合。

充分利用不同模型的差异，进一步优化目标。

下面将介绍一种可用于解决任何机器学习问题的通用模板，这一模板将很多概念串在一起：问题定义、评估、特征工程和解决过拟合。

1.6.1 收集数据集

机器学习中，首先，必须定义所面对的问题。

（1）输入什么数据？要进行什么预测？只有拥有可用的训练数据，才能学习预测某件事情，数据可用性通常是这一阶段的限制因素。

（2）面对的问题是什么类型？是二分类问题、标量回归问题、向量回归问题，还是多分类、多标签等问题？又或者是其他问题，如聚类、强化学习等？确定问题类型有助于选择模型架构、损失函数等。

只有明确了输入、输出及所使用的数据，才能进入下一阶段。注意在这一阶段所做的假设。

（1）假设输出是可以根据输入进行预测的。

（2）假设可用数据包含足够多的信息，足以学习输入和输出之间的关系。

在开发出工作模型之前，这些只是假设，等待验证真假。并非所有问题都可以解决。例如，如果想根据某支股票最近的历史价格来预测其股价走势，那么预测成功的可能性不大，因为历史价格并没有包含很多可用于预测的信息。

需要注意的是，机器学习只能用来记忆训练数据中存在的模式，只能识别出曾经见过的东西。在过去的数据上训练机器学习来预测未来，这里存在一个假设，就是未来的规律与过去相同，但事实往往并非如此。

1.6.2 选择衡量成功的指标

对于平衡分类问题（每个类别的可能性相同），精度和接收者操作特征曲线下的面积是常用的指标。对于类别不平衡的问题，可以使用准确率和召回率。对于排序问题或多标签分类，可以使用平均准确率均值。自定义衡量成功的指标也很常见。

1.6.3 确定评估法

一旦明确了目标，必须确定如何衡量当前的进展。前面介绍了留出验证、K 折交叉验证以及重复的 K 折验证这三种常见的评估方法。

只需选择三者之一即可。大多数情况下，第一种方法足以满足要求。确定要训练什么、要优化什么及评估方法，那么就基本上已经准备好训练模型了。但前提是将数据格式化，使数据可以输入机器学习模型中。

(1) 将数据格式化为向量。

(2) 向量的取值通常缩放为较小的值,如在[-1,1]区间或[0,1]区间。

(3) 如果不同的特征具有不同的取值范围(异常数据),那么应该做数据标准化。

(4) 可能需要做特征工程,尤其是对于小数据问题。

准备好输入数据和目标数据的向量后,就可以开始训练模型了。

1.6.4 开发更好的模型

开发更好的模型的目标是获得统计功效。在 MNIST 数字分类的实例中,任何精度大于 0.1 的模型都可以说具有统计功效;在 IMDB 的实例中,任何大于 0.5 精度的模型都可以说具有统计功效。

要记住 1.6.1 节所做的两个假设。这两个假设很可能是错误的,这样就需要重新开始。此外,还需要选择三个关键参数来构建第一个工作模型。

① 最后一层的激活。它对网络输出进行有效的限制。

② 损失函数。它应该匹配要解决的问题的类型。

③ 优化配置。要使用哪种优化器?学习率是多少?大多数情况下,使用 rmsprop 及其默认的学习率是稳妥的。

关于损失函数的选择,需要注意,直接优化衡量问题成功的指标不一定总是可行的。有时难以将指标转换为损失函数,因此在分类任务中,常见的做法是优化曲线下的面积(Area Under Curve,ROC AUC)的替代指标,如交叉熵。一般来说,可以认为交叉熵越小,ROC AUC 越大。

1.6.5 扩大模型规模

一旦得到了具有统计功效的模型,问题就变成:模型是否足够强大?它是否具有足够多的层和参数来对问题进行建模?例如,只有单个隐藏层且只有两个单元的网络,在 MNIST 问题上具有统计功效,但并不能很好地解决问题。

要弄清楚需要多大的模型,就必须开发一个过拟合的模型,方法如下。

(1) 添加更多的层。

(2) 让每一层变得更大。

(3) 训练更多的轮次。

要一直监控训练损失和验证损失,以及关心的指标的训练值和验证值。一旦发现模型在验证数据上的性能开始下降,那么就出现了过拟合。

1.6.6 正则化与调节超参数

这一步将是不断地调节模型、训练、在验证数据上评估、再次调节模型,然后重复这一过程,直到模型达到最佳性能。可以进行以下尝试。

(1) 尝试不同的架构(增加或减少层数)。

(2) 添加 L1 或 L2 正则化。

(3) 尝试不同的超参数,以找到最佳配置。

(4) 添加新特征或删除没有信息量的特征。

一旦开发出令人满意的模型配置,就可以在所有可用数据上训练最终的生产模型,然后在测试集上最后评估一次。如果存在测试集上的性能比验证集上差很多的情况,可能需要换用更加可靠的评估方法，如重复的K折验证。

1.7 应用Python解决机器学习问题

为什么说Python是最适合机器学习项目的语言？这是因为Python配备了大量的库和框架供开发人员使用。在一个经常使用复杂算法的领域，不需要用Python从头开始进行整个开发流程，节省了大量的人力物力。

1.7.1 使用Python的原因

使用Python解决机器学习问题的原因归结于Python自身的特点。

1. Python是灵活的

Python最适合于机器学习项目，因为它在结构上允许很大的灵活性，可以选择使用面向对象程序设计(OOP)或采用正常的脚本方式，这对Python来说并不重要。

机器学习项目需要大量的重新编译，特别是涉及神经网络的项目，Jupyter和GoogleColab等Python支持平台允许重新编译其中的部分代码，而不是整个项目的代码，从而节省更多时间。只有当一个人仅仅因为一个简单的错误而重新编译整个项目代码时，才能够真正理解这个特性有多重要。

更值得一提的是，Python对其他语言非常友好，因此，可以将Python与其他语言结合起来，帮助开发人员快速获得所需的输出。

2. Python独立于平台

Python运行在Windows、Linux等平台上，以及其他平台的主机上，它独立于平台。开发人员可以通过使用Pyinstaller这样的包来让代码在其他平台上运行。

3. Python具有极好的可读性

Python的代码非常简单，简单到用户能够轻松理解、共享和复制代码，并在自己的解决方案中使用它。这才导致更好的算法、研究和工具的开发。

4. Python易于学习

Python不像其他语言那样具有太多复杂的语法和限制，允许用户更加自由地编写代码。

5. Python允许可视化数据

大多数机器学习和人工智能开发人员需要经常可视化数据，以了解代码中真正发生的事情，无论是以K-Means可视化集群还是简单的线性回归。视觉效果总是受欢迎的，在Python中，当想可视化数据时，Matplotlib、Seaborn和Plotly等Python库是非常好的选择。

6. Python有一个日益增长的社区

Python的流行速度正在快速增长，Python除了有很多文档和支持外，还有一个非常强大的开发人员社区，像真正的Python和Geeksforgeks这样的网站都有大量的优质教程，可以帮助业余的和经验丰富的程序员。

1.7.2 Python的安装

首先，需要通过Python官方网站https://www.python.org/下载Python安装包，目前最新版本是Python 3.10.7。在其官方网站首页的导航条上找到Downloads按钮，当鼠标指针悬停在上面时出现一个下拉菜单，如图1-19所示。

在下拉菜单中，根据自己的操作系统选择对应的Python版本，本书以Windows系统为例进行讲解。

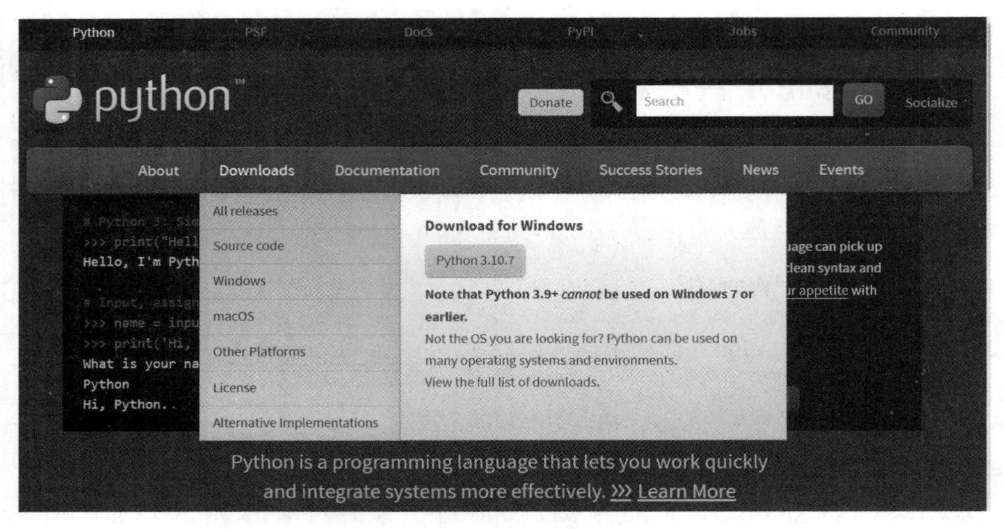

图 1-19　Python 下载入口

单击图 1-19 中所示的 Windows 按钮后，将进入下载页面，在此处选择和自己系统匹配的安装文件。为了方便起见，选择 executable installer（可执行的安装程序）。

注意，如果操作系统是 32 位的，如图 1-20 所示，请选择 Windows x86-64 executable installer。

Note that Python 3.10.7 *cannot* be used on Windows 7 or earlier.

- Download Windows embeddable package (32-bit)
- Download Windows embeddable package (64-bit)
- Download Windows help file
- Download Windows installer (32-bit)
- Download Windows installer (64-bit)

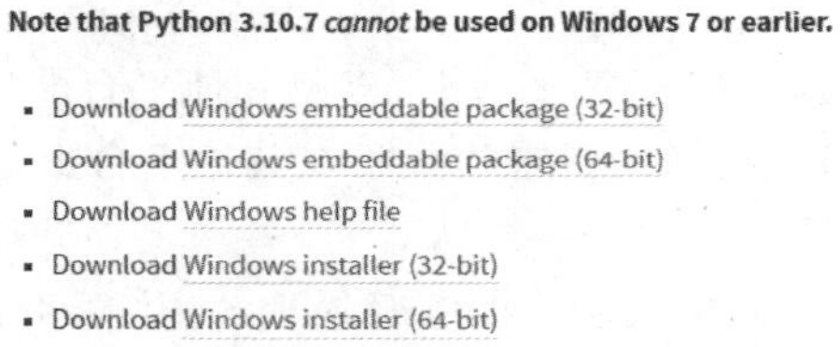

图 1-20　Python 3.10.7 不同版本下载链接

下载完成后，双击安装文件，在打开的软件安装界面中选择 Install Now 即可进行默认安装，而选择 Customize installation 可以对安装目录和功能进行自定义。勾选 All Python 3.10.7 to PATH 复选框，以便把安装路径添加到 PATH 环境变量中，这样就可以在系统各种环境中直接运行 Python 了。

1.7.3　Jupyter Notebook 的安装与使用

安装好 Python 后，使用其自带的 IDLE 编辑器就可以完成代码编写的功能。但是自带的编辑器功能比较简单，所以可以考虑安装一款更强大的编辑器。在此推荐使用 Jupyter Notebook 作为开发工具。

Jupyter Notebook 是一款开源的 Web 应用，用户可以使用它编写代码、公式、解释性文本和绘图，并且可以把创建好的文档进行分享。目前，Jupyter Notebook 已经广泛应用于数据处理、数学模拟、统计建模、机器学习等重要领域。它支持四十余种编程语言，包括在数据科学领域非常流行的 Python、R、Julia 及 Scala。用户还可以通过 E-mail、Dropbox、GitHub 等方式分享自己的作品。Jupyter Nobebook 还有一个强悍之处在于，它可以实时运行代码并将结果显示在代码下方，给开发者提供了极大的便捷性。

下面介绍 Jupyter Notebook 的安装和基本操作。

1. Jupyter Notebook 的下载与安装

以管理员身份运行 Windows 系统自带的命令，或者在 macOS X 的终端，输入下方的命令，如图 1-21 所示。

```
pip3 install jupyter
```

图 1-21　安装 Jupyter Notebook

花费一定的时间，Jupyter Notebook 就会自动安装完成。在安装完成后，命令提示符会提示 Successfully installed jupyter-21.2.4。

2. 运行 Jupyter Notebook

在 Windows 的命令提示符或者是 macOS X 的终端中输入 jupyter notebook，就可以启动 Jupyter Notebook，如图 1-22 所示。

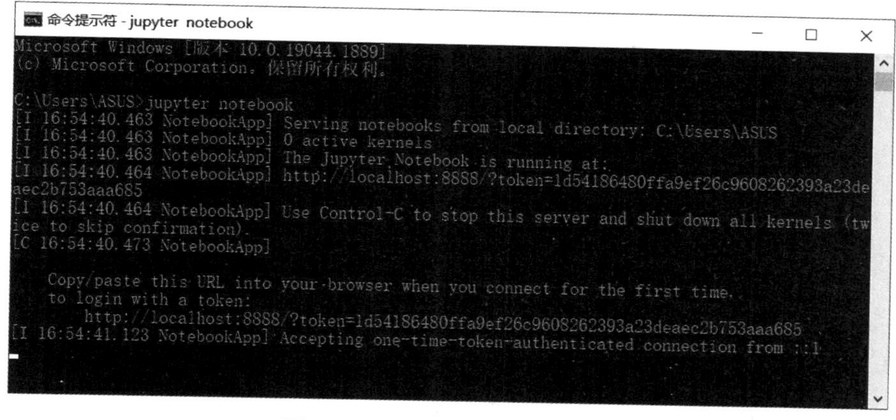

图 1-22　启动 Jupyter Notebook

这时计算机会自动打开默认的浏览器，并进入 Jupyter Notebook 的初始界面，如图 1-23 所示。

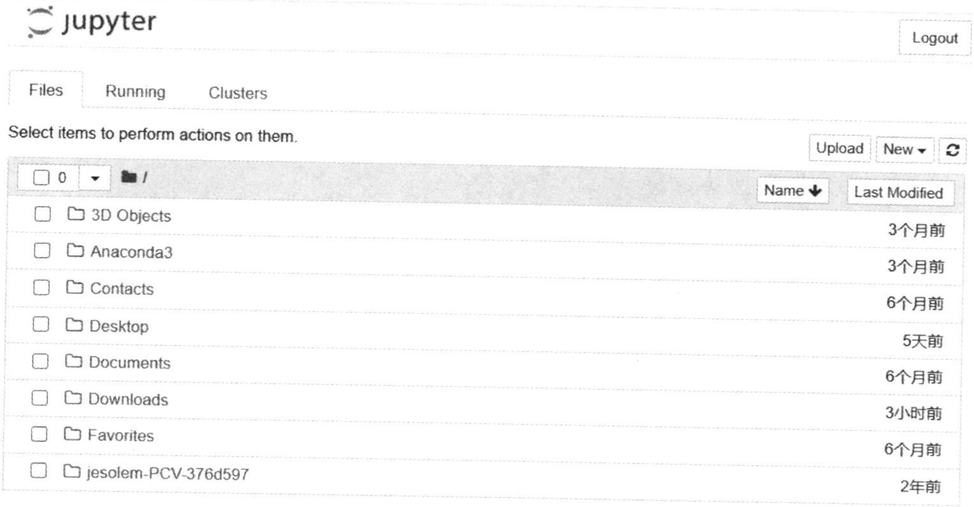

图 1-23　Jupyter Notebook 的初始界面

3. Jupyter Notebook 的使用

启动 Jupyter Notebook 之后，就可以使用它工作了。首先要建立一个 notebook 文件，单击右上角的 New 按钮，在出现的下拉菜单中选择 Python 3，如图 1-24 所示。

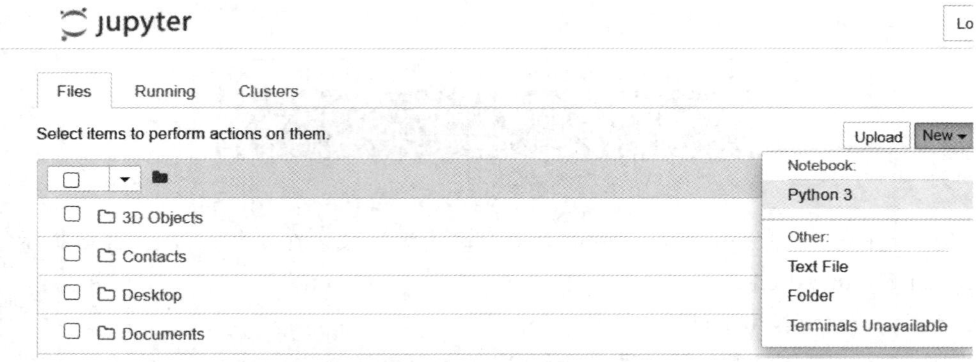

图 1-24　在 Jupyter Notebook 中可新建一个文档

之后 Jupyter Notebook 会自动打开新建的文档，并出现一个空白的单元格(cell)。下面试着在空白单元格中输入如下代码：

```
print('Hello Python! ')
```

按 Shift+Enter 组合键，会发现 Jupyter Notebook 已经把代码的运行结果直接显示在单元格下方，并且在下面又新建了一个单元格，如图 1-25 所示。

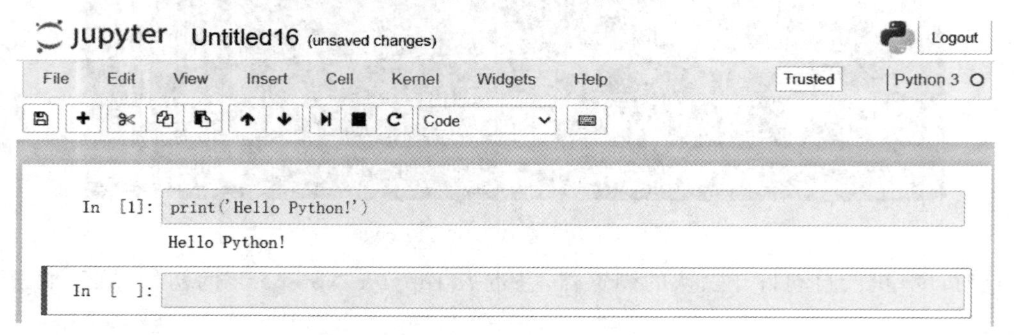

图 1-25　使用 Jupyter Notebook 打印"Hello Python!"

提示：在 Jupyter Notebook 中，按 Shift+Enter 组合键表示运行代码并进入下一个单元格，而按 Ctrl+Enter 组合键表示运行代码但不进入下一个单元格。

现在给这个文档重新命名为 Hello Python，在 Jupyter Notebook 的 File 菜单中选择 Rename 选项，如图 1-26 所示。

在弹出的对话框中输入新名称 Hello Python，单击 Rename 按钮确认，就完成了重命名操作。由于 Jupyter Notebook 会自动保存文档，此时已经可以在初始界面看新建的 Hello Python. ipynb 文件了，如图 1-27 所示。

Jupyter Notebook 还有很多奇妙的功能，可以慢慢去挖掘。

1.7.4　使用 pip 安装第三方库

pip 是 Python 安装各种第三方库的工具。

对于第三方库不太理解的读者，可以将其理解为供用户调用的代码组合。在安装某个库之后，可以直接调用其中的功能，使得我们不用逐个地实现某个功能。就像需要为计算机杀毒

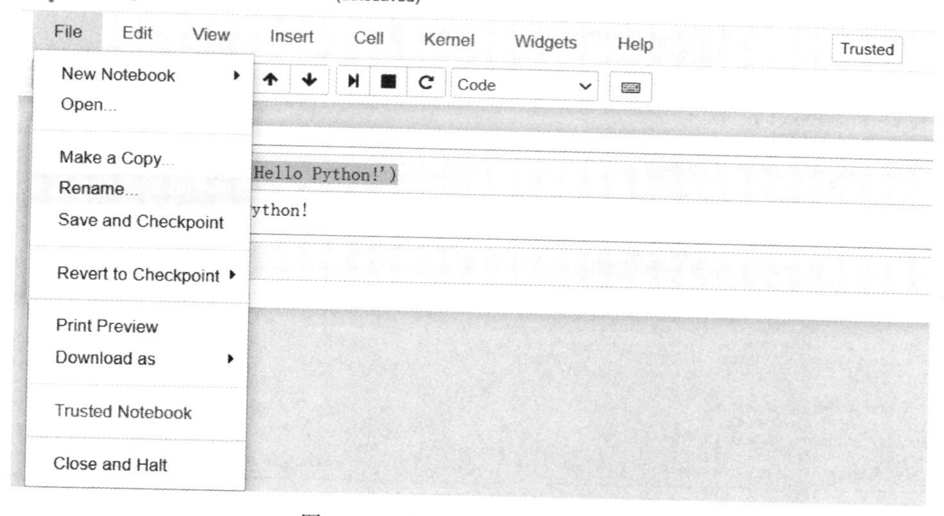

图 1-26　对文档进行重命名操作

图 1-27　新建的 Hello Python. ipynb 文档

时会选择下载一个杀毒软件一样，而不是自己编写代码实现一个杀毒软件，直接使用杀毒软件中的杀毒功能来杀毒就可以了。这个比方中的杀毒软件就是第三方库，杀毒功能就是第三方库中可以实现的功能。

注意，Anaconda 中已经自带了 pip，因此不用再自己安装、配置 pip。

下面介绍如何用 pip 安装第三方库 bs4，它可以使用其中的 BeautifulSoup 解析网页。步骤如下。

(1) 打开 cmd. exe，在 Windows 中为 cmd，在 mac 中为 terminal。在 Windows 中，cmd 是命令提示符，输入一些命令后，cmd. exe 可以执行对系统的管理。单击“开始”按钮(如果是 Windows 10 系统，即直接按 Win+R 组合键)打开“运行”对话框，如图 1-28 所示。在“打开”文本框中输入 cmd 后按 Enter 键，系统会打开命令提示符窗口，在 mac 中，可以直接在“应用程序”中打开 terminal 程序。

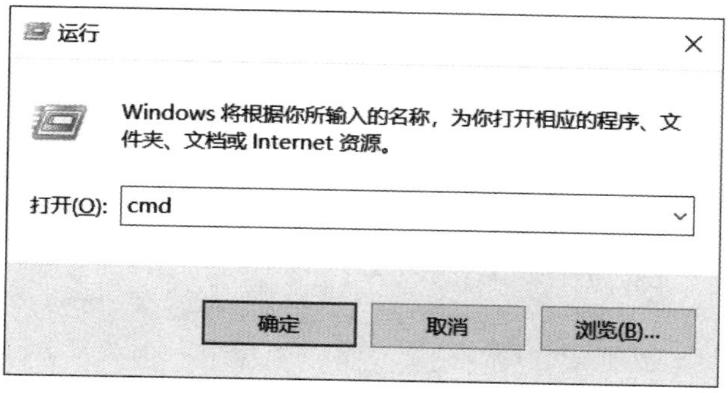

图 1-28　打开 cmd

(2) 安装 bs4 的 Python 库。在 cmd 中输入 pip install bs4 后按 Enter 键,如果出现 successfully installed,就表示安装成功,如图 1-29 所示。

```
命令提示符
Collecting bs4
  Using cached bs4-0.0.1.tar.gz (1.1 kB)
Collecting beautifulsoup4
  Downloading beautifulsoup4-4.11.1-py3-none-any.whl (128 kB)
     |████████████████████████████████| 128 kB 233 kB/s
Collecting soupsieve>1.2
  Downloading soupsieve-2.3.2.post1-py3-none-any.whl (37 kB)
Using legacy 'setup.py install' for bs4, since package 'wheel' is not installed.
Installing collected packages: soupsieve, beautifulsoup4, bs4
  WARNING: Value for scheme.headers does not match. Please report this to <https://github.com/pypa/pip/issues/10151>

  distutils: D:Include\soupsieve
  sysconfig: D:\Include\soupsieve
  WARNING: Value for scheme.headers does not match. Please report this to <https://github.com/pypa/pip/issues/10151>

  distutils: D:Include\beautifulsoup4
  sysconfig: D:\Include\beautifulsoup4
  WARNING: Value for scheme.headers does not match. Please report this to <https://github.com/pypa/pip/issues/10151>

  distutils: D:Include\bs4
  sysconfig: D:\Include\bs4
    Running setup.py install for bs4 ... done
Successfully installed beautifulsoup4-4.11.1 bs4-0.0.1 soupsieve-2.3.2.post1
WARNING: You are using pip version 21.2.4; however, version 22.1.1 is available.
```

图 1-29 安装 bs4 的 Python 库

除了 bs4 这个库,之后还会用到 requests 库、lxml 库等其他第三方库,正是因为这些第三方库,才使得 Python 功能如此强大和活跃。

提示: *在程序中,如果用到其他相关库,可通过"pip install 库名",在命令窗口中实现自动安装。*

1.8 用于机器学习的软件包

Python 有许多吸引力,如效率、代码可读性和速度,使其成为数据科学爱好者的首选编程语言。它拥有大量的库,使数据科学家可以更轻松地完成复杂的任务,而无须编写很多代码。本节将对数据科学的前三个 Python 库进行介绍。

1.8.1 NumPy 软件包

NumPy(Numerical Python) 是 Python 语言的一个扩展程序库,支持大量的维度数组与矩阵运算,它是一个运行速度非常快的数学库,主要用于数组计算。

1. NumPy 的 ndarray 对象

NumPy 最重要的一个特点是其 N 维数组对象 ndarray,它是一系列同类型数据的集合,以 0 下标为开始进行集合中元素的索引。ndarray 对象是用于存放同类型元素的多维数组。每个元素在内存中都有相同存储大小的区域。

ndarray 内部由以下内容组成。

- 一个指向数据(内存或内存映射文件中的数据)的指针。
- 数据类型(dtype),描述在数组中的固定大小值的格子。
- 一个表示数组形状(shape)的元组,表示各维度大小的元组。
- 一个跨度(stride)元组,其中的整数指的是为了前进到当前维度下一个元素需要"跨过"的字节数。

【例 1-6】 创建一个二维度的 ndarray 对象。

```
# 多于一个维度
import numpy as np
a = np.array([[1, 7], [3, 5]])
print(a)
```

运行程序，输出如下：

```
[[1 7]
 [3 5]]
```

2. NumPy 数据类型

数据类型对象(numpy.dtype 类的实例)用来描述与数组对应的内存区域是如何使用的，字节顺序是通过对数据类型预先设定<或>来决定的。<为小端法，最小值存储在最小的地址，即低位组放在最前面；>为大端法，最重要的字节存储在最小的地址，即高位组放在最前面。

dtype 对象的语法构造如下：

```
numpy.dtype(object, align, copy)
```

- object：要转换为的数据类型对象。
- align：如果为 True，则是填充字段使其类似 C 的结构体。
- copy：复制 dtype 对象，如果为 False，则是对内置数据类型对象的引用。

【例 1-7】 定义一个结构化数据类型 student，包含字符串字段 name、整数字段 age 及浮点数字段 marks，并将这个 dtype 应用到 ndarray 对象。

```
import numpy as np
student = np.dtype([('name','S18'), ('age', 'i1'), ('marks', 'f4')])
print(student)
```

运行程序，输出如下：

```
[('name', 'S18'), ('age', 'i1'), ('marks', '<f4')]
```

3. NumPy 数组属性

NumPy 数组的维数称为秩(rank)，秩就是轴的数量，即数组的维度。一维数组的秩为 1，二维数组的秩为 2，以此类推。

在 NumPy 中，每一个线性的数组称为一个轴(axis)，也就是维度(dimension)。例如，二维数组相当于两个一维数组，其中第一个一维数组中每个元素又是一个一维数组。所以一维数组就是 NumPy 中的轴，第一个轴相当于底层数组，第二个轴相当于底层数组里的数组。而轴的数量——秩，就是数组的维数。

很多时候可以声明 axis，axis=0 表示沿着第 0 轴进行操作，即对每一列进行操作；axis=1 表示沿着 1 轴进行操作，即对每一行进行操作。NumPy 的数组中比较重要的 ndarray 对象属性如表 1-1 所示。

表 1-1　ndarray 对象属性

属　　性	说　　明
ndarray.ndim	秩，即轴的数量或维度的数量
ndarray.shape	数组的维度，对于矩阵，有 n 行 m 列
ndarray.size	数组元素的总个数，相当于 shape 中 $n\times m$ 的值
ndarray.dtype	ndarray 对象的元素类型
ndarray.itermsize	ndarray 对象中每个元素的大小，以字节为单位
ndarray.flags	ndarray 对象的内存信息
ndarray.real	ndarray 元素的实部
ndarray.imag	ndarray 元素的虚部
ndarray.data	包含实际数组元素的缓冲区，因为一般通过数组的索引获取元素，所以通常不需要使用这个属性

【例 1-8】 利用 reshape 改变数组的形状。

```
import numpy as np
c1 = np.arange(12)                #生成一个有 12 个数据的一维数组
print('有 12 个数据的一维数组:',c1)
print("=" * 20)
c2 = c1.reshape((3,4))            #变成一个二维数组,是 3 行 4 列的
print('3 行 4 列数组:',c2)
print("=" * 20)
c3 = c1.reshape((2,3,2))          #变成一个三维数组,总共有两块(第一个参数),每一块都是 2 行 2
                                  #列的(三维数组中数的数量要和一维数组中数的数量要一致)
print('三维数组:',c3)
print("=" * 20)
c4 = c2.reshape((12,))            #将 ac 的二维数组重新变成一个 12 列的一维数组
print('重新变成一个 12 列的一维数组:',c4)
print("=" * 20)
c5 = c2.flatten()                 #无论 c2 是几维数组,都将它变成一个一维数组
print('变成一个一维数组:',c5)
print("=" * 20)
c6 = c3.flatten()                 #无论 c3 是几维数组,都将它变成一个一维数组
print('变成一个一维数组:',c6)
```

运行程序,输出如下:

```
有 12 个数据的一维数组: [ 0  1  2  3  4  5  6  7  8  9 10 11]
====================
3 行 4 列数组: [[ 0  1  2  3]
 [ 4  5  6  7]
 [ 8  9 10 11]]
====================
三维数组: [[[ 0  1]
  [ 2  3]
  [ 4  5]]

[[ 6  7]
 [ 8  9]
 [10 11]]]
====================
重新变成一个 12 列的一维数组: [ 0  1  2  3  4  5  6  7  8  9 10 11]
====================
变成一个一维数组: [ 0  1  2  3  4  5  6  7  8  9 10 11]
====================
变成一个一维数组: [ 0  1  2  3  4  5  6  7  8  9 10 11]
```

4. 使用 NumPy 创建数组

ndarray 数组除了可以使用底层 ndarray 构造器来创建外,也可以通过以下几种方式来创建。

1) numpy. empty

numpy. empty 用来创建一个指定形状(shape)、数据类型(dtype)且未初始化的数组。其语法格式如下:

```
numpy.empty(shape, dtype = float, order = 'C')
```

其中,shape 为数组形状;dtype 为数据类型,可选;order 为在计算机内存中的存储元素的顺序,有 C 和 F 两个选项,分别代表行优先和列优先。

2) numpy. zeros

numpy. zeros 用于创建指定大小的数组,数组元素以 0 来填充。其语法格式如下:

```
numpy.zeros(shape, dtype = float, order = 'C')
```

其中，shape 为数组形状；dtype 为数据类型，可选；order 有 C 和 F 两个选项，C 用于 C 的行数组，F 用于 FORTRAN 的列数组。

numpy.ones 创建指定形状的数组，数组元素以 1 来填充，参数含义与 numpy.zeros 一样。

3）从已有的数组创建数组

在 NumPy 中从已有的数组创建数组有三种方法，分别为 numpy.asarray、numpy.frombuffer 及 numpy.fromiter。

（1）numpy.asarray 方法。

numpy.asarray 类似 numpy.array，但 numpy.asarray 参数只有三个，比 numpy.array 少两个。其语法格式如下：

```
numpy.asarray(a, dtype = None, order = None)
```

其中，a 为任意形式的输入参数，可以是列表、列表的元组、元组、元组的元组、元组的列表、多维数组；dtype 为数据类型，可选；order 可选，用于确定在计算机内存中存储元素的顺序，有 C 和 F 两个选项，分别代表行优先和列优先。

【例 1-9】 利用 numpy.asarray 方法从已有的数组中创建数组。

```
import numpy as np
#将列表转换为 ndarray
x1 = [1,2,3]
a1 = np.asarray(x1)
print('将列表转换为 ndarray:',a1)
#将元组转换为 ndarray
x2 = (1,2,3)
a2 = np.asarray(x2)
print('将元组转换为 ndarray:',a2)
#将元组列表转换为 ndarray
x3 = [(1,2,3),(4,5)]
a3 = np.asarray(x3)
print('将元组列表转换为 ndarray:',a3)
#设置了 dtype 参数
a4 = np.asarray(x1, dtype = float)
print('设置了 dtype 参数:',a4)
```

运行程序，输出如下：

```
将列表转换为 ndarray: [1 2 3]
将元组转换为 ndarray: [1 2 3]
将元组列表转换为 ndarray: [(1, 2, 3) (4, 5)]
设置了 dtype 参数: [1. 2. 3.]
```

（2）numpy.frombuffer 方法。

numpy.frombuffer 用于实现动态数组，它接收 buffer 输入参数，以流的形式读入，转换为 ndarray 对象。其语法格式如下：

```
numpy.frombuffer(buffer, dtype = float, count = -1, offset = 0)
```

其中，buffer 可以是任意对象，会以流的形式读入；dtype 为返回数组的数据类型，可选；count 为读取的数据数量，默认为−1，表示读取所有数据；offset 为读取的起始位置，默认为 0。

注意，buffer 是字符串时，Python 3 默认 str 是 Unicode 类型，所以要转换为 bytestring，

在原 str 前加上 b。

【例 1-10】 使用 numpy.frombuffer 方法创建数组。

```
import numpy as np
s = b'Hello World'
a = np.frombuffer(s, dtype = 'S1')
print(a)
```

运行程序,输出如下:

```
[b'H' b'e' b'l' b'l' b'o' b' ' b'W' b'o' b'r' b'l' b'd']
```

(3) numpy.fromiter 方法。

numpy.fromiter 方法从可迭代对象中建立 ndarray 对象,返回一维数组。其语法格式如下:

```
numpy.fromiter(iterable, dtype, count = -1)
```

其中,iterable 为可迭代对象;dtype 返回数组的数据类型;count 为读取的数据数量,默认为 −1,表示读取所有数据。

【例 1-11】 利用 numpy.fromiter 方法创建数组。

```
import numpy as np
# 使用 range 函数创建列表对象
list = range(5)
it = iter(list)
# 使用迭代器创建 ndarray
x = np.fromiter(it, dtype = float)
print(x)
```

运行程序,输出如下:

```
[0. 1. 2. 3. 4.]
```

4) 使用 NumPy 从数值范围创建数组

本小节将学习如何从数值范围创建数组。

(1) numpy.arange。

numpy.arange 函数创建数值范围并返回 ndarray 对象。其语法格式如下:

```
numpy.arange(start, stop, step, dtype)
```

表示根据 start 与 stop 指定的范围及 step 设定的步长,生成一个 ndarray。

(2) numpy.linspace。

numpy.linspace 函数用于创建一个一维数组,数组由一个等差数列构成。其语法格式如下:

```
np.linspace(start, stop, num = 50, endpoint = True, retstep = False, dtype = None)
```

其中,start 为序列的起始值;stop 为序列的终止值;num 为要生成的等步长的样本数量,默认为 50;endpoint 为 True 时,数列中包含 stop 值,反之不包含,默认为 True;retstep 为 True 时,生成的数组中会显示间距,反之不显示;dtype 为数据类型 ndarray。

(3) numpy.logspace。

numpy.logspace 函数用于创建一个等比数列。其语法格式如下:

```
np.logspace(start, stop, num = 50, endpoint = True, base = 10.0, dtype = None)
```

其中,start 序列的起始值为 base×start;stop 序列的终止值为 base×stop,如果 endpoint 为 True,则该值包含于数列中;num 为要生成的等步长的样本数量,默认为 50;endpoint 的值为

True 时，数列中包含 stop 值，反之不包含，默认为 True。

【例 1-12】 创建数值范围的数组。

```
#生成 0 到 4 长度为 5 的数组
import numpy as np

x = np.arange(5)
print('生成 0 到 4 长度为 5 的数组: ',x)

#设置起始点为 1,终止等差点为 10,数列个数为 10
a = np.linspace(1,10,10)
print('创建等差数组:',a)

#创建对数的底数为 2 的等比数组
a = np.logspace(0,9,10,base = 2)
print('创建底数为 2 的等比数组:',a)
```

运行程序，输出如下：

```
生成 0 到 4 长度为 5 的数组: [0 1 2 3 4]
创建等差数组: [ 1.   2.   3.   4.   5.   6.   7.   8.   9.  10.]
创建底数为 2 的等比数组: [1.   2.   4.   8.   16.   32.   64. 128. 256. 512.]
```

5. 数组操作

NumPy 中包含了一些函数用于处理数组，可以分为修改数组形状、翻转数组、修改数组维度、连接数组、分割数组及数组元素的添加与删除等。

下面直接通过实例来演示。

【例 1-13】 数组操作实例。

```
import numpy as np
#numpy.reshape 改变数组形状
a = np.arange(8)
print('原始数组:',a)

b = a.reshape(4,2)
print('修改后的数组:',b)
```

运行程序，输出如下：

```
原始数组: [0 1 2 3 4 5 6 7]
修改后的数组: [[0 1]
 [2 3]
 [4 5]
 [6 7]]

#numpy.ravel 实现数组变形
a = np.arange(8).reshape(2,4)
print('原数组:',a)
print('调用 ravel 函数之后:',a.ravel())
print('以 F 风格顺序调用 ravel 函数之后:',a.ravel(order = 'F'))
```

运行程序，输出如下：

```
原数组: [[0 1 2 3]
 [4 5 6 7]]
调用 ravel 函数之后: [0 1 2 3 4 5 6 7]
以 F 风格顺序调用 ravel 函数之后: [0 4 1 5 2 6 3 7]

#numpy.transpose 对数组实现对换
a = np.arange(12).reshape(3,4)
```

```
print('原数组:',a)
print('对换数组:',np.transpose(a))
```

运行程序,输出如下:

```
原数组: [[ 0  1  2  3]
 [ 4  5  6  7]
 [ 8  9 10 11]]
对换数组: [[ 0  4  8]
 [ 1  5  9]
 [ 2  6 10]
 [ 3  7 11]]
```

```
#创建了三维的 ndarray
a = np.arange(8).reshape(2,2,2)
print('原数组:',a)
#现在交换轴 0(深度方向)到轴 2(宽度方向)
print('调用 swapaxes 函数后的数组:',np.swapaxes(a, 2, 0))
```

运行程序,输出如下:

```
原数组: [[[0 1]
  [2 3]]

 [[4 5]
  [6 7]]]
调用 swapaxes 函数后的数组: [[[0 4]
  [2 6]]

 [[1 5]
  [3 7]]]
```

```
#numpy.concatenate 连接数组
a = np.array([[1,2],[3,4]])
print('第一个数组:',a)
b = np.array([[5,6],[7,8]])
print('第二个数组:',b)
#两个数组的维度相同
print('沿轴 0 连接两个数组:',np.concatenate((a,b)))
print('沿轴 1 连接两个数组:',np.concatenate((a,b),axis = 1))
```

运行程序,输出如下:

```
第一个数组: [[1 2]
 [3 4]]
第二个数组: [[5 6]
 [7 8]]
沿轴 0 连接两个数组: [[1 2]
 [3 4]
 [5 6]
 [7 8]]
沿轴 1 连接两个数组: [[1 2 5 6]
 [3 4 7 8]]
```

```
#axis 为 0 时在水平方向分割,axis 为 1 时在垂直方向分割
a = np.arange(16).reshape(4, 4)
print('第一个数组:',a)
b = np.split(a,2)
print('默认分割(0 轴):',b)
c = np.split(a,2,1)
print('沿水平方向分割:',c)
```

```
d = np.hsplit(a,2)
print('沿水平方向分割:',d)
```

运行程序,输出如下:

```
第一个数组: [[ 0  1  2  3]
 [ 4  5  6  7]
 [ 8  9 10 11]
 [12 13 14 15]]
默认分割(0 轴): [array([[0, 1, 2, 3],
       [4, 5, 6, 7]]), array([[ 8, 9, 10, 11],
       [12, 13, 14, 15]])]
沿水平方向分割: [array([[ 0, 1],
       [ 4, 5],
       [ 8, 9],
       [12, 13]]), array([[ 2, 3],
       [ 6, 7],
       [10, 11],
       [14, 15]])]
沿水平方向分割: [array([[ 0, 1],
       [ 4, 5],
       [ 8, 9],
       [12, 13]]), array([[ 2, 3],
       [ 6, 7],
       [10, 11],
       [14, 15]])]
```

6. NumPy 算术函数

NumPy 算术函数包含简单的加、减、乘、除,对应函数分别为 add、subtract、multiply 和 divide。

需要注意的是,数组必须具有相同的形状或符合数组广播规则。

【例 1-14】 数组的简单加、减、乘、除运算。

```
import numpy as np

a = np.arange(9, dtype = np.float_).reshape(3,3)
print('第一个数组:',a)
b = np.array([10,10,10])
print('第二个数组:',b)
print('两个数组相加:',np.add(a,b))
print('两个数组相减:',np.subtract(a,b))
print('两个数组相乘:',np.multiply(a,b))
print('两个数组相除:',np.divide(a,b))
```

运行程序,输出如下:

```
第一个数组: [[0. 1. 2.]
 [3. 4. 5.]
 [6. 7. 8.]]
第二个数组: [10 10 10]
两个数组相加: [[10. 11. 12.]
 [13. 14. 15.]
 [16. 17. 18.]]
两个数组相减: [[-10. -9. -8.]
 [ -7. -6. -5.]
 [ -4. -3. -2.]]
两个数组相乘: [[ 0. 10. 20.]
 [30. 40. 50.]
 [60. 70. 80.]]
```

```
两个数组相除：[[0. 0.1 0.2]
 [0.3 0.4 0.5]
 [0.6 0.7 0.8]]
```

此外 NumPy 也包含了其他重要的算术函数。

（1）numpy. reciprocal：函数返回参数逐元素的倒数。如 1/4 的倒数为 4/1。

（2）numpy. power：函数将第一个输入数组中的元素作为底数，计算它与第二个输入数组中相应元素的幂。

（3）numpy. mod：计算输入数组中相应元素相除后的余数。此外，函数 numpy. remainder 也产生相同的结果。

【例 1-15】 其他算术运算函数。

```
import numpy as np

a1 = np.array([0.25, 1.43, 1, 101])
print('数组是:',a1)
print('调用 reciprocal 函数:',np.reciprocal(a1))
a2 = np.array([10,100,1000])
```

运行程序，输出如下：

```
数组是：[ 0.25 1.43 1. 101. ]
调用 reciprocal 函数：[4.          0.6993007  1.          0.00990099]
```

```
print('数组是: ',a2)
print('调用 power 函数:',np.power(a2,2))
b2 = np.array([1,4,7])
print('第二个数组:',b2)
print('再次调用 power 函数:',np.power(a,b))
```

运行程序，输出如下：

```
数组是：[   10   100   1000]
调用 power 函数：[    100   10000 1000000]
第二个数组：[1 4 7]
再次调用 power 函数：[[0.00000000e+00 1.00000000e+00 1.02400000e+03]
 [5.90490000e+04 1.04857600e+06 9.76562500e+06]
 [6.04661760e+07 2.82475249e+08 1.07374182e+09]]
```

```
a3 = np.array([11,22,33])
b3 = np.array([3,6,9])
print('第一个数组:',a3)
print('第二个数组:',b3)
print('调用 mod 函数:',np.mod(a,b))
print('调用 remainder 函数:',np.remainder(a,b))
```

运行程序，输出如下：

```
第一个数组：[11 22 33]
第二个数组：[3 6 9]
调用 mod 函数：[[0. 1. 2.]
 [3. 4. 5.]
 [6. 7. 8.]]
调用 remainder 函数：[[0. 1. 2.]
 [3. 4. 5.]
 [6. 7. 8.]]
```

1.8.2 SciPy 软件包

SciPy 是一个开源的 Python 算法库和数学工具包。它是基于 NumPy 的科学计算库，用于数学、科学、工程学等领域，很多高阶抽象和物理模型都需要使用 SciPy。

1. SciPy 常量模块

SciPy 常量模块 constants 提供了许多内置的数学常数。圆周率是一个数学常数，为一个圆的周长和其直径的比率，近似值约等于 3.141 59，常用符号 π 来表示。

可以使用 dir 函数来查看 constants 模块包含了哪些常量：

```
from scipy import constants
print(dir(constants))
['Avogadro', 'Boltzmann', 'Btu', 'Btu_IT', 'Btu_th', 'ConstantWarning', 'G', 'Julian_year', 'N_A',
'Planck', 'R', 'Rydberg', 'Stefan_Boltzmann', 'Wien', …
'yobi', 'yotta', 'zebi', 'zepto', 'zero_Celsius', 'zetta']
```

2. SciPy 优化器

SciPy 的 optimize 模块提供了常用的最优化算法函数实现，可以直接调用这些函数完成优化问题，如查找函数的最小值或方程的根等。

NumPy 能够找到多项式和线性方程的根，但它无法找到非线性方程的根，如下所示：

```
x + cos(x)
```

因此可以使用 SciPy 的 optimze. root 函数，这个函数需要两个参数：

- fun：表示方程的函数。
- x0：根的初始猜测。

该函数返回一个对象，其中包含有关解决方案的信息。

在数学中，函数表示一条曲线，曲线有高点和低点。高点称为最大值，低点称为最小值。整条曲线中的最高点称为全局最大值，其余高点称为局部最大值。整条曲线的最低点称为全局最小值，其余的低点称为局部最小值。

可使用 scipy. optimize. minimize 函数来最小化函数。minimize 函数接收以下几个参数：

- fun：要优化的函数。
- x0：初始猜测值。
- method：要使用的方法名称，值可以是 'CG' 'BFGS' 'Newton-CG' 'L-BFGS-B' 'TNC' 'COBYLA' 和 'SLSQP'。
- callback：每次优化迭代后调用的函数。
- options：定义其他参数的字典。

【例 1-16】 显示函数 x^2+x+2 的相关解决方案信息，并使用 BFGS 的最小化函数。

```
from scipy.optimize import root
from scipy.optimize import minimize
from math import cos
def eqn(x):
  return x**2 + x + 2
myroot = root(eqn, 0)
# 查看更多信息
print(myroot)
    fjac: array([[-1.]])
     fun: array([1.75])
 message: 'The iteration is not making good progress, as measured by the \n improvement from the
last ten iterations.'
    nfev: 19
     qtf: array([-1.75])
       r: array([0.0019531])
  status: 5
```

```
 success: False
       x: array([ - 0.49999999])

#最小化函数
mymin = minimize(eqn, 0, method = 'BFGS')
print(mymin)
      fun: 1.75
 hess_inv: array([[0.50000001]])
      jac: array([0.])
  message: 'Optimization terminated successfully.'
     nfev: 12
      nit: 2
     njev: 4
   status: 0
  success: True
        x: array([ - 0.50000001])
```

3. SciPy 稀疏矩阵

稀疏矩阵(sparse matrix)指的是在数值分析中绝大多数数值为 0 的矩阵。反之,如果大部分元素都非 0,则这个矩阵是稠密的(dense),如图 1-30 所示。

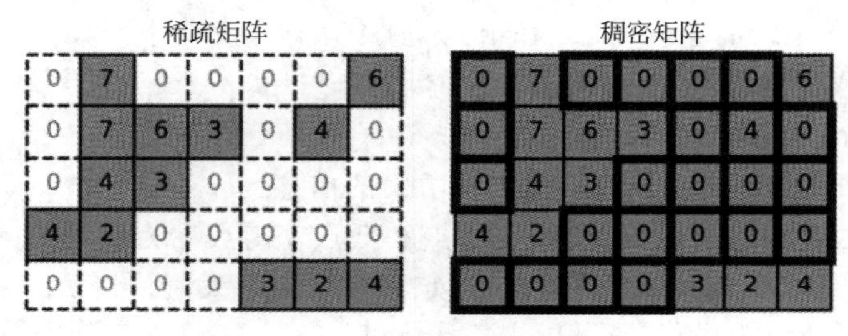

图 1-30 稀疏矩阵与稠密矩阵

SciPy 的 scipy. sparse 模块提供了处理稀疏矩阵相关的函数。在 Python 中主要使用以下两种类型的稀疏矩阵:

- CSC:压缩稀疏列(Compressed Sparse Column),按列压缩。
- CSR:压缩稀疏行(Compressed Sparse Row),按行压缩。

在 SciPy 中可以通过向 scipy. sparse. csr_matrix 函数传递数组来创建一个 CSR 矩阵,并可使用 data 属性查看存储的数据(不含 0 元素),下面通过实例来演示 CSR 矩阵的相关操作。

【例 1-17】 创建 CSR 矩阵,并进行相关操作。

```
import numpy as np
from scipy.sparse import csr_matrix
#创建 CSR 矩阵
arr = np.array([0, 0, 0, 0, 0, 1, 1, 0, 2])
print(csr_matrix(arr))
```

运行程序,输出如下:

```
(0, 5)  1
(0, 6)  1
(0, 8)  2
```

其中,

- 第 1 行:在矩阵第 1 行(索引值 0)第 6(索引值 5)个位置有一个数值 1。
- 第 2 行:在矩阵第 1 行(索引值 0)第 7(索引值 6)个位置有一个数值 1。

• 第3行：在矩阵第1行(索引值0)第9(索引值8)个位置有一个数值2。

```
#查看存储数据
print('查看存储数据:',csr_matrix(arr).data)
```

运行程序,输出如下：

```
查看存储数据:[1 1 2]
```

```
#count_nonzero方法计算非0元素的总数
print('计算非0元素的总数:',csr_matrix(arr).count_nonzero())
```

运行程序,输出如下：

```
计算非0元素的总数:3
```

```
#使用eliminate_zeros方法删除矩阵中0元素
mat1 = csr_matrix(arr)
mat1.eliminate_zeros()
print('删除矩阵中0元素:',mat1)
```

运行程序,输出如下：

```
删除矩阵中0元素:(0, 5) 1
 (0, 6)  1
 (0, 8)  2
```

```
#使用sum_duplicates方法来删除重复项
mat2 = csr_matrix(arr)
mat2.sum_duplicates()
print('删除重复项:',mat2)
```

运行程序,输出如下：

```
删除重复项:(0, 5)  1
 (0, 6)  1
 (0, 8)  2
#CSR矩阵转换为CSC矩阵使用tocsc方法
newarr = csr_matrix(arr).tocsc()
print('转换为CSC矩阵:',newarr)
```

运行程序,输出如下：

```
转换为CSC矩阵:(0, 5)  1
 (0, 6)  1
 (0, 8)  2
```

4. SciPy图结构

图结构是算法学中最强大的框架之一。图是各种关系的节点和边的集合,节点是与对象对应的顶点,边是对象之间的连接。SciPy提供了scipy.sparse.csgraph模块来处理图结构。

1) 邻接矩阵

邻接矩阵(adjacency matrix)是表示顶点之间相邻关系的矩阵。邻接矩阵逻辑结构分为两部分,如图1-31所示。其中,V和E集合,V是顶点,E是边,边有时会有权重,表示节点之间的连接强度。

用一个一维数组存放图中所有顶点数据,用一个二维数组存放顶点间关系(边或弧)数据,这个二维数组称为邻接矩阵,如图1-32所示。

顶点有A、B、C,边权重有1和2,这个邻接矩阵可以表示为以下二维数组：

  A B C
A:[0 1 2]
B:[1 0 0]
C:[2 0 0]

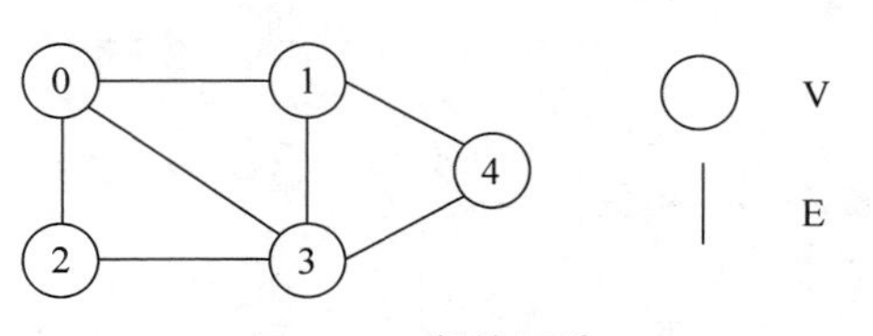

图 1-31 邻接矩阵

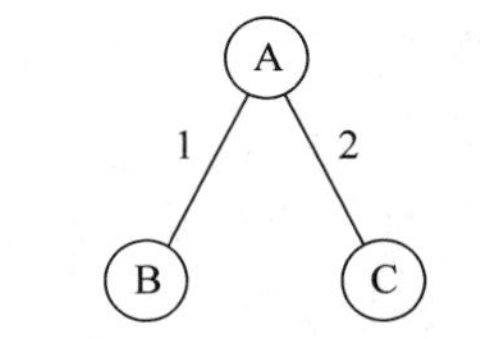

图 1-32 二维数组的邻接矩阵

邻接矩阵又分为有向图邻接矩阵和无向图邻接矩阵。无向图是双向关系,边没有方向,如图 1-33 所示。

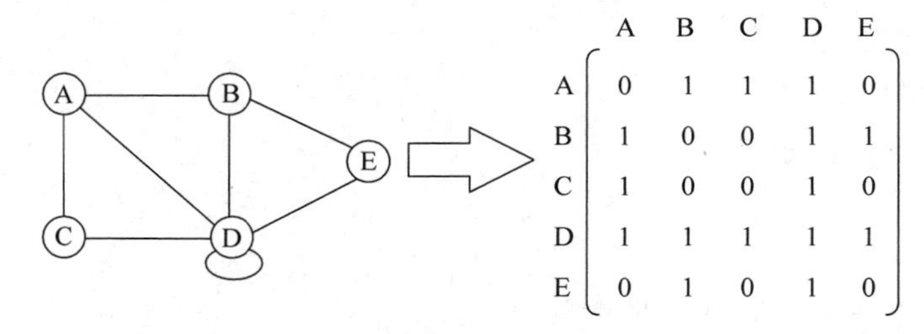

图 1-33 无向图

有向图的边带有方向,是单向关系,如图 1-34 所示。

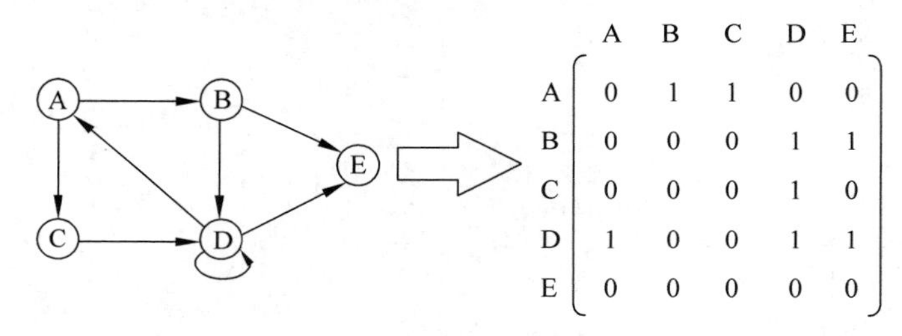

图 1-34 有向图

提示:图 1-33 和图 1-34 中的 D 节点是自环,自环是指一条边的两端为同一个节点。

2) Dijkstra 算法

Dijkstra(迪杰斯特拉)算法是一种典型的最短路径算法,用于计算一个节点到其他所有节点的最短路径。SciPy 使用 dijkstra 方法来计算一个元素到其他元素的最短路径。dijkstra 方法可以设置以下几个参数:

- return_predecessors: 布尔值,设置为 True 表示遍历所有路径,如果不想遍历所有路径可以设置为 False。
- indices: 元素的索引,返回该元素的所有路径。
- limit: 路径的最大权重。

3) Floyd 算法

Floyd(弗洛伊德)算法是解决任意两点间的最短路径的一种算法。SciPy 使用 floyd_warshall 方法来查找所有元素对之间的最短路径。

4) Bellman Ford 算法

Bellman Ford(贝尔曼-福特)算法是解决任意两点间的最短路径的一种算法。SciPy 使用 bellman_ford 方法来查找所有元素对之间的最短路径,通常可以在任何图中使用,包括有向图、带负权边的图。

【例 1-18】 几种算法的演示。

```
import numpy as np
from scipy.sparse.csgraph import dijkstra
from scipy.sparse import csr_matrix

arr = np.array([
  [0, 1, 2],
  [1, 0, 0],
  [2, 0, 0]
])
newarr = csr_matrix(arr)
#查找元素 1 到 2 的最短路径
print(dijkstra(newarr, return_predecessors = True, indices = 0))
(array([0., 1., 2.]), array([ - 9999,     0,     0]))

from scipy.sparse.csgraph import floyd_warshall
#查找所有元素对之间的最短路径
print(floyd_warshall(newarr, return_predecessors = True))
(array([[0., 1., 2.],
        [1., 0., 3.],
        [2., 3., 0.]]), array([[ - 9999,     0,     0],
        [     1, - 9999,     0],
        [     2,     0, - 9999]]))

from scipy.sparse.csgraph import bellman_ford
newarr = csr_matrix(arr)
#使用负权边的图查找从元素 1 到元素 2 的最短路径
print(bellman_ford(newarr, return_predecessors = True, indices = 0))
(array([0., 1., 2.]), array([ - 9999, 0, 0]))
```

还可以从一个矩阵的深度和广度优先遍历节点。

【例 1-19】 用不同方法遍历节点。

```
import numpy as np
from scipy.sparse.csgraph import depth_first_order
from scipy.sparse import csr_matrix

arr = np.array([
  [0, 1, 0, 1],
  [1, 1, 1, 1],
  [2, 1, 1, 0],
  [0, 1, 0, 1]
])
newarr = csr_matrix(arr)
#depth_first_order 方法从一个节点返回深度优先遍历的顺序
print(depth_first_order(newarr, 1))
(array([1, 0, 3, 2]), array([1,  - 9999, 1, 0]))

#返回广度优先遍历的顺序
from scipy.sparse.csgraph import breadth_first_order
print(breadth_first_order(newarr, 1))
(array([1, 0, 2, 3]), array([1,  - 9999, 1, 1]))
```

5. SciPy 插值

在数学的数值分析领域中，插值(interpolation)是一种通过已知的、离散的数据点，在范围内推求新数据点的过程或方法。简单来说，插值是一种在给定的点之间生成点的方法。SciPy提供了 scipy.interpolate 模块来处理插值。

1）一维插值

一维数据的插值运算可以通过方法 interp1d 完成。该方法接收两个参数 x 和 y，返回值是可调用函数，该函数可以用新的 x 调用并返回相应的 y，y = f(x)。

【例 1-20】 对给定的 xs 和 ys 插值，从 2.1、2.2 到 2.9。

```
from scipy.interpolate import interp1d
import numpy as np

xs = np.arange(10)
ys = 2 * xs + 1
interp_func = interp1d(xs, ys)
newarr = interp_func(np.arange(2.1, 3, 0.1))
print(newarr)
```

运行程序，输出如下：

```
[5.2 5.4 5.6 5.8 6.  6.2 6.4 6.6 6.8]
```

注意：新的 xs 应该与旧的 xs 处于相同的范围内，这意味着不能使用大于 10 或小于 0 的值调用 interp_func 函数。

2）单变量插值

在一维插值中，点是针对单个曲线拟合的，而在样条插值中，点是针对使用多项式分段定义的函数拟合的。单变量插值使用 UnivariateSpline 函数，该函数接收 xs 和 ys 并生成一个可调用函数，该函数可以用新的 xs 调用。分段函数就是对于自变量 x 的不同的取值范围，有着不同的解析式的函数。

【例 1-21】 为非线性点找到从 2.1、2.2 到 2.9 的单变量样条插值。

```
from scipy.interpolate import UnivariateSpline
import numpy as np

xs = np.arange(10)
ys = xs ** 2 + np.sin(xs) + 1
interp_func = UnivariateSpline(xs, ys)
newarr = interp_func(np.arange(2.1, 3, 0.1))
print(newarr)
```

运行程序，输出如下：

```
[5.62826474 6.03987348 6.47131994 6.92265019 7.3939103 7.88514634
 8.39640439 8.92773053 9.47917082]
```

3）径向基函数插值

径向基函数是对应于固定参考点定义的函数。曲面插值中一般使用径向基函数插值。Rbf 函数接收 xs 和 ys 作为参数，并生成一个可调用函数，该函数可以用新的 xs 调用。

1.8.3 Pandas 软件包

Pandas 是 Python 语言的一个扩展程序库，用于数据分析，它可以从各种文件格式如 CSV、JSON、SQL、Microsoft Excel 中导入数据。此外，Pandas 可以对各种数据进行运算操作，如归并、再成形、选择、数据清洗和数据加工，它广泛应用在学术、金融、统计学等各个数据分析领域。

1. Pandas Series

Pandas Series 类似表格中的一个列(column)，类似于一维数组，可以保存任何数据类型。Series 由索引(index)和列组成。其语法格式如下：

```
pandas.Series(data, index, dtype, name, copy)
```

其中，data 为一组数据(ndarray 类型)；index 为数据索引标签，如果不指定，默认从 0 开始；dtype 为数据类型，默认会自己判断；name 用于设置名称；copy 用于复制数据，默认为 False。

【例 1-22】 创建一个简单的 Series 实例。

```
import pandas as pd
a = [1, 2, 3]
myvar = pd.Series(a)
print(myvar)
```

运行程序，效果如图 1-35 所示。

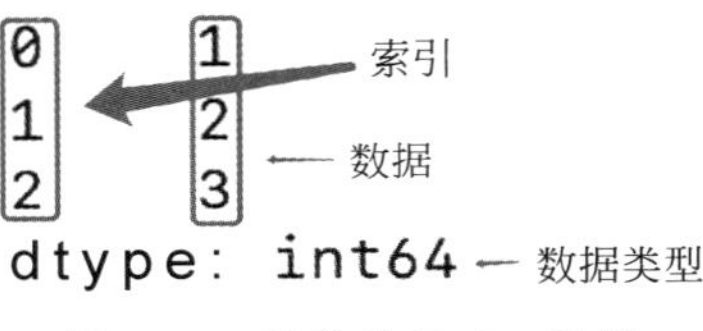

图 1-35　简单的 Series 实例

从图 1-35 可知，如果没有指定索引，索引值就从 0 开始。也可以使用 key/value 对象，类似字典来创建 Series。

【例 1-23】 利用 key/value 对象创建 Series。

```
import pandas as pd
sites = {1: "Google", 2: "Python", 3: "Wiki"}
var = pd.Series(sites)
print(var)
```

运行程序，输出如下：

```
1     Google
2     Python
3       Wiki
dtype: object
```

从以上结果可知，字典的 key 变成了索引值。如果只需要字典中的一部分数据，则只指定需要数据的索引即可。

还可设置 Series 名称参数：

```
var = pd.Series(sites, index = [1, 2], name = "RUNOOB - Series - TEST")
print(var)
1     Google
2     Python
Name: RUNOOB - Series - TEST, dtype: object
```

2. Pandas DataFrame

DataFrame 是一个表格型的数据结构，它含有一组有序的列，每列可以是不同的值类型(数值、字符串、布尔型值)。DataFrame 既有行索引又有列索引，它可以被看作由 Series 组成的字典(共同用一个索引)。其构造方法如下：

```
pandas.DataFrame(data, index, columns, dtype, copy)
```

其中,data 为一组数据(ndarray、series、map、lists、dict 等类型)；index 为索引值,或者可以称为行标签；columns 为列标签,默认为 RangeIndex(0，1，2，…，n)；dtype 为数据类型；copy 用于复制数据,默认为 False。

Pandas DataFrame 是一个二维的数组结构,类似二维数组。

【例 1-24】 使用 ndarray 创建列表。

解析：ndarray 的长度必须相同,如果传递了 index(索引),则索引的长度应等于数组的长度。如果没有传递索引,则默认情况下,索引将是 range(n),其中 n 是数组长度。

```
import pandas as pd
data = {'Site':['Google', 'Python', 'Wiki'], 'Age':[9, 10, 11]}
df = pd.DataFrame(data)
print(df)
```

运行程序,输出如下：

```
     Site    Age
0   Google    9
1   Python    10
2     Wiki    11
```

从以上输出结果可以知道,DataFrame 数据类型是一个表格,包含 row(行)和 column(列),如图 1-36 所示。

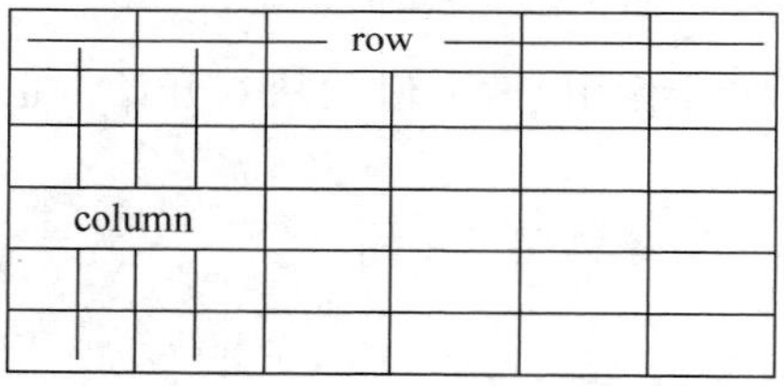

图 1-36　DataFrame 数据类型

Pandas 可以使用 loc 属性返回指定行的数据,如果没有设置索引,第一行索引为 0,第二行索引为 1,以此类推。

```
import pandas as pd

data = {
  "calories": [360, 390, 400],
  "duration": [50, 40, 45]
}
# 数据载入 DataFrame 对象
df = pd.DataFrame(data)
# 返回第一行
print(df.loc[0])
calories     360
duration      50
Name: 0, dtype: int64

# 返回第二行
print(df.loc[1])
calories     390
duration      40
```

```
Name: 1, dtype: int64
```

注意：返回结果其实就是一个 Pandas Series 数据。

也可以返回多行数据，使用[[…]] 格式，…为各行的索引，以逗号隔开：

```
# 数据载入 DataFrame 对象
df = pd.DataFrame(data)
#返回第一行和第二行
print(df.loc[[0, 1]])
   calories  duration
0        360        50
1        390        40
```

注意：返回结果其实就是一个 Pandas DataFrame 数据。

Pandas 可以使用 loc 属性返回指定索引对应到某一行：

```
df = pd.DataFrame(data, index = ["day1", "day2", "day3"])
# 指定索引
print(df.loc["day2"])
calories    390
duration     40
Name: day2, dtype: int64
```

3. Pandas CSV 文件

CSV(Comma-Separated Value，逗号分隔值，有时也称为字符分隔值，因为分隔字符也可以不是逗号)文件以纯文本形式存储表格数据(数字和文本)。CSV 是一种通用的、相对简单的文件格式，被用户、商业和科学广泛应用。

【例 1-25】 打开 nba.csv 文件。

```
import pandas as pd
df = pd.read_csv('nba.csv')
print(df.to_string())
```

to_string 用于返回 DataFrame 类型的数据，如果不使用该函数，则输出结果为数据的前面 5 行和末尾 5 行，中间部分以…代替，接上面代码：

```
print(df)
                Name            Team  Number Position  Age  \
0      Avery Bradley  Boston Celtics     0.0       PG  25.0
1        Jae Crowder  Boston Celtics    99.0       SF  25.0
2       John Holland  Boston Celtics    30.0       SG  27.0
…
456    7-0    231.0         Kansas    947276.0
457    NaN      NaN            NaN          NaN
[458 rows x 9 columns]
```

也可以使用 to_csv 方法将 DataFrame 存储为 CSV 文件：

```
import pandas as pd

#三个字段 name, site, age
nme = ["Google", "Python", "baidu", "Taobao"]
st = ["www.google.com", "https://www.sciclass.cn/python", "https://www.baidu.com/", "www.
taobao.com"]
ag = [85, 41, 83, 96]
#字典
dict = {'name': nme, 'site': st, 'age': ag}
df = pd.DataFrame(dict)
#保存 DataFrame
```

运行程序，打开 site. csv 文件，显示结果如图 1-37 所示。

A	B	C	D	E	F
	age	name	site		
0	92	Taobao	www. taobao		
1	44	Python	www. python. org		
2	83	Meituan	www. meituan. com		
3	98	SO	www. so. com		

图 1-37 site. csv 文件

4. Pandas JSON

JSON(JavaScript Object Notation，JavaScript 对象表示法)是存储和交换文本信息的语法，类似于 XML。JSON 比 XML 更小、更快、更易解析。

sites. json 的代码如下：

```
[
   {
   "id": "A001",
   "name": "baidu",
   "url": "www. baidu.com",
   "likes": 6159
   },
   {
   "id": "A002",
   "name": "Google",
   "url": "www.google.com",
   "likes": 124
   },
   {
   "id": "A003",
   "name": " taobao ",
   "url": "www.taobao.com",
   "likes": 45
   }
]
```

【例 1-26】 读取 sites. json 文件。

```
import pandas as pd

df = pd.read_json('sites.json')

print(df.to_string())
to_string()          #用于返回 DataFrame 类型的数据,也可以直接处理 JSON 字符串
import pandas as pd
data = [
   {
   "id": "A001",
   "name": "baidu",
   "url": "www. baidu.com",
   "likes": 6159
   },
   {
   "id": "A002",
   "name": "Google",
   "url": "www.google.com",
   "likes": 124
   },
```

```
    {
    "id": "A003",
    "name": " taobao ",
    "url": "www.taobao.com",
    "likes": 45
    }
]
df = pd.DataFrame(data)
print(df)
```

运行程序,输出如下:

```
     id  likes     name              url
0  A001   6159    baidu    www.baidu.com
1  A002    124   Google   www.google.com
2  A003     45   taobao   www.taobao.com
```

JSON 对象与 Python 字典具有相同的格式,所以可以直接将 Python 字典转换为 DataFrame 数据。

假设有一组内嵌的 JSON 数据文件 nested_list.json,nested_list.json 文件内容如下:

```
{
    "school_name": "ABC primary school",
    "class": "Year 1",
    "students": [
    {
        "id": "A001",
        "name": "Tom",
        "math": 60,
        "physics": 66,
        "chemistry": 61
    },
    {
        "id": "A002",
        "name": "James",
        "math": 89,
        "physics": 76,
        "chemistry": 51
    },
    {
        "id": "A003",
        "name": "Jenny",
        "math": 79,
        "physics": 90,
        "chemistry": 78
    }]
}
```

可使用以下代码格式化完整内容:

```
import pandas as pd
df = pd.read_json('nested_list.json')
print(df)
          school_name    class                                          students
0  ABC primary school  Year 1  {'id': 'A001', 'name': 'Tom', 'math': 60, 'phy...
1  ABC primary school  Year 1  {'id': 'A002', 'name': 'James', 'math': 89, 'p...
2  ABC primary school  Year 1  {'id': 'A003', 'name': 'Jenny', 'math': 79, 'p...
```

第 2 章

简单的机器学习分类算法

在机器学习和统计中，分类算法通过对已知类别训练集的计算和分析，从中发现类别规则并预测新数据的类别。分类被认为是监督学习的一个特例，即学习可以获得正确识别的、可观察的训练集的情况。分类算法在具体实现中被称为分类器。

机器学习分类算法一般应用在以下几方面。

(1) 分类用于提炼规则。

以决策树为例，决策树分类节点表示局部最优化的显著特征值、每个节点下的特征变量及对应的值的组合构成规则。

(2) 分类用于提取特征。

从大量的输入变量中获得重要性特征，然后提取权重最高的几个特征。

(3) 分类处理缺失值。

- 如果缺失值是分类变量，即基于模型法填补缺失值；
- 基于已有其他字段，将缺失字段作为目标变量进行预测。

(4) 分类算法的选取。

在不同的训练集中，分类算法的选取也是不相同的。

- 文本分类时用到最多的是朴素贝叶斯。
- 训练集比较小，那么选择如朴素贝叶斯、支持向量机这些算法不容易过拟合。
- 训练集比较大，选取何种方法都不会显著影响准确度。
- 省时的操作选用支持向量机，不要使用神经网络。
- 如果重视算法准确度，那么选择算法精度高的算法，例如支持向量机、随机森林。
- 想得到有关预测结果的概率信息，应使用逻辑回归。
- 需要清洗的决策规则，应使用决策树。

2.1 机器学习的早期历史——人工神经网络

人工神经网络(Artificial Neural Network，ANN)在工程与学术界常直接简称为“神经网络”或“类神经网络”。神经网络的研究内容相当广泛，反映了多学科交叉技术领域的特点。

2.1.1 人工神经网络的定义

神经网络是一种运算模型，由大量的节点(或称神经元)相互连接构成。每个点代表一种特定的输出函数，称为激励函数。

可以将人工神经元逻辑放在二元分类场景，将两个类分别命名为1（正类）和-1（负类），定义决策函数$\varphi(z)$，接收输入值$\boldsymbol{x}$及其相应权重$\boldsymbol{w}$，z为输入值与权重的乘积累加和，$z=w_1x_1+\cdots+w_mx_m$，其中

$$\boldsymbol{w}=\begin{pmatrix}w_1\\ \vdots\\ w_m\end{pmatrix},\quad \boldsymbol{x}=\begin{pmatrix}x_1\\ \vdots\\ x_m\end{pmatrix}$$

如果某个特定样本的净输入值$x(i)$比定义的阈值θ大，则预测结果为1，否则为-1。

$$\varphi(z)=\begin{cases}1, & z\geqslant\theta\\ -1, & \text{其他}\end{cases}$$

为了简化，把阈值θ放到等式左边，权重定义为$w_0=-\theta$，$x_0=1$，这样z为$z=w_0x_0+w_1x_1+\cdots+w_mx_m=\boldsymbol{w}^{\mathrm{T}}\boldsymbol{x}$。

$$\varphi(z)=\begin{cases}1, & z\geqslant 0\\ -1, & \text{其他}\end{cases}$$

机器学习中通常称$w_0=-\theta$为偏置。

2.1.2　感知机学习规则

Rosenblatt在1958年引入了一种学习规则，用来训练感知机完成模式识别问题，随机地选择权重系数初值，将训练样本集合输入感知机，那么神经网络根据目标和实际输出的差值自动地学习。

学习规则也称为训练算法，即更新网络权重系数和偏置向量的方法。学习规则可分为有监督学习、无监督学习及强化学习。

（1）有监督学习。

事先具有一个训练集合：

$$\{(\boldsymbol{p}_1,t_1),(\boldsymbol{p}_2,t_2),\cdots,(\boldsymbol{p}_N,t_N)\}$$

其中，$\boldsymbol{p}_n(n=1,2,\cdots,N)$表示网络输入，$t_n(n=1,2,\cdots,N)$是正确的目标（target），有时候分类里称为“标签”。学习规则不断地调节网络权重系数和偏置向量，使得网络输出和目标越来越接近。感知机的学习是有监督学习。

（2）无监督学习。

无监督学习的核心往往是希望发现数据内部潜在的结构和规律，为进行下一步决策提供参考。典型的无监督学习就是希望能够利用数据特征来把数据分组，也就是“聚类”。通常情况下，无监督学习能够挖掘出数据内部的结构，而这些结构可能会比提供的数据特征更能抓住数据的本质联系。因此，监督学习中往往也需要无监督学习来进行辅助。

（3）强化学习。

强化学习强调基于环境而行动，以取得最大化的预期利益，即如何在环境给予的奖励或惩罚的刺激下，逐步形成对刺激的预期，产生能获得最大利益的习惯性行为。没有监督标签，只会对当前状态进行奖惩和打分，评价有延迟，往往需要过一段时间才知道当时的选择是好还是坏。每次行为都不是独立的数据，每一步都会影响下一步。目标也是如何优化一系列的动作序列以得到更好的结果。应用场景往往是连续决策问题。强化学习方法是在线学习思想的一种实现。

1. 感知机学习规则介绍

感知机学习规则是有监督学习，看一个简单的例子，从中总结学习规则。已经知道一组训练数据集合为

$$\left\{\left(\boldsymbol{p}_1=\begin{pmatrix}1\\2\end{pmatrix},t_1=1\right),\left(\boldsymbol{p}_2=\begin{pmatrix}-1\\2\end{pmatrix},t_2=0\right),\left(\boldsymbol{p}_3=\begin{pmatrix}0\\-1\end{pmatrix},t_3=0\right)\right\}$$

如图 2-1 所示，可以将上述三个标签数据进行几何表示。

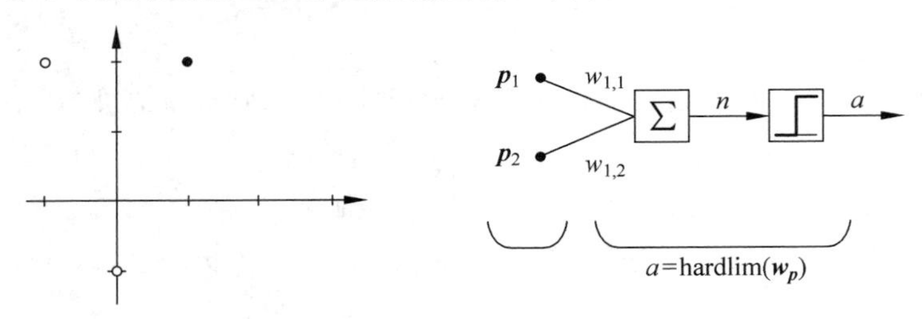

图 2-1　数据的几何表示

只用一个最简单的无偏置硬限制(hard limit)神经元来完成这个数据分类问题。训练开始时随机选择一个权行向量：

$$\boldsymbol{w}=(1,-0.8)$$

(1) 开始训练第一个数据：

$$\left(\boldsymbol{p}_1=\begin{pmatrix}1\\2\end{pmatrix},t_1=1\right)$$

感知机的输出为

$$a=f(\boldsymbol{w}\boldsymbol{p}_1)=f\left\{(1,-0.8)\begin{pmatrix}1\\2\end{pmatrix}\right\}=0$$

图 2-2 为感知机输出效果。

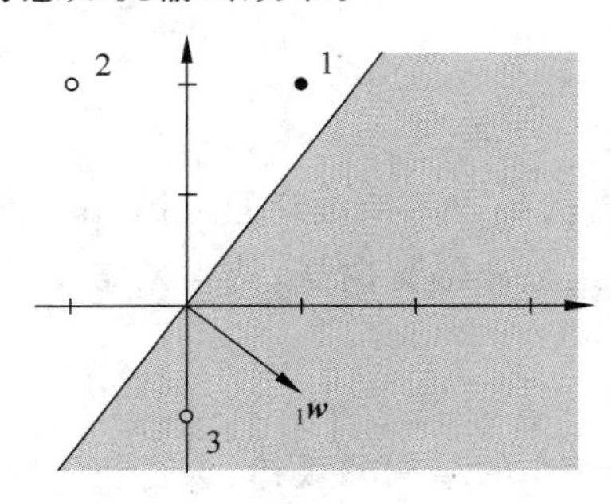

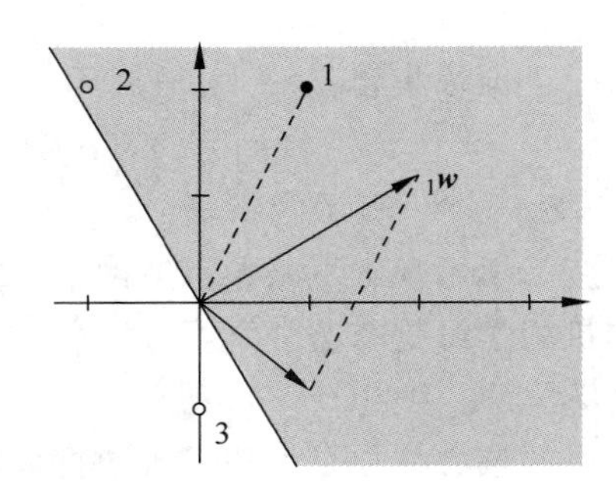

图 2-2　感知机输出效果

由图 2-2 可看出，输出结果与目标 $t_1=1$ 不符合。

那么学习方法是将向量 $\boldsymbol{p}_1^{\mathrm{T}}=(1,2)$ 加到 $\boldsymbol{w}=(1,-0.8)$ 上，让决策边界线向目标靠近，因此权向量学习为

$$\boldsymbol{w}^{\text{new}}=\boldsymbol{w}^{\text{old}}+\boldsymbol{p}_1^{\mathrm{T}}=(1,-0.8)+(1,2)=(2,1.2)$$

按照这新的权向量，那么

$a=f\left\{(2,1.2)\begin{pmatrix}1\\2\end{pmatrix}\right\}=1$，与目标 $t_1=1$ 符合。

(2) 继续训练第二个数据 $\left(\boldsymbol{p}_2=\begin{pmatrix}-1\\2\end{pmatrix},t_2=0\right)$，这时 $\boldsymbol{w}^{\text{new}}=\boldsymbol{w}^{\text{old}}$ 已经变成旧的权向量了。

感知机输出为

$$a=f\left\{(2,1.2)\begin{pmatrix}-1\\2\end{pmatrix}\right\}=1,\text{与目标 } t_2=0 \text{ 不符合。}$$

学习方法是将向量 $-\boldsymbol{p}_2^{\mathrm{T}}$ 加到 $\boldsymbol{w}^{\text{old}}$ 上，让决策边界线远离目标 $\boldsymbol{p}_2$，因此权向量的学习为

$$\boldsymbol{w}^{\text{new}}=\boldsymbol{w}^{\text{old}}-\boldsymbol{p}_2^{\mathrm{T}}=(2,1.2)-(-1,2)=(3,-0.8)$$

其决策边界效果如图 2-3 所示。

按照这新的权向量，那么

$$a=f\left\{(3,-0.8)\begin{pmatrix}1\\2\end{pmatrix}\right\}=1,\text{这与目标 } t_1=1 \text{ 符合。}$$

$$a=f\left\{(3,-0.8)\begin{pmatrix}-1\\2\end{pmatrix}\right\}=1,\text{与目标 } t_2=0 \text{ 符合。}$$

(3) 和上面分析一样$\left(\boldsymbol{p}_3=\begin{pmatrix}0\\-1\end{pmatrix},t_3=0\right)$。

$$a=f\left\{(3,-0.8)\begin{pmatrix}0\\-1\end{pmatrix}\right\}=1,\text{与目标不符合。}$$

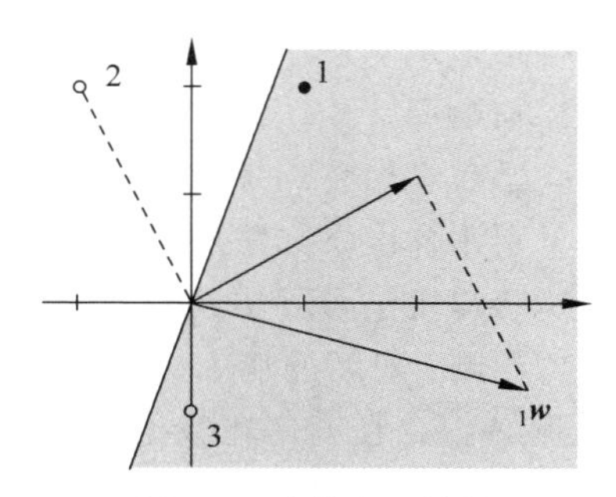

图 2-3　决策边界效果

学习方法是 $\boldsymbol{w}^{\text{new}}-\boldsymbol{p}_3^{\mathrm{T}}$，让决策边界线远离目标 $\boldsymbol{p}_3$，因此权向量的学习为

$$\boldsymbol{w}^{\text{new}}=\boldsymbol{w}^{\text{old}}-\boldsymbol{p}_3^{\mathrm{T}}=(3\quad -0.8)-(0\quad -1)=(3\quad 0.2)$$

此时

$$a=f\left\{(3,0.2)\begin{pmatrix}1\\2\end{pmatrix}\right\}=1,\text{与目标 } t_1=1 \text{ 符合。}$$

$$a=f\left\{(3,0.2)\begin{pmatrix}-1\\2\end{pmatrix}\right\}=0,\text{与目标 } t_2=0 \text{ 符合。}$$

$$a=f\left\{(3,0.2)\begin{bmatrix}0\\-1\end{bmatrix}\right\}=0,\text{与目标 } t_3=0 \text{ 符合。}$$

对于三个标签数据都分类正确，训练完毕。

2. 学习规则

设误差(向量)为

$$e=t-a$$

如果误差 $e=1$，则

$$\boldsymbol{w}^{\text{new}}=\boldsymbol{w}^{\text{old}}+\boldsymbol{p}^{\mathrm{T}}$$

如果误差 $e=-1$，则

$$\boldsymbol{w}^{\text{new}}=\boldsymbol{w}^{\text{old}}-\boldsymbol{p}^{\mathrm{T}}$$

如果误差 $e=0$，则

$$\boldsymbol{w}^{\text{new}}=\boldsymbol{w}^{\text{old}}$$

这三种情况可以合成为

$$\boldsymbol{w}^{\text{new}}=\boldsymbol{w}^{\text{old}}+e\boldsymbol{p}^{\mathrm{T}}$$
$$\boldsymbol{b}^{\text{new}}=\boldsymbol{b}^{\text{old}}+e$$

虽然上面的例子没有偏置向量，但是可以将其看成输入总是 1 的一个标量或者向量。推广到多个神经元的感知机，学习规则为

$$\boldsymbol{w}^{\text{new}}=\boldsymbol{w}^{\text{old}}+e\boldsymbol{p}^{\mathrm{T}}$$
$$\boldsymbol{b}^{\text{new}}=\boldsymbol{b}^{\text{old}}+e$$

2.2 感知机分类鸢尾

本节的实例将使用感知机模型，对鸢尾花进行分类，并调整参数，对比分类效率。

感知机(perceptron)是二类分类的线性分类模型。

- 输入：实例的特征向量。
- 输出：实例的类别，取值为+1 和-1。
- 感知机对应于输入空间(特征空间)中将实例划分为正、负两类的分离超平面，属于判别模型。
- 旨在求出将训练数据进行线性划分的分离超平面，为此，导入基于误分类的损失函数，利用梯度下降法对损失函数进行极小化，求得感知机模型。
- 感知机学习算法具有简单而易于实现的优点，分为原始形式和对偶形式。
- 预测：对新的输入进行分类。

【例 2-1】 在鸢尾花数据集上训练感知机模型。

具体的实现步骤如下。

(1) 数据处理。

数据采用 sklearn 内置的鸢尾花数据。

```
import numpy as np
import pandas as pd
from sklearn.datasets import load_iris
#读取鸢尾花数据
iris = load_iris()
#将鸢尾花 4 个特征，以 4 列存入 Pandas 的数据框架
df = pd.DataFrame(iris.data, columns = iris.feature_names)
#在最后一列加入标签(分类)列数据
df['lab'] = iris.target

#选取前两种花进行划分(每种数据 50 组)
plt.scatter(df[:50][iris.feature_names[0]], df[:50][iris.feature_names[1]], label = iris
.target_names[0])
plt.scatter(df[50:100][iris.feature_names[0]], df[50:100][iris.feature_names[1]], label =
iris.target_names[1])
plt.xlabel(iris.feature_names[0])
plt.ylabel(iris.feature_names[1])
plt.xlabel(u"花瓣长度")
plt.ylabel(u"萼片长度")
#选取数据前 100 行，前两个为特征，最后一列为标签
data = np.array(df.iloc[:100, [0, 1, -1]])
# X 是除最后一列外的所有列，y 是最后一列
X, y = data[:, :-1], data[:, -1]
#生成感知机的标签值: +1, -1，第一种是 -1，第二种是 +1
y = np.array([1 if i == 1 else -1 for i in y])
```

运行程序，效果如图 2-4 所示。

(2) 编写感知机类。

```
class PerceptronModel():
    def __init__(self, X, y, eta):
        self.w = np.zeros(len(X[0]), dtype = np.float)      #权重
        self.b = 0                                          #偏置
        self.eta = eta                                      #学习率
        self.dataX = X                                      #数据
        self.datay = y                                      #标签
```

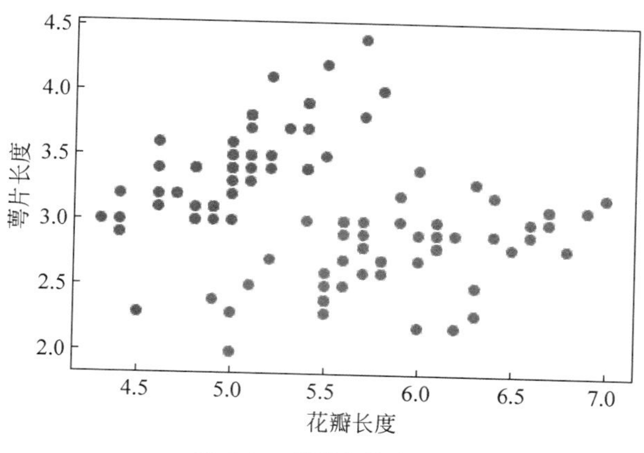

图 2-4　鸢尾花散点图

```
        self.iterTimes = 0                                    #迭代次数

        #对偶形式的参数
        self.a = np.zeros(len(X), dtype = np.float)           #alpha
        self.Gmatrix = np.zeros((len(X), len(X)), dtype = np.float)
        self.calculateGmatrix()                               #计算 Gram 矩阵

    def sign0(self, x, w, b):                     #原始形式 sign 函数
        y = np.dot(w, x) + b
        return y

    def sign1(self, a, G_j, Y, b):                #对偶形式 sign 函数
        y = np.dot(np.multiply(a, Y), G_j) + b
        return y

    def OriginClassifier(self):                   #原始形式的分类算法
        self.iterTimes = 0
        self.b = 0
        stop = False
        while not stop:
            wrong_count = 0
            for i in range(len(self.dataX)):
                X = self.dataX[i]
                y = self.datay[i]
                if (y * self.sign0(X, self.w, self.b)) <= 0:
                    self.w += self.eta * np.dot(X, y)
                    self.b += self.eta * y
                    wrong_count += 1
                    self.iterTimes += 1
            if wrong_count == 0:
                stop = True
        print("原始形式,分类完成!步长:%.4f, 共迭代 %d 次" % (self.eta, self.iterTimes))

    def calculateGmatrix(self):                   #计算 Gram 矩阵
        for i in range(len(self.dataX)):
            for j in range(0, i + 1):
                self.Gmatrix[i][j] = np.dot(self.dataX[i], self.dataX[j])
                self.Gmatrix[j][i] = self.Gmatrix[i][j]

    def DualFormClassifier(self):                 #对偶形式分类算法
        self.iterTimes = 0
        self.b = 0
        stop = False
```

```
        while not stop:
            wrong_count = 0
            for i in range(len(self.dataX)):
                y = self.datay[i]
                G_i = self.Gmatrix[i]
                if (y * self.sign1(self.a, G_i, self.datay, self.b)) <= 0:
                    self.a[i] += self.eta
                    self.b += self.eta * y
                    wrong_count += 1
                    self.iterTimes += 1
            if wrong_count == 0:
                stop = True
        print("对偶形式,分类完成!步长:%.4f, 共迭代 %d 次" % (self.eta, self.iterTimes))
```

运行程序,输出如下:

```
原始形式,分类完成!步长:0.3000, 共迭代 1518 次
对偶形式,分类完成!步长:0.3000, 共迭代 1562 次
```

(3) 多参数组合运行。

```
#调用感知机进行分类,eta为学习率
perceptron = PerceptronModel(X, y, eta=0.3)
perceptron.OriginClassifier()                    #原始形式分类

#绘制原始算法分类超平面
x_points = np.linspace(4, 7, 10)
y0 = -(perceptron.w[0] * x_points + perceptron.b) / perceptron.w[1]
plt.plot(x_points, y0, 'r', label='原始算法分类线')
perceptron.DualFormClassifier()                  #对偶形式分类
#由alpha,b计算omega向量
omega0 = sum(perceptron.a[i] * y[i] * X[i][0] for i in range(len(X)))
omega1 = sum(perceptron.a[i] * y[i] * X[i][1] for i in range(len(X)))
y1 = -(omega0 * x_points + perceptron.b) / omega1

#绘制对偶算法分类超平面
plt.plot(x_points, y1, 'b', label='对偶算法分类线')
plt.rcParams['font.sans-serif'] = 'SimHei'    #消除中文乱码
plt.legend()
plt.show()
```

运行程序,效果如图2-5所示。

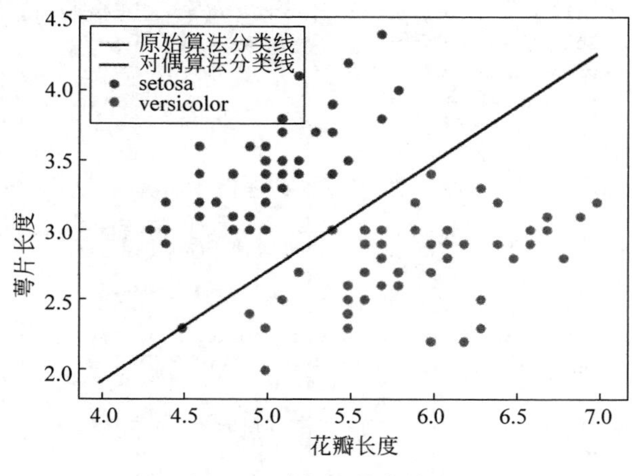

图2-5 感知机分类效果

当学习率不同时，可查看不同的迭代过程，代码如下：

```
#学习率不同，查看迭代次数
n = 100
i = 0
eta_iterTime = np.zeros((n, 3), dtype = float)
for eta in np.linspace(0.01, 1.01, n):
    eta_iterTime[i][0] = eta                            #第一列，学习率
    perceptron = PerceptronModel(X, y, eta)
    perceptron.OriginClassifier()
    eta_iterTime[i][1] = perceptron.iterTimes           #第二列，原始算法迭代次数
    perceptron.DualFormClassifier()
    eta_iterTime[i][2] = perceptron.iterTimes           #第三列，对偶算法迭代次数
    i += 1
x = eta_iterTime[:, 0]                                  #数据切片
y0 = eta_iterTime[:, 1]
y1 = eta_iterTime[:, 2]
plt.scatter(x, y0, c = 'r', marker = 'o', label = '原始算法')
plt.scatter(x, y1, c = 'b', marker = 'x', label = '对偶算法')
plt.xlabel('步长(学习率)')
plt.ylabel('迭代次数')
plt.title("不同步长，不同算法形式下，迭代次数")
plt.legend()
plt.show()
```

运行程序，迭代过程如下，效果如图 2-6 所示。

```
原始形式，分类完成！步长:0.0100，共迭代 1518 次
对偶形式，分类完成！步长:0.0100，共迭代 1518 次
原始形式，分类完成！步长:0.0201，共迭代 1562 次
...
对偶形式，分类完成！步长:0.9999，共迭代 1518 次
原始形式，分类完成！步长:1.0100，共迭代 1562 次
对偶形式，分类完成！步长:1.0100，共迭代 1518 次
```

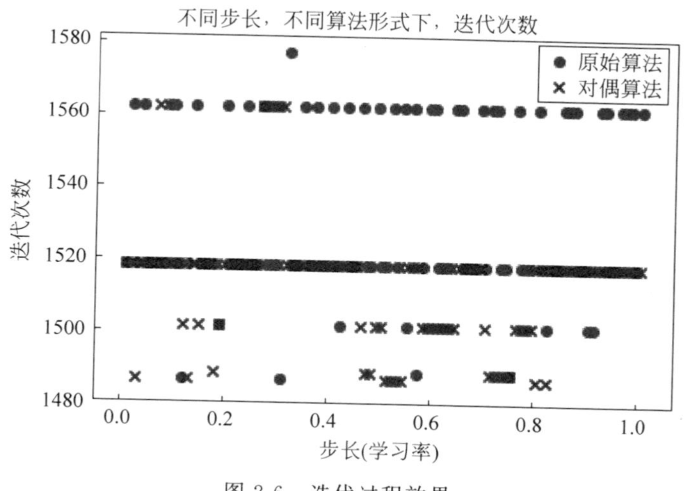

图 2-6　迭代过程效果

由以上结果可得出：

- 感知机的两种算法形式均会因为初值和学习率的不同而造成多种迭代路径。
- 对于线性可分的数据，感知机学习算法迭代是收敛的。

如果利用感知机 sklearn 包实现，其相应的实现代码相对简单些：

```
classify = Perceptron(fit_intercept = True, max_iter = 10000, shuffle = False, eta0 = 0.5, tol = None)
classify.fit(X, y)
print("特征权重:", classify.coef_)                    #特征权重为 w
print("截距(偏置):", classify.intercept_)              #截距为 b

#可视化
plt.scatter(df[:50][iris.feature_names[0]], df[:50][iris.feature_names[1]], label = iris
.target_names[0])
plt.scatter(df[50:100][iris.feature_names[0]], df[50:100][iris.feature_names[1]], label =
iris.target_names[1])
plt.xlabel(iris.feature_names[0])
plt.ylabel(iris.feature_names[1])

#绘制分类超平面
x_points = np.linspace(4, 7, 10)
y = -(classify.coef_[0][0] * x_points + classify.intercept_) / classify.coef_[0][1]
plt.plot(x_points, y, 'r', label = 'sklearn Perceptron 分类线')

plt.title("sklearn 内置感知机分类")
plt.legend()
plt.show()
```

运行程序,输出如下,效果如图 2-7 所示。

```
特征权重: [[ 39.9  -50.7]]
截距(偏置): [-63.]
```

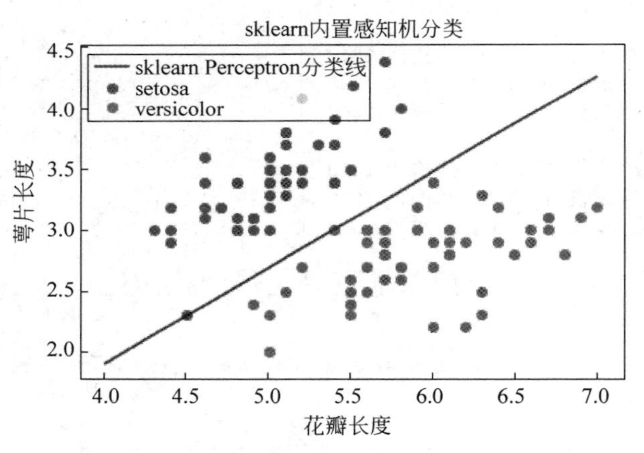

图 2-7 sklearn 内置感知机分类效果

2.3 自适应神经学习

自适应感知机(Adaline)是感知机的优化和改进,Adaline 规则和感知机之间的关键差异在于 Adaline 规则的权重更新是基于线性激活函数,而感知机是基于单位阶跃函数,Adaline 的线性激活函数 $\phi(z)$是净输入的等同函数:

$$\phi(\boldsymbol{w}^{\mathrm{T}}\boldsymbol{x})=\boldsymbol{w}^{\mathrm{T}}\boldsymbol{x}$$

虽然线性激活函数可用于学习权重,但仍然使用阈值函数做最终预测,这类似于先前的单位阶跃函数,图 2-8 及图 2-9 是感知机与自适应算法的主要区别。

1. 梯度下降为最小代价函数

在学习过程中优化目标函数是有监督机器学习算法的一个关键,该目标函数通常是要最小化的代价函数,对于自适应神经元来说,可以把学习权重的代价函数 J 定义为在计算结果

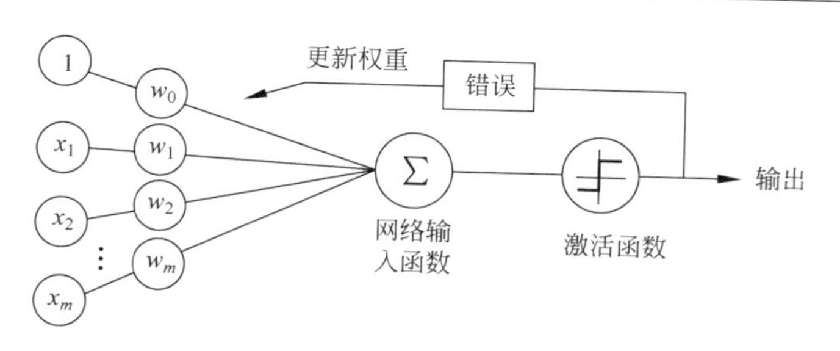

图 2-8　感知机

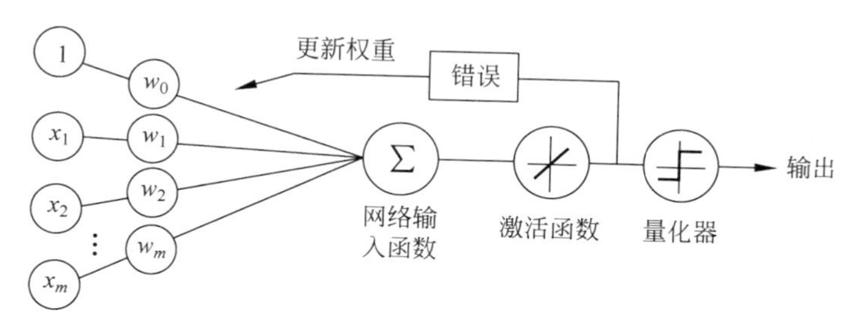

图 2-9　自适应线性神经元

和真正的分类标签之间的误差平方和：

$$J(\boldsymbol{w})=\frac{1}{2}\sum_i(y^{(i)}-\phi(z^{(i)}))^2$$

寻找最小均方误差就像下山一样，每次算法循环都相当于下降一步，下降一步的步幅取决于学习率，与图 2-10 中的权值点的切线斜率相关。

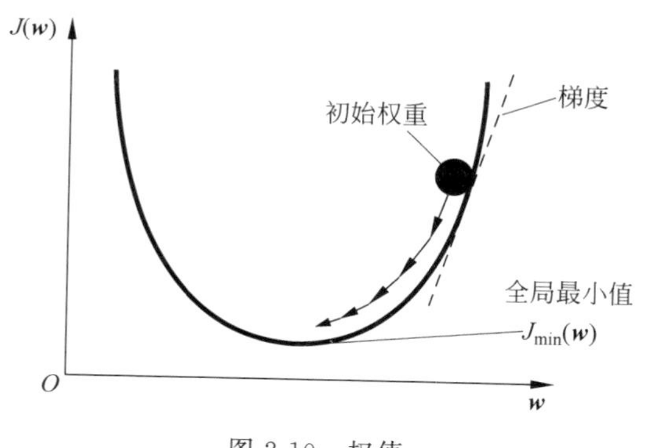

图 2-10　权值

每次权值逼近均方误差最小点的过程就是梯度下降(gradient descent)。因此，权值更新：

$$\boldsymbol{w}=\boldsymbol{w}+\Delta\boldsymbol{w}$$

权值变化：

$$\Delta\boldsymbol{w}=-\eta\Delta J(\boldsymbol{w})$$

其中，$\Delta J(\boldsymbol{w})$是代价函数对权值的偏导函数。

最终得到的权值更新公式如下：

$$\Delta w_j=\mu\sum_i(y^{(i)}-\phi(z^{(i)}))x_j^{(i)}$$

Adaline 算法是基于全部的训练数据，而感知机算法是每个样本都要计算一次误差。

2. 学习率的影响和选择

如果学习率设置为 0.01，输出结果如图 2-11(a)所示，均方误差最小的点是第一个点，然后越来越大。当学习率设置为 0.0001 时,输出结果如图 2-11(b)所示,误差在逐渐减小,但是没有收敛的趋势。

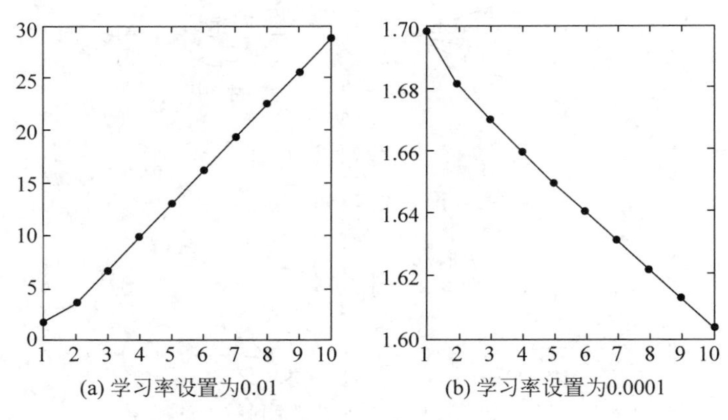

图 2-11　学习率

学习率设置得偏大或偏小都会大幅降低算法效率。采取的方法是进行数据标准化(standardization),公式如下:

$$x'_j = \frac{x_j - \mu_j}{\sigma_j}$$

其中,μ_j 为均值;σ_j 为标准差。经过标准化的数据,会体现出一些数学分布的特点。标准化后,再次使用 0.01 的学习率进行训练分类,如图 2-12 所示。

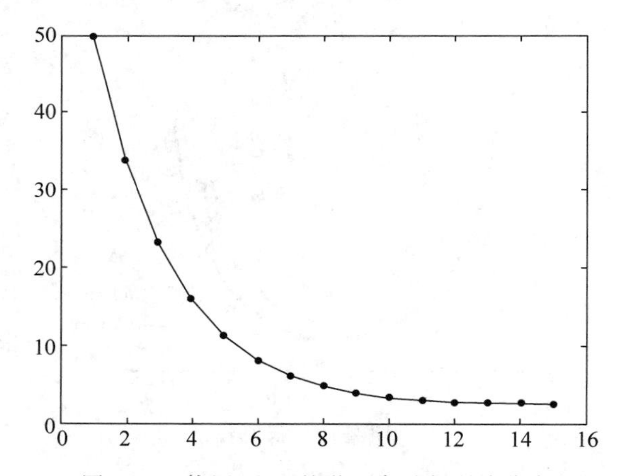

图 2-12　使用 0.01 的学习率进行训练分类

最后分类的平面图如图 2-13 所示。

具体的实现代码如下:

```
# encoding:utf - 8
__author__ = 'Matter'
import numpy as np

class AdalineGD(object):
    #自适应线性神经网络
    #参数 1 为 eta:float,学习率
    #参数 2 为 n_iter:int,循环次数
    # -------- 属性 -------- #
    #属性 1 为 w_:1d_array,拟合后权值
    #属性 2 为 errors_:list,每次迭代的错误分类
```

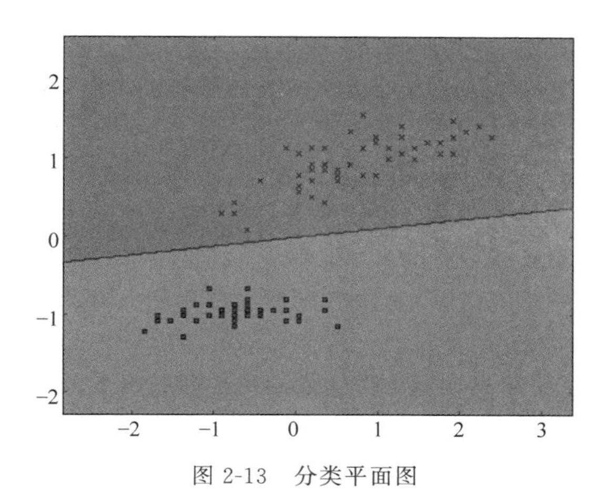

图 2-13 分类平面图

```
    #初始化
    def __init__(self,eta = 0.01,n_iter = 10):
        self.eta = eta
        self.n_iter = n_iter

    #训练模型
    def fit(self,X,y):
        self.w_ = np.zeros(1 + X.shape[1])
        self.errors_ = []
        self.cost_ = []

        for i in range(self.n_iter):
            output = self.net_input(X)
            errors = (y - output)
            self.w_[1:] += self.eta * X.T.dot(errors)
            self.w_[0] += self.eta * errors.sum()
            cost = (errors ** 2).sum()/2.0
            self.cost_.append(cost)
        return self

    #输入和权值的点积,即公式的 z 函数
    def net_input(self,X):
        return np.dot(X,self.w_[1:]) + self.w_[0]

    #线性激活函数
    def activation(self,X):
        return self.net_input(X)

    #利用阶跃函数返回分类标签
    def predict(self,X):
        return np.where(self.activation(X)>= 0.0,1, - 1)
```

2.4 大规模机器学习与随机梯度下降

在机器学习中,对于很多监督学习模型,需要对原始的模型构建损失函数,接下来便通过优化算法对损失函数进行优化,以方便找到最优的参数。

2.4.1 梯度下降算法概述

机器学习中较常使用的优化算法是梯度下降算法,在梯度下降算法求解过程中,只需要求解损失函数的一阶导数，因此其计算的代价比较小。

梯度下降算法的基本思想可以理解为：从山上的某一点出发，找一个最陡的坡走一步(即找梯度方向)，到达一个点之后，再找最陡的坡，再走一步，不断地走，直到走到最低点(最小花费的函数收敛点)。

梯度下降算法有三种不同的形式：批量梯度下降(Batch Gradient Descent，BGD)、随机梯度下降(Stochastic Gradient Descent，SGD)及小批量梯度下降(Mini-Batch Gradient Descent，MBGD)。其中小批量梯度下降算法也常用在深度学习中进行模型的训练。接下来将对这三种不同的梯度下降算法进行介绍。

为了便于理解，这里将使用只含有一个特征的线性回归来展开。线性回归的假设函数为

$$h_{\boldsymbol{\theta}}(x^{(i)})=\theta_1 x^{(i)}+\theta_0$$

其中，$i=1,2,\cdots,m$ 表示样本数。对应的目标函数(代价函数)即为

$$J(\theta_0,\theta_1)=\frac{1}{2m}\sum_{i=1}^{m}(h_{\boldsymbol{\theta}}(x^{(i)})-y^{(i)})^2$$

2.4.2 批量梯度下降算法

批量梯度下降算法是最原始的形式，它是指在每一次迭代时使用所有样本来进行梯度的更新。从数学上理解如下：

(1) 对目标函数求偏导。

$$\frac{\Delta J(\theta_0,\theta_1)}{\Delta\theta_j}=\frac{1}{m}\sum_{i=1}^{m}(h_{\boldsymbol{\theta}}(x^{(i)})-y^{(i)})x_j^{(i)}$$

其中，$i=1,2,\cdots,m$ 表示样本数，$j=0,1$ 表示特征数，此处使用了偏置项 $x_0^{(i)}=1$。

(2) 每次迭代对参数进行更新。

$$\theta_j=\theta_j-\alpha\frac{1}{m}\sum_{i=1}^{m}(h_{\boldsymbol{\theta}}(x^{(i)})-y^{(i)})x_j^{(i)}$$

注意：此处在更新时存在一个求和函数，即为对所有样本进行计算处理，可与下文随机梯度下降算法进行比较。

该算法主要有以下优点。

(1) 一次迭代是对所有样本进行计算，此时利用矩阵进行操作，实现了并行。

(2) 由全数据集确定的方向能够更好地代表样本总体，从而更准确地朝向极值所在的方向。当目标函数为凸函数时，批量梯度下降算法一定能够得到全局最优。

但同时该算法也存在缺点：当样本数目 m 很大时，每迭代一步都需要对所有样本计算，训练过程会很慢。

图 2-14 为批量梯度下降算法过程。

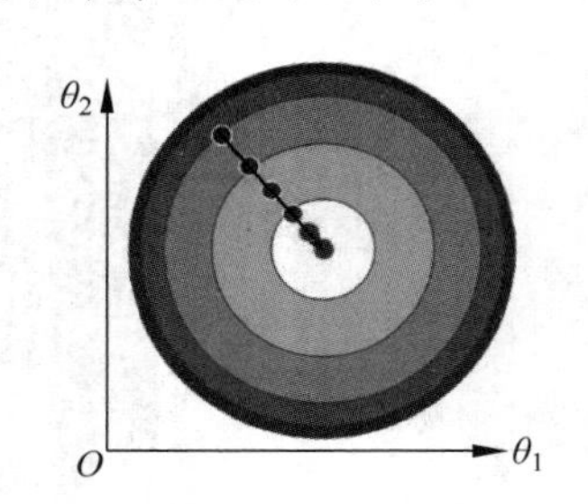

图 2-14 批量梯度下降算法过程

【例 2-2】 利用批量梯度下降算法对数据集进行训练。

```
import numpy as np

#创建数据集 X,y
np.random.seed(1)
X = np.random.rand(100, 1)
y = 4 + 3 * X + np.random.randn(100, 1)
X_b = np.c_[np.ones((100, 1)), X]
```

```
#创建超参数
n_iterations = 10000
t0, t1 = 5, 500
#定义一个函数来动态调整学习率
def learning_rate_schedule(t):
    return t0/(t + t1)
#初始化 θ, W0, …,Wn,标准正态分布创建 W
theta = np.random.randn(2, 1)
#判断是否收敛,不设定阈值,而是直接采用设置相对大的迭代次数保证可以收敛
for i in range(n_iterations):
    #求梯度,计算 gradients
    gradients = X_b.T.dot(X_b.dot(theta) - y)
    #应用梯度下降算法的公式去调整 θ 值,θ(t + 1) = θ(t) - η * gradients
    learning_rate = learning_rate_schedule(i)
    theta = theta - learning_rate * gradients
print(theta)
```

运行程序,输出如下:

```
[[4.23695725]
 [2.68492509]]
```

2.4.3 随机梯度下降算法

随机梯度下降算法不同于批量梯度下降算法,随机梯度下降算法是每次迭代使用一个样本来对参数进行更新,使得训练速度加快。

对于一个样本的目标函数为

$$J^{(i)}(\theta_0,\theta_1)=\frac{1}{2}(h_{\boldsymbol{\theta}}(x^{(i)})-y^{(i)})^2$$

(1) 对目标函数求偏导。

$$\frac{\Delta J^{(i)}(\theta_0,\theta_1)}{\theta_j}=(h_{\boldsymbol{\theta}}(x^{(i)})-y^{(i)})x_j^{(i)}$$

(2) 参数更新。

$$\theta_j=\theta_j-\alpha(h_{\boldsymbol{\theta}}(x^{(i)})-y^{(i)})x_j^{(i)}$$

提示: 这里不再有求和符号。

图 2-15 为随机梯度下降算法过程。

随机梯度下降算法的优点为:由于不是在全部训练数据上的损失函数,而是在每轮迭代中随机优化某一条训练数据上的损失函数,这样每一轮参数的更新速度大幅加快。

该算法的缺点主要表现在:

(1) 准确度下降。即使在目标函数为强凸函数的情况下,随机梯度下降算法仍旧无法做到线性收敛。

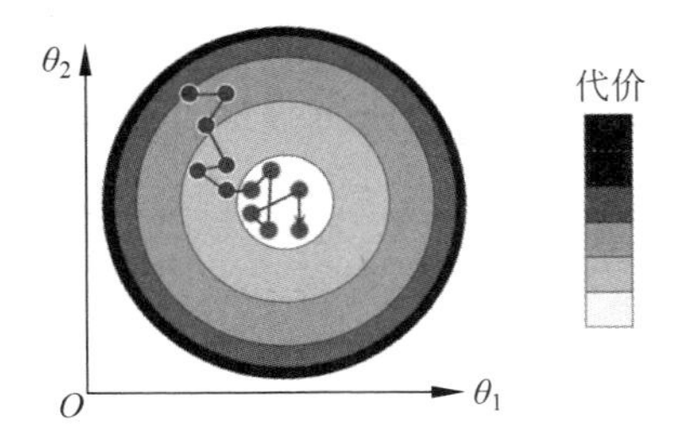

图 2-15 随机梯度下降算法过程

(2) 可能会收敛到局部最优,因为单个样本并不能代表全体样本的趋势。

(3) 不易于并行实现。

【例 2-3】 利用随机梯度下降算法对数据集进行训练。

```
import numpy as np

#创建数据集
X = 2 * np.random.rand(100, 1)
```

```
y = 4 + 3 * X + np.random.randn(100, 1)
X_b = np.c_[np.ones((100, 1)), X]
#创建超参数
n_epochs = 10000
m = 100
t0, t1 = 5, 500

#定义一个函数来调整学习率
def learning_rate_schedule(t):
    return t0/(t + t1)

theta = np.random.randn(2, 1)
for epoch in range(n_epochs):
    #在双层 for 循环之间,每一轮开始分批次迭代之前打乱数据索引顺序
    arr = np.arange(len(X_b))
    np.random.shuffle(arr)
    X_b = X_b[arr]
    y = y[arr]
    for i in range(m):
        xi = X_b[i:i + 1]
        yi = y[i:i + 1]
        gradients = xi.T.dot(xi.dot(theta) - yi)
        learning_rate = learning_rate_schedule(epoch * m + i)
        theta = theta - learning_rate * gradients
print(theta)
```

运行程序,输出如下：

```
[[3.67474671]
 [3.31921676]]
```

2.4.4 小批量梯度下降算法

小批量梯度下降算法综合了批量梯度下降算法与随机梯度下降算法,在每次更新速度与更新次数中间取得一个平衡,其每次更新从训练集中随机选择 batch_size(batch_size $< m$)个样本进行学习。其目标函数为

$$\theta_j^{t+1} = \theta_j^t - \eta \cdot \sum_{i=1}^{\text{batch\_size}} (h_0(x^{(i)}) - y^{(i)}) \cdot x_j^{(i)}$$

图 2-16 为小批量梯度下降算法过程。

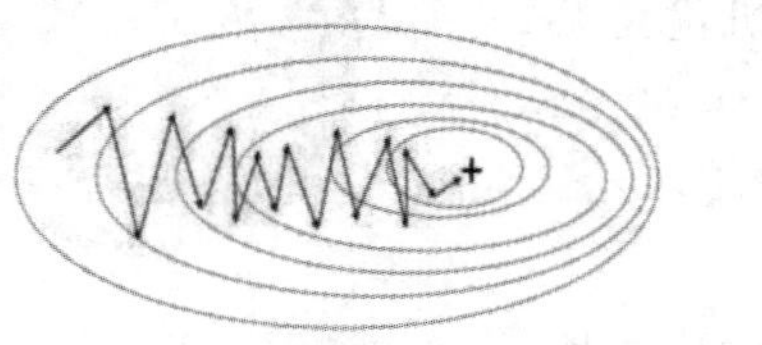

(a) 随机梯度下降算法

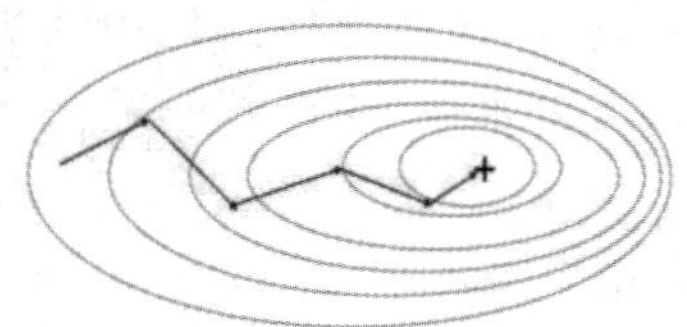

(b) 小批量梯度下降算法

图 2-16 随机梯度下降算法与小批量梯度下降算法过程对比

从图 2-16 可看出,相对于随机梯度下降算法,小批量梯度下降算法降低了收敛波动性,即降低了参数更新的方差,使得更新更加稳定。相对于批量梯度下降算法,小批量梯度下降算法提高了每次学习的速度,并且不用担心内存瓶颈,从而可以利用矩阵运算进行高效计算。普遍来说,每次更新随机选择 50～256 个样本进行学习,但是也要根据具体问题而选择,实践中可以进行多次试验,选择一个更新速度与更次次数都较适合的样本数。

小批量梯度下降算法的优点主要表现在：

（1）通过矩阵运算，每次在一个 batch 上优化神经网络，其参数并不会比单个数据慢太多。

（2）每次使用一个 batch，可以大幅度减小收敛所需要的迭代次数，同时可以使收敛的结果更加接近梯度下降的效果。

（3）实现并行化。

该算法的缺点主要是 batch_size 的不当选择可能会带来一些问题。

batch_size 的选择带来的影响如下。

（1）在合理范围内，增大 batch_size 的好处：

- 内存利用率提高了，大矩阵乘法的并行化效率提高。
- 运行完一次 epoch（全数据集）所需的迭代次数减少，对于相同数据量的处理速度进一步加快。
- 在一定范围内，一般来说 batch_size 越大，其确定的下降方向越准，引起训练的震荡越小。

（2）盲目增大 batch_size 也存在坏处，表现在：

- 内存利用率提高了，但是内存容量可能撑不住了。
- 运行完一次 epoch 所需的迭代次数减少，要想达到相同的精度，其所花费的时间大幅增加了，从而对参数的修正也就显得更加缓慢。
- batch_size 增大到一定程度，其确定的下降方向已经基本不再变化。

【例 2-4】 利用小批量梯度下降算法对数据集进行训练。

```
import numpy as np

#创建数据集 X,y
X = 2 * np.random.rand(100, 1)
y = 4 + 3 * X + np.random.randn(100, 1)
X_b = np.c_[np.ones((100, 1)), X]
#创建超参数
t0, t1 = 5, 500

#定义一个函数来动态调整学习率
def learning_rate_schedule(t):
    return t0/(t + t1)

n_epochs = 100000
m = 100
batch_size = 10
num_batches = int(m / batch_size)
theta = np.random.randn(2, 1)
for epoch in range(n_epochs):
    arr = np.arange(len(X_b))
    np.random.shuffle(arr)
    X_b = X_b[arr]
    y = y[arr]
    for i in range(num_batches):
        x_batch = X_b[i * batch_size: i * batch_size + batch_size]
        y_batch = y[i * batch_size: i * batch_size + batch_size]
        gradients = x_batch.T.dot(x_batch.dot(theta) - y_batch)
        learning_rate = learning_rate_schedule(epoch * m + i)
        theta = theta - learning_rate * gradients
print(theta)
```

运行程序，输出如下：

```
[[4.19657912]
 [2.70863262]]
```

2.4.5 梯度下降算法的调优

当选择好了使用 BGD、SGD、MBGD 中一个梯度下降方式后，接下就要对下降梯度算法进行调优，那么应该从哪些方面进行调优呢？

1. 学习率 α 调优

在 θ 迭代计算公式中，其中的偏导数的系数 α 是学习率，且 $\alpha>0$。

(1) 固定的 α，α 太大，导致迭代次数变少(因为 θ 增量变大)，学习率变快，训练快。但是 α 不是越大越好，如果 α 太大，会导致梯度下降算法在图形的上坡和下坡上面来回震荡计算，严重的结果可能无法收敛。

(2) 固定的 α，α 太小，导致迭代次数变多(因为 θ 增量变小)，学习率变慢，训练慢。但是 α 不是越小越好，如果 α 太小，会导致梯度下降算法在图形迭代到最优点处整个过程需要训练很长时间，就算取得最优 θ，但训练太慢了。

(3) 变化的 α，当梯度大时，学习率变大，梯度小时，学习率变小。则学习率和梯度是一个正相关，可以提高下降算法的收敛速度。α 和梯度的正相关有一个比例系数，称为固定学习率(fixed learning rate)。固定学习率一般取 0.1 或者 0.1 附近的值，可能不是最好但是一定不会太差。

2. 选取最优的初始值 θ

首先，初始值 θ 不同，获得的代价函数的最小值也可能不同，因为每一步梯度下降求得的只是当前局部最小值而已，所以需要多次进行梯度下降算法的训练，每次初始值 θ 都不同，然后选取代价函数取得的最小值的那组当作初始值 θ。

3. 特征数据归一化处理

如果样本不相同，那么特征值的取值范围也一定不同。因为特征值的取值范围可能会导致迭代很慢，所以就要采取措施减少特征值取值范围对迭代的影响，这个措施就是对特征数据归一化。

数据归一化方法有两种，分别为：

(1) 线性归一化。

(2) 均值归一化。

一般图像处理时使用线性归一化方法，如将灰度图像的灰度数据由[0,255]范围归一化到[0,1]范围。如果原始数据集的分布近似为正态(高斯)分布，那么可以使用均值归一化对数据集进行归一化，归一化为均值为 0、方差为 1 的数据集。这里面采用均值归一化，均值归一化的公式如下所示：

$$z=\frac{x-\mu}{\sigma}$$

其中，μ 是原始数据集的均值，σ 是原始数据的标准差。求出来的归一化数据是均值为 0、方差为 1 的数据集。

经过特征数据归一化后，梯度下降算法会在期望值为 0、标准差为 1 的归一化特征数据上进行迭代计算 θ，这样迭代会大幅加快。

第3章

sklearn机器学习分类器

在 Python 环境下，sklearn（全称是 scikit-learn）是目前最好用的机器学习函数库。sklearn 库中几乎集成了所有经典的机器学习算法，同时配以非常简单的实现语句（通常为一两行代码）及模式化的调参过程，使得用户可以花费更多时间在特征工程及数据解决上，并且使得建模的过程集中于算法比较及模型选择上。

当然，sklearn 也是有弊端的，如过于简单的语句使得其功能相对固定，这就使构建定制化的模型变得相对困难。

本章将介绍 sklearn 机器学习的常用分类器。

3.1 分类器的选择

在机器学习中，分类器的作用是在标记好类别的训练数据基础上判断一个新的观察样本所属的类别。分类器依据学习的方式可以分为无监督学习和监督学习。

本节的目的是分类器的选择。可以依据下面四个要点来选择合适的分类器。

1. 泛化能力和拟合之间的权衡

分类器在训练样本上的性能是过拟合评估，如果一个分类器在训练样本上的正确率很高，这说明分类器能够很好地拟合训练数据。但一个好的拟合训练数据的分类器会存在很大的偏置，所以在测试数据上不一定能够得到好的效果。如果一个分类器在训练数据上能够得到很好的效果，但在测试数据上效果下降严重，这说明分类器过拟合了训练数据。从另一个方面分析，如果分类器在测试数据上能够取得好的效果，那么就说明分类器的泛化能力强。分类器的泛化和拟合是一个此消彼长的过程，泛化能力强的分类器拟合能力一般很弱，反之则相反。所以分类器需要在泛化能力和拟合能力间取得平衡。

2. 分类函数的复杂度和训练数据的大小

分类器对于训练数据大小的选择也是至关重要的，如果是一个简单的分类问题，那么拟合能力强、泛化能力弱的分类器就可以通过很小的一部分训练数据来得到。反之，如果是一个复杂的分类问题，那么分类器学习就需要大量的训练数据和泛化能力强的学习算法。一个好的分类器应该能够根据问题的复杂度和训练数据的大小自动地调整拟合能力和泛化能力之间的平衡。

3. 输入的特征空间的维数

如果输入特征空间的向量维数很高，就会造成分类问题变得复杂，即使最后的分类函数只需几个特征来决定。这是因为过高的特征维数会混淆学习算法并会导致分类器的泛化能力过强,而泛化能力过强会使得分类器变化太大,性能下降。因此,一般高维特征向量输入的分类器都需要调节参数,使其泛化能力变弱,拟合能力变强。

4. 输入的特征向量之间的均一性和相互之间的关系

如果特征向量包含多种类型的数据(如离散、连续),那么如SVM、线性回归、逻辑回归等多分类就不适用。这些分类器要求输入的特征必须是数字而且要归一化到相似的范围内。但是决策树分类器却能够很好地处理这些不归一的数据。如果有多个输入特征向量,每个特征向量之间相互独立,即当前特征向量的分类器输出仅仅和当前的特征向量输入有关,那么最优的分类器即是基于线性函数和距离函数的分类器,如线性回归、SVM、朴素贝叶斯等。反之,如果特征向量之间存在复杂的相互关系,那么决策树和神经网络更加适合于这类问题。

3.2 训练感知器

了解 sklearn 库的第一步就是训练感知器,下面通过实例来演示,具体实现步骤如下。

(1) 把 150 个鸢尾花样本的花瓣长度和花瓣宽度存入特征矩阵 $\boldsymbol{X}$,把相应的品种分类标签存入向量 $\boldsymbol{y}$:

```
from sklearn import datasets
import numpy as np

iris = datasets.load_iris()
X = iris.data[:, [2, 3]]
y = iris.target
print('Class labels:', np.unique(y))
Class labels: [0 1 2]
```

(2) 为了评估经过训练的模型对未知数据处理的效果,再进一步将数据集分裂成单独的训练集和测试集:

```
from sklearn.model_selection import train_test_split

#train_test_split 函数把 X 和 y 随机分为 30% 的测试数据和 70% 的训练数据
#在分割前已经在内部训练,random_state 为固定的随机数种子,确保结果可
#重复,通过定义 stratify = y 获得内置的分层支持,将各子数据集中不同分类标签
#的数据比例设置为总数据集比例
X_train, X_test, y_train, y_test = train_test_split(
    X, y, test_size=0.3, random_state=1, stratify=y)
```

(3) 调用 NumPy 的 bincount 函数来对阵列中的每个值进行统计,以验证数据。

```
#计算每种标签的样本数量有多少,分别是 50 个
print('y 的标签计数:', np.bincount(y))
#计算训练集中每种标签样本数量有多少,分别是 35 个
print('y_train 的标签计数:', np.bincount(y_train))
#计算测试集中每种标签样本数量有多少,分别是 15 个
print('y_test 的标签计数:', np.bincount(y_test))
y 的标签计数: [50 50 50]
y_train 的标签计数: [35 35 35]
y_test 的标签计数: [15 15 15]
```

(4) 调用 sklearn 库中预处理模块 preprocessing 中的类 StanderScaler 来对特征进行标准化:

```
#对特征进行标准化
from sklearn.preprocessing import StandardScaler
sc = StandardScaler()
```

```
sc.fit(X_train)
X_train_std = sc.transform(X_train)
X_test_std = sc.transform(X_test)
```

在以上代码中，调用 StanderScaler 的 fit 方法对训练数据的每个特征维度参数 μ 和 σ 进行估算。调用 transform 方法，利用估计的参数 μ 和 σ 对训练数据进行标准化。

注意： 在标准化测试集时，要注意使用相同的特征调整参数以确保训练集与测试集的数值具有可比性。

(5) 训练感知器模型。

```
from sklearn.linear_model import Perceptron

ppn = Perceptron(max_iter = 40, eta0 = 0.1, random_state = 1)
ppn.fit(X_train_std, y_train)
Perceptron(alpha = 0.0001, class_weight = None, eta0 = 0.1, fit_intercept = True,
    max_iter = 40, n_iter = None, n_jobs = 1, penalty = None, random_state = 1,
    shuffle = True, tol = None, verbose = 0, warm_start = False)
```

(6) 调用 predict 方法做预测。

```
y_pred = ppn.predict(X_test_std)
print('错误分类的样本: %d' % (y_test != y_pred).sum())
```

此处结果为“错误分类的样本:3”，当然也有其他的性能指标，如分类准确度：

```
#计算分类准确度
from sklearn.metrics import accuracy_score
print('准确性: %.2f' % accuracy_score(y_test, y_pred))
```

此处结果为“准确性：0.93”。

(7) 利用 plot_decision_regions 函数绘制新训练感知器的模型决策区，并以可视化的方式展示区分不同花朵样本的效果，可以通过圆圈来突出显示来自测试集的样本：

```
from matplotlib.colors import ListedColormap
from matplotlib import pyplot as plt
plt.rcParams['font.sans-serif'] = ['SimHei']          #显示中文
plt.rcParams['axes.unicode_minus'] = False            #显示负号

def plot_decision_regions(X, y, classifier, test_idx = None, resolution = 0.02):
    # setup marker generator and color map
    markers = ('s', 'x', 'o', '^', 'v')
    colors = ('red', 'blue', 'lightgreen', 'gray', 'cyan')
    cmap = ListedColormap(colors[:len(np.unique(y))])
    #绘制决策面
    x1_min, x1_max = X[:, 0].min() - 1, X[:, 0].max() + 1
    x2_min, x2_max = X[:, 1].min() - 1, X[:, 1].max() + 1
    xx1, xx2 = np.meshgrid(np.arange(x1_min, x1_max, resolution),
                           np.arange(x2_min, x2_max, resolution))
    Z = classifier.predict(np.array([xx1.ravel(), xx2.ravel()]).T)
    Z = Z.reshape(xx1.shape)
    plt.contourf(xx1, xx2, Z, alpha = 0.3, cmap = cmap)
    plt.xlim(xx1.min(), xx1.max())
    plt.ylim(xx2.min(), xx2.max())

    for idx, cl in enumerate(np.unique(y)):
        plt.scatter(x = X[y == cl, 0],
                    y = X[y == cl, 1],
                    alpha = 0.8,
                    c = colors[idx],
```

```
                            marker = markers[idx],
                            label = cl,
                            edgecolor = 'black')
    #突出显示测试样本
    if test_idx:
        #绘制所有样本
        X_test, y_test = X[test_idx, :], y[test_idx]
        plt.scatter(X_test[:, 0],
                    X_test[:, 1],
                    #将测试集数据显示为粉色标记
                    c = 'pink',
                    edgecolor = 'black',
                    alpha = 1.0,
                    linewidth = 1,
                    marker = 'o',
                    s = 100,
                    label = '测试集')
X_combined_std = np.vstack((X_train_std, X_test_std))
y_combined = np.hstack((y_train, y_test))

plot_decision_regions(X = X_combined_std, y = y_combined,
                      classifier = ppn, test_idx = range(105, 150))
plt.xlabel('花瓣长度 [标准化]')
plt.ylabel('花瓣宽度 [标准化]')
plt.legend(loc = '左上角')
plt.tight_layout()
plt.show()
```

运行程序,效果如图 3-1 所示。

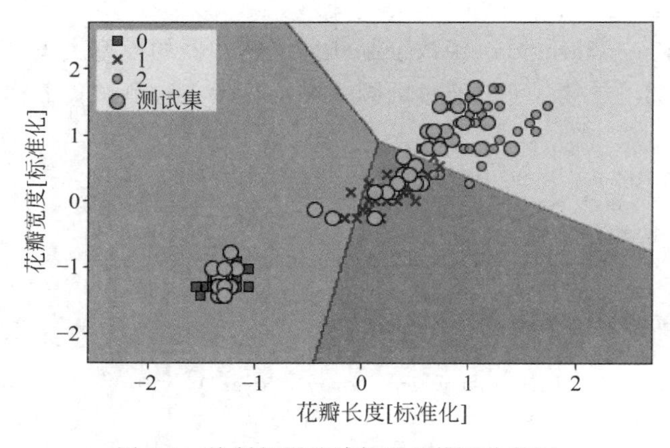

图 3-1 绘制新训练感知器的模型决策区

如图 3-1 中所看到的,三种花不能被线性决策边界完全分离,所以实践中通常不推荐使用感知器算法。

3.3 基于逻辑回归的分类概率建模

逻辑回归一般用于估计某种事物的可能性("可能性"而非数学上的"概率"),不可以直接当作概率值来用。逻辑回归可以用于预测系统或产品的故障的可能性,还可用于市场营销应用程序,例如预测客户购买产品或中止订购的倾向等。在经济学中它可以用来预测一个人选择进入劳动力市场的可能性,而商业应用则可以用来预测房主拖欠抵押贷款的可能性。还可以根据逻辑回归模型,预测在不同的自变量情况下,发生某种情况的概率。

3.3.1 几个相关定义

逻辑回归是一种分类模型而非回归模型，在介绍逻辑回归前先来了解几个相关定义。

(1) 让步比：$\frac{p}{(1-p)}$，代表阳性事件的概率，它指的是要预测的事件的可能性，例如：病人有某种疾病的可能性、某人买彩票中了的可能性等。

(2) 让步比的对数形式：$\text{logit}(p)=\text{lb}\,\frac{p}{(1-p)}$。logit 函数输入值的取值范围在 0 到 1 之间，转换或计算的结果值为整个实数范围，可以用它来表示特征值和对数概率之间的线性关系：

$$\text{logit}(p(y=1\mid x))=w_0x_0+w_1x_1+\cdots+w_mx_m=\sum_{i=0}^{m}w_ix_i=\boldsymbol{w}^{\mathrm{T}}\boldsymbol{x}$$

此处，$p(y=1|x)$是某个特定样本属于 x 类给定特征标签为 1 的条件概率。

(3) sigmoid 函数：$\Phi(z)=\frac{1}{1+\mathrm{e}^{-z}}$，它是 logit 函数的逆形式。sigmoid 函数的形状如图 3-2 所示。

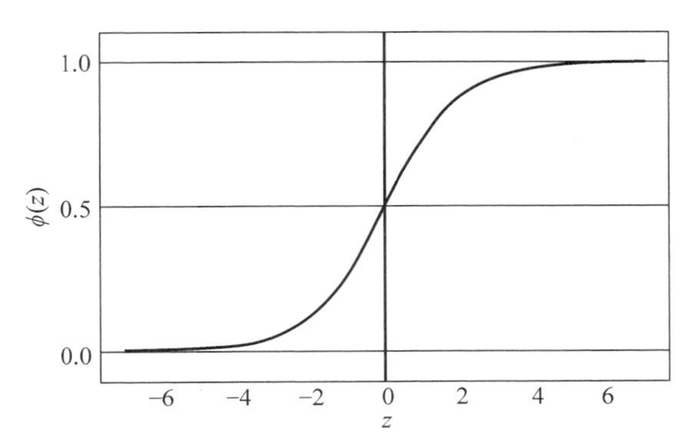

图 3-2 sigmoid 函数的形状

3.3.2 逻辑代价函数的权重

在建立逻辑回归模型时，想要最大化 L 的可能性，先要假设数据集中的样本都是相互独立的个体。公式如下：

$$L(\boldsymbol{w})=p(\boldsymbol{y}\mid\boldsymbol{x};\boldsymbol{w})=\prod_{i}^{n}p(y^{(i)}\mid x^{(i)};\boldsymbol{w})=\prod_{i}^{n}(\phi(z^{(i)}))y^{(i)}(1-\phi(z^{(i)}))^{1-y^{(i)}}$$

在实践中，最大化该方程的自然对数，也被称为对数似然函数：

$$l(\boldsymbol{w})=\log(L(\boldsymbol{w}))=\sum_{i=1}^{n}(y^{(i)}\log(\phi(z^{(i)}))+(1-y^{(i)})\log(1-\phi(z^{(i)})))$$

用梯度下降方法最小化代价函数 J：

$$J(\boldsymbol{w})=\sum_{i=1}^{n}(-y^{(i)}\log(\phi(z^{(i)}))-(1-y^{(i)})\log(1-\phi(z^{(i)})))$$

为更好地理解这个代价函数，计算一个样本训练实例的代价如下：

$$J(\phi(z),y;w)=-y\log(\phi(z))-(1-y)\log(1-\phi(z))$$

从方程中可以看到，如果 $y=0$，第一项为 0，如果 $y=1$，第二项为 0：

$$J(\phi(z),y;w)=\begin{cases}-\log(\phi(z)), & y=1\\-\log(1-\phi(z)), & y=0\end{cases}$$

下面代码实现绘制一张图，用于说明 $\phi(z)$不同样本实例分类的代价：

```
import numpy as np
from matplotlib import pyplot as plt

def cost_1(z):
    return - np.log(sigmoid(z))

def cost_0(z):
    return - np.log(1 - sigmoid(z))
z = np.arange(-10, 10, 0.1)
phi_z = sigmoid(z)
c1 = [cost_1(x) for x in z]
plt.plot(phi_z, c1, label = 'J(w) if y = 1')
c0 = [cost_0(x) for x in z]
plt.plot(phi_z, c0, linestyle = '--', label = 'J(w) if y = 0')
plt.ylim(0.0, 5.1)
plt.xlim([0, 1])
plt.xlabel('$\phi$(z)')
plt.ylabel('J(w)')
plt.legend(loc = 'best')
plt.tight_layout()
plt.show()
```

运行程序，效果如图 3-3 所示。

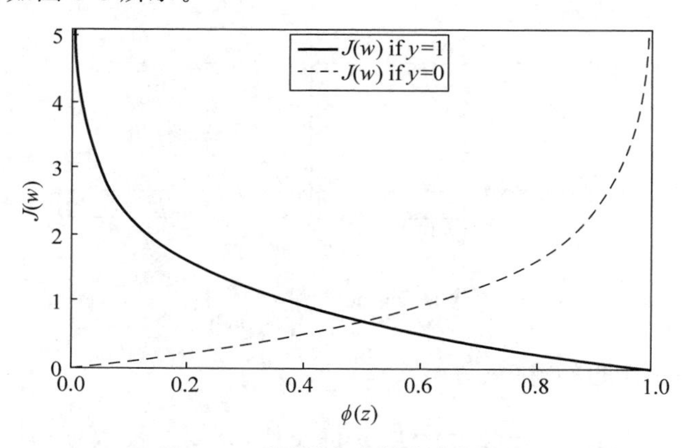

图 3-3 不同样本实例分类的代价

由结果可得出结论：如果分类为 1，则概率越小表示分类错误程度越高；如果分类为 0，则概率越大表示分类错误程度越高。

【例 3-1】 用 sklearn 训练逻辑回归模型。

```
from sklearn.linear_model import LogisticRegression

lr = LogisticRegression(C = 100.0, random_state = 1)
lr.fit(X_train_std, y_train)
plot_decision_regions(X_combined_std, y_combined,
                      classifier = lr, test_idx = range(105, 150))
plt.xlabel('花瓣长度[标准化]')
plt.ylabel('花瓣宽度 [标准化]')
plt.legend(loc = '左上角')
plt.tight_layout()
plt.show()
```

运行程序，效果如图 3-4 所示。

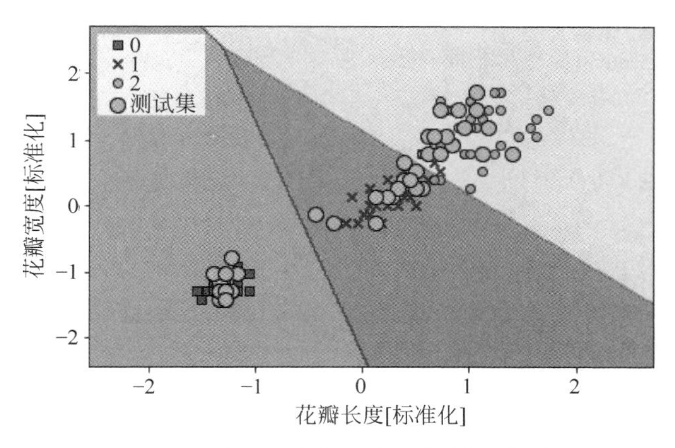

图 3-4 sklearn 训练逻辑回归模型效果

3.3.3 正则化解决过拟合问题

什么是过拟合？什么是欠拟合？过拟合是指模型在训练数据上表现良好，但无法概括未见过的新数据或测试数据；欠拟合是指模型不足以捕捉训练数据中的复杂模式，因此对未见过的数据表现不良。图 3-5 可以很好地阐明过拟合与欠拟合的情况。

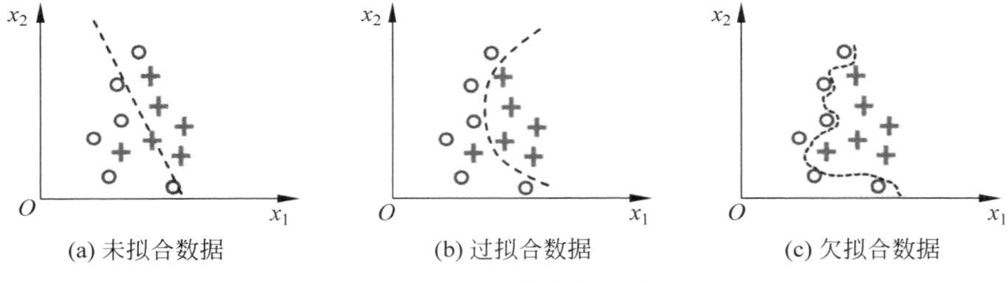

图 3-5 过拟合与欠拟合

正则化又是什么？正则化是处理共线性（特征之间的高相关性），消除数据中的噪声，并最终能避免过拟合的非常有效的方法。正则化的逻辑是引入额外偏置来惩罚极端的权重。

最常见的正则化是 L2 正则化，具体如下：

$$\frac{\lambda}{2}\|\boldsymbol{w}\|^2=\frac{\lambda}{2}\sum_{j=1}^{m}w_j^2$$

其中，λ 为正则化参数。

逻辑回归的代价函数可以通过增加一个简单的正则项来调整，这将在模型训练的过程中缩小权重：

$$J(\boldsymbol{w})=\sum_{i=1}^{n}\left(-y^{(i)}\log(\phi(z^{(i)}))-(1-y^{(i)})\log(1-\phi(z^{(i)}))\right)+\frac{\lambda}{2}\|\boldsymbol{w}\|^2$$

可通过绘制两个权重系数的 L2 正则化路径实现可视化，代码如下：

```
weights, params = [], []
for c in np.arange( - 5, 5):
    lr = LogisticRegression(C = 10. ** c, random_state = 1)
    lr.fit(X_train_std, y_train)
    weights.append(lr.coef_[1])
    params.append(10. ** c)

weights = np.array(weights)
plt.plot(params, weights[:, 0],
```

```
            label = '花瓣长度')
plt.plot(params, weights[:, 1], linestyle = '--',
            label = '花瓣宽度')
plt.ylabel('权重系数')
plt.xlabel('C')
plt.legend(loc = '左上角')
plt.xscale('log')
plt.show()
```

运行程序,效果如图 3-6 所示。

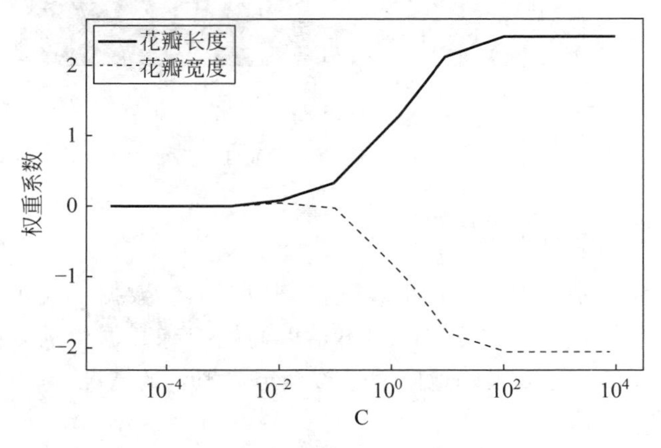

图 3-6 两个权重系数的 L2 正则化

如图 3-6 所示,减小逆正则化参数 C 可以增大正则化的强度,权重系数会变小。

3.4 支持向量机最大化分类间隔

支持向量机是一种二分类模型,它是通过在特征空间中建立间隔最大的分类器,这与感知机模型不同。

3.4.1 超平面

对二分类的逻辑回归,假设特征数为 2,那么训练模型的过程通过梯度下降不断更新参数逼近全局最优解,拟合出一条直线作为决策边界,使得这个决策边界划分出来的分类结果误差最低。

当特征数量超过 2 时,这时用来分割不同类别的"线"就成为一个面,简称超平面(hyperplane),"超"即是多维的意思(二维就是一条线,三维就是一个面,多维就是超平面)。划分超平面可用如下线性方程表示:

$$\boldsymbol{w}^{\mathrm{T}}\boldsymbol{x}+b=0$$

其中,$\boldsymbol{w}=(w_1,w_2,\cdots,w_d)^{\mathrm{T}}$ 为法向量,b 为位移。

如果要用一条直线将图 3-7 的两种类别("+"和"−")分开,可看到可分离的直线有多条。

直观上应该选红色线,因为它是"最能"分开这两种类别的。如果选择黑色线,那么可能存在一些点刚好越过黑色的线,导致被错误分类,但是红色线的容错率会更好,也就不容易出错。

如图 3-8 这种情况,如果选择绿色线,新来一个需要预测的样本(蓝色的点)本来属于"+",但是却被分到"−"这一类,但是红色线就不会,即红色线所产生的分类结果是最健壮的,对未见示例的泛化能力最强。

红色线的这条决策边界就是通过间隔最大化求得的,并且是唯一的。在了解间隔最大化之前先了解一下函数间隔和几何间隔的概念。

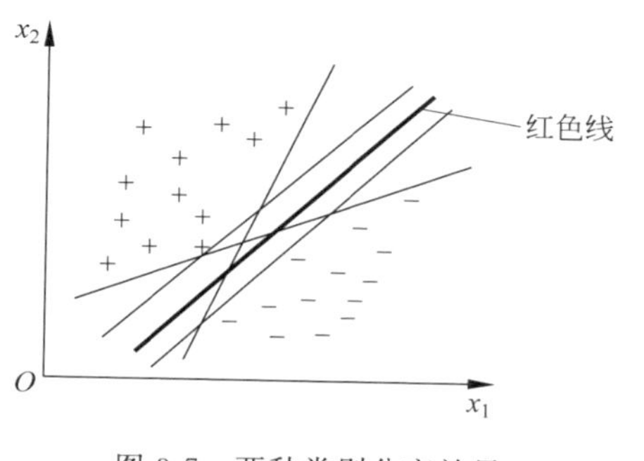

图 3-7 两种类别分离效果

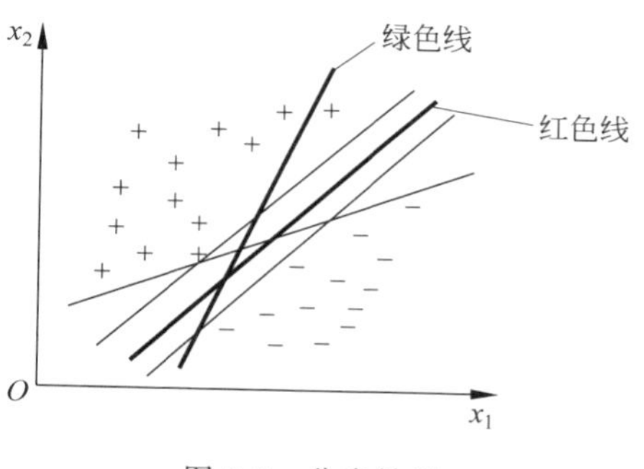

图 3-8 分类效果

3.4.2 函数间隔和几何间隔

一般来说，一个点距离超平面的远近可以表示分类预测的确信程度。

(1) 函数间隔：对于给定训练集和超平面($\boldsymbol{w}$,b)，定义超平面($\boldsymbol{w}$,b)关于样本点(x_i,y_i)的函数间隔为

$$\hat{r}_i = y_i(\boldsymbol{w}^{\mathrm{T}}\boldsymbol{x}_i + b)$$

定义超平面($\boldsymbol{w}$,b)关于训练集的函数间隔为超平面关于训练集中所有样本点的函数间隔的最小值：

$$\hat{r} = \min_{i=1,2,\cdots,N} \hat{r}_i$$

可以看到，当$\boldsymbol{w}$、b成比例变化时，超平面没有改变但是函数间隔变了，因此可以对$\boldsymbol{w}$、b做相应的约束，就得到了几何间隔。

(2) 几何间隔：对于给定训练集和超平面($\boldsymbol{w}$,b)，定义超平面($\boldsymbol{w}$,b)关于样本点(x_i,y_i)的集合间隔为

$$r_i = \frac{y_i(\boldsymbol{w}^{\mathrm{T}}\boldsymbol{x}_i + b)}{\|\boldsymbol{w}\|}$$

定义超平面($\boldsymbol{w}$,b)关于训练集的函数间隔为超平面关于训练集中所有样本点的几何间隔的最小值：

$$r = \min_{i=1,2,\cdots,N} r_i$$

这里的几何间隔就是点到平面的距离公式，因为y为1或-1，且当前数据集线性可分，所以和$\frac{|\boldsymbol{w}^{\mathrm{T}}\boldsymbol{x}_i + b|}{\|\boldsymbol{w}\|}$是等价的。

3.4.3 间隔最大化

当$\boldsymbol{w}$、b成比例变化时，函数间隔也会成比例变化，而几何间隔是不变的，所以要考虑几何间隔最大化，即求解间隔最大化的超平面的问题就变成了求解如下带约束的优化问题：

$$\begin{cases} \max\limits_{w,b} \ r \\ \text{s.t.} \ \dfrac{y_i(\boldsymbol{w}^{\mathrm{T}}\boldsymbol{x}_i + b)}{\|\boldsymbol{w}\|} \geqslant r, i=1,2,\cdots,N \end{cases}$$

上面的约束条件表示对于训练集中所有样本关于超平面的几何距离都至少是r。又因为函数间隔和几何间隔之间存在这样的关系：$r = \frac{\hat{r}}{\|\boldsymbol{w}\|}$，所以上面的优化问题可以写成如下形式：

$$\begin{cases}\max\limits_{w,b} & \dfrac{\hat{r}}{\|w\|} \\ \text{s. t.} & (w^{\mathrm{T}}x_i + b) \geqslant \hat{r}, i=1,2,\cdots,N\end{cases}$$

又因为 w、b 成比例变为 λw、λb，函数间隔变为 $\lambda\hat{r}(\lambda>0)$，虽然改变了函数间隔但是不等式约束依然满足，并且超平面也没有变，所以 $\hat{r}$ 的取值并不影响目标函数的优化。为了方便计算，可以令 $\hat{r}=1$，并且由于最大化$\dfrac{\hat{r}}{\|w\|}$和最小化$\dfrac{\|w\|^2}{2}$是等价的，所以优化问题可以写成如下形式：

$$\begin{cases}\min\limits_{w,b} & \dfrac{\|w\|^2}{2} \\ \text{s. t.} & y_i(w^{\mathrm{T}}x_i + b) \geqslant 1, i=1,2,\cdots,N\end{cases}$$

使得上面等式成立的点也被称为支持向量(support vector)。

【例 3-2】 训练 SVM 模型。

```
import numpy as np
from sklearn import svm
from sklearn.svm import SVC
import matplotlib.pyplot as plt

clf = svm.SVC()
#支持向量机的最大边界分类
def SVM():
    svm = SVC (kernel = 'linear', C = 1.0, random_state = 0)
    svm.fit(X_train_std, y_train)
    plot_decision_regions(X_combined_std, y_combined,
                          classifier = svm, test_idx = range(105, 150))
    plt.xlabel('花瓣长度(标准化)')
    plt.ylabel('花瓣宽度(标准化)')
    plt.legend(loc = 'upper left')
    plt.tight_layout()
    plt.show()
SVM()
```

运行程序，效果如图 3-9 所示。

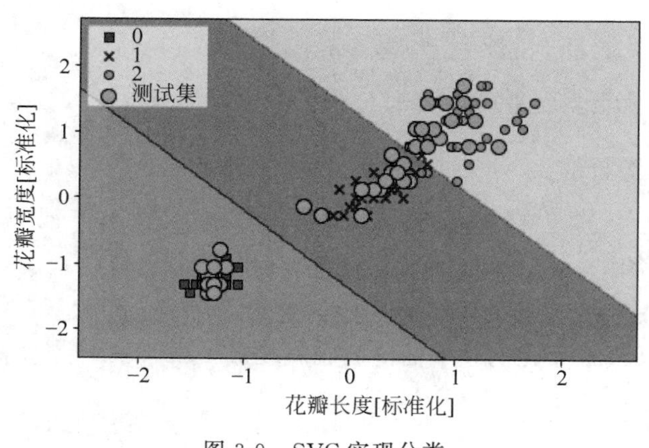

图 3-9 SVC 实现分类

3.5 核 SVM 解决非线性分类问题

支持向量机(SVM)算法除了能对线性问题进行分类外，还可以对非线性可分的问题进行分类，可以很容易地使用“核技巧”来解决非线性可分问题。

3.5.1 处理非线性不可分数据的核方法

在非线性问题中，最经典的非线性问题莫过于对于异或问题的分类，下面通过一个例子来演示。

【例 3-3】 通过 Python 生成一个异或数据集。

```
import matplotlib.pyplot as plt
import numpy as np

np.random.seed(1)
X_xor = np.random.randn(200, 2)
y_xor = np.logical_xor(X_xor[:, 0] > 0,
                        X_xor[:, 1] > 0)
y_xor = np.where(y_xor, 1, -1)

plt.scatter(X_xor[y_xor == 1, 0],
            X_xor[y_xor == 1, 1],
            c = 'b', marker = 'x',
            label = '1')
plt.scatter(X_xor[y_xor == -1, 0],
            X_xor[y_xor == -1, 1],
            c = 'r',
            marker = 's',
            label = '-1')
plt.xlim([-3, 3])
plt.ylim([-3, 3])
plt.legend(loc = 'best')
plt.tight_layout()
plt.show()
```

运行程序，得到如图 3-10 所示的随机噪声的异或数据集。

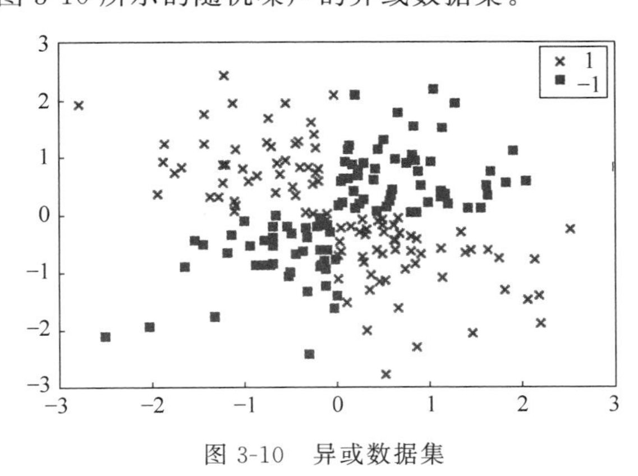

图 3-10 异或数据集

从图 3-10 可看出，不能用前面讨论过的线性逻辑回归或线性 SVM 模型所产生的线性超平面作为决策边界来分隔样本的正类和负类。然而，核方法的逻辑是针对线性不可分数据，通过映射函数 Φ 把原始特征投影到一个高维空间，特征在该空间变得线性可分，如图 3-11 所示。

3.5.2 核函数实现高维空间的分离超平面

为了使用 SVM 解决非线性问题，需要调用映射函数 Φ 将训练数据变成在高维空间上表示的特征，然后训练 SVM 模型对新特征空间的数据进行分类。可以用相同的映射函数 Φ 对

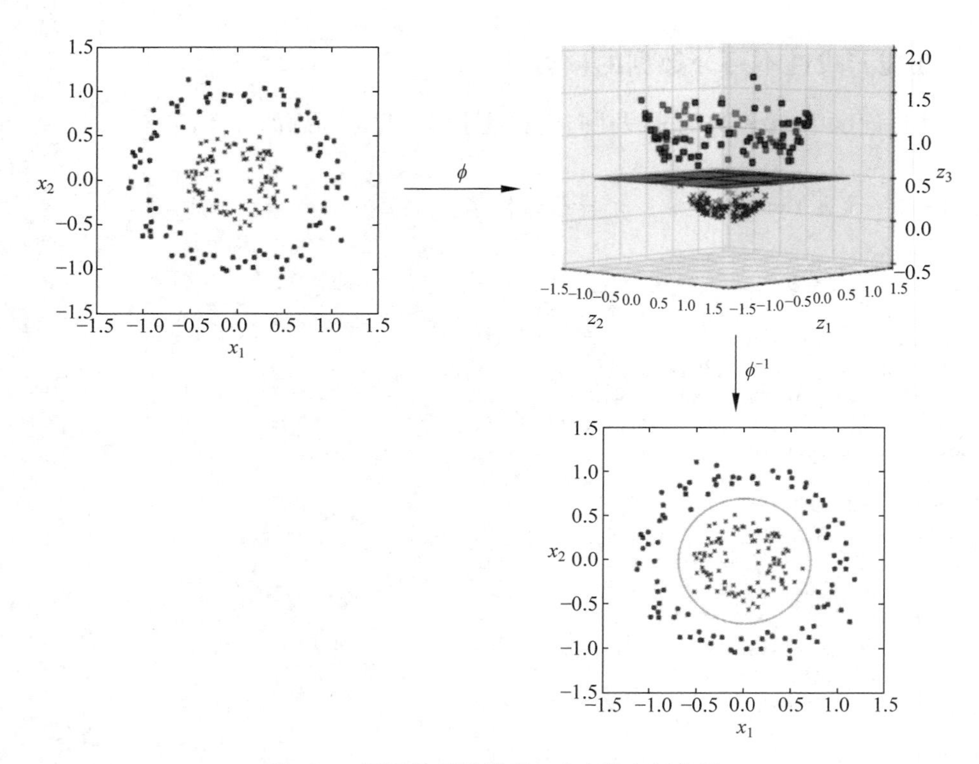

图 3-11　原始特征投影到一个高维空间效果

新的、未见过的数据进行变换，用线性 SVM 模型进行分类。

定义核函数如下：

$$\kappa(x^{(i)},x^{(j)})=\exp\left(-\frac{\| x^{(i)}-x^{(j)} \|^2}{2\sigma^2}\right)$$

通过下面代码看能否训练核 SVM 来画出非线性决策边界，以区分异或数据。

```
svm = SVC(kernel = 'rbf', random_state = 1, gamma = 0.10, C = 10.0)
svm.fit(X_xor, y_xor)
plot_decision_regions(X_xor, y_xor,
                      classifier = svm)
plt.legend(loc = 'upper left')
plt.tight_layout()
plt.show()
```

运行程序，效果如图 3-12 所示。

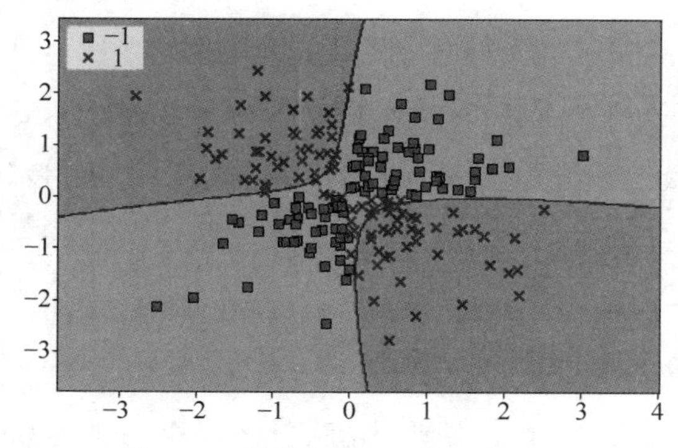

图 3-12　划分非线性决策边界效果

γ 值的不同，可能导致决策边界紧缩和波动，此处将 γ 值改为 0.5，则决策边界效果如图 3-13 所示。

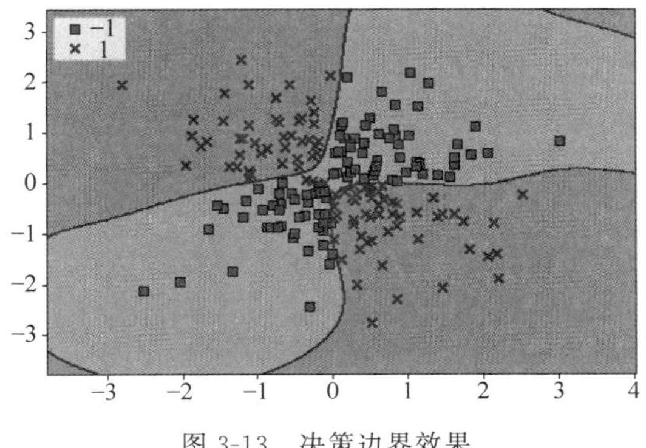

图 3-13　决策边界效果

3.6 决策树

应用最广的归纳推理算法之一是决策树(decision tree)学习，它是一种逼近离散值函数的方法。在这种方法中学习到的函数被表示为一棵决策树，学习得到的决策树也能再被表示为多个 if-then 规则，以提高可读性。

决策树学习算法有很多，如 ID3、C4.5、ASSISTANT 等。决策树学习方法为：搜索一个完整表示的假设空间，从而避免受限假设空间的不足。决策树学习的归纳偏置是优先选择较小的树。

3.6.1 何为决策树

决策树就是一棵树，一棵决策树包含一个根节点、若干内部节点和若干叶节点；叶节点对应于决策结果，其他每个节点则对应于一个属性测试；每个节点包含的样本集合根据属性测试的结果被划分到子节点中；根节点包含样本全集，从根节点到每个叶子节点的路径对应了一个判定测试序列。

【例 3-4】 在一个水果的分类问题中，采用特征向量为(颜色，尺寸，形状，味道)，其中：

颜色属性的取值范围：红、绿、黄；

尺寸属性的取值范围：大、中、小；

形状属性的取值范围：圆、细；

味道属性的取值范围：甜、酸；

样本集：一批水果，知道其特征向量及类别；

问题：一个新的水果，观测到了其特征向量，应该将其分为哪一类？

整个决策树效果如图 3-14 所示。

通常决策树代表实例属性值约束的合取(conjunction)的析取式(disjunction)。从树根到树叶的每一条路径都对应一组属性测试的合取，树本身对应这些合取的析取。

上述例子可对应如下析取式：

$$
\begin{aligned}
&(\text{颜色}=\text{绿} \wedge \text{尺寸}=\text{大})\\
\vee&(\text{颜色}=\text{绿} \wedge \text{尺寸}=\text{中})\\
\vee&(\text{颜色}=\text{绿} \wedge \text{尺寸}=\text{小})\\
\vee&(\text{颜色}=\text{黄} \wedge \text{形状}=\text{圆} \wedge \text{尺寸}=\text{大})
\end{aligned}
$$

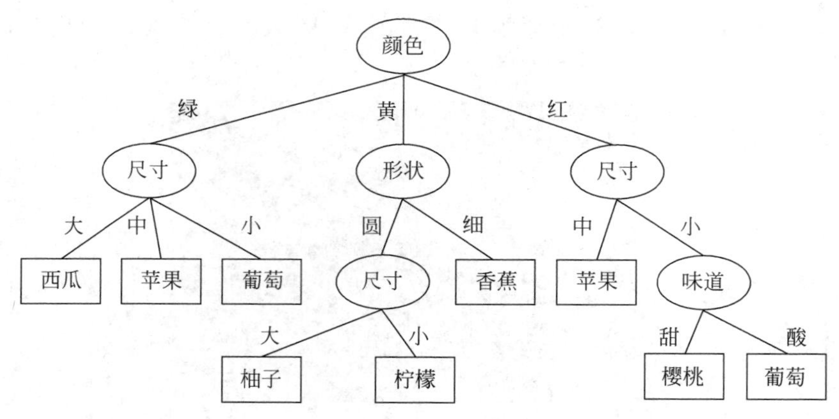

图 3-14 决策树效果

∨(颜色＝黄∧形状＝圆∧尺寸＝小)

∨(颜色＝黄∧形状＝细)

∨(颜色＝红∧尺寸＝中)

∨(颜色＝红∧尺寸＝小∧味道＝甜)

∨(颜色＝红∧尺寸＝小∧味道＝酸)

实际上,构造一棵决策树要解决的如下 4 个问题：

(1) 收集待分类的数据,这些数据的所有属性应该是完全标注的。

(2) 设计分类原则,即数据的哪些属性可以被用来分类,以及如何将该属性量化。

(3) 分类原则的选择,即在众多分类准则中,每一步选择哪一准则使最终的树更令人满意。

(4) 设计分类停止条件。

- 该节点包含的数据太少不足以分裂。
- 继续分裂数据集对树生成的目标没有贡献。
- 树的深度过大不宜再分。

3.6.2 决策树生成

1. 信息增益

决策树学习的关键在于如何选择最优的划分属性。所谓最优划分属性,对于二元分类而言,就是尽量使划分的样本属于同一类别,即“纯度”最高的属性。那么如何来度量特征的纯度,这时候就要用到“信息熵”。先来看看信息熵的定义：假如当前样本集 D 中第 k 类样本所占的比例为 $p_k(k=1,2,\cdots,|y|)$,$|y|$为类别的总数(对于二元分类来说,$|y|=2$)。则样本集的信息熵为

$$\mathrm{Ent}(D)=-\sum_{k=1}^{|y|}p_k\,\mathrm{lb}\,p_k$$

其中,$\mathrm{Ent}(D)$的值越小,则 D 的纯度越高。

假定离散属性 a 有 V 个可能的取值$\{a^1,a^2,\cdots,a^V\}$,如果使用特征 a 对数据集 D 进行划分,则会产生 V 个分支节点,其中第 $v(v=1,2,\cdots,V)$个节点包含了数据集 D 中所有在特征 a 上取值为 $a^v(v=1,2,\cdots,V)$的样本总数,记为 D^v。因此,可以根据上面信息熵的公式计算出信息熵。再考虑不同的分支节点所包含的样本数量不同,给分支节点赋予权重$\frac{|D^v|}{|D|}$,从这个

公式能够发现包含的样本数越多的分支节点的影响越大(这是信息增益的一个缺点,即信息增益对可取值数目多的特征有偏好,即该属性能取的值越多,信息增益越偏向这个)。因此,能够计算出特征对样本集 D 进行划分所获得的"信息增益":

$$\mathrm{Gain}(D,a)=\mathrm{Ent}(D)-\sum_{v=1}^{V}\frac{|D^v|}{|D|}\mathrm{Ent}(D^v)$$

一般而言,信息增益越大,表示使用特征对数据集划分所获得的"纯度提升"越大。所以信息增益可以用于决策树划分属性的选择,其实就是选择信息增益最大的属性。

2. 信息增益率

信息增益率的定义为

$$\mathrm{Gain\_ratio}=\frac{\mathrm{Gain}(D,a)}{\mathrm{IV}(a)}$$

其中

$$\mathrm{IV}(a)=-\sum_{v=1}^{V}\frac{|D^v|}{|D|}\mathrm{lb}\,\frac{|D^v|}{|D|}$$

$\mathrm{IV}(a)$称为属性 a 的"固有值",属性 a 的可能取值数目越多(即 V 越大),则 $\mathrm{IV}(a)$的值通常会越大。但增益率也可能产生一个问题就是,对可取数值数目较少的属性有所偏好,因此算法并不是直接选择使用增益率最大的候选划分属性,而是使用了一个启发式算法:先从候选划分属性中找出信息增益高于平均水平的属性,再从中选择信息增益率最高的。

3. 基尼指数

基尼指数(Gini index)也可以用于选择划分特征,如 CART(Classification And Regression Tree,分类和回归树,分类和回归都可以用)就是使用基尼指数来选择划分特征。基尼值可表示为

$$\mathrm{Gini}(D)=\sum_{k=1}^{|y|}\sum_{k'\neq k}p_k p_{k'}=1-\sum_{k=1}^{|y|}p_k^2$$

$\mathrm{Gini}(D)$反映了从数据集 D 中随机抽取两个样本,其类别标记不一致的概率,因此,$\mathrm{Gini}(D)$越小,则数据集 D 的纯度越高。则属性 a 的基尼指数定义为

$$\mathrm{Gain\_inder}=(D,a)=\sum_{v=1}^{V}\frac{|D^v|}{|D|}\mathrm{Gini}(D^v)$$

所以在候选属性集中,选择使得划分后基尼指数最小的属性作为最优划分属性。

3.6.3 决策树的剪枝

剪枝作为决策树后期处理的重要步骤,是必不可少的。没有剪枝,就是一个完全生长的决策树,是过拟合的,通常需要去掉一些不必要的节点以使得决策树模型更具有泛化能力。

决策树的剪枝方法主要有两种,分别为预剪枝和后剪枝。

1. 预剪枝(pre-pruning)

预剪枝是在构造决策树的同时进行剪枝。所有决策树的构建方法,都是在无法进一步降低熵的情况下才会停止创建分支的过程,为了避免过拟合,可以设定一个阈值,熵减小的数量小于这个阈值,即使还可以继续降低熵,也停止继续创建分支。但是这种方法实际中的效果并不好,因为在实际中,面对不同问题,很难有一个明确的阈值可以保证树模型足够好。

2. 后剪枝(post-pruning)

后剪枝的剪枝过程是删除一些子树,然后用其叶节点代替。这个叶节点所标识的类别用这棵子树中大多数训练样本所属的类别来标识。

决策树构造完成后进行剪枝。剪枝的过程是对拥有同样父节点的一组节点进行检查,判断如果将其合并,熵的增加量是否小于某一阈值。如果确实小,则这一组节点可以合并为一个节点,其中包含了所有可能的结果。后剪枝是目前最普遍的做法。

3.6.4 使用sklearn预测个人情况

构建决策树的算法有很多,本节实例只使用ID3算法构建决策树。

ID3算法的核心是在决策树各个节点上对应信息增益准则选择特征,递归地构建决策树。具体方法:从根节点开始,对节点计算所有可能的特征的信息增益,选择信息增益最大的特征作为节点的特征,由该特征的不同取值建立子节点;再对子节点递归地调用以上方法,构建决策树;直到所有特征的信息增益均很小或没有特征可以选择为止,最后得到一棵决策树。ID3算法相当于用极大似然法进行概率模型的选择。

在使用ID3算法构造决策树之前,先分析表3-1中的数据。

表3-1 数据信息

ID	年龄类别	是否有工作	是否有自己的房子	信贷情况	类别(是否有贷款)
1	青年	否	否	一般	否
2	青年	否	否	好	否
3	青年	是	否	好	是
3	青年	是	是	一般	是
4	青年	否	否	一般	否
5	青年	否	否	一般	否
6	中年	否	否	一般	否
7	中年	是	是	好	是
8	中年	否	是	好	是
9	中年	否	是	非常好	是
10	中年	否	是	非常好	是
11	老年	否	是	非常好	是
12	老年	否	是	好	是
13	老年	是	否	好	是
14	老年	是	否	非常好	是
15	老年	否	否	一般	否

因为特征A_3(是否有自己的房子)的信息增益值最大,所以选择特征A_3作为根节点的特征。它将训练集D划分为两个子集D_1(A_3取值为“是”)和D_2(A_3取值为“否”)。因为D_1只有同一类的样本点,所以它成为一个叶节点,节点的类标记为“是”。

对D_2则需要从特征A_1(年龄类别),A_2(是否有工作)和A_4(信贷情况)中选择新的特征,计算各个特征的信息增益:

$$g(D_2,A_1)=H(D_2)-H(D_2 \mid A_1)=0.251$$

$$g(D_2,A_2)=H(D_2)-H(D_2 \mid A_2)=0.918$$

$$g(D_2,A_4)=H(D_2)-H(D_2 \mid A_4)=0.474$$

根据计算,选择信息增益最大的特征A_2(是否有工作)作为节点的特征。因为A_2有两个可能取值,从这一节点引出两个子节点:一个对应“是”(有工作)的子节点,包含3个样本,它们属于同一类,所以这是一个叶节点,类标记为“是”;另一个对应“否”(无工作)的子节点,包含6个样本,它们也属于同一类,所以这也是一个叶节点,类标记为“否”。这样就生成了一棵决策树，该决策树只用了两个特征(有两个内部节点)，生成的决策树如图 3-15 所示。

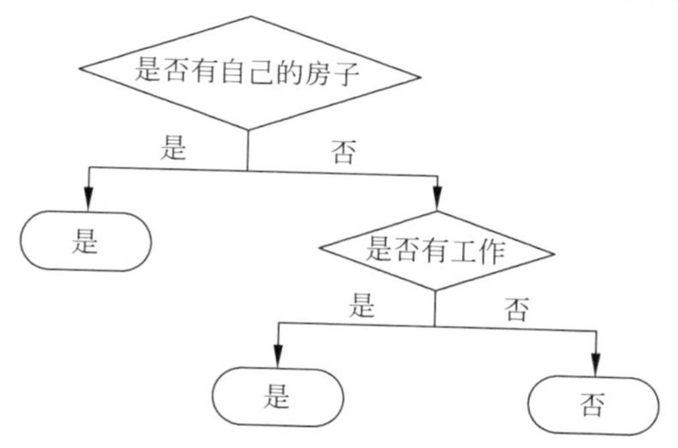

图 3-15 生成的决策树

这样就使用 ID3 算法构建出决策树，接下来，看看如何进行代码实现。

(1) 构建决策树。

创建函数 majorityCnt 统计 classList 中出现此处最多的元素(类标签)，创建函数 createTree 用来递归构建决策树。编写代码如下：

```
# -*- coding: UTF-8 -*-
from math import log
import operator

def calcShannonEnt(dataSet):
    """
    函数说明: 计算给定数据集的经验熵(香农熵)
        dataSet: 数据集
        shannonEnt: 经验熵(香农熵)
    """
    numEntires = len(dataSet)                           #返回数据集的行数
    labelCounts = {}                                    #保存每个标签出现次数的字典
    for featVec in dataSet:                             #对每组特征向量进行统计
        currentLabel = featVec[-1]                      #提取标签信息
        if currentLabel not in labelCounts.keys():      #如果标签没有放入统计次数的字典,
                                                        #则添加进去
            labelCounts[currentLabel] = 0
        labelCounts[currentLabel] += 1                  #标签计数
    shannonEnt = 0.0                                    #经验熵(香农熵)
    for key in labelCounts:                             #计算香农熵
        prob = float(labelCounts[key]) / numEntires     #选择该标签的概率
        shannonEnt -= prob * log(prob, 2)               #利用公式计算
    return shannonEnt                                   #返回经验熵(香农熵)

def createDataSet():
    """
    函数说明: 创建测试数据集
        dataSet: 数据集
        labels: 特征标签
    """
    dataSet = [[0, 0, 0, 0, 'no'],                      #数据集
               [0, 0, 0, 1, 'no'],
               [0, 1, 0, 1, 'yes'],
               [0, 1, 1, 0, 'yes'],
               [0, 0, 0, 0, 'no'],
               [1, 0, 0, 0, 'no'],
               [1, 0, 0, 1, 'no'],
               [1, 1, 1, 1, 'yes'],
```

```
                [1, 0, 1, 2, 'yes'],
                [1, 0, 1, 2, 'yes'],
                [2, 0, 1, 2, 'yes'],
                [2, 0, 1, 1, 'yes'],
                [2, 1, 0, 1, 'yes'],
                [2, 1, 0, 2, 'yes'],
                [2, 0, 0, 0, 'no']]
    labels = ['年龄类别', '是否有工作', '是否有自己的房子', '信贷情况']      #特征标签
    return dataSet, labels                                    #返回数据集和分类属性

def splitDataSet(dataSet, axis, value):
    """
    函数说明:按照给定特征划分数据集
    dataSet:待划分的数据集
      axis:划分数据集的特征
      value:需要返回的特征的值
    """
    retDataSet = []                                           #创建返回的数据集列表
    for featVec in dataSet:                                   #遍历数据集
        if featVec[axis] == value:
            reducedFeatVec = featVec[:axis]                   #去掉 axis 特征
            reducedFeatVec.extend(featVec[axis+1:])           #将符合条件的添加到返回的数据集
            retDataSet.append(reducedFeatVec)
    return retDataSet                                         #返回划分后的数据集

def chooseBestFeatureToSplit(dataSet):
    """
    函数说明: 选择最优特征
        dataSet: 数据集
      bestFeature: 信息增益最大的(最优)特征的索引值
    """
    numFeatures = len(dataSet[0]) - 1                         #特征数量
    baseEntropy = calcShannonEnt(dataSet)                     #计算数据集的香农熵
    bestInfoGain = 0.0                                        #信息增益
    bestFeature = -1                                          #最优特征的索引值
    for i in range(numFeatures):                              #遍历所有特征
        #获取 dataSet 的第 i 个特征
        featList = [example[i] for example in dataSet]
        uniqueVals = set(featList)                            #创建 set 集合{},元素不可重复
        newEntropy = 0.0                                      #经验条件熵
        for value in uniqueVals:                                #计算信息增益
            subDataSet = splitDataSet(dataSet, i, value)        #subDataSet 划分后的子集
            prob = len(subDataSet) / float(len(dataSet))        #计算子集的概率
            newEntropy += prob * calcShannonEnt(subDataSet)     #根据公式计算经验条件熵
        infoGain = baseEntropy - newEntropy                     #信息增益
            if (infoGain > bestInfoGain):                       #计算信息增益
            bestInfoGain = infoGain                   #更新信息增益,找到最大的信息增益
            bestFeature = i                           #记录信息增益最大的特征的索引值
    return bestFeature                                #返回信息增益最大的特征的索引值

def majorityCnt(classList):
    """
    函数说明: 统计 classList 中出现最多的元素(类标签)
        classList: 类标签列表
      sortedClassCount[0][0]:出现最多的元素(类标签)
    """
    classCount = {}
    for vote in classList:                            #统计 classList 中每个元素出现的次数
        if vote not in classCount.keys():classCount[vote] = 0
```

```
            classCount[vote] += 1
        sortedClassCount = sorted(classCount.items(), key = operator.itemgetter(1), reverse = True)
                                                                    #根据字典的值降序排序
        return sortedClassCount[0][0]                               #返回 classList 中出现次数最多的元素

    def createTree(dataSet, labels, featLabels):
        """
        函数说明: 创建决策树
          dataSet: 训练数据集
           labels: 分类属性标签
           featLabels: 存储选择的最优特征标签
           myTree: 决策树
        """
        classList = [example[-1] for example in dataSet]        #取分类标签(是否有贷款:yes or no)
        if classList.count(classList[0]) == len(classList):    #如果类别完全相同则停止继续划分
            return classList[0]
        if len(dataSet[0]) == 1 or len(labels) == 0:           #遍历完所有特征时返回出现次数最多
                                                                #的类标签
            return majorityCnt(classList)
        bestFeat = chooseBestFeatureToSplit(dataSet)            #选择最优特征
        bestFeatLabel = labels[bestFeat]                        #最优特征的标签
        featLabels.append(bestFeatLabel)
        myTree = {bestFeatLabel:{}}                             #根据最优特征的标签生成树
        del(labels[bestFeat])                                   #删除已经使用的特征标签
        featValues = [example[bestFeat] for example in dataSet]     #得到训练集中所有最优特征的
                                                                    #属性值
        uniqueVals = set(featValues)                            #去掉重复的属性值
        for value in uniqueVals:                                #遍历特征,创建决策树
            subLabels = labels[:]
            myTree[bestFeatLabel][value] = createTree(splitDataSet(dataSet, bestFeat, value),
subLabels, featLabels)
        return myTree

    if __name__ == '__main__':
        dataSet, labels = createDataSet()
        featLabels = []
        myTree = createTree(dataSet, labels, featLabels)
        print(myTree)
```

运行程序,输出如下:

```
{'是否有自己的房子': {0: {'是否有工作': {0: 'no', 1: 'yes'}}, 1: 'yes'}}
```

递归创建决策树时,递归有两个终止条件:第一个停止条件是所有的类标签完全相同,则直接返回该类标签;第二个停止条件是使用完了所有特征,仍然不能将数据划分仅包含唯一类别的分组,即决策树构建失败,特征不够用。此时说明数据维度不够,由于第二个停止条件无法简单地返回唯一的类标签,这里挑选出现数量最多的类别作为返回值。

由结果可见,决策树已经构建完成了。为了使结果更直观,可以使用强大的 Matplotlib 绘制决策树。

(2) 决策树可视化。

在实现可视化代码中,需要用到的 Matplotlib 可视化函数有:

- getNumLeafs:获取决策树叶节点的数目。
- getTreeDepth:获取决策树的层数。
- plotNode:绘制节点。
- plotMidText:标注有向边属性值。

- plotTree：绘制决策树。
- createPlot：创建绘制面板。

代码编写如下：

```
# -*- coding: UTF-8 -*-
from matplotlib.font_manager import FontProperties
import matplotlib.pyplot as plt
from math import log
import operator

... # 此处省略与上面相同的代码
def getNumLeafs(myTree):
    """
    函数说明：获取决策树叶节点的数目
        myTree：决策树
        numLeafs：决策树的叶节点的数目
    """
    numLeafs = 0                                        # 初始化叶节点
    firstStr = next(iter(myTree))          # Python 3 中 myTree.keys 返回的是 dict_keys,不是 list
        # 所以不能使用 myTree.keys()[0]的方法获取节点属性,可以使用 list(myTree.keys())[0]
    secondDict = myTree[firstStr]                       # 获取下一组字典
    for key in secondDict.keys():
        if type(secondDict[key]).__name__ == 'dict':    # 测试该节点是否为字典,如果不是字典
                                                        # 则代表此节点为叶节点
            numLeafs += getNumLeafs(secondDict[key])
        else: numLeafs += 1
    return numLeafs

def getTreeDepth(myTree):
    """
    函数说明：获取决策树的层数
        myTree：决策树
        maxDepth：决策树的层数
    """
    maxDepth = 0                                        # 初始化决策树深度
    firstStr = next(iter(myTree))          # Python 3 中 myTree.keys 返回的是 dict_keys,不是 list
          # 所以不能使用 myTree.keys()[0]方法获取节点属性,可以使用 list(myTree.keys())[0]
    secondDict = myTree[firstStr]                       # 获取下一个字典
    for key in secondDict.keys():
        if type(secondDict[key]).__name__ == 'dict':    # 测试该节点是否为字典,如果不是字典,
                                                        # 则代表此节点为叶节点
            thisDepth = 1 + getTreeDepth(secondDict[key])
        else: thisDepth = 1
        if thisDepth > maxDepth: maxDepth = thisDepth   # 更新层数
    return maxDepth

def plotNode(nodeTxt, centerPt, parentPt, nodeType):
    """
    函数说明：绘制节点
        nodeTxt：节点名
        centerPt：文本位置
        parentPt：标注的箭头位置
        nodeType：节点格式
    """
    arrow_args = dict(arrowstyle = "<-")                # 定义箭头格式
    font = FontProperties(fname = r"c:\windows\fonts\simsun.ttc", size = 14)     # 设置中文字体
    createPlot.ax1.annotate(nodeTxt, xy = parentPt, xycoords = 'axes fraction',  # 绘制节点
        xytext = centerPt, textcoords = 'axes fraction',
        va = "center", ha = "center", bbox = nodeType, arrowprops = arrow_args, FontProperties = font)
```

```
def plotMidText(cntrPt, parentPt, txtString):
    """
    函数说明:标注有向边属性值
        cntrPt、parentPt:用于计算标注位置
        txtString:标注的内容
    """
    xMid = (parentPt[0] - cntrPt[0])/2.0 + cntrPt[0]
     #计算标注位置
    yMid = (parentPt[1] - cntrPt[1])/2.0 + cntrPt[1]
    createPlot.ax1.text(xMid, yMid, txtString, va = "center", ha = "center", rotation = 30)

def plotTree(myTree, parentPt, nodeTxt):
    """
    函数说明: 绘制决策树
        myTree: 决策树(字典)
        parentPt: 标注的内容
        nodeTxt: 节点名
    """
        decisionNode = dict(boxstyle = "sawtooth", fc = "0.8")    #设置节点格式
    leafNode = dict(boxstyle = "round4", fc = "0.8")              #设置叶节点格式
    numLeafs = getNumLeafs(myTree)       #获取决策树叶节点数目,决定了树的宽度
    depth = getTreeDepth(myTree)                                  #获取决策树层数
    firstStr = next(iter(myTree))                                 #下一个字典
    cntrPt = (plotTree.xOff + (1.0 + float(numLeafs))/2.0/plotTree.totalW, plotTree.yOff)
                                                                  #中心位置
    plotMidText(cntrPt, parentPt, nodeTxt)                        #标注有向边属性值
    plotNode(firstStr, cntrPt, parentPt, decisionNode)            #绘制节点
    secondDict = myTree[firstStr]        #下一个字典,也就是继续绘制子树
    plotTree.yOff = plotTree.yOff - 1.0/plotTree.totalD           #y偏移
    for key in secondDict.keys():
        if type(secondDict[key]).__name__ == 'dict':
     #测试该节点是否为字典,如果不是字典,则代表此节点为叶节点
            plotTree(secondDict[key],cntrPt,str(key))
            #不是叶节点,递归调用继续绘制
            else:
            #如果是叶节点,则绘制叶节点,并标注有向边属性值
                plotTree.xOff = plotTree.xOff + 1.0/plotTree.totalW
                plotNode(secondDict[key], (plotTree.xOff, plotTree.yOff), cntrPt, leafNode)
                plotMidText((plotTree.xOff, plotTree.yOff), cntrPt, str(key))
    plotTree.yOff = plotTree.yOff + 1.0/plotTree.totalD

def createPlot(inTree):
    """
    函数说明: 创建绘制面板
        inTree: 决策树(字典)
    """
    fig = plt.figure(1, facecolor = 'white')
 #创建图形
    fig.clf()
 #清空图形
    axprops = dict(xticks = [], yticks = [])
    createPlot.ax1 = plt.subplot(111, frameon = False, **axprops)
 #去掉x、y轴
    plotTree.totalW = float(getNumLeafs(inTree))
 #获取决策树叶节点数目
    plotTree.totalD = float(getTreeDepth(inTree))
 #获取决策树层数
    plotTree.xOff = -0.5/plotTree.totalW; plotTree.yOff = 1.0;
```

```
#x偏移
    plotTree(inTree, (0.5,1.0), '')
#绘制决策树
    plt.show()
#显示绘制结果

if __name__ == '__main__':
    dataSet, labels = createDataSet()
    featLabels = []
    myTree = createTree(dataSet, labels, featLabels)
    print(myTree)
    createPlot(myTree)
```

运行程序,输出如下,得到决策树效果如图3-16所示。

```
{'是否有自己的房子': {0: {'是否有工作': {0: 'no', 1: 'yes'}}, 1: 'yes'}}
```

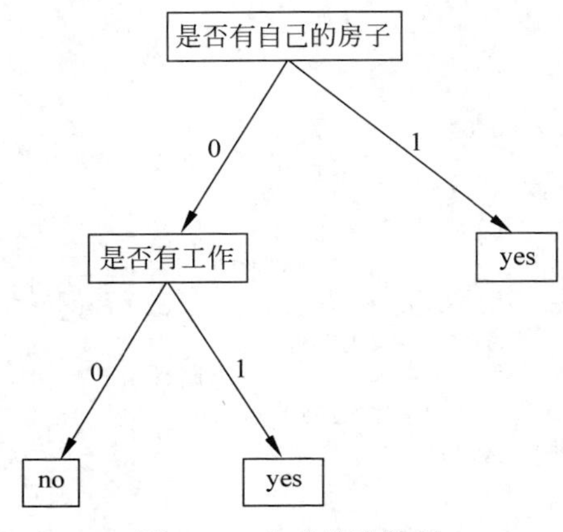

图3-16 生成的决策树

代码中,plotNode函数的工作就是绘制各个节点,如是否有自己的房子、是否有工作、yes、no,包括内节点和叶节点。plotMidText函数的工作就是绘制各个有向边的属性,如各个有向边的0和1。

(3) 使用决策树执行分类。

依靠训练数据构造了决策树之后,可以将它用于实际数据的分类。首先,在执行数据分类时,需要决策树及用于构造树的标签向量;然后,比较测试数据与决策树上的数值,递归执行该过程直到进入叶节点;最后,将测试数据定义为叶节点所属的类型。在构建决策树的代码中,可以看到,有一个featLabels参数,它是用来记录各个分类节点的,在用决策树做预测时,按顺序输入需要的分类节点的属性值即可。用决策树做分类的代码很简单,具体代码如下:

```
# -*- coding: UTF-8 -*-
from math import log
import operator
... #此处省略与上面相同的代码

def classify(inputTree, featLabels, testVec):
    """
    函数说明:使用决策树分类
        inputTree:已经生成的决策树
        featLabels:存储选择的最优特征标签
        testVec:测试数据列表,顺序对应最优特征标签
        classLabel:分类结果
    """
    firstStr = next(iter(inputTree))
    #获取决策树节点
    secondDict = inputTree[firstStr]
    #下一个字典
    featIndex = featLabels.index(firstStr)
    for key in secondDict.keys():
        if testVec[featIndex] == key:
            if type(secondDict[key]).__name__ == 'dict':
                classLabel = classify(secondDict[key], featLabels, testVec)
            else: classLabel = secondDict[key]
```

```
    return classLabel

if __name__ == '__main__':
    dataSet, labels = createDataSet()
    featLabels = []
    myTree = createTree(dataSet, labels, featLabels)
    testVec = [0,1]           # 测试数据
    result = classify(myTree, featLabels, testVec)
    if result == 'yes':
        print('放贷')
    if result == 'no':
        print('不放贷')
```

这里只增加了 classify 函数，用于决策树分类。输入测试数据[0,1]，它代表没有房子，但是有工作，分类结果如下所示：

```
放贷
```

那是不是每次做预测都要训练一次决策树呢？并不是这样的，可通过决策树的存储方法解决此问题。

（4）决策树的存储。

即使处理很小的数据集，构造决策树也是很耗时的，如前面的样本数据，也要花费几秒的时间，如果数据集很大，耗费的计算时间将会很长。然而，用创建好的决策树解决分类问题，则可以很快完成。因此，为了节省计算时间，最好在每次执行分类时调用已经构造好的决策树。为了解决这个问题，需要使用 Python 模块 pickle 序列化对象。序列化对象后即可在磁盘上保存对象，并在需要时将其读取出来。

假设已经得到决策树{'是否有自己的房子'：{0：{'是否有工作'：{0：'no'，1：'yes'}}，1：'yes'}}，使用 pickle.dump 存储决策树。

```
# -*- coding: UTF-8 -*-
import pickle

def storeTree(inputTree, filename):
    """
    函数说明：存储决策树
        inputTree: 已经生成的决策树
        filename: 决策树的存储文件名
    """
    with open(filename, 'wb') as fw:
        pickle.dump(inputTree, fw)

if __name__ == '__main__':
    myTree = {'是否有自己的房子': {0: {'是否有工作': {0: 'no', 1: 'yes'}}, 1: 'yes'}}
    storeTree(myTree, 'classifierStorage.txt')
```

运行代码，在该 Python 文件的相同目录下，会生成一个名为 classifierStorage.txt 的文本文件，这个文件二进制存储着决策树，可以使用 Sublime Text 将文件打开查看存储结果，如图 3-17 所示。

```
1  8003 7d71 0058 1200 0000 e69c 89e8 87aa
2  e5b7 b1e7 9a84 e688 bfe5 ad90 7101 7d71
3  0228 4b00 7d71 0358 0900 0000 e69c 89e5
4  b7a5 e4bd 9c71 047d 7105 284b 0058 0200
5  0000 6e6f 7106 4b01 5803 0000 0079 6573
6  7107 7573 4b01 6807 7573 2e
```

图 3-17 存储的 classifierStorage.txt 文件

图 3-17 所示的内容是一个二进制存储的文件，我们不需要看懂里面的内容，会存储、会用即可。如果下次需要使用这个存储完的二进制文件，使用 pickle.load 进行载入即可。编写代码如下：

```
# -*- coding: UTF-8 -*-
import pickle

def grabTree(filename):
    """
    函数说明: 读取决策树
        filename: 决策树的存储文件名
        pickle.load(fr): 决策树字典
    """
    fr = open(filename, 'rb')
    return pickle.load(fr)

if __name__ == '__main__':
    myTree = grabTree('classifierStorage.txt')
    print(myTree)
```

运行程序，输出如下：

```
{'是否有自己的房子': {0: {'是否有工作': {0: 'no', 1: 'yes'}}, 1: 'yes'}}
```

从上述结果中可以看到，已顺利加载了存储决策树的二进制文件。

3.7 K 近邻算法

一种最经典和最简单的有监督学习方法之一是 K 近邻(K-Nearest Neighbor, KNN)算法。K 近邻算法是最简单的分类器，没有显式的学习过程或训练过程，属于懒惰学习(lazy learning)。当对数据的分布只有很少或者没有任何先验知识时，K 近邻算法是一个不错的选择。

3.7.1 K 近邻算法的原理

K 近邻算法除了可以用来解决分类问题，还可用来解决回归问题。它有着非常简单的原理：当对测试样本进行分类时，首先通过扫描训练样本集，找到与该测试样本最相似的 k 个训练样本，根据这个样本的类别进行投票确定测试样本的类别。也即可通过单个样本与测试样本的相似程度进行加权。如果需要以测试样本对应每类的概率的形式输出，可以通过 k 个样本中不同类别的样本数量分布来进行估计。

K 近邻算法三要素分别为：距离度量、k 值的选择、分类决策规则。

1. 距离度量

特征空间中两个实例点之间的距离是二者相似程度的反映，所以 K 近邻算法中一个重要的问题是计算样本之间的距离，以确定训练样本中哪些样本与测试样本更加接近。

在实际应用中，距离计算方法往往需要根据应用的场景和数据本身的特点来选择。当已有的距离方法不能满足实际应用需求时，还需要有针对性地提出适合具体问题的距离度量方法。

设特征空间 χ 是 n 维实数向量空间，$\boldsymbol{x}_i,\boldsymbol{x}_j \in \chi$，$\boldsymbol{x}_i=(x_i^{(1)},x_i^{(2)},\cdots,x_i^{(n)})^{\mathrm{T}}$，$\boldsymbol{x}_j=(x_j^{(1)},x_j^{(2)},\cdots,x_j^{(n)})^{\mathrm{T}}$，则 $\boldsymbol{x}_i$、$\boldsymbol{x}_j$ 的 L_p 距离定义为

$$L_p(\boldsymbol{x}_i,\boldsymbol{x}_j)=\left(\sum_{l=1}^{n}\left|x_i^{(l)}-x_j^{(l)}\right|^p\right)^{\frac{1}{p}}$$

- 当 $p=2$ 时,为欧氏距离(Euclidean distance)。
- 当 $p=1$ 时,为曼哈顿距离(Manhattan distance)。
- 当 $p=\infty$ 时,为各个坐标距离的最大值。

图 3-18 为二维空间中,与原点的 L_p 距离为 1 的点的图形($L_p=1$)。

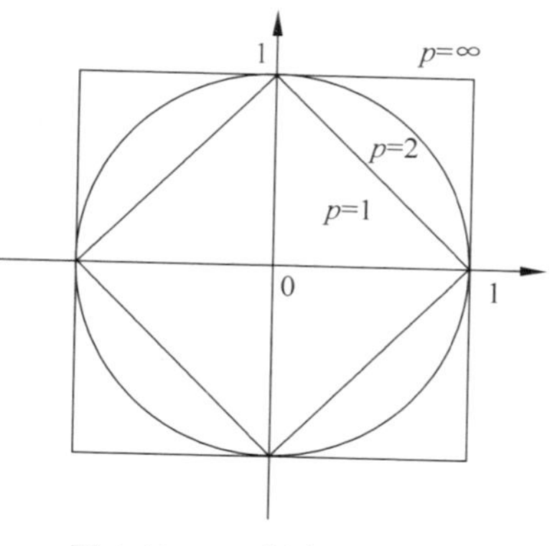

图 3-18 L_p 距离间的关系

2. k 值的选择

正常情况下,从 $k=1$ 开始,随着 k 的逐渐增大,K 近邻算法的分类效果会逐渐提升;在增大到某个值后,随着 k 的进一步增大,K 近邻算法的分类效果会逐渐下降。

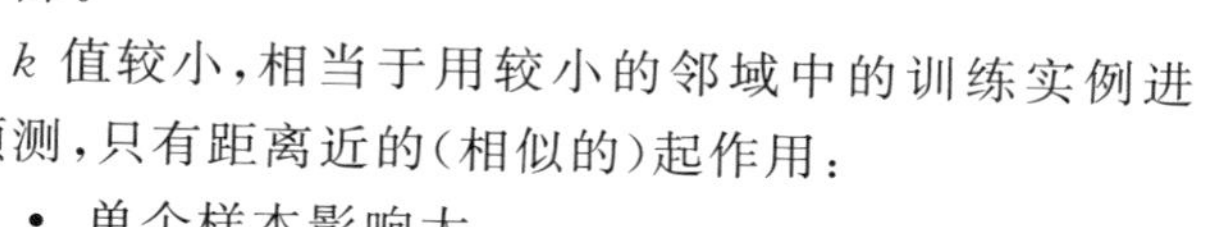

k 值较小,相当于用较小的邻域中的训练实例进行预测,只有距离近的(相似的)起作用:

- 单个样本影响大。
- “学习”的近似误差(approximation error)会减小,但估计误差(estimation error)会增大。
- 噪声敏感。
- 整体模型变得复杂,容易发生过拟合。

k 值较大,这时距离远的(不相似的)也会起作用:

- 近似误差会增大,但估计误差会减小。
- 整体的模型变得简单。

3. 分类决策规则

分类决策规则一般都是多数表决规则(majority voting rule),为新数据点距离最近的数据点的多数类决定新数据点的类别,实现函数如下:

```
sklearn.neighbors.KNeighborsClassifier(n_neighbors = 5,
                                       weights = 'uniform',
                                       algorithm = '',
                                       leaf_size = '30',
                                       p = 2,
                                       metric = 'minkowski',
                                       metric_params = None,
                                       n_jobs = None
                                       )
```

3.7.2 K 近邻算法的实现

K 近邻算法的完整实现过程如下:

(1) 确定 k 的大小和距离计算方法。

(2) 从训练样本中得到 k 个与测试最相似的样本。

① 计算测试数据与各个训练数据之间的距离;

② 按照距离的递增关系进行排序;

③ 选取距离最小的 k 个点;

④ 确定前 k 个点所在类别的出现频率;

⑤ 返回前 k 个点中出现频率最高的类别作为测试数据的预测分类。

(3) 根据 k 个组相似样本的类别,通过投票的方式来确定测试样本的类别。

【例 3-5】 sklearn 的 K 近邻算法实现。

实现步骤如下：

(1) 导入包、导入数据。

```
import numpy as np
import matplotlib.pyplot as plt
from sklearn import datasets
from sklearn.model_selection import train_test_split
from sklearn.metrics import accuracy_score
#加载分类模型
from sklearn.linear_model import LogisticRegression
from sklearn.svm import SVC

iris = datasets.load_iris()
X = iris.data[:, :2]                    #加载 Iris 数据集的目标
y = iris.target                         #加载 Iris 数据集的前两个特征
```

(2) 划分数据。

```
from sklearn.neighbors import KNeighborsClassifier
X_train, X_test, y_train, y_test = train_test_split(X, y, stratify=y, random_state = 0)
```

(3) 交叉验证。

```
from sklearn.model_selection import cross_val_score              #导入包
knn_3_clf = KNeighborsClassifier(n_neighbors = 3)               #实例化对象,k 取 3,最近的 3 个点
knn_5_clf = KNeighborsClassifier(n_neighbors = 5)
knn_3_scores = cross_val_score(knn_3_clf, X_train, y_train, cv=10)      #训练,10 折
knn_5_scores = cross_val_score(knn_5_clf, X_train, y_train, cv=10)
print("knn_3 平均分数: ", knn_3_scores.mean(), "knn_3 标准: ",knn_3_scores.std())
print("knn_3 平均分数: ", knn_5_scores.mean(), " knn_3 标准: ",knn_5_scores.std())
knn_3 平均分数: 0.7983333333333333 knn_3 标准: 0.09081421817216852
knn_3 平均分数: 0.8066666666666666 knn_3 标准: 0.05593205754956987

all_scores = []
for n_neighbors in range(3,9,1):
    knn_clf = KNeighborsClassifier(n_neighbors = n_neighbors)
    all_scores.append((n_neighbors, cross_val_score(knn_clf, X_train, y_train, cv=10).mean()))

print(sorted(all_scores, key = lambda x:x[0], reverse = True))          #按索引输出
print(sorted(all_scores, key = lambda x:x[1], reverse = True))          #从高分到低分输出
[(8, 0.7983333333333333), (7, 0.8261111111111111), (6, 0.8233333333333335),
(5, 0.8066666666666666), (4, 0.8511111111111112), (3, 0.7983333333333333)]
[(4, 0.8511111111111112), (7, 0.8261111111111111), (6, 0.8233333333333335),
(5, 0.8066666666666666), (3, 0.7983333333333333), (8, 0.7983333333333333)]
```

(4) 图解。

```
import mglearn mglearn.plots.plot_knn_classification(n_neighbors=1)
```

当 $k=3$ 时，效果如图 3-19 所示。

(5) 分类。

```
from sklearn.model_selection import train_test_split
import matplotlib.pyplot as plt
plt.rcParams['font.sans-serif']=['SimHei']        #显示中文

X, y = mglearn.datasets.make_forge()
X_train, X_test, y_train, y_test = train_test_split(X, y, random_state=0)
print(X_test.shape)
print(y_test.shape)
```

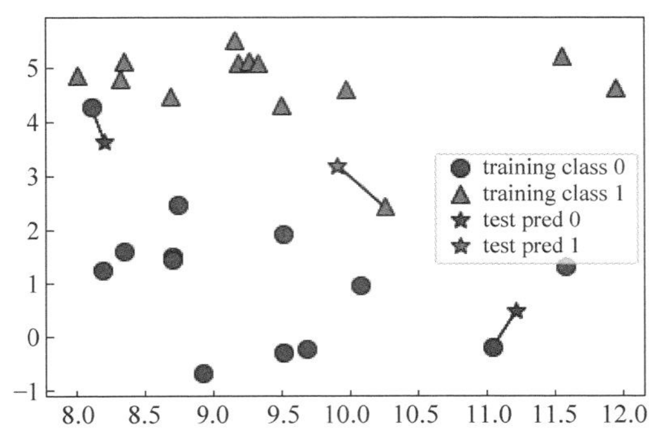

图 3-19 数据图解效果

```
print(X_test)
print(y_test)                                    #在测试集上真实的值

from sklearn.neighbors import KNeighborsClassifier
clf = KNeighborsClassifier(n_neighbors = 3)
clf.fit(X_train, y_train)
print("测试集预测:", clf.predict(X_test))        #在测试集上预测的值
print("测试集准确性: {:.2f}".format(clf.score(X_test, y_test)))        #精度

fig, axes = plt.subplots(1, 3, figsize = (10, 3))    #1 行 3 列
for n_neighbors, ax in zip([1, 3, 9], axes):         #n_neighbors = [1, 3, 9], ax = 1,2,3 (循环取值)
    clf = KNeighborsClassifier(n_neighbors = n_neighbors).fit(X, y)
    mglearn.plots.plot_2d_separator(clf, X, fill = True, eps = 0.5, ax = ax, alpha = .4)
    #产生可视化的决策边界
    mglearn.discrete_scatter(X[:, 0], X[:, 1], y, ax = ax)
    ax.set_title("{} 近邻(s)".format(n_neighbors))
    ax.set_xlabel("特征 0")
    ax.set_ylabel("特征 1")
axes[0].legend(loc = 3)
X.shape
y.shape
```

运行程序,输出如下,效果如图 3-20 所示。

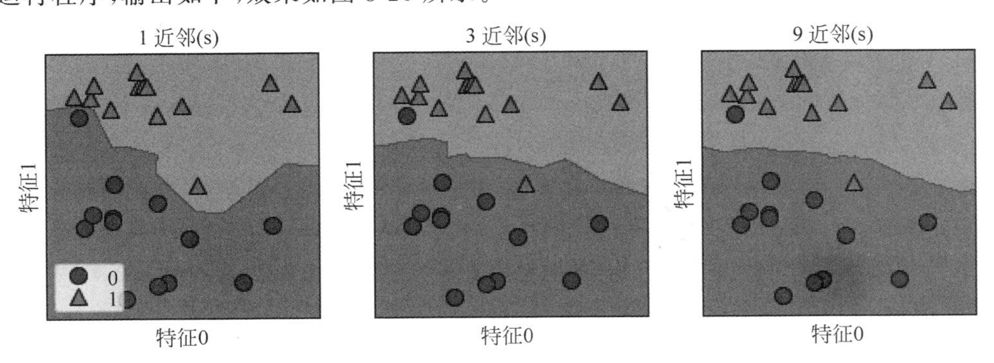

图 3-20 分类效果

```
(7, 2)
(7,)
[[11.54155807  5.21116083]
 [10.06393839  0.99078055]
 [ 9.49123469  4.33224792]
 [ 8.18378052  1.29564214]
 [ 8.30988863  4.80623966]
 [10.24028948  2.45544401]
```

```
 [ 8.34468785  1.63824349]]
[1 0 1 0 1 1 0]
测试集预测: [1 0 1 0 1 0 0]
测试集准确性: 0.86
(26,)
```

(6) 回归。

```
mglearn.plots.plot_knn_regression(n_neighbors = 1)
```

运行程序,效果如图 3-21 所示。

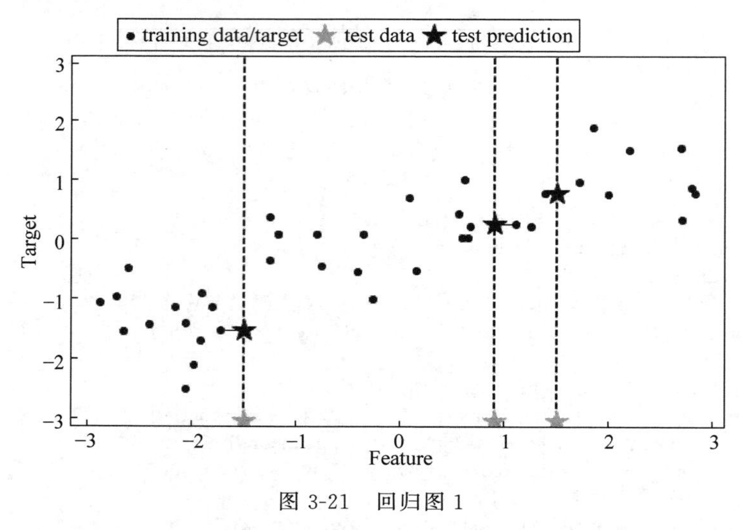

图 3-21 回归图 1

从图 3-21 中可以看出,从 test data 中产生 test prediction,然后找出最近的一个点:

```
mglearn.plots.plot_knn_regression(n_neighbors = 3)
```

运行程序,效果如图 3-22 所示。

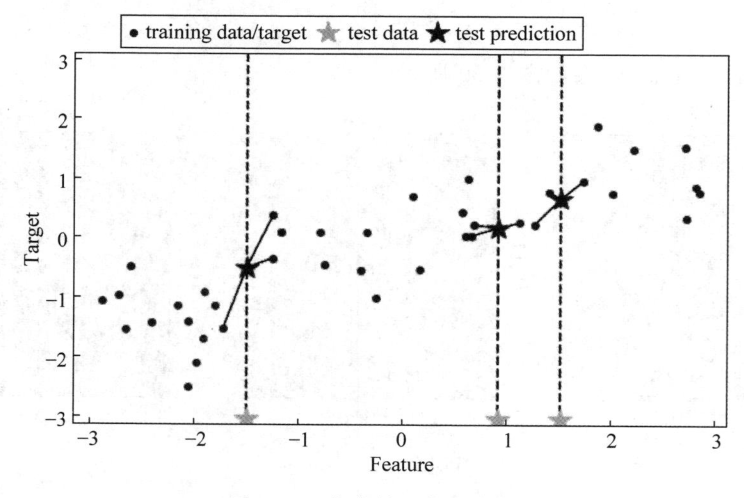

图 3-22 找出最近的一个点

从图 3-22 中可以看出,从 test data 中产生 test prediction,然后找出最近的 3 个点:

```
#步骤: 导入包、实例化、训练、预测、打分
from sklearn.neighbors import KNeighborsRegressor

X, y = mglearn.datasets.make_wave(n_samples = 40)
```

```
#将 wave 数据集拆分为训练集和测试集
X_train, X_test, y_train, y_test = train_test_split(X, y, random_state = 0)
#实例化模型,并将要考虑的邻居数量设置为 3
reg = KNeighborsRegressor(n_neighbors = 3)
#使用训练数据和训练目标拟合模型
reg.fit(X_train, y_train)
print("测试集预测:\n", reg.predict(X_test))
print("预测集: {:.2f}".format(reg.score(X_test, y_test)))
```

运行程序,输出如下:

```
测试集预测:
 [-0.05396539  0.35686046  1.13671923  -1.89415682  -1.13881398  -1.63113382
 0.35686046  0.91241374  -0.44680446  -1.13881398]
预测集: 0.83
```

```
import matplotlib
matplotlib.rcParams['axes.unicode_minus'] = False
fig, axes = plt.subplots(1, 3, figsize = (15, 4))
#创建 1000 个数据点,均匀分布在 -3 和 3 之间
line = np.linspace(-3, 3, 1000).reshape(-1, 1)
for n_neighbors, ax in zip([1, 3, 9], axes):
    #使用 1、3 或 9 个邻居进行预测
    reg = KNeighborsRegressor(n_neighbors = n_neighbors)          #实例化
    reg.fit(X_train, y_train)                                     #用 reg 对象的 fit 方法训练
    ax.plot(line, reg.predict(line))                              #用 reg 对象的 predict 预测
    ax.plot(X_train, y_train, '^', c = mglearn.cm2(0), markersize = 8)
    ax.plot(X_test, y_test, 'v', c = mglearn.cm2(1), markersize = 8)
    ax.set_title(
        "{} 近邻(s)\n 训练分数: {:.2f} 测试分数: {:.2f}".format(
            n_neighbors, reg.score(X_train, y_train),             #循环设置标题
            reg.score(X_test, y_test)))
    ax.set_xlabel("特征")
    ax.set_ylabel("目标")
axes[0].legend(["预测模型", "训练数据/目标",
                "测试数据/目标"], loc = "best")                   #图例、说明
```

运行程序,效果如图 3-23 所示。

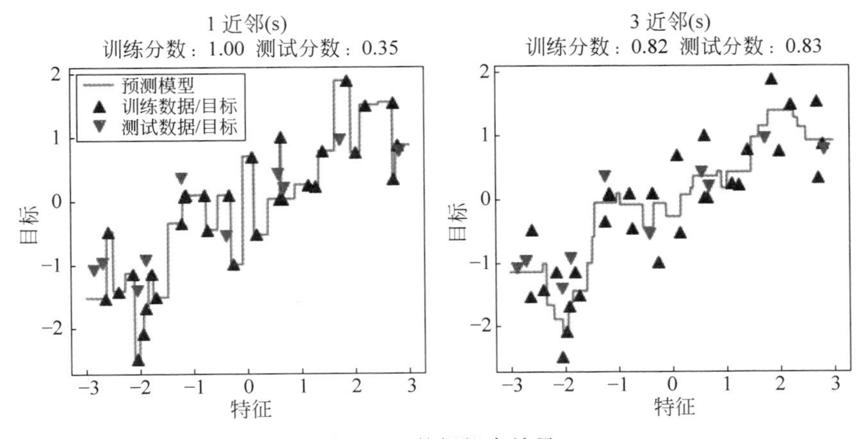

图 3-23 数据拟合效果

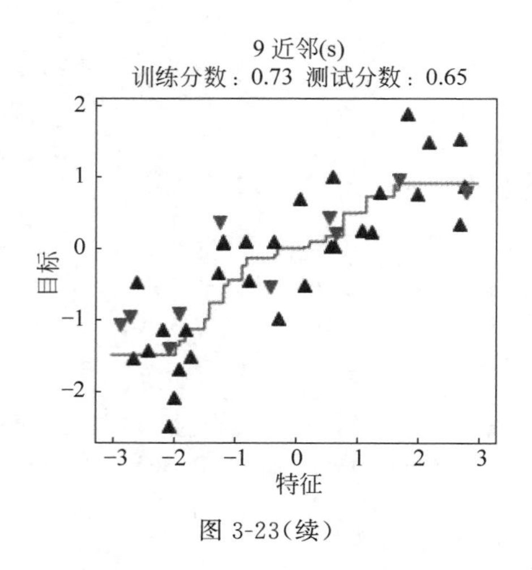

图 3-23(续)

3.8 贝叶斯算法

贝叶斯算法与大多数机器学习算法不同,如决策树、逻辑回归、支持向量机等算法,这些算法都是判别方法,可通过一个决策函数 $y=f(x)$或者条件分布 $p(y|x)$直接学习出特征输出 y 和特征 x 之间的关系。而贝叶斯算法的生成方法为：找出特征输出 y 和特征 x 的联合分布 $p(x,y)$,然后用 $p(y|x)=\frac{p(x,y)}{p(x)}$得出。

3.8.1 贝叶斯算法的基本思想

朴素贝叶斯算法假设自变量特征之间条件独立,可以概括为：先验概率＋数据＝后验概率。

1. 条件独立

如果 x、y 互相独立,则有

$$p(x,y)=p(x)\times p(y)$$

2. 条件概率

条件概率为

$$p(y\mid x)=\frac{p(x,y)}{p(x)}$$

$$p(x\mid y)=\frac{p(x,y)}{p(y)}$$

$$p(y\mid x)p(x)=p(x\mid y)p(y)$$

最后得到贝叶斯公式为

$$p(y\mid x)=\frac{p(x\mid y)p(y)}{p(x)}$$

3.8.2 贝叶斯算法的模型

假设有 m 个样本数据：

$$(x_1^{(1)},x_2^{(1)}\cdots,x_n^{(1)},y_1),(x_1^{(2)},x_2^{(2)}\cdots,x_n^{(2)},y_2),\cdots,(x_1^{(m)},x_2^{(m)}\cdots,x_n^{(m)},y_m)$$

每一个样本特征 $\boldsymbol{x}$ 有 n 个体征,标签 y 有 k 个类别,定义为 $c_1,c_2,\cdots,c_k$。从已有的样本中很容易得到先验概率分布 $p(y=c_k)(k=1,2,\cdots,m)$。

而条件概率分布为

$$p(\boldsymbol{x}=\boldsymbol{X} \mid y=c_k)=p(x_1=X_1, x_2=X_2, x_n=X_n \mid y=c_k)$$

然后就可以用贝叶斯公式得到 $\boldsymbol{x}$、y 的联合分布 $P(\boldsymbol{x}, y)$，联合分布 $p(\boldsymbol{x}, y)$ 定义为

$$p(\boldsymbol{x}, y=c_k)=p(y=c_k)p(\boldsymbol{x}=\boldsymbol{X} \mid y=c_k)=p(y=c_k)p(x_1=X_1, x_2=X_2, \cdots, x_n=X_n \mid y=c_k)$$

从上面可以看出 $p(y=c_k)$ 很容易得到，统计一下各类被占的比例（频数）即可求出。但是 $p(x_1=X_1, x_2=X_2, \cdots, x_n=X_n \mid y=c_k)$ 很难求出，因为这是一个很复杂的有 n 个维度的条件分布，因此朴素贝叶斯算法在这里做了一个大胆的假设：$\boldsymbol{x}$ 的 n 个维度之间相互独立（也就是特征之间条件独立），则可得到：

$$\begin{aligned}&p(x_1=X_1, x_2=X_2, \cdots, x_n=X_n \mid y=c_k)\\&=p(x_1=X_1 \mid y=c_k)p(x_2=X_2 \mid y=c_k)\cdots p(x_n=X_n \mid y=c_k)\end{aligned}$$

这大大简化了 n 维条件概率分布的难度，图 3-24 给出了贝叶斯算法的整体模型。

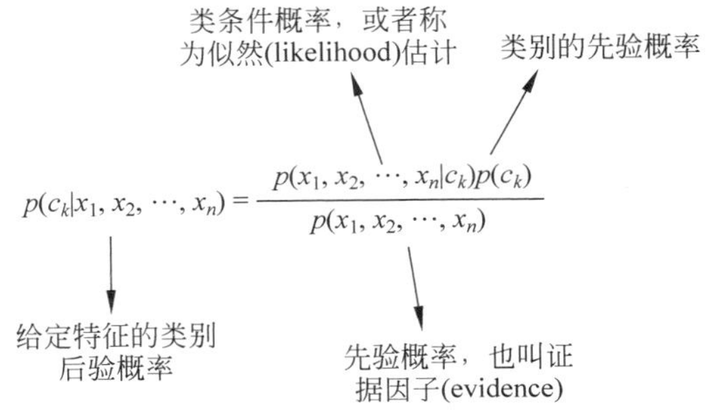

图 3-24 贝叶斯算法的整体模型

3.8.3 用 sklearn 实现贝叶斯分类

sklearn 提供了 3 个朴素贝叶斯的分类器，分别为：

- naive_bayes. GaussianNB：高斯分布下的朴素贝叶斯。
- naive_bayes. MultinomialNB：多项式分布下的朴素贝叶斯。
- naive_bayes. BernoulliNB：伯努利分布下的朴素贝叶斯。

1. 高斯朴素贝叶斯

GaussianNB 实现了运用于分类的高斯朴素贝叶斯算法。概率假设为高斯分布：

$$p(x_i \mid y)=\frac{1}{\sqrt{2\pi\sigma_y^2}}\exp\left(-\frac{(x_i-\mu_y)^2}{2\sigma_y^2}\right)$$

参数均值和方差都使用最大似然估计。

2. 多项式朴素贝叶斯

MultinomialNB 假设特征的先验概率为多项式分布：

$$p(x_j=X_{jl} \mid y=c_k)=\frac{X_{jl}+\lambda}{m_k+n\lambda}$$

MultinomialNB 参数比 GaussianNB 多，一共有 3 个参数。其中，参数 alpha 即为公式中的常数 λ，默认值为 1。如果发现拟合得不好，需要调优时，可以选择稍大于 1 或者稍小于 1 的数。参数 fit_prior 表示是否要考虑先验概率，如果是 false，则所有的样本类别输出都有相同的类别先验概率。否则可以用第 3 个参数 class_prior 输入先验概率，或者不输入第 3 个参数 class_ prior 让 MultinomialNB 自己从训练集样本来计算先验概率，此时的先验概率为 $p(y=c_k)=\frac{m_k}{m}$。其中，m 为训练集样本总数量，m_k 为输出第 k 类别的训练集样本数。

3. 伯努利朴素贝叶斯

BernoulliNB 应用于多重伯努利分布数据的朴素贝叶斯训练和分类算法，指有多个特征，但每个特征都假设是一个二元(Bernoulli，boolean)变量。因此，这类算法要求样本以二元值特征向量表示；如果样本含有其他类型的数据，一个 BernoulliNB 实例会将其二值化(取决于 binarize 参数)。

伯努利朴素贝叶斯的决策规则基于：

$$p(x_i \mid y)=p(i \mid y)x_i+(1-p(i \mid y))(1-x_i)$$

BernoulliNB 与多项式朴素贝叶斯的规则不同，伯努利朴素贝叶斯明确地惩罚类 y 中没有出现作为预测因子的特征 i，而多项式朴素贝叶斯只是简单地忽略没出现的特征。

【例 3-6】 使用 Iris 数据集做的一个使用正态朴素贝叶斯分类。

```
import numpy as np
import matplotlib.pyplot as plt
from sklearn import datasets
from sklearn.naive_bayes import GaussianNB
import matplotlib

plt.rcParams['font.sans-serif'] = ['SimHei']          #显示中文
#生成所有测试样本点
def make_meshgrid(x, y, h=.02):
    x_min, x_max = x.min() - 1, x.max() + 1
    y_min, y_max = y.min() - 1, y.max() + 1
    xx, yy = np.meshgrid(np.arange(x_min, x_max, h),np.arange(y_min, y_max, h))
    return xx, yy

#对测试样本进行预测,并显示
def plot_test_results(ax, clf, xx, yy, **params):
    Z = clf.predict(np.c_[xx.ravel(), yy.ravel()])
    Z = Z.reshape(xx.shape)
    #画等高线
    ax.contourf(xx, yy, Z, **params)

#载入 Iris 数据集
iris = datasets.load_iris()
#只使用前面两个特征
X = iris.data[:, :2]
#样本标签值
y = iris.target
#创建并训练正态朴素贝叶斯分类器
clf = GaussianNB()
clf.fit(X,y)

title = ('高斯朴素贝叶斯分类器')
fig, ax = plt.subplots(figsize = (5, 5))
plt.subplots_adjust(wspace=0.4, hspace=0.4)

#分别取出两个特征
X0, X1 = X[:, 0], X[:, 1]
#生成所有测试样本点
xx, yy = make_meshgrid(X0, X1)
#显示测试样本的分类结果
```

```
plot_test_results(ax, clf, xx, yy, cmap = plt.cm.coolwarm, alpha = 0.8)
#显示训练样本
ax.scatter(X0, X1, c = y, cmap = plt.cm.coolwarm, s = 20, edgecolors = 'k')
ax.set_xlim(xx.min(), xx.max())
ax.set_ylim(yy.min(), yy.max())
ax.set_xlabel('x1')
ax.set_ylabel('x2')
ax.set_xticks(())
ax.set_yticks(())
ax.set_title(title)
plt.show()
```

运行程序,效果如图 3-25 所示。

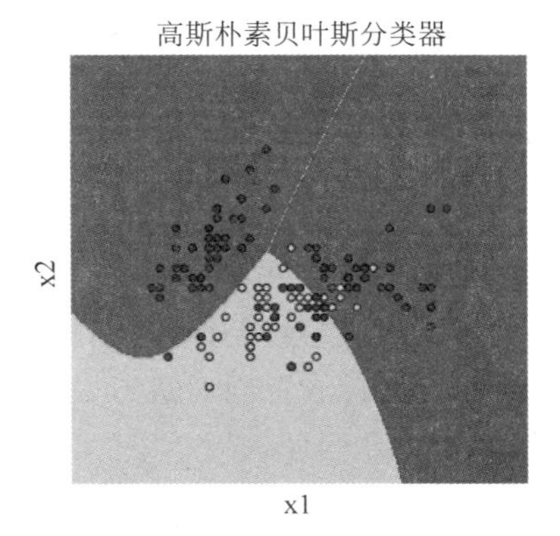

图 3-25 高斯朴素贝叶斯分类效果

第4章 数据预处理

在数据挖掘的海量原始数据中，存在着大量不完整（有缺失值）、不一致、有异常的数据，严重影响数据挖掘建模的执行效率，甚至可能导致挖掘结果的偏差（不准确），所以进行数据清洗是非常有必要的，数据清洗完成后接着进行或者同时进行数据集成、转换、规约等一系列的处理，该过程称作数据预处理。

数据进行预处理主要有以下两个目的。

- 提高数据的质量。
- 让数据更好地适应特定的挖掘技术或工具。

数据预处理的主要内容包括数据清洗、数据集成、数据变换和数据规约，如图 4-1 所示。

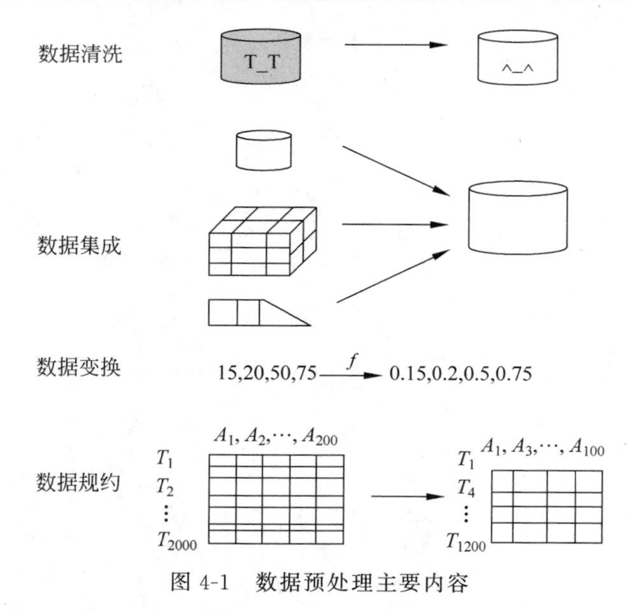

图 4-1　数据预处理主要内容

4.1　数据清洗

数据清洗的主要工作是删除原始数据集中的无关数据、重复数据，平滑噪声数据，筛选掉与挖掘主题无关的数据，处理缺失值、异常值等。

4.1.1　缺失值处理

删除记录、数据插补和不处理是处理缺失值的3种主要方法。其中，数据插补是使用最多的，数据插补包括均值/中位数/众数插补、固定值插补、近邻值插补、回归方法插补和插值法。

1. 拉格朗日插值法

拉格朗日插值法是一个数学问题。任给定 F 中 $2n+2$ 个数 $x_1,x_2,\cdots,x_{n+1},y_1,y_2,\cdots,y_{n+1}$，其中 $x_1,x_2,\cdots,x_{n+1}$ 互不相同，则存在唯一的次数不超过 n 的多项式 $p_n(x)$，满足 $p_n(x_i)=y_1(i=1,2,\cdots,n+1)$，式

$$p_n(x)=\sum_{i=1}^{n}y_i\frac{(x-x_2)(x-x_3)\cdots(x-x_n)(x-x_{n+1})}{(x_1-x_2)(x_1-x_3)\cdots(x_1-x_n)(x_1-x_{n+1})}$$

称作拉格朗日插值公式。

将缺失的函数值对应的点 x 代入插值公式即得到缺失值的近似值 $L(x)$。

但是当插值节点增减时，插值多项式就会随之变化，这在实际计算中是很不方便的，为了克服这一点，提出了牛顿插值法。

2. 牛顿插值法

(1) 差商公式。

函数 $f(x)$ 在两个互异点 x_i、x_j 处的1阶差商定义为

$$f[x_i,x_j]=\frac{f(x_i)-f(x_j)}{x_i-x_j}(i\neq j,x_i\neq x_j)$$

2阶差商为

$$f[x_i,x_j,x_k]=\frac{f[x_i,x_j]-f[x_j,x_k]}{x_i-x_k}(i\neq k)$$

$k+1$ 阶差商为

$$f[x_0,\cdots,x_{k+1}]=\frac{f[x_0,\cdots,x_k]-f[x_1,\cdots,x_k,x_{k+1}]}{x_0-x_{k+1}}$$
$$=\frac{f[x_0,\cdots,x_{k-1},x_k]-f[x_0,\cdots,x_{k-1},x_{k+1}]}{x_k-x_{k+1}}$$

(2) 联立以上差商公式建立插值多项式。

依次代入，可得牛顿差值公式：

$$f(x)=f(x_0)+(x-x_0)f(x,x_0)+(x-x_0)(x-x_1)f(x_0,x_1,x_2)+\cdots+$$
$$(x-x_0)(x-x_1)\cdots f(x_0,x_1,\cdots,x_n)$$

可记为

$$f(x)=N_n+R_n(x)$$

其中，$R_n(x)$ 为牛顿差值公式的余项或截断误差，当 n 趋于无穷大时为零。

(3) 将缺失的函数值对应的点 x 带入插值公式即得到缺失值的近似值 $f(x)$。

牛顿插值法的优点是计算较简单，尤其是增加节点时，计算只增加一项，这是拉格朗日插值法无法比的。

牛顿插值法的缺点是仍没有改变拉格朗日的插值曲线在节点处有尖点、不光滑、插值多项式在节点处不可导等。

【例 4-1】 用不同方法实现缺失值插补。

```
import warnings
warnings.filterwarnings('ignore')
import numpy as np
import pandas as pd
import matplotlib.pyplot as plt
from scipy import stats
# 缺失值插补
# 均值/中位数/众数插补、临近值插补、插值法
# 分别求出均值/中位数/众数
u = s.mean()              # 均值
me = s.median()           # 中位数
mod = s.mode()            # 众数
print('均值为: %.2f, 中位数为: %.2f' % (u,me))
print('众数为: ', mod.tolist())
# 用均值填补
s.fillna(u,inplace = True)
print('均值填补: ',s)
# 用中位数填补
s.fillna(me,inplace = True)
print('中位数填补:',s)
# 用众数填补
s.fillna(mod,inplace = True)
print('众数填补: ',s)
# 临近值填补,用前值插补
s.fillna(method = 'ffill',inplace = True)

# 拉格朗日插值法
from scipy.interpolate import lagrange
data = pd.Series(np.random.rand(100) * 100)
data[3,6,33,56,45,66,67,80,90] = np.nan
print('拉格朗日插值法: ',data.head())
print('总数据量: %i' % len(data))

# 创建数据
data_na = data[data.isnull()]
print('缺失值数据量: %i' % len(data_na))
print('缺失数据占比: %.2f%%' % (len(data_na) / len(data) * 100))
# 缺失值的数量
data_c = data.fillna(data.median())                    # 中位数填充缺失值
fig,axes = plt.subplots(1,4,figsize = (20,5))
data.plot.box(ax = axes[0],grid = True,title = '数据分布')
data.plot(kind = 'kde',style = '--r',ax = axes[1],grid = True,title = '删除缺失值',xlim =
[-50,150])
data_c.plot(kind = 'kde',style = '--b',ax = axes[2],grid = True,title = '缺失值填充中位数',
xlim = [-50,150])
# 密度图查看缺失值情况
def na_c(s,n,k = 5):
    y = s[list(range(n-k,n+1+k))]                      # 取数
    y = y[y.notnull()]                                 # 剔除空值
    return(lagrange(y.index,list(y))(n))
# 创建函数,做插值,由于数据量原因,以空值前后 5 个数据(共 10 个数据)做插值
na_re = []
for i in range(len(data)):
    if data.isnull()[i]:
        data[i] = na_c(data,i)
        print(na_c(data,i))
        na_re.append(data[i])
data.dropna(inplace = True)                            # 清除插值后仍存在的缺失值
```

```
data.plot(kind = 'kde',style = '--k',ax = axes[3],grid = True,title = '拉格朗日插值后',
xlim = [-50,150])
```

运行程序,输出如下,效果如图 4-2 所示。

```
均值为: 47.43, 中位数为: 47.43
众数为: [47.42857142857143]
均值填补: 0     12.000000
1     33.000000
2     45.000000
...
8     47.428571
9     99.000000
dtype: float64
中位数填补: 0     12.000000
1     33.000000
2     45.000000
...
8     47.428571
9     99.000000
dtype: float64
众数填补: 0     12.000000
1     33.000000
2     45.000000
...
8     47.428571
9     99.000000
dtype: float64
拉格朗日插值法: 0     38.195044
1     79.207828
2     40.205426
3           NaN
4     29.360929
dtype: float64
总数据量: 100
缺失值数据量: 9
缺失数据占比: 9.00%
33.11088660504207
-25.547390080914283
96.58480834960938
111.20849609375
-18.59375
8.95098876953125
-38.6337890625
362.0
216.0
```

4.1.2 异常值分析

异常值是指在数据集中存在的不合理的点(异常点),这些点如果不剔除或者不修正而错误地包括进数据的计算分析过程中,那么会对结果产生非常不好的影响,导致结果偏差(不准确)。因此,重视异常值的出现,分析其产生原因,并对异常值进行剔除或者修正就显得尤其重要。

1. 如何发现异常值

发现异常值的方法有很多种,例如,简单地确定某个指标的阈值,进行判断,也可以基于统计学方法,同时还有基于机器学习的离群点检测方法,本小节主要介绍统计学方法和机器学习方法。

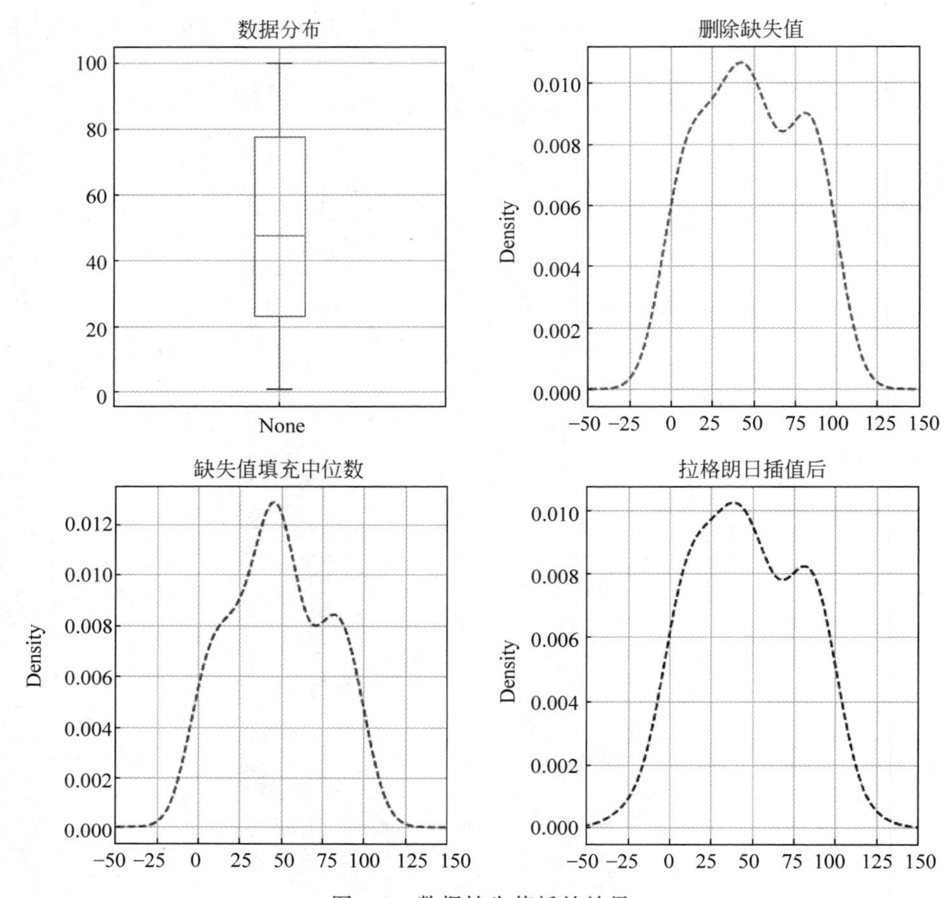

图 4-2 数据缺失值插补效果

(1) 3σ 原则。

在统计学中,如果一个数据分布近似正态,那么约有 68%的数据值会在均值的一个标准差范围内,约有 95%的数据值会在两个标准差范围内,约有 99.7%的数据值会在三个标准差范围内。但是,当数据不服从正态分布时,可以通过远离平均距离多少倍的标准差来判定,多少倍的取值需要根据经验和实际情况来决定。

【例 4-2】 利用 3σ 原则分析异常值。

```
import statsmodels as stats
# 3σ 原则: 如果数据服从正态分布,异常值被定义为一组测定值中与平均值的偏差超过 3 倍的值→
# p(|x - μ| > 3σ)≤0.003

data = pd.Series(np.random.randn(10000) * 100)
u = data.mean()                # 计算均值
std = data.std()               # 计算标准差
print('均值为: %.3f,标准差为: %.3f' % (u,std))

# 正态性检验
fig = plt.figure(figsize = (10,6))
ax1 = fig.add_subplot(2,1,1)
# 绘制数据密度曲线
data.plot(kind = 'kde',grid = True,style = '-k',title = '密度曲线')
ax2 = fig.add_subplot(2,1,2)
error = data[np.abs(data - u)> 3 * std]
data_c = data[np.abs(data - u)<= 3 * std]
```

```
print("异常值共 % d 条" % (len(error)))
# 筛选出异常值 error、剔除异常值之后的数据 data_c
plt.scatter(data_c.index,data_c,color = 'k',marker = '.',alpha = 0.3)
plt.scatter(error.index,error,color = 'r',marker = '.',alpha = 0.5)
plt.xlim([ - 10,10010])
plt.grid()
```

运行程序,输出如下,效果如图 4-3 所示。

```
均值为: - 2.220,标准差为: 100.897
异常值共 29 条
```

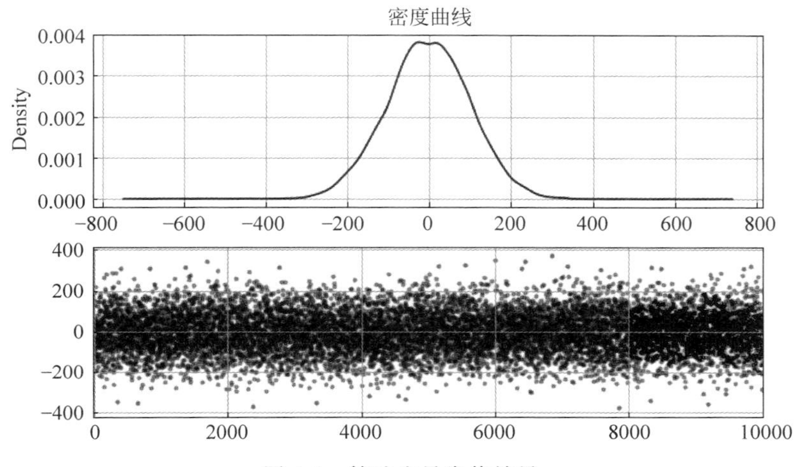

图 4-3 筛选出异常值效果

(2) 箱形图。

箱形图是通过数据集的四分位数形成的图形化描述,这是一种非常简单而且有效的可视化离群点的方法。如果把上下触须作为数据分布的边界,任何高于上触须或低于下触须的数据点都被认为是离群点或异常值。箱形图依据实际数据绘制,没有对数据做任何限制性要求,它只是真实直观地表现数据分布的本来面貌;另外,箱形图判断异常值的标准是以四分位数和四分位距为基础,四分位数具有一定的健壮性,多达 25%的数据可以变得任意远,不会很大地扰动四分位数,所以异常值不能对这个标准加以影响。由此可见,箱形图识别异常值的结果比较客观,在识别异常值方面有一定的优越性。

【例 4-3】 箱形图分析。

```
fig = plt.figure(figsize = (10,6))
ax1 = fig.add_subplot(2,1,1)
color = dict(boxes = 'DarkGreen', whiskers = 'DarkOrange', medians = 'DarkBlue', caps = 'Gray')
data.plot.box(vert = False, grid = True,color = color,ax = ax1,label = '样本数据')
# 从箱形图观察数据分布情况,以内限为界
s = data.describe()
print('数据分布情况: ',s)
# 基本统计量
q1 = s['25 % ']
q3 = s['75 % ']
iqr = q3 - q1
mi = q1 - 1.5 * iqr
ma = q3 + 1.5 * iqr
print('分位差为: % .3f,下限为: % .3f,上限为: % .3f' % (iqr,mi,ma))

# 计算分位差
```

```
ax2 = fig.add_subplot(2,1,2)
error = data[(data < mi) | (data > ma)]
data_c = data[(data >= mi) & (data <= ma)]
#筛选出异常值 error、剔除异常值之后的数据 data_c
print('异常值共 %i 条' % len(error))
#图表表达
plt.scatter(data_c.index,data_c,color = 'k',marker='.',alpha = 0.3)
plt.scatter(error.index,error,color = 'r',marker='.',alpha = 0.5)
plt.xlim([-10,10010])
plt.grid()
```

运行程序，输出如下，效果如图 4-4 所示。

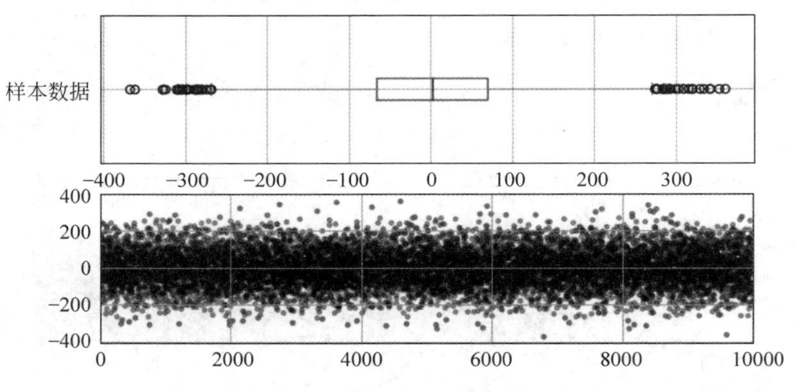

图 4-4 用箱形图分析异常值

```
数据分布情况: count      10000.000000
mean          2.187945
std          99.159398
min        -367.567507
25%         -65.421817
50%           2.034342
75%          70.078261
max         359.725783
dtype: float64
分位差为: 135.500,下限为: -268.672,上限为: 273.328
异常值共 56 条
```

(3) DBSCAN 算法。

从基于密度(DBSCAN)的观点来说，离群点是在低密度区域中的对象。基于密度的离群点检测与基于邻近度的离群点检测密切相关，因为密度通常用邻近度定义，DBSCAN 就是一种使用密度的聚类算法。

【例 4-4】 利用 DBSCAN 算法检测异常数据。

```
import numpy as np
import matplotlib.pyplot as plt
from sklearn.datasets import make_blobs
from sklearn.cluster import DBSCAN
from sklearn.preprocessing import StandardScaler

#生成随机簇类数据,样本数为 600,类别为 5
X, y = make_blobs(random_state=170,
                  n_samples=600,
                  centers=5
                  )
#绘制延伸图
```

```
plt.scatter(X[:,0],X[:,1])
plt.xlabel("Feature 0")
plt.ylabel("Feature 1")
plt.show()
#DBSCAN 聚类算法,按照经验 minPts = 2 * ndims,因此设置 minPts = 4
dbscan = DBSCAN(eps = 1,
                min_samples = 4)
clusters = dbscan.fit_predict(X)
#DBSCAN 聚类结果
plt.scatter(X[:,0],X[:,1],
            c = clusters,
            cmap = "plasma")
plt.xlabel("Feature 0")
plt.ylabel("Feature 1")
plt.title("eps = 0.5,minPts = 4")
plt.show()

#性能评价指标 ARI
from sklearn.metrics.cluster import adjusted_rand_score
# ARI 指数,ARI = 0.99,为了较少算法的计算量,尝试减小 minPts 的值
print("ARI = ",round(adjusted_rand_score(y,clusters),2))
```

运行程序,输出如下,效果如图 4-5 所示。

```
ARI = 0.99
```

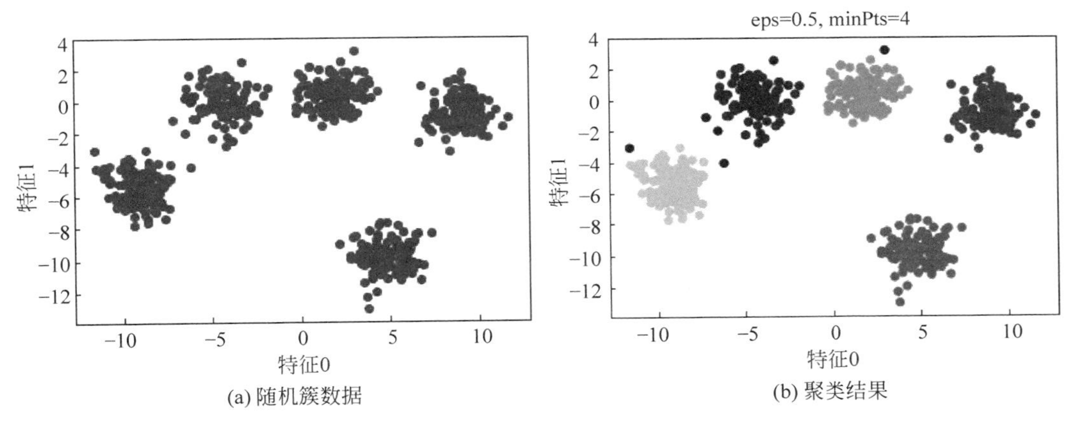

图 4-5 检测异常数据结果

(4) K 均值。

基于聚类的离群点识别方法称为 K 均值方法,K 均值的主要思想是一个对象是基于聚类的离群点,如果该对象不属于任何簇,那么该对象属于离群点。

离群点对初始聚类有一定的影响。如果通过聚类检测离群点,则由于离群点影响聚类,存在一个问题:结构是否有效。这也是 K 均值算法的缺点,对离群点敏感。为了处理该问题,可以使用对象聚类、删除离群点、对象再次聚类(不能保证产生最优结果)等方法。

K 均值检测离群点存在的优缺点主要表现在:

- 基于线性和接近线性复杂度(K 均值)的聚类技术来发现离群点可能是高度有效的。
- 簇的定义通常是离群点的补充,因此可能同时发现簇和离群点。
- 产生的离群点集和它们的值可能非常依赖所用的簇的个数和数据中离群点的存在性。
- 聚类算法产生的簇的质量对该算法产生的离群点的质量影响非常大。

【例 4-5】 K 均值聚类检测离群点。

```
#导入第三方包
import numpy as np
import pandas as pd
import matplotlib.pyplot as plt
import seaborn as sns
from sklearn.cluster import KMeans
from sklearn.preprocessing import scale

#随机生成两组二元正态分布随机数
np.random.seed(1234)
mean1 = [0.5, 0.5]
cov1 = [[0.3, 0], [0, 0.1]]
x1, y1 = np.random.multivariate_normal(mean1, cov1, 5000).T
mean2 = [0, 8]
cov2 = [[0.8, 0], [0, 2]]
x2, y2 = np.random.multivariate_normal(mean2, cov2, 5000).T
#绘制两组数据的散点图
plt.rcParams['axes.unicode_minus'] = False
plt.scatter(x1, y1)
plt.scatter(x2, y2)
#显示图形
plt.show()

#将两组数据集汇总到数据框中
X = pd.DataFrame(np.concatenate([np.array([x1, y1]), np.array([x2, y2])], axis=1).T)
X.rename(columns={0: 'x1', 1: 'x2'}, inplace=True)

#自定义函数的调用
def kmeans_outliers(data, clusters, is_scale=True):
    #指定聚类个数,准备进行数据聚类
    kmeans = KMeans(n_clusters=clusters)
    #用于存储聚类相关的结果
    cluster_res = []
    #判断是否需要对数据做标准化处理
    if is_scale:
        std_data = scale(data)          #标准化
        kmeans.fit(std_data)            #聚类拟合
        #返回簇标签
        labels = kmeans.labels_
        #返回簇中心
        centers = kmeans.cluster_centers_
        for label in set(labels):
            #计算簇内样本点与簇中心的距离
            diff = std_data[np.array(labels) == label,] - \
                   - np.array(centers[label])
            dist = np.sum(np.square(diff), axis=1)
            #计算判断异常的阈值
            UL = dist.mean() + 3 * dist.std()
            #识别异常值,1 表示异常,0 表示正常
            OutLine = np.where(dist > UL, 1, 0)
            raw_data = data.loc[np.array(labels) == label,]
            new_data = pd.DataFrame({'Label': label, 'Dist': dist, 'OutLier': OutLine})
            #重新修正两个数据框的行编号
            raw_data.index = new_data.index = range(raw_data.shape[0])
            #数据的列合并
            cluster_res.append(pd.concat([raw_data, new_data], axis=1))
    else:
        kmeans.fit(data)                #聚类拟合
```

```
        #返回簇标签
        labels = kmeans.labels_
        #返回簇中心
        centers = kmeans.cluster_centers_

        for label in set(labels):
            #计算簇内样本点与簇中心的距离
            diff = np.array(data.loc[np.array(labels) == label,]) - \
                    - np.array(centers[label])
            dist = np.sum(np.square(diff), axis = 1)
            UL = dist.mean() + 3 * dist.std()
            OutLine = np.where(dist > UL, 1, 0)
            raw_data = data.loc[np.array(labels) == label,]
            new_data = pd.DataFrame({'Label': label, 'Dist': dist, 'OutLier': OutLine})
            raw_data.index = new_data.index = range(raw_data.shape[0])
            cluster_res.append(pd.concat([raw_data, new_data], axis = 1))
    #返回数据的行合并结果
    return pd.concat(cluster_res)
#调用函数,返回异常检测的结果
res = kmeans_outliers(X, 2, False)
#绘图
sns.lmplot(x = "x1", y = "x2", hue = 'OutLier', data = res,
            fit_reg = False, legend = False)
plt.legend(loc = 'best')
plt.show()
```

运行程序,效果如图 4-6 所示。

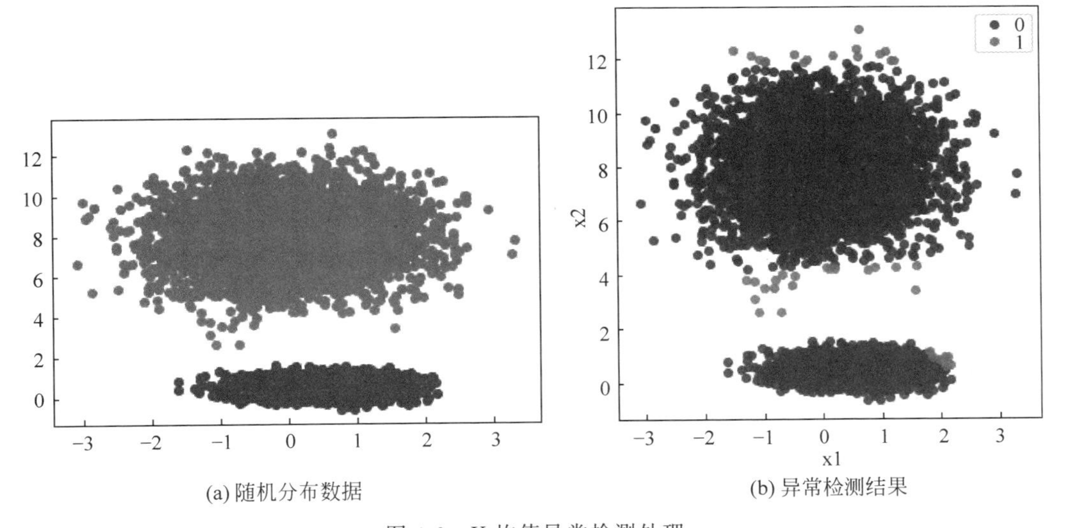

(a) 随机分布数据　　(b) 异常检测结果

图 4-6 K 均值异常检测处理

(5) 孤立森林。

孤立森林是一种无监督学习算法,属于组合决策树家族。前面介绍的算法都在试图寻找数据的常规区域,然后将任何在此定义区域之外的点都视为离群点或异常值。孤立森林与其他算法不同,这种算法的工作方式较特别,它明确地隔离异常值,不需要通过为每个数据点分配一个分数来分析和构造正常的点和区域。它的异常值只是少数,并且它们具有与正常实例非常不同的属性值。该算法适用于高维数据集,并且被证明是一种非常有效的异常检测方法。

【例 4-6】 利用孤立森林检测数据异常值。

```
import numpy as np
import matplotlib.pyplot as plt
from sklearn.ensemble import IsolationForest

plt.rcParams['font.sans-serif'] = ['SimHei']          #用来正常显示中文标签
plt.rcParams['axes.unicode_minus'] = False            #用来正常显示负号
rng = np.random.RandomState(42)

#创建训练数据
X = 0.3 * rng.randn(100, 2)
X_train = np.r_[X + 2, X - 2]
#生成一些常规的新观察结果
X = 0.3 * rng.randn(20, 2)
X_test = np.r_[X + 2, X - 2]
#生成一些异常的新观察结果
X_outliers = rng.uniform(low = -4, high = 4, size = (20, 2))

#拟合模型
clf = IsolationForest(max_samples = 100, random_state = rng)
clf.fit(X_train)
y_pred_train = clf.predict(X_train)
y_pred_test = clf.predict(X_test)
y_pred_outliers = clf.predict(X_outliers)
#绘制直线、样本和最接近平面的向量
xx, yy = np.meshgrid(np.linspace(-5, 5, 50), np.linspace(-5, 5, 50))
Z = clf.decision_function(np.c_[xx.ravel(), yy.ravel()])
Z = Z.reshape(xx.shape)

plt.title("孤立森林")
plt.contourf(xx, yy, Z, cmap = plt.cm.Blues_r)

b1 = plt.scatter(X_train[:, 0], X_train[:, 1], c = 'white',
                 s = 20, edgecolor = 'k', marker = 'p')
b2 = plt.scatter(X_test[:, 0], X_test[:, 1], c = 'green',
                 s = 20, edgecolor = 'k', marker = 's')
c = plt.scatter(X_outliers[:, 0], X_outliers[:, 1], c = 'red',
                s = 20, edgecolor = 'k', marker = 'o')
plt.axis('tight')
plt.xlim((-5, 5))
plt.ylim((-5, 5))
plt.legend([b1, b2, c],
           ["训练观察",
           "新的常规观察", "新的异常观察"],
           loc = "upper left")
plt.show()
```

运行程序,效果如图 4-7 所示。

其中,图 4-7 中的圆点即为异常点,五边形是训练集,正方形是测试数据。

2. 异常值如何处理

异常值被检测出来后还需要进一步确认,确认是真正的异常值后才会对其进行处理。常用处理方式如下:

- 删除异常值——drop 方法。
- 替换异常值——replace 方法。

(1) 删除异常值——drop 方法。

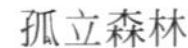

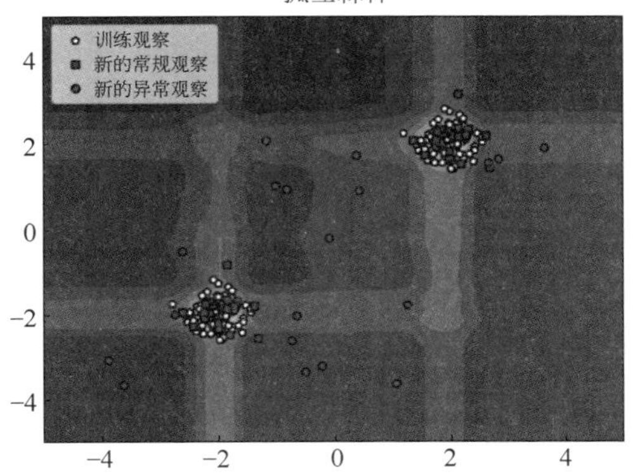

图 4-7 孤立森林检测异常点效果

pandas 提供 drop 方法,可按指定行索引或列索引来删除异常值。函数的语法格式为:

```
DataFrame.drop(labels = None, axis = 0, index = None, columns = None, level = None, inplace = False,
errors = 'raise')
```

其中:

- labels 参数:表示要删除的行索引或列索引,可以删除一个或多个。
- axis 参数:指定删除行或删除列。
- index 参数:指定要删除的行。
- columns:指定要删除的列。

(2) 替换异常值——replace 方法。

该函数的语法格式为:

```
DataFrame.replace(to_replace = None, Value = None, inplace = False, limit = None, regex = False,
method = 'pad')
```

其中:

- to_place:表示被替换的值。
- value:表示被替换后的值,默认为 None。
- inplace:表示是否修改原数据。
- method:表示替换方式,取 'pad/ffill',表示向前填充;取 'bfill',表示向后填充。

【例 4-7】 异常值处理。

分析:假设有 dataset.xlsx 文件,记录了班级同学的成绩,部分数据如图 4-8 所示。

很明显可以看到行索引为 1 和行索引为 5 的分数值明显超出正常范围,所以希望通过 3σ 准则用代码把这两个“例外”找出来。

	A	B	C
1		value	
2	0	58	
3	1	-81	
4	2	75	
5	3	96	
6	4	99	
7	5	-67	
8	6	100	
9	7	72	
10	8	75	
11	9	68	
12	10	89	

图 4-8 部分同学的成绩

```
import numpy as np
import pandas as pd
def three_sigma(ser):
    '''
    ser 参数:被检测的数据,接收 DataFrame 的一列数据
    返回:异常值及其对应的行索引
    '''
    #计算平均值
    mean_data = ser.mean()
    #计算标准差
```

```
    std_data = ser.std()
    # 小于 μ - 3σ 或大于 μ + 3σ 的数据均为异常值
    rule = (mean_data - 3 * std_data > ser) | (mean_data + 3 * std_data < ser)
    # np.arange 方法生成一个从 0 开始到 ser 长度 - 1 结束的连续索引,再根据 rule 列表中的 True 值,
    # 直接保留所有为 True 的索引,也就是异常值的行索引
    index = np.arange(ser.shape[0])[rule]
    # 获取异常值
    outliers = ser.iloc[index]
    return outliers
# 读取 data.xlsx 文件
excel_data = pd.read_excel('dataset.xlsx')
# 对 value 列进行异常值检测,只要传入一个数据列
three_sigma(excel_data['value'])
```

运行程序,输出如下:

```
1   -81
5   -67
Name: value, dtype: int64
```

(3) 使用箱形图检测异常值。

```
import pandas as pd
excel_data = pd.read_excel('dataset.xlsx')
# 根据 data.xlsx 文件中 value 列的数据,画一个箱形图
excel_data.boxplot(column = 'value')
```

运行程序,效果如图 4-9 所示。

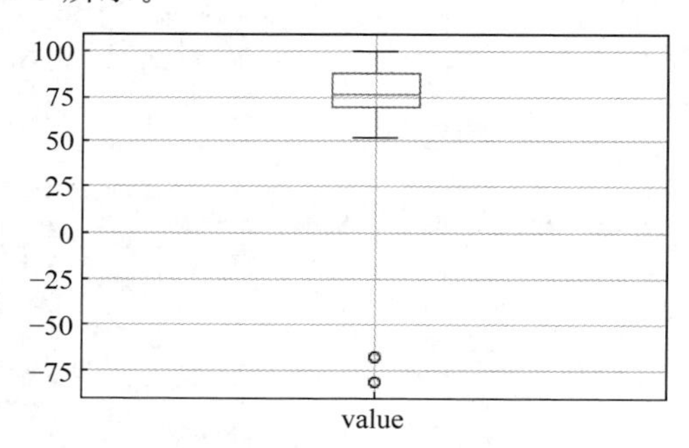

图 4-9 箱形图

从图 4-9 可以看到两个圆圈表示的两个异常值。

下面的代码实现:

① 定义一个从箱形图中获取异常值的函数 box_outliners。

② 返回文件中数据的异常值及其对应的索引。

```
import pandas as pd
import numpy as py
def box_outliers(ser):
    # 对待检测的数据集进行排序
    new_ser = ser.sort_values()
    # 判断数据的总数量是奇数还是偶数
    if new_ser.count() % 2 == 0 :
        # 计算 Q3,Q1,IQR
        Q3 = new_ser[int(len(new_ser)/2):].median()
        Q1 = new_ser[:int(len(new_ser)/2)].median()
    elif new_ser.count() % 2 != 0 :
        Q3 = new_ser[int(len(new_ser)/2 - 1):].median()
        Q1 = new_ser[:int(len(new_ser)/2 - 1)].median()
```

```
    IQR = round(Q3 - Q1,1)
    rule = (round(Q3 + 1.5 * IQR,1)< ser) | (round(Q1 - 1.5 * IQR,1)> ser)
    index = np.arange(ser.shape[0])[rule]
    #获取异常值及其索引
    outliers = ser.iloc[index]
    return outliers
excel_data = pd.read_excel('dataset.xlsx')
box_outliers(excel_data['value'])
```

运行程序，输出如下：

```
1   -81
5   -67
Name: value, dtype: int64
```

从结果可以看到，用箱形图也能捕获到这两个异常值。与 3σ 准则不同的是，箱形图并不局限于正态分布，任何数据集都可以用箱形图来检测。

（4）删除异常值。

删除异常值后，可以再次调用自定义的异常值检测函数，以确保数据中的异常值全部被删除。代码演示如下：

```
#根据上面自定义函数得到的异常值行索引，来删除异常值
clean_data = excel_data.drop([1,5])
#再次检测数据中是否还有异常值
three_sigma(clean_data['value'])
```

运行程序，输出如下：

```
Series([], Name: value, dtype: int64)
```

则说明异常值已经全部删除成功。

（5）替换异常值。

假设要对前面的成绩单中的异常值进行处理，负值处理为 0 分，超过 100 分的统一按 100 分计算。

```
replace_data = excel_data.replace({-100:0,200:100})
#根据行索引获取替换后的值
print(replace_data.loc[1])
print(replace_data.loc[5])
```

运行程序，输出如下：

```
value   -81
Name: 1, dtype: int64
value   -67
Name: 5, dtype: int64
```

4.2　对某一列编码

如果某一列的各类特别多，想要通过映射来编码会非常麻烦，所以可以对一列数据全部一次进行编码。

例如，有数据如图 4-10 所示。

需要编码“专业”列，可以看到这一列内容很多：

```
data['专业'].unique()
```

	序号	性别	城镇户口还是农村户口	居住地	来自区域	家庭经济状况	年级	专业	专业的看法	是接过金
0	1	2	1	1	1	3	2	秘书专业	3	
1	2	2	1	1	1	5	2	通信工程	3	
2	3	1	2	2	4	3	2	电气工程及其自动化	3	
3	4	1	1	1	3	3	1	秘书学	1	
4	5	1	1	1	1	1	1	信息化	1	
...	...	...	...	...	...	...	...	...	...	
1373	1374	1	2	1	3	2	6	计算机科学与技术	3	
1374	1375	2	2	1	2	1	2	信息安全	3	

图 4-10　数据图

运行程序，输出如图 4-11 所示。

```
array(['秘书专业', '通信工程', '电气工程及其自动化', '秘书学', '嘿嘿', '英语', '历史学', '汉语国际教育',
       '自动化', '英语专业', '租期', '羽毛球', '空中乘务', '空乘', '物流管理', '物联网工程',
       '农村区域发展', '室内设计', '捡破烂', '不知道', '国际经济与贸易', '自主', '社会体育指导与管理',
       '公益慈善', '文物与博物馆', '会计', '游戏开发', '经济管理', '安全工程', '家里蹲', '酒店管理',
       '中医', '思政', '法学', '小学教育', '土木工程', '食品科学与工程', '妇幼保健', '会计学', '林学',
       '国际政治', '中医学', '旅游管理', '行政管理', '农林经济管理', '秘书', '教育',
       '野生动物与自然保护区管理', '金融', '医学', '嘻嘻', '材料化学', '秘书学专业', '法律', '信息与计算科学',
       '学前教育', '网络空间安全', '毕业了', '播音与主持艺术', '体育', '机电一体化', '计算机',
       '学科教学（语文）', '社体', '城市地下空间工程', '商科', '大气科学', '声乐', '日', '金融学', '经济',
       '音乐表演', '日语', '设计', 8, '软件工程', '会计硕士', '母猪喂养', '汉语言文学', '金融专业',
       '广播电视编导专业', '民族学', '材料科学', '经济学', '网媒', '网络与新媒体', '口腔', '电子信息',
       '应用统计学', '交通管理工程', '无', '文秘', '数学', '人力资源', '计算机系', '文化产业管理',
       '电子商务', '健康服务与管理', '管科', '信息资源管理', '马克思主义理论', '商业管理', '服装设计与工艺教育',
       '海关国际法律条约与公约', '乳品工程', '地理信息系统与地图制图技术', '对外汉语', '艺术设计学', '休闲服务与管理',
       '林产化工技术', '能源与环境系统工程', '中药鉴定与质量检测技术', '毒品犯罪矫治', '西班牙语', '智能科学与技术',
       '电视摄像', '电子封装技术', '侦查学', '应用电子技术教育', '眼视光学', '应用生物科学', '地球信息科学与技术',
       '无机非金属材料工程', '广告与会展', '宝玉石鉴定与营销', '中草药栽培与鉴定', '营养学', '林副新产品加工',
       '稀土工程', '戏曲表演', '信息管理与信息系统', '艺术史论', '航空机电设备维修', '宠物养护与疫病防治',
       '文物鉴定与修复', '理化测试及质检技术', '珠宝首饰工艺及鉴定', '林业经济信息管理', '财务管理', '程控交换技术',
       '铁道通信信号', '地质工程', '地理科学', '药物化学', '科技成果中介服务', '财务会计教育', '标准化工程',
       '电气工程与智能控制', '城市应急救援辅助决策技术', '司法信息技术', '舞台艺术设计', '工业设计', '政治学与行政学',
       '通信网络与设备', '言语听觉科学', '微机电系统工程', '编辑出版学', '供热通风与空调工程技术',
       '地质灾害与防治技术', '航空港管理', '渔业综合技术', '学科英语', '皮革制品设计与工艺', '机械制造工艺及设备',
       '生物工程', '绘画', '金融数学', '社区管理与服务', '汽车整形技术', '社会工作', '作曲技术', '冶金工程',
       '传播学', '新闻', '海洋捕捞技术', '水族科学与技术', '计算机科学与技术', '禁毒', '防空兵指挥',
       '医学检验', '导航工程', '中医骨伤', '生物技术', '食品加工及管理', '医用治疗设备应用技术', '应用电子技术',
       '服装工艺技术', '电力工程及其自动化', '财务信息管理', '信息安全', '国际商务', '劳动关系',
       '纺织品检验与贸易', '汽车改装技术', '设备安装技术', '兽医', '软件测试技术', '船舶检验', '编导',
       '矿山机电', '中药', '逻辑学', '水电站设备与管理', '化学', '材料成型及控制工程', '药品经营与管理',
       '经济法律事务', '茶艺', '电线电缆制造技术', '医疗美容技术', '哈医学', '印刷技术', '经济统计学',
       '涂装防护工艺', '护理', '电影学', '矿山测量', '农村电气化技术', '泰米尔语', '服装设计',
       '听力与言语康复学', '高分子材料应用技术', '光电子技术科学', '数字媒体艺术', '泰语', '人力资源管理',
       '思想政治教育', '特种加工技术', '有线电视工程技术', '港口业务管理', '鞋类设计与工艺', '管理工程',
       '国际教育', '花炮生产与管理方向', '食品检测及管理', '交通运输', '乐器制造技术', '应用俄语',
       '农业技术与管理', '煤田地质与勘查技术', '竞技体育', '运动人体科学', '公路工程造价管理', '档案学', '心理学',
```

图 4-11　显示部分专业

可以使用 categorical 函数：

```
data['专业'] = pd.Categorical(data['专业']).codes
```

例如：

```
import pandas as pd
# 创建示例数据
df = pd.DataFrame({
    'Fruit': ['apple', 'orange', 'banana', 'banana', 'apple', 'orange']
})
# 使用 pd.Categorical 函数将 Fruit 列编码
df['Fruit_Encoded'] = pd.Categorical(df['Fruit']).codes
# 打印结果
print(df)
```

运行程序，输出如下：

```
    Fruit  Fruit_Encoded
0   apple              0
1  orange              2
2  banana              1
3  banana              1
4   apple              0
5  orange              2
```

4.3 划分训练集与测试集

本节主要介绍训练集和测试集的划分、交叉验证的各种方法以及代码实现。

4.3.1 伪随机数划分

在 Python 中，直接提供了伪随机函数 train_test_split 来实现将数据划分为训练集和测试集，函数的语法格式为：

```
train_basket,dataset_copy = train_test_split(dataset,train)
```

其中：

- dataset 参数：二维列表，传入需要划分为训练集和测试集的数据集。
- train 参数：浮点数，传入训练集占整个数据集的比例，默认是 0.6。
- 返回参数 train_basket：二维列表，划分好的训练集。
- 返回参数 tdataset_copy：二维列表，划分好的测试集。

【例 4-8】 利用伪随机函数划分训练集与测试集。

```
# 导入库
from random import seed            # 用于固定每次生成的随机数都是确定的(即伪随机数)
from random import randrange       # 用于生成随机数

def train_test_split(dataset,train = 0.6):
    # 创建一个空列表用于存放后面划分好的训练集
    train_basket = list()
    # 根据输入的训练集的比例计算出训练集的大小(样本数量)
    train_size = train * len(dataset)
    # 复制出一个新的数据集来做切分,从而不改变原始的数据集
    dataset_copy = list(dataset)
    # 执行循环判断,如果训练集的大小小于所占的比例,就一直往训练集中添加数据
    while len(train_basket) < train_size:
        # 通过 randrange 函数随机产生训练集的索引
        random_choose = randrange(len(dataset_copy))
        # 根据上面生成的训练集的索引将数据集中的样本加到 train_basket 中
        # 注意,pop 函数会根据索引将数据集中的样本移除,所以循环结束之后剩下的样本就是测试集
```

```
        train_basket.append(dataset_copy.pop(random_choose))
    return train_basket,dataset_copy

#主函数
if '__main__' == __name__:
    #定义一个随机种子,使得每次生成的随机数都是确定的(即伪随机数)
    seed(666)
    dataset = [[1],[2],[3],[4],[5],[6],[7],[8],[9],[10]]
    #调用手动编写的 train_test_split 函数划分训练集和测试集
    train,test = train_test_split(dataset)
```

4.3.2 交叉验证

交叉验证有时被称为旋转估计或样本外测试,它是一种重采样方法,使用数据的不同部分在不同的迭代中测试和训练模型。在预测问题中,给模型一个已知数据集(训练数据集)和一个用于测试模型的未知数据集(称为验证数据集或测试)。交叉验证的目标是测试模型预测新数据的能力,以标记过拟合或选择偏差等问题,进一步深入了解模型是如何推广到独立数据集的。

一轮交叉验证将数据样本划分为互补子集,对一个子集(训练集)执行分析,并在另一个子集(验证集或测试集)上验证分析。为了减少可变性,在大多数方法中会使用不同的分区执行多轮交叉验证,并将验证结果在各轮中组合(例如求平均准确率)用于估计模型的预测性能。总之,交叉验证在预测中结合平均准确率得出更准确的模型预测性能。

1. 交叉验证提出的目的

交叉验证提出的目的:假设一个模型具有一个或多个未知参数,以及一个模型可以拟合数据集(训练数据集)。拟合过程优化模型参数,使模型尽可能地拟合训练数据。如果从与训练数据相同的群体中获取独立的验证数据样本,通常会证明该模型不适合验证数据而适合训练数据。当训练数据集很小或者模型中的参数数量很大时,这种差异可能很大。交叉验证是一种估计这种影响大小的方法。在线性回归中,存在实际目标值 $y_1,y_2,\cdots,y_n$ 和 n 维向量 $\boldsymbol{x}_1,\boldsymbol{x}_2,\cdots,\boldsymbol{x}_n$。向量 $\boldsymbol{x}_i$ 的分量表示为 $x_{i1},x_{i2},\cdots,x_{ip}$。如果使用最小二乘法以超平面 $\hat{y}=\alpha+\boldsymbol{\beta}^{\mathrm{T}}\boldsymbol{x}$ 的形式将函数拟合到数据$(\boldsymbol{x}_i,y_i)$,$1\leqslant i\leqslant n$,则可以使用均方误差(MSE)评估拟合。训练集$(\boldsymbol{x}_i,y_i)$,$1\leqslant i\leqslant n$,上给定估计参数值 α 和$\boldsymbol{\beta}$ 的 MSE 定义为

$$\begin{aligned}\mathrm{MSE}&=\frac{1}{n}\sum_{i=1}^{n}(y_i-\hat{y}_i)^2=\frac{1}{n}\sum_{i=1}^{n}(y_i-\alpha-\boldsymbol{\beta}^{\mathrm{T}}\boldsymbol{x}_i)^2\\&=\frac{1}{n}\sum_{i=1}^{n}(y_i-\alpha-\beta_1x_{i1}-\cdots-\beta_px_{ip})^2\end{aligned}$$

交叉验证可以用于检查模型是否已经过拟合,在这种情况下,验证集中的 MSE 将大大超过其预期值。在大多数其他回归(例如逻辑回归)过程中,计算预期的样本拟合的公式相对较为复杂,交叉验证是一种普遍适用的方法,可以使用数值计算代替理论分析来预测模型在不可用数据上的性能。

2. K 折交叉验证

在 K 折交叉验证中,原始样本被随机划分为 K 个大小相等的子样本。在 K 个子样本中,保留一个子样本作为验证数据用于测试模型,剩余的 $K-1$ 个子样本作为训练数据。然后交叉验证(重复 K 次),K 个子样本中的每个子样本只使用一次作为验证数据。然后可以对结果进行平均以产生单个估计。这种方法相对于重复的随机子抽样的优势在于,所有样本都用

于训练和验证,并且每个样本只用于验证一次。在交叉验证中通常使用 10 折交叉验证,但一般来说,K 仍然是一个不固定的参数。

例如,设置 $K=2$ 则是 2 折交叉验证。在 2 折交叉验证中,将数据随机打乱为两个集合 d_0 和 d_1,使两个集合大小相等(这通常通过打乱数据数组然后将其一分为二来实现)。接着在 d_0 上进行训练并在 d_1 上进行验证,然后在 d_1 上进行训练并在 d_0 上进行验证。

在分层 K 折交叉验证中,选择分区以使平均响应值在所有分区中大致相等。在二分类的情况下,这意味着每个分区包含大致相同比例的两种类别标签。在重复的交叉验证中,数据被随机分成 K 个分区多次。因此,模型的性能可以在多次运行中取平均值,但这在实践中很少需要。图 4-12 为 K 折交叉验证图。

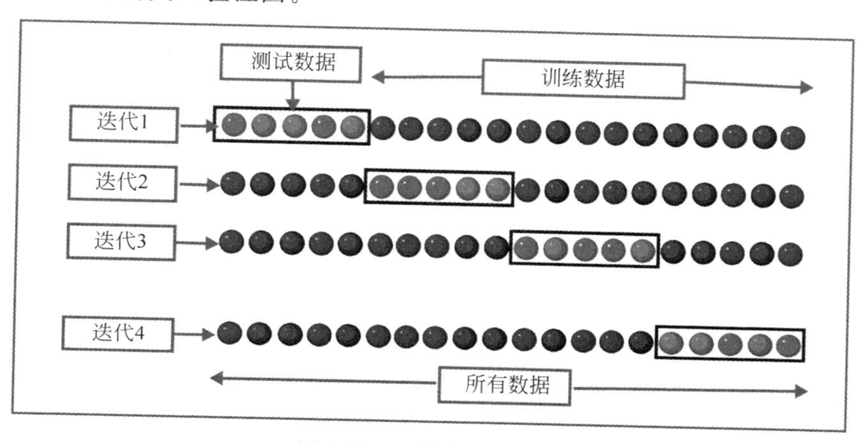

图 4-12 K 折交叉验证图

3. 嵌套交叉验证

当交叉验证同时用于选择最佳超参数集和误差估计(及泛化能力评估)时,需要嵌套交叉验证。

1) K * l 折交叉验证

K * l 折交叉验证是一个真正嵌套的变体,包含 K 个集合的外循环和 l 个集合的内循环。整个数据集被分成 K 个集合。一个接一个地选择一个集合作为(外)测试集,将其他 $K-1$ 个集合组合成对应的外训练集。这对 K 个集合中的每一个元素都重复。每个外部训练集进一步细分为 l 个集合。一个接一个地选择一个集合作为内部测试(验证)集,并将其他 $l-1$ 个集合组合成相应的内部训练集。内部训练集用于拟合模型参数,而外部测试集用于验证集以提供模型拟合的无偏评估。通常,这会针对许多不同的超参数(甚至不同的模型类型)重复,并且验证集用于确定该内部训练集的最佳超参数集(和模型类型)。在此之后,使用来自内部交叉验证的最佳超参数集,在整个外部训练集上拟合一个新模型,最后使用外部测试集评估该模型的性能。

2) 带有验证集和测试集的 K 折交叉验证

当 $l=K-1$ 时,这是一种 K×l 折交叉验证。单个 K 折交叉验证与验证集和测试集一起使用。整个数据集被分成 K 个集合。一个一个地选择一个集合作为测试集。然后,一个接一个地选择集合作为测试集,剩余的 $K-1$ 和 K 个集合分别作为验证集和训练集,直到所有可能的组合都被评估。与 K×l 折交叉验证类似,训练集用于模型拟合,验证集用于每个超参数集的模型评估。最后,对于选定的参数集,使用测试集来评估具有最佳参数集的模型。此处可能有两种变体:要么评估在训练集上训练的模型,要么评估适合训练集和验证集组合的新模型。

3）拟合度量

交叉验证的目标是估计模型与数据集的预期拟合程度，交叉验证的数据集独立于用于训练模型的数据。它可用于估计数据和模型的任何定量拟合测量。例如，对于二分类问题，验证集中的每个案例要么被正确预测，要么被错误预测。在这种情况下，可以使用错误分类错误率来总结拟合。当被预测的值连续分布时，均方误差、均方根误差或中值绝对偏差可以用来总结错误。

4）时间序列模型的交叉验证

数据的顺序很重要，交叉验证可能对时间序列模型有要求，更合适的方法是使用滚动交叉验证。bootstrap 的统计量需要接受时间序列的一个区间，并返回关于它的汇总统计量。对固定引导程序的调用需要指定适当的平均间隔长度。

5）应用

交叉验证可用于比较不同预测建模程序的性能。例如，假设对光学字符识别感兴趣，并且正在考虑使用支持向量机（SVM）或 KNN 从手写字符的图像中预测真实字符。使用交叉验证，可以客观地比较这两种方法各自的错误分类字符分数。

交叉验证也可用于变量选择。假设使用 20 种蛋白质的表达水平来预测癌症患者是否会对药物产生反应。一个实际的目标是确定应该使用 20 个特征中的哪个子集来生成最佳预测模型。对于大多数建模过程，如果使用样本内错误率比较特征子集，则当使用所有 20 个特征时性能最佳。然而，在交叉验证下，具有最佳拟合的模型通常只包含被认为是真正有用的特征的一个子集。

【例 4-9】 实现 K 折交叉验证数据集划分。

```
#导入库
from random import seed             #用于固定每次生成的随机数都是确定的(即伪随机数)
from random import randrange        #用于生成随机数

def k_fold_cross_validation_split(dataset,folds = 10):
    """
    该函数用于将数据集执行 K 折交叉验证的划分
    dataset:二维列表,传入需要划分交叉验证的数据集
    folds:整型,可选,传入交叉验证的折数,默认是 10
    返回参数 basket_split_data:三维列表,存放的是划分好的交叉验证的数据集
    """
    #定义一个空列表,用于存放划分好的数据集
    basket_split_data = list()
    #计算每一折里的样本数
    fold_size = int(len(dataset)/folds)
    #复制出一个新的数据集来做划分,从而不改变原始的数据集
    dataset_copy = list(dataset)
    #按照需要划分的折数来循环遍历提取
    for i in range(folds):
        #定义一个空列表用于存放每一折里的样本数
        basket_random_fold = list()
        #开始遍历,只要每一折里的样本数小于 fold_size,就一直往里面添加数据
        while len(basket_random_fold) < fold_size:
            #通过 randrange 函数随机产生索引
            random_choose_index = randrange(len(dataset_copy))
            #根据上面生成的随机索引将数据集中的样本加到 basket_random_fold 中
            basket_random_fold.append(dataset_copy.pop(random_choose_index))
        #每一折的样本数添加好后,再将其加入 basket_split_data,此变量用于存放后续划分好的
        #所有数据集
        basket_split_data.append(basket_random_fold)
```

```
    return basket_split_data
#主函数
if '__main__' == __name__:
    #定义一个随机种子,使得每次生成的随机数都是确定的(即伪随机数)
    seed(1)
    dataset = [[1],[2],[3],[4],[5],[6],[7],[8],[9],[10]]
    #调用手动编写的 k_fold_cross_validation_split 函数来实现 K 折交叉验证数据集的划分
    k_folds_split = k_fold_cross_validation_split(dataset,3)
```

4.4 数据特征缩放

特征缩放(feature scaling)是什么?特征缩放指改变特征的取值范围,将其缩放到统一的区间,例如[0,1]。

在数据中是如何进行特征缩放的呢?数据集包含众多特征,每个特征的尺度(scale)不同,有的特征的单位是小时,有的特征的单位是千米。尺度不同也意味着变化的范围不同,有的特征的波动非常大,有的特征的波动非常小。对大部分机器学习算法而言,特征取值越大或波动越大,在模型中获得的权重就越大,结果导致预测精度降低,最好的处理办法是将所有特征的尺度缩放到统一的区间。

4.4.1 特征标准化/方差缩放

特征标准化可定义为

$$x' = \frac{x-\mu}{\sigma}$$

其中,μ 和 σ 是数据的均值和标准差。缩放后的特征均值为 0,方差为 1,尺度为原来的$\frac{1}{\sigma}$。标准化依据相同的标准调整特征使数据之间能互为参考,有可比性。

它的优势主要表现在:

(1) 不改变原始数据的分布,保持各个特征维度对目标函数的影响权重。

(2) 对目标函数的影响体现在几何分布上。

(3) 在已有样本足够多的情况下比较稳定,适合现代复杂的大数据场景。

【例 4-10】 利用特征标准化/方差缩放对数据进行缩放操作。

```
import numpy as np
from sklearn.preprocessing import StandardScaler
#假设训练集包含两个特征,尺度不同
X_train = np.array([
    [100, 0.2],
    [80, 0.25],
    [70, 0.15],
    [150, 0.33],
    [200, 0.54],
    [120, 0.25],
    [135, 0.52],
    [136, 0.42],
    [210, 0.16],
    [90, 0.15]
])
#创建 scaler 对象
scaler = StandardScaler()
#拟合训练集
scaler.fit(X_train)
```

```
#缩放训练集
X_train_scaled = scaler.transform(X_train)
#缩放验证集
X_test = np.array([
    [185, 0.25],
    [150, 0.55]
])
X_test_scaled = scaler.transform(X_test)
#查看结果
print('拟合训练集: ',X_train)
print('缩放训练集: ',X_train_scaled)
print('缩放验证集: ',X_test_scaled)
```

运行程序,输出如下:

```
拟合训练集: [[1.00e+02  2.00e-01]
 [8.00e+01  2.50e-01]
 [7.00e+01  1.50e-01]
 [1.50e+02  3.30e-01]
 [2.00e+02  5.40e-01]
 [1.20e+02  2.50e-01]
 [1.35e+02  5.20e-01]
 [1.36e+02  4.20e-01]
 [2.10e+02  1.60e-01]
 [9.00e+01  1.50e-01]]
缩放训练集: [[-0.64345109  -0.68450885]
 [-1.08568552  -0.33166924]
 [-1.30680273  -1.03734846]
 [ 0.46213498  0.23287414]
 [ 1.56772104  1.71480052]
 [-0.20121666  -0.33166924]
 [ 0.13045916  1.57366467]
 [ 0.15257088  0.86798545]
 [ 1.78883826  -0.96678054]
 [-0.8645683  -1.03734846]]
缩放验证集: [[ 1.23604522  -0.33166924]
 [ 0.46213498  1.78536844]]
```

4.4.2 特征归一化

特征归一化主要包括 MinMax 缩放和 L2 归一化,下面对这两个方法进行介绍。

1. MinMax 缩放

MinMax 缩放可以将数据压缩(或扩展)到[0, 1]区间中,消除量纲对结果的影响,使不同特征之间具有可比性。MinMax 缩放可定义为

$$y_i = \frac{x_i - \min(x)}{\max(x) - \min(x)}$$

其中,y_i 是经过缩放的第 i 个观测值;x_i 是第 i 个原始观测值;max(x)和 min(x)是最大值和最小值。

MinMax 缩放只会改变特征的取值范围,不会改变分布。它的应用主要表现在:

(1) 无量纲化。

例如房子数量和收入,从业务层知道这两者的重要性一样,所以把它们全部归一化。

(2) 避免数值问题。

如果不同的数据在不同列数据的数量级相差过大,计算时大数的变化会掩盖掉小数的变化。

（3）一些模型求解的需要。

例如梯度下降法，如果不归一化，当学习率较大时，求解过程会呈 Z 字形下降。如果学习率较小，则会产生直角路线，它不会是好路线。

（4）时间序列。

进行对数分析时，会将原本绝对化的时间序列归一化到某个基准时刻，形成相对时间序列，方便排查。

（5）收敛速度。

加快求解过程中参数的收敛速度。

2. L2 归一化

L2 归一化的公式为

$$x' = \frac{x}{\| x \|_2}$$

其中，$\| x \|_2 = \sqrt{(x_1^2 + x_2^2 + \cdots + x_m^2)}$，L2 归一化使得缩放后的数据的尺度变为原来的 $\frac{1}{\| x \|_2}$，范围为$[-1,1]$。

【例 4-11】 对在线新闻流行度数据集中的文章单词量特征进行特征缩放，并观察其结果。

```
import pandas as pd
import sklearn.preprocessing as preproc

onp_df = pd.read_csv('OnlineNewsPopularity.csv')
#标准化
onp_df['standardized_n'] = preproc.StandardScaler().fit_transform(onp_df[['n_tokens_content']])
# MinMax 缩放
onp_df['minmax_n'] = preproc.minmax_scale(onp_df[['n_tokens_content']])
#L2 归一化
onp_df['l2_normalized_n'] = preproc.normalize(onp_df[['n_tokens_content']], axis = 0)

import matplotlib.pyplot as plt
plt.rcParams['font.sans-serif'] = ['SimHei']          #用来正常显示中文标签
plt.rcParams['axes.unicode_minus'] = False            #用来正常显示负号

fig,(ax1, ax2, ax3, ax4) = plt.subplots(2, 2, figsize = (7, 12))
plt.subplots_adjust(wspace = 0, hspace = 0.5)
ax1.hist(onp_df['n_tokens_content'], bins = 100, color = 'g')
ax1.set_xlabel('')
ax1.set_ylabel('分享次数')
ax1.set_title('原始单词量数据')
ax2.hist(onp_df['standardized_n'], bins = 100, color = 'g')
ax2.set_xlabel('')
ax2.set_ylabel('分享次数')
ax2.set_title('标准化数据')
ax3.hist(onp_df['minmax_n'], bins = 100, color = 'g')
ax3.set_xlabel('')
ax3.set_ylabel('分享次数')
ax3.set_title('MinMax 缩放数据')
ax4.hist(onp_df['l2_normalized_n'], bins = 100, color = 'g')
ax4.set_xlabel('')
ax4.set_ylabel('分享次数')
ax4.set_title('L2 归一化数据')
plt.show()
```

运行程序,效果如图 4-13 所示。

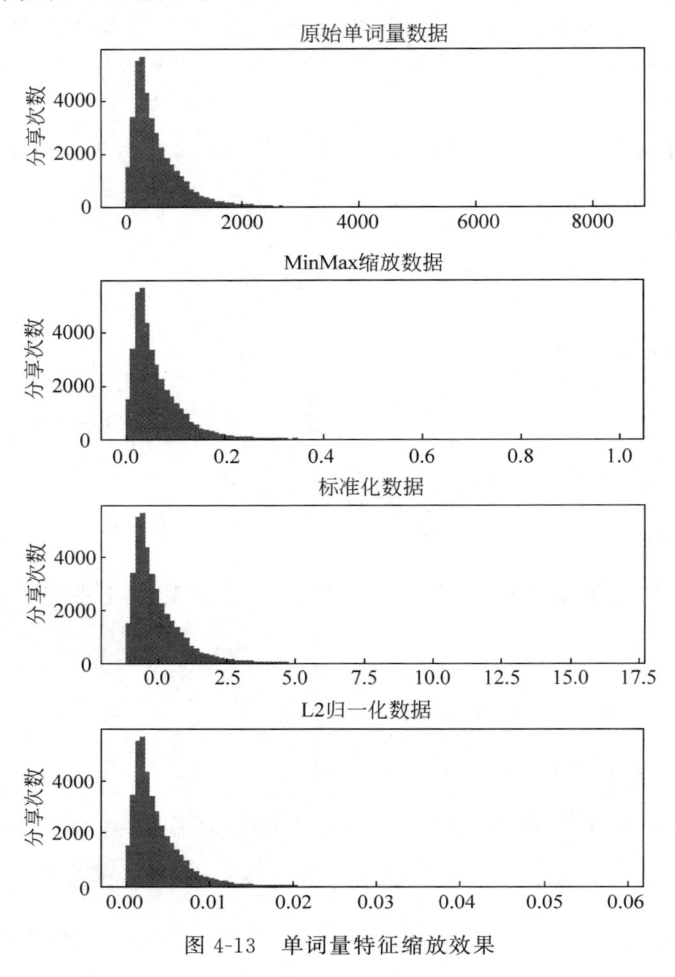

图 4-13　单词量特征缩放效果

4.5　特征选择

当数据预处理完成后,需要选择有意义的特征输入作为模型进行训练。通常来说,从以下三方面来选择特征。

- 特征是否发散:如果一个特征不发散(例如方差接近于 0),也即样本在这个特征上基本上没有差异,这个特征对于样本的区分作用不明显,区分度不高。
- 特征之间的相关性:特征与特征之间的线性相关性,去除相关性较高的特征。
- 特征与目标的相关性:与目标相关性高的特征,应当优先选择。

根据特征选择的形式又可以将特征选择方法分为如下三种。

- Filter:过滤法,按发散性或相关性对各个特征进行评分,设定阈值或待选择阈值的个数,选择特征。
- Wrapper:包装法,根据目标函数(通常是预测效果评分),每次选择若干特征,或排除若干特征。
- Embedded:嵌入法,先使用某些机器学习的算法和模型进行训练,得到各个特征的权值系数,根据系数从大到小选择特征。

4.5.1 Filter

Filter(过滤)是一种启发式方法,它的基本思想是：制定一个准则,用来衡量每个特征对目标属性的重要性,以此对所有特征/属性进行排序,或优选操作。特征选择的过程和后续的学习器无关(区别另外两种方法)。

- 过滤法是一类单变量特征选择的方法,独立地衡量每个特征与响应变量之间的关系,根据某一准则来判断哪些指标重要,剔除那些不重要的指标。
- 过滤法比较简单,易于运行,易于理解,通常对于理解数据有较好的效果,是特征选择最初会使用的方法,但对特征优化、提高泛化能力来说效果不能保证。

1. 方差选择法

方差选择法是一种最简单的选择技术,其基本思想是：方差越大的特征,对于分析目标影响越大,就越有用。如果方差较小,如小于1,那么这个特征可能对算法作用比较小。最极端的情况,如果某个特征方差为0,即所有样本的特征的取值都是一样的,那么对模型训练没有任何作用,可以直接舍弃。在实际应用中会指定一个方差的阈值,方差小于这个阈值的特征会被去除。

【例 4-12】 利用方差选择法对 Boston 房价进行预测。

```
import numpy as np
import pandas as pd
import matplotlib.pyplot as plt
from sklearn.datasets import load_boston
from sklearn.feature_selection import VarianceThreshold

data = load_boston()
X = data.data
y = data.target
X = pd.DataFrame(X)
#查看数据标准差
X.std()
0          8.596783
1         23.322453
2          6.860353
3          0.253994
4          0.115878
5          0.702617
6         28.148861
7          2.105710
8          8.707259
9        168.537116
10         2.164946
11        91.294864
12         7.141062
dtype: float64

#利用 sklearn 包进行方差选择
vt = VarianceThreshold(threshold = 5)
xx = vt.fit_transform(X)
#选择后原先的 13 维降到了 8 维
xx.shape
(506, 8)
```

2. 相关系数法

相关系数法也称为 Pearson(皮尔逊)相关系数法,适用于特征类型均为数值特征的情况,是一种最简单的、能帮助理解特征和响应变量之间关系的方法。相关系数法衡量的是变量之间的线性相关性，结果的取值区间为[−1, +1]，−1 表示完全负相关，+1 表示完全正相关，0 表示没有线性相关。

相关系数法的明显缺陷是只对线性关系敏感，如果特征与响应变量的关系是非线性的，即使两个变量具有一一对应的关系，相关系数也可能会接近 0。在 Python 中，SciPy 的 Pearson 方法能够同时计算相关系数 r 值和 P 值，P 值越小，表示相关系数越显著。

数值属性 A 和 B 的相关系数计算公式如下：

$$r_{A,B}=\frac{\sum_{i=1}^{n}(a_i-\bar{A})(b_i-\bar{B})}{n\sigma_A\sigma_B}=\frac{\sum_{i=1}^{n}(a_ib_i)-n\overline{AB}}{n\sigma_A\sigma_B}=\frac{\mathrm{cov}(A,B)}{\sigma_A\sigma_B}$$

其中，n 是元组的个数，a_i 和 b_i 分别是元组 i 在 A 和 B 的值，$\bar{A}$ 和 $\bar{B}$ 分别是 A 和 B 的均值，σ_A 和 σ_B 分别是 A 和 B 的标准差。$\mathrm{cov}(A,B)$为 A 和 B 的协方差(covariance)，公式为

$$\mathrm{cov}(A,B)=E((A-\bar{A})(B-\bar{B}))=\frac{\sum_{i=1}^{n}(a_i-\bar{A})(b_i-\bar{B})}{n}=E(AB)-E(A)E(B)$$

- 两个变量之间的皮尔逊相关系数定义为两个变量之间的协方差和标准差的商。
- 协方差是两个变量间的相关性，二维的是协方差，三维及以上则构成协方差矩阵。而方差是协方差的一种特殊情况，即当两个变量是相同的情况。

【例 4-13】 利用相关系数法对 Boston 房价进行预测。

```
from scipy import stats
X = X.values
for i in range(X.shape[1]):
    X_pear = stats.pearsonr(X[:, i], y)
    print(X_pear)
(-0.3858316898839905, 2.0835501108141935e-19)
(0.3604453424505432, 5.713584153081686e-17)
(-0.48372516002837285, 4.90025998175338e-31)
(0.17526017719029846, 7.390623170520815e-05)
(-0.4273207723732827, 7.065041586254333e-24)
(0.6953599470715393, 2.487228871008295e-74)
(-0.3769545650045962, 1.569982209188298e-18)
(0.24992873408590394, 1.206611727337284e-08)
(-0.3816262306397781, 5.465932569648567e-19)
(-0.468535933567767, 5.637733627691498e-29)
(-0.5077866855375619, 1.6095094784731157e-34)
(0.3334608196570665, 1.318112734075642e-14)
(-0.7376627261740147, 5.081103394389002e-88)
```

可以看出，第 13 个特征的 P 值最小，皮尔逊相关系数的绝对值最大，表明第 13 个特征与目标 y 的相关性显著。

3. 卡方检验

卡方检验也称 χ^2 检验，它可以检验某个特征分布和输出值分布之间的相关性，通常比粗暴的方差选择法好用。χ^2 值描述了自变量与因变量的相关程度：χ^2 值越大，相关程度也越大。在特征选择时，保留相关程度大的特征，另外还可以利用卡方检验做异常检测等。

在 sklearn 中，可以使用 chi2 这个类来做卡方检验得到所有特征的 χ^2 值与显著性水平 α 的临界值，给定 χ^2 值阈值，选择 χ^2 值较大的部分特征。除了卡方检验，还可以使用 F 检验和 t 检验，它们都是使用假设检验的方法，只是使用的统计分布不是卡方分布，而是 F 分布和 t

分布而已。在 sklearn 中，有 F 检验的函数 f_classif 和 f_regression，分别在分类和回归特征选择时使用。

假设 A 有 c 个不同值 $a_1, a_2, \cdots, a_c$，B 有 r 个不同的值 $b_1, b_2, \cdots, b_r$，A 和 B 描述的数据元组可以用一个相依表，其中 A 的 c 个值构成列，B 的 r 个值构成行。令 (a_i, b_j) 表示属性 A 取 a_i、属性 B 取 b_j 的联合事件，其中 $i=1,2,\cdots,c; j=1,2,\cdots,r$。$\chi^2$ 值可用下式计算：

$$\chi^2 = \sum_{i=1}^{c}\sum_{j=1}^{r}\frac{(o_{ij}-e_{ij})^2}{e_{ij}}$$

其中，o_{ij} 是联合事件 (a_i, b_j) 的观测频度，而 e_{ij} 是 (a_i, b_j) 的期望频度，可以用下式计算，其中 n 为数据元组的个数：

$$e_{ij} = \frac{\text{count}(A=a_i)\text{count}(B=b_j)}{n}$$

至此已经得到了 χ^2 值，那又怎样知道 χ^2 值是否合理？即怎么知道无关性假设是否可靠？首先计算该相依表的自由度 n，公式为

$$n = (r-1)\times(c-1)$$

A 与 B 的相依表(见表 4-1)，该表中记录着不同自由度下每个分布的概率。

表 4-1　A 与 B 的相依表

B\A	a_1	a_2	…	a_c
b_1	o_{11}	o_{21}	…	o_{1c}
b_2	o_{21}	o_{22}	…	o_{2c}
	…	…	…	…
b_r	o_{r1}	o_{r2}	…	o_{rc}

卡方分布临界值表如表 4-2 所示。

表 4-2　卡方分布临界值表

	0.99	**0.98**	**0.95**	**0.90**	**0.05**	**0.02**	**0.01**	**0.001**
1	0.000	0.001	0.004	0.016	0.045	5.14	6.64	10.83
2	0.020	0.040	0.103	0.211	1.36	7.82	9.21	13.82
3	0.115	0.185	0.352	0.584	2.366	9.49	11.34	16.27
4	0.554	0.429	0.711	1.064	3.357	11.07	13.28	18.47
5	0.874	0.752	1.145	1.610	0.435	12.69	15.09	20.52

下面通过经典应用实例来演示卡方检验的应用。

1) 应用实例——拟合优度检验

【例 4-14】 以掷骰子为例。

解析：连续投掷 120 次骰子，并统计各点出现的次数。因为原假设骰子是均衡的，所以每点数期望值都为 20，如表 4-3 所示。

表 4-3　连续投掷 120 次骰子

	1 点	**2 点**	**3 点**	**4 点**	**5 点**	**6 点**
实际值	23	20	18	19	24	16
期望值	20	20	20	20	20	20

第一步确定原假设即骰子是均衡的，第二步设置显著性水平 $\alpha=0.05$，在确立使用卡方检验之后：

• 根据公式计算出统计值。

$$\frac{(23-20)^2}{20}+\frac{(20-20)^2}{20}+\frac{(18-20)^2}{20}+\frac{(19-20)^2}{20}+\frac{(24-20)^2}{20}+\frac{(16-20)^2}{20}=2.3$$

• 自由度：$n=(r-1)\times(c-1)=(2-1)\times(6-1)=5$

确定上述统计值之后，并结合卡方表就可对其进行判断，如表 4-4 所示。

表 4-4　判断表

自由度 k\\P 值	0.95	0.90	0.80	0.70	0.50	0.30	0.20	0.10	0.05	0.01	0.001
1	0.004	0.02	0.06	0.15	0.46	1.07	1.64	2.71	3.84	6.64	10.83
2	0.10	0.21	0.45	0.71	1.39	2.41	3.22	4.60	5.99	9.21	13.82
3	0.35	0.58	1.01	1.42	2.37	3.66	4.64	6.25	7.82	11.34	16.27
4	0.71	1.06	1.65	2.20	3.36	4.88	5.99	7.78	9.49	13.28	18.47
5	1.14	1.61	2.34	3.00	4.35	6.06	7.29	9.24	11.07	15.09	20.52
6	1.63	2.20	3.07	3.83	5.35	7.23	8.56	10.64	12.59	16.81	22.46
7	2.17	2.83	3.82	4.67	6.35	8.38	9.80	12.02	14.07	18.48	24.32
8	2.73	3.49	4.59	5.53	7.34	9.52	11.03	13.36	15.51	20.09	26.12
9	3.32	4.17	5.38	6.39	8.34	10.66	12.24	14.68	16.92	21.67	27.88
10	3.94	4.86	6.18	7.27	9.34	11.78	13.44	15.99	18.31	23.21	29.59

实现的 Python 代码为：

```
import pandas as pd
import numpy as np
from scipy import stats
#创建上述表
observed_pd = pd.DataFrame(['1 点'] * 23 + ['2 点'] * 20 + ['3 点'] * 18 + ['4 点'] * 19 + ['5 点'] * 24
+ ['6 点'] * 16)
expected_pd = pd.DataFrame(['1 点'] * 20 + ['2 点'] * 20 + ['3 点'] * 20 + ['4 点'] * 20 + ['5 点'] * 20
+ ['6 点'] * 20)
observed_table = pd.crosstab(index = observed_pd[0],columns = 'count')
expected_table = pd.crosstab(index = expected_pd[0],columns = 'count')
print(observed_table)
print('———————')
print(expected_table)
#通过公式算出卡方值
observed = observed_table
expected = expected_table
chi_squared_stat = ((observed - expected) ** 2/expected).sum()
print('开始计算卡方值')
print(chi_squared_stat)
```

运行程序，输出如下：

```
col_0   count
0
1 点        23
2 点        20
3 点        18
4 点        19
5 点        24
6 点        16
———————
col_0   count
0
1 点        20
2 点        20
```

```
3点        20
4点        20
5点        20
6点        20
开始计算卡方值
col_0
count    2.3
dtype: float64
```

有以下两种方式可以求出 P 值。

方式一：

```
crit = stats.chi2.ppf(q = 0.95,df = 5)     #0.95为置信水平,df为自由度
print(crit)                                #临界值,拒绝域的边界,若卡方值大于临界值,则原假设
                                           #不成立,备择假设成立
P_value = 1 - stats.chi2.cdf(x = chi_squared_stat,df = 5)
print('P_value')
print(P_value)
11.070497693516351
P_value
[0.80626687]
```

方式二：

```
stats.chisquare(f_obs = observed,          #观测计数数组
                f_exp = expected)          #预测计数数组
Power_divergenceResult(statistic = array([2.3]), pvalue = array([0.80626687]))
```

从结果可以看出，P 值要远大于显著性水平 α，所以没有理由拒绝原假设，即骰子是均匀的。

2）应用实例——交叉表卡方

在日常的数据分析工作中，卡方检验主要用于留存率、渗透率等漏斗指标，下面就以留存率为例，假设平台从微博、微信、知乎渠道引流，现在要确定留存率是否与渠道有关。

（1）假设留存率与渠道无关。

（2）设置显著性水平 $\alpha=0.05$，在确立使用卡方检验之后接下来用 Python 实现。

```
df = pd.DataFrame(columns = ['register','stay'],index = ['微博','知乎','微信'],
                  data = [[11570,3173],[15113,3901],[18244,4899]])
df['lost'] = df['register'] - df['stay']
df
```

	register	stay	lost
微博	11570	3173	8397
知乎	15113	3901	11212
微信	18244	4899	13345

```
observed = df[['stay','lost']]
stats.chi2_contingency(observed = observed)
(9.359095286322784,
 0.0092832122619623,        #P值
 2,
 array([[ 3083.39328244, 8486.60671756],
        [ 4027.59919425, 11085.40080575],
        [ 4862.00752332, 13381.99247668]]))
```

由结果可以看出 P 值要小于原先定的显著性水平 α，所以有理由拒绝原假设，即用户渠道的确影响了留存情况，两者并不是相互独立的。

4. 互信息法

互信息表示两个变量是否有关系以及关系的强弱。

$$I(X,Y)=\sum P(X,Y)\log\left(\frac{P(X,Y)}{P(X)P(Y)}\right)$$

其中，$I(X,Y)$为随机变量 X 与 Y 之间的互信息。该公式能够很好地度量各种相关性，但计算复杂。

上述公式可变为 $I(X,Y)=H(Y)-H(Y|X)$，可以理解为，X 引入导致 Y 的熵减小的量，其中 $H(Y)$表示的 Y 熵，即 Y 的不确定度，Y 的分布越离散，其不确定程度就越明显，熵就越大。

其中，Y 的熵计算公式为：$H(Y)=-\sum P(Y)\log P(Y)$，表示平均信息量。

从信息熵的角度分析特征和输出值之间的关系评分，互信息值越大，说明该特征和输出值之间的相关性越大，越需要保留。

互信息法存在的缺陷主要有：

- 它不属于度量方式，也没有办法归一化，在不同数据集上的结果无法做比较。
- 对于连续变量通常需要先离散化，而互信息的结果对离散化的方式敏感。
- sklearn 使用 mutual_info_classif(分类)和 mutual_info_regression(回归)来计算各个输入特征和输出值之间的互信息。

【例 4-15】 利用互相关性对鸢尾花分类。

```
from sklearn.datasets import load_iris
from sklearn.feature_selection import SelectKBest
from sklearn.feature_selection import mutual_info_classif
iris = load_iris()
x,y = iris.data,iris.target
#返回每个特征与标签的互信息统计量
x_y_result = mutual_info_classif(x,y)
x_y_result
#筛选互信息量最大的 2 个特征
data_iris = SelectKBest(mutual_info_classif,k=2).fit_transform(x,y)
data_iris
```

运行程序，输出如下：

```
array([[1.4, 0.2],
       [1.4, 0.2],
       [1.3, 0.2],
       [1.5, 0.2],
       [1.4, 0.2],
       [1.7, 0.4],
       [1.4, 0.3],
       ...
       [5. , 1.9],
       [5.2, 2. ],
       [5.4, 2.3],
       [5.1, 1.8]])
```

5. 使用场景

Filter 总结起来就是利用不同的打分规则，如卡方检验、相关系数、互信息等规则对每个特征进行打分，即相当于给每个特征赋予一个权重，按照权重排序，对不达标的特征进行过滤。Filter 是通过对特征进行排序来优化模型，但缺点是它不能发现冗余。

- 如果特征之间具有强关联，且非线性时，Filter 不能避免选择的最优特征组合冗余。
- Filter 中的具体技术有许多改进的版本或变种。

按不同的特征属性类型，可将上述方法做如下划分。

- 评价自变量的信息量或离散情况：方差选择法。

- 评价自变量与自变量(或应变量)的相关性：相关系数法。
- 评价自变量与因变量(或自变量)的相关性：卡方检验方法、互信息法。

4.5.2　Wrapper

机器学习认为：特征和模型是分不开的，选择不同的特征训练出的模型也是不同的，特征选择就是模型选择的一部分。相对单变量特征选择方法(如 Filter)，基于模型的特征选择方法是另一类特征选择方法，也称为非单变量特征选择方法。

该方法目前主流的两大类方法是：Wrapper(包装法)和 Embedded(嵌入法)。

Wrapper 在初始特征集上训练评估器，并且通过 coef_属性或通过 feature_importances_属性获得每个特征的重要性。然后，从当前的一组特征中修剪最不重要的特征。在修剪的集合上递归地重复该过程，直到最终到达所需数量的要选择的特征。

Wrapper 区别于 Filter 和 Embedded 的是：一次训练解决所有问题，Wrapper 要使用特征子集进行多次训练，因此它所需要的计算成本是最高的。Wrapper 是一种贪婪的优化算法，目的在于找到性能最佳的特征子集。它反复创建模型，并在每次迭代时保留最佳特征或剔除最差特征，下一次迭代时，它会使用上一次建模时没有被选中的特征来构建下一个模型，直到所有特征都耗尽为止。接着，它根据自己保留或剔除特征的顺序来对特征进行排名，最终选出一个最佳子集类：sklearn. feature_selection. RFE (estimator, n_features_to_select=None, step=1, verbose=0)。

其中：

- estimator 参数：需要填写的实例化后的评估器。
- n_features_to_select 参数：想要选择的特征个数。
- step 参数：每次迭代中希望移除的特征个数。

除此之外，RFE 类有如下两个很重要的属性。

- . support_：返回所有的特征是否最后被选中的布尔矩阵。
- _. ranking_：返回的特征按数次迭代中综合重要性的排名(排的越前越重要)。

类 feature_selection. RFECV 会在交叉验证循环中执行 RFE 以找到最佳数量的特征，增加参数 cv，其他用法都和 RFE 一模一样。

4.5.3　基于 L1 的正则化

L1 正则化即在简单线性回归模型基础上加入一个 L1 范数作为惩罚约束，用 RSS 表示 LASSO 回归的损失函数，表达式如下：

$$\mathrm{RSS}=\sum_{i=1}^{n}(y_i-\beta_0-\sum_{j=1}^{p}\beta_j X_{ij})+\lambda\sum_{j=1}^{p}|\beta_j|$$

其中：

- L1 正则化将回归系数 β_j 的 L1 范数作为惩罚项加到损失函数上，由于正则项非 0，这就迫使那些弱的特征所对应的系数变成 0。因此，L1 正则化往往会使生成的模型很稀疏(系数 w 经常为 0)，这个特性使得 L1 正则化成为一种很好的特征选择方法。
- L1 正则化像非正则化线性模型一样也是不稳定的，如果特征集合中具有相关联的特征，当数据发生细微变化时也有可能导致很大的模型差异。
- L1 正则化能够生成稀疏的模型。

L1 正则化的目的是降低过拟合风险，但是 L1 正则化的执行结果通常容易获得稀疏数据，即 L1 方法选择后的数据拥有更多零分量，所以被当作特征选择的强大方法。稀疏数据对后续建模的好处：数据集表示的矩阵中有很多列与当前任务无关，通过特征选择去除这些列，如果数据稀疏性比较突出，即意味着去除了较多的无关列。实际上，模型训练过程可以在较小的列上进行，降低学习任务的难度，计算和存储开销小。

【例 4-16】 利用 L1 正则化预测 Boston 房价。

```
from sklearn.preprocessing import StandardScaler
from sklearn.datasets import load_boston
from sklearn.linear_model import Lasso
import numpy as np
import pandas as pd

ss = StandardScaler()
data = load_boston()
data = pd.concat([pd.DataFrame(data.data, columns = data.feature_names), pd.DataFrame(data.target,columns = ['target'])],axis = 1)
data.head().round(2)
```

	CRIM	ZN	INDUS	CHAS	NOX	RM	AGE	DIS	RAD	TAX	PTRATIO	B	LSTAT	target
0	0.01	18.0	2.31	0.0	0.54	6.58	65.2	4.09	1.0	296.0	15.3	396.90	4.98	24.0
1	0.03	0.0	7.07	0.0	0.47	6.42	78.9	4.97	2.0	242.0	17.8	396.90	9.14	21.6
2	0.03	0.0	7.07	0.0	0.47	7.18	61.1	4.97	2.0	242.0	17.8	392.83	4.03	34.7
3	0.03	0.0	2.18	0.0	0.46	7.00	45.8	6.06	3.0	222.0	18.7	394.63	2.94	33.4
4	0.07	0.0	2.18	0.0	0.46	7.15	54.2	6.06	3.0	222.0	18.7	396.90	5.33	36.2

以上结果的各特征说明如下。

- CRIM：城镇人均犯罪率。
- ZN：住宅用地超过 25 000 平方英尺(1 英尺=0.3048 米)的比例。
- INDUS：城镇非零售商用土地的比例。
- CHAS：查理斯河空变量(如果边界是河流，则为 1；否则为 0)。
- NOX：一氧化氮浓度。
- RM：住宅平均房间数。
- AGE：1940 年之前建成的自用房屋比例。
- DIS：到波士顿 5 个中心区域的加权距离。
- RAD：辐射性公路的接近指数。
- TAX：每 10 000 美元的全值财产税率。
- PTRATIO：城镇师生比例。
- B：1000×(Bk−0.63)^ 2，其中 Bk 指代城镇中黑人的比例。
- LSTAT：人口中地位低下者的比例。
- target：预测房价目标值。

导入 L1 正则化模型进行训练：

```
lasso = Lasso(alpha = 1)
lasso.fit(x,data.target)
for i in range(x.shape[1]):
    print(data.feature_names[i],format(lasso.coef_[i],'.3f'))
CRIM  -0.000
ZN  0.000
INDUS  -0.000
CHAS  0.000
NOX  -0.000
```

```
RM  2.713
AGE   - 0.000
DIS   - 0.000
RAD   - 0.000
TAX   - 0.000
PTRATIO   - 1.344
B  0.181
LSTAT   - 3.543
```

可以看到非零特征有 4 个,可以保留这 4 个特征。如果希望增加保留的特征数,可以通过调整参数 alpha 的值,令 alpha 小于 1 进行调试。

第5章 降维实现数据压缩

在许多领域的研究应用中，通常需要对含有多个变量的数据进行观测，收集大量数据后进行分析寻找规律。多变量大数据集会为研究和应用提供丰富的信息，但也在一定程度上增加了数据采集的工作量。更重要的是在很多情形下，许多变量之间可能存在相关性，从而增加了问题分析的复杂性，易产生错误的结论。

因此，需要找到一种合理的方法，在减少需要分析的指标的同时，尽量减少原指标包含信息的损失，以达到对所收集数据进行全面分析的目的。主成分分析与因子分析就属于这类降维算法。

5.1 数据降维

降维(dimension reduction)是一种对高维度特征数据预处理的方法。降维的目的是从高维度的数据中保留下最重要的一些特征，去除噪声和不重要的特征，从而提高数据处理速度。在实际的生产和应用中，降维在一定的信息损失范围内，可以节省大量的时间和成本。降维也是一种应用非常广泛的数据预处理方法。

降维有如下两种方式：

(1) 特征选择(feature selection)，通过变量选择来缩减维数。

(2) 特征提取(feature extraction)，通过线性或非线性变换来生成缩减集(复合变量)。

降维具有如下一些优点：

(1) 使得数据集更易使用。

(2) 降低算法的计算开销。

(3) 去除噪声。

(4) 使得结果更容易理解。

降维的方法有很多，如奇异值分解、主成分分析、因子分析、独立成分分析等。

5.2 主成分降维

主成分分析(Principal Component Analysis，PCA)是一种使用最广泛的数据降维算法。PCA 的主要思想是将 n 维特征映射到 k 维上，这 k 维是全新的正交特征，也被称为主成分，是在原有 n 维特征的基础上重新构造出来的 k 维特征。先假设用数据的两个特征画出散点图，如图 5-1 所示。

通过图 5-1 的两个特征的映射结果可以发现保留特征 1(右面)比较好，因为保留特征 1，当把所有的点映射到 x 轴上后，点与点之间的距离相对较大，也即它拥有更高的可区分度，同时还保留着部分映射之前的空间信息。如果把点都映射到 y 轴上，发现点与点的距离更近了，这不符合数据原来的空间分布。所以保留特征 1 相比保留特征 2 更加合适，但是这是最好的方案吗？假如将所有的点都映射到一条拟合的斜线上，从二维降到一维，整体和原样本的分布并没有多大差距，但点和点之间的距离更大了，区分度也更加明显，如图 5-2 所示。

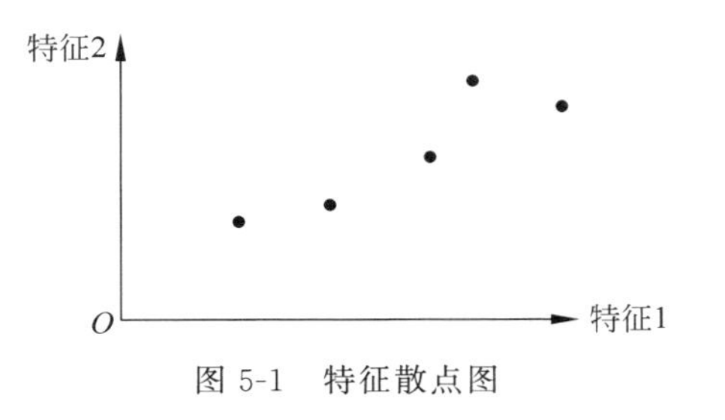

图 5-1　特征散点图

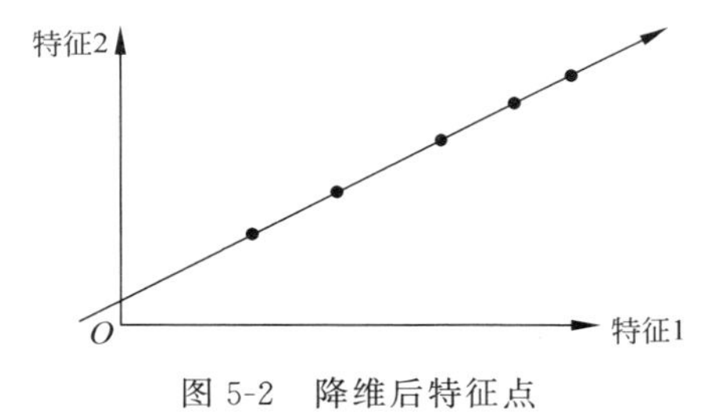

图 5-2　降维后特征点

其中，一般会使用方差(variance)来定义样本之间的间距：

$$\mathrm{Var}(x)=\frac{1}{m}\sum_{i=1}^{m}(x_i-\bar{x})^2$$

5.2.1　主成分分析步骤

对于如何找到一个轴，使得样本空间的所有点映射到这个轴的方差最大，其主要实现步骤如下。

(1) 样本归 0。

将样本进行均值归 0(demean)，即所有样本减去样本的均值，样本的分布并没有改变，只是将坐标进行了移动，如图 5-3 所示。

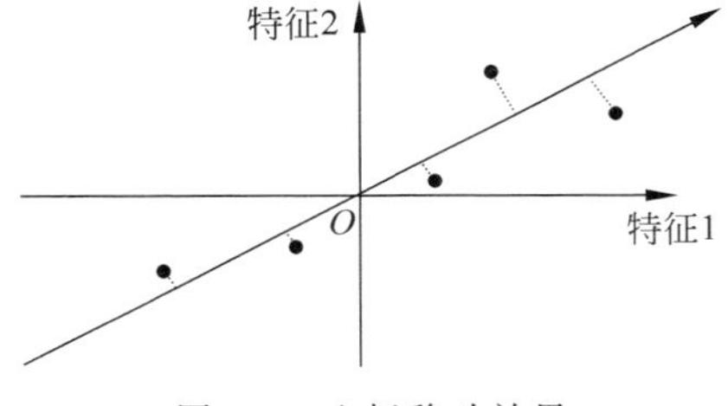

图 5-3　坐标移动效果

此时对于方差公式：$\mathrm{Var}(x)=\frac{1}{m}\sum_{i=1}^{m}(x_i-\bar{x})^2$，$\bar{x}=0$，计算过程就少一项，这就是为什么进行样本均值归 0，可以化简，更加方便计算。

(2) 找到样本点映射后方差最大的单位向量 $\boldsymbol{w}$。

求一个轴的方向 $\boldsymbol{w}=(w_1,w_2)$ 时需要先定义该轴的方向 $\boldsymbol{w}=(w_1,w_2)$，得到样本映射到 $\boldsymbol{w}$ 以后，使得样本 $\boldsymbol{X}$ 映射到 $\boldsymbol{w}$ 之后的方差最大：

$$\mathrm{Var}(\boldsymbol{X}_{\text{project}})=\frac{1}{m}\sum_{i=1}^{m}(\boldsymbol{X}_{\text{project}}^{i}-\bar{\boldsymbol{X}}_{\text{project}})^2$$

其实括号中的部分是一个向量，更加准确的描述应该是(向量的模)：

$$\mathrm{Var}(\boldsymbol{X}_{\text{project}})=\frac{1}{m}\sum_{i=1}^{m}\|\boldsymbol{X}_{\text{project}}^{i}-\bar{\boldsymbol{X}}_{\text{project}}\|^2$$

此处只需要下面的式子取最大值：

$$\mathrm{Var}(\boldsymbol{X}_{\text{project}})=\frac{1}{m}\sum_{i=1}^{m}\|\boldsymbol{X}_{\text{project}}^{i}\|^2$$

映射过程如下：线 l_1 是要找的方向 $\boldsymbol{w}=(w_1,w_2)$；第 i 行的样本点为 $\boldsymbol{X}^{(i)}=(X_1^{(i)},X_2^{(i)})$，$\boldsymbol{X}^{(i)}$ 此时也是一个向量；映射到 $\boldsymbol{w}$ 上做一个垂线，交点的位置就是 $\boldsymbol{X}_{\text{project}}^{(i)}=(X_{\text{pro1}}^{(i)},$

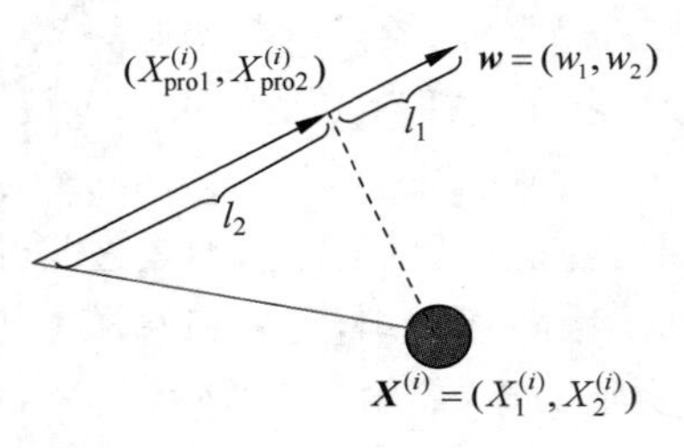

图 5-4 映射过程

$X_{\text{pro2}}^{(i)}$)对应的点；要求 $\boldsymbol{X}_{\text{project}}^{(i)}$ 的模的平方，即线段 l_2 长度对应的平方，如图 5-4 所示。

把一个向量映射到另一个向量上，对应的映射长度是多少？实际上这种映射是点乘：

$$\boldsymbol{X}^{(i)} \cdot \boldsymbol{w} = \| \boldsymbol{X}^{(i)} \| \cdot \| \boldsymbol{w} \| \cdot \cos\theta$$

由于向量 $\boldsymbol{w}$ 是要找的轴，是一个方向，因此使用方向向量就可以。此时长度为 1：

$$\boldsymbol{X}^{(i)} \cdot \boldsymbol{w} = \| \boldsymbol{X}^{(i)} \| \cdot \cos\theta$$

因此，在三角形中有

$$\boldsymbol{X}^{(i)} \cdot \boldsymbol{w} = \| \boldsymbol{X}_{\text{project}}^{(i)} \|$$

主成分分析法的目标是求 $\boldsymbol{w}$，使得 $\text{Var}(\boldsymbol{X}_{\text{project}}) = \dfrac{1}{m}\sum_{i=1}^{m}(\boldsymbol{X}^{(i)} \cdot \boldsymbol{w})^2$ 最大。

如果是 n 维数据，则有 $\text{Var}(\boldsymbol{X}_{\text{project}}) = \dfrac{1}{m}\sum_{i=1}^{m}(X_1^{(i)}w_1 + X_2^{(i)}w_2 + \cdots + X_n^{(i)}w_n)^2$。

5.2.2 PCA 算法实现

对于最优化问题，除了求出严格的数据解以外，还可以使用搜索策略求极值。在求极值的问题中，有梯度上升和梯度下降两个最优化方法。梯度上升用于求最大值，梯度下降用于求最小值。

1. 梯度上升与梯度下降

已知使损失函数值变小的迭代公式为

$$\eta \frac{\partial L}{\partial a}$$

现在要求极大值，则使用梯度上升法。梯度的方向就是函数值在该点上升最快的方向，顺着这个梯度方向轴，就可以找到极大值，即将负号变为正号。

$$(a_{k+1}, b_{k+1}) = \left(a_{k+1} + \eta \frac{\partial L}{\partial a}, b_{k+1} + \eta \frac{\partial L}{\partial b}\right)$$

2. 求梯度

对于 PAC 的目标函数，求 $\boldsymbol{w}$，使得 $\text{Var}(\boldsymbol{X}_{\text{project}}) = \dfrac{1}{m}\sum_{i=1}^{m}(X_1^{(i)}w_1 + X_2^{(i)}w_2 + \cdots + X_n^{(i)}w_n)^2$ 最大，可以使用梯度上升法来解决。

首先要求梯度。在上式中，$\boldsymbol{w}$ 是未知 $\boldsymbol{X}_i$ 的非监督学习提供的已知样本信息，因此对 $f(\boldsymbol{X})$ 中 $\boldsymbol{w}$ 的每一个维度进行求导：

$$\nabla f = \begin{pmatrix} \dfrac{\partial f}{\partial w_1} \\ \dfrac{\partial f}{\partial w_2} \\ \vdots \\ \dfrac{\partial f}{\partial w_n} \end{pmatrix} = \frac{2}{m} \begin{pmatrix} \sum\limits_{i=1}^{m}(X_1^{(i)}w_1 + X_2^{(i)}w_2 + \cdots + X_n^{(i)}w_n)X_1^{(i)} \\ \sum\limits_{i=1}^{m}(X_1^{(i)}w_1 + X_2^{(i)}w_2 + \cdots + X_n^{(i)}w_n)X_2^{(i)} \\ \vdots \\ \sum\limits_{i=1}^{m}(X_1^{(i)}w_1 + X_2^{(i)}w_2 + \cdots + X_n^{(i)}w_n)X_n^{(i)} \end{pmatrix}$$

对上式进行合并,写成两个向量点乘的形式。更进一步对表达式进行向量化处理:

$$\nabla f=\frac{2}{m}\begin{bmatrix}\sum_{i=1}^{m}(\boldsymbol{X}^{(i)}\boldsymbol{w})X_1^{(i)}\\ \sum_{i=1}^{m}(\boldsymbol{X}^{(i)}\boldsymbol{w})X_2^{(i)}\\ \vdots\\ \sum_{i=1}^{m}(\boldsymbol{X}^{(i)}\boldsymbol{w})X_n^{(i)}\end{bmatrix}=\frac{2}{m}(\boldsymbol{X}^{(1)}\boldsymbol{w},\cdots,\boldsymbol{X}^{(m)}\boldsymbol{w})\cdot\begin{pmatrix}X_1^{(1)} & \cdots & X_n^{(1)}\\ \vdots & & \vdots\\ X_1^{(m)} & \cdots & X_m^{(m)}\end{pmatrix}$$

$$=\frac{2}{m}\cdot(\boldsymbol{X}\boldsymbol{w})^{\mathrm{T}}\cdot\boldsymbol{X}=\frac{2}{m}\cdot\boldsymbol{X}^{\mathrm{T}}\cdot(\boldsymbol{X}\boldsymbol{w})$$

得到梯度为

$$\nabla f=\frac{2}{m}\cdot\boldsymbol{X}^{\mathrm{T}}\cdot(\boldsymbol{X}\boldsymbol{w})$$

有了梯度,就可以使用梯度上升法求最大值了。

3. 求前 *n* 个主成分

实际的降维过程可能会涉及数据在多个维度的降维,这就需要依次求解多个主成分。求解第一个主成分后,假设得到映射的轴为 $\boldsymbol{w}$ 所表示的向量,如果此时需要求解第二个主成分,应该怎么做?需要先将数据集在第一个主成分上的分量去掉,然后在没有第一个主成分的基础上再寻找第二个主成分,如图 5-5 所示。

如图 5-5 所示,样本 $\boldsymbol{X}^{(i)}$ 在第一主成分 $\boldsymbol{w}$ 上的分量为$(X_{\mathrm{pro1}}^{(i)},X_{\mathrm{pro2}}^{(i)})$,其模长是 $\boldsymbol{X}^{(i)}$ 向量和 $\boldsymbol{w}$ 向量的乘积,又因为 $\boldsymbol{w}$ 是单位向量,向量的模长乘以方向上的单位向量就可以得到这个向量。

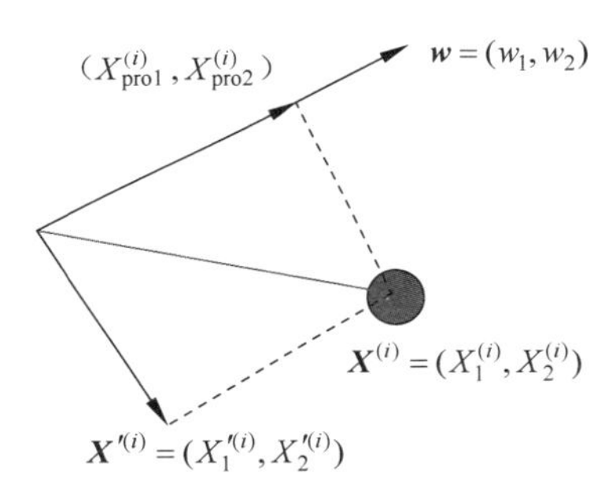

图 5-5　寻找第二个主成分

求下一个主成分就是将数据在第一主成分上的分量去掉,再对新的数据求第一主成分。那么如何去掉第一主成分呢?用样本 $\boldsymbol{X}^{(i)}$ 减去分量$(X_{\mathrm{pro1}}^{(i)},X_{\mathrm{pro2}}^{(i)})$,得到结果的几何意义就是一条与第一主成分垂直的一个轴。这个轴就是样本数据去除第一主成分分量后得到的结果,即 $\boldsymbol{X}'^{(i)}=\boldsymbol{X}^{(i)}-(X_{\mathrm{pro1}}^{(i)},X_{\mathrm{pro2}}^{(i)})$。然后在新的样本 $\boldsymbol{X}'^{(i)}$ 中求第一主成分,得到的就是第二主成分。循环往复就可以求第 n 主成分。

5.2.3　降维映射 PCA 的实现与应用

1. 高维数据向低维数据映射

在前面已经学习了如何求一个数据集的前 n 个主成分,但是数据集本身已经是 n 维的,并没有进行降维操作,那么 PCA 是如何降维的呢?如何从高维数据向低维数据映射?主成分分析的作用就是选出能使样本方差最大的维度,接着,进行对数据降维的操作,将高维数据映射为低维数据。

假设经过主成分分析之后,左侧 $\boldsymbol{X}$ 还是数据样本,如为一个 $m\times n$ 的矩阵,有 m 个样本 n 个特征。根据主成分分析法求出了前 k 个主成分,得到矩阵 $\boldsymbol{W}$,即有 k 个主成分向量,每个主成分的坐标系有 n 个维度,形成一个 $k\times n$ 的矩阵。

$$\boldsymbol{X}=\begin{pmatrix} X_1^{(1)} & \cdots & X_n^{(1)} \\ \vdots & & \vdots \\ X_1^{(m)} & \cdots & X_n^{(m)} \end{pmatrix},\quad \boldsymbol{W}_k=\begin{pmatrix} W_1^{(1)} & \cdots & W_n^{(1)} \\ \vdots & & \vdots \\ W_1^{(m)} & \cdots & W_n^{(m)} \end{pmatrix}$$

那么，如何将样本 $\boldsymbol{X}$ 从 n 维转换为 k 维呢？对于一个样本 $X_1^{(1)}$，分别点乘 $\boldsymbol{W}$ 中的每一行 $(W_i^{(1)},W_i^{(2)},\cdots,W_i^{(n)})$，$i\in(1,k)$，得到 k 个数，这 k 个数组成的向量即表示将样本 $X_1^{(1)}$ 映射到 $\boldsymbol{W}_k$ 这个坐标向量上，得到新的 k 维向量，即完成了高维 n 到低维 k 的映射。对于每个样本，以此类推，就将所有样本从 n 维映射到 k 维。即相当于做一个矩阵乘法，得到一个 $m\times k$ 的矩阵：

$$\boldsymbol{X}\cdot\boldsymbol{W}_k^{\mathrm{T}}=\boldsymbol{X}_k$$

在这个降维的过程中可能会丢失信息。如果原先的数据中本身存在一些无用信息，降维也可能会有降噪效果。

2. PCA 实现降维

具体的实现步骤如下：

(1) 定义一个类 PCA，构造函数中，参数 n_components 表示主成分个数即降维后的维数，components_表示主成分 $\boldsymbol{W}_k$。

(2) 函数 fit 与 n_components 方法一样，用于求出 $\boldsymbol{W}_k$。

(3) 函数 transform 将 $\boldsymbol{X}$ 映射到各个主成分分量中，得到 $\boldsymbol{W}_k$，即降维。

(4) 函数 transform 将 $\boldsymbol{W}_k$ 映射到原来的特征空间，得到 $\boldsymbol{X}_m$。

```
import numpy as np

class PCA:
    def __init__(self, n_components):
        #主成分的个数 n
        self.n_components = n_components
        #具体主成分
        self.components_ = None

    def fit(self, X, eta = 0.001, n_iters = 1e4):
        '''均值归 0'''
        def demean(X):
            return X - np.mean(X, axis = 0)

        '''方差函数'''
        def f(w, X):
            return np.sum(X.dot(w) ** 2) / len(X)

        '''方差函数导数'''
        def df(w, X):
            return X.T.dot(X.dot(w)) * 2 / len(X)

        '''将向量化简为单位向量'''
        def direction(w):
            return w / np.linalg.norm(w)

        '''寻找第一主成分'''
        def first_component(X, initial_w, eta, n_iters, epsilon = 1e - 8):
            w = direction(initial_w)
            cur_iter = 0
            while cur_iter < n_iters:
                gradient = df(w, X)
```

```
            last_w = w
            w = w + eta * gradient
            w = direction(w)
            if(abs(f(w, X) - f(last_w, X)) < epsilon):
                break
            cur_iter += 1
        return w

    #归0操作
    X_pca = demean(X)
    #初始化空矩阵,行为n个主成分,列为样本数
    self.components_ = np.empty(shape = (self.n_components, X.shape[1]))
    #循环执行每个主成分
    for i in range(self.n_components):
        #每次初始化一个方向向量w
        initial_w = np.random.random(X_pca.shape[1])
        #使用梯度上升法,得到此时的X_PCA所对应的第一主成分w
        w = first_component(X_pca, initial_w, eta, n_iters)
        #存储起来
        self.components_[i:] = w
        # X_pca减去样本在w上的所有分量,形成一个新的X_pca,以便进行下一次循环
        X_pca = X_pca - X_pca.dot(w).reshape(-1, 1) * w
    return self

#将X数据集映射到各个主成分分量中
def transform(self, X):
    assert X.shape[1] == self.components_.shape[1]
    return X.dot(self.components_.T)

def inverse_transform(self, X):
    return X.dot(self.components_)
```

可以看到,数据由64维降到2维之后,精度也相应降低了。

3. sklearn中的PCA降维

为了验证PCA算法在真实数据中的威力,下面对手写数据集digits使用PCA算法进行降维,再用KNN算法进行分类,观察前后的结果有何不同。

(1) 准备数据集。

```
import numpy as np
import matplotlib.pyplot as plt
from sklearn import datasets
from sklearn.model_selection import train_test_split
from sklearn.neighbors import KNeighborsClassifier

digits = datasets.load_digits()
X = digits.data
y = digits.target
X_train, X_test, y_train, y_test = train_test_split(X, y, random_state = 666)
```

(2) 对原始数据集进行训练,看看识别的结果。

```
knn_clf = KNeighborsClassifier()
knn_clf.fit(X_train, y_train)
knn_clf.score(X_test, y_test)
0.9866666666666667
```

(3) 用 PCA 算法对数据进行降维。

```
from sklearn.decomposition import PCA
pca = PCA(n_components = 2)
pca.fit(X_train)
X_train_reduction = pca.transform(X_train)          #训练数据集降维结果
X_test_reduction = pca.transform(X_test)            #测试数据集降维结果
```

(4) 使用降维后的数据，观察其 KNN 算法的识别精度。

```
knn_clf = KNeighborsClassifier()
knn_clf.fit(X_train_reduction, y_train)
knn_clf.score(X_test_reduction, y_test)
0.6066666666666667
```

可以看到，数据由 64 维降到 2 维之后，精度也相应降低了。

4. PCA 降噪应用

在现实生活中，数据不可避免地会出现各种类型的噪声，这些噪声的出现可能会对数据的准确性造成影响。而 PCA 还有一个用途就是降噪。PCA 通过选取主成分将原有数据映射到低维数据再映射回高维数据的方式进行一定程度的降噪。

【例 5-1】 手写数字降噪实例。

具体实现步骤为：

(1) 创建一个有噪声的数据集，以 digits 数据为例。

```
from sklearn import datasets

digits = datasets.load_digits()
X = digits.data
y = digits.target
#添加一个正态分布的噪声矩阵
noisy_digits = X + np.random.normal(0, 4, size = X.shape)
#绘制噪声数据:从 y == 0 数字中取 10 个,进行 10 次循环
#依次从 y == num 中再取出 10 个,将其与原来的样本拼在一起
example_digits = noisy_digits[y == 0, :][:10]
for num in range(1,10):
    example_digits = np.vstack([example_digits, noisy_digits[y == num, :][:10]])
example_digits.shape
(100, 64)
```

(2) 将这 100 个数字绘制出来，得到有噪声的数字。

```
def plot_digits(data):
    fig, axes = plt.subplots(10, 10, figsize = (10, 10),
                             subplot_kw = {'xticks':[], 'yticks':[]},
    gridspec_kw = dict(hspace = 0.1, wspace = 0.1))
    for i, ax in enumerate(axes.flat):
        ax.imshow(data[i].reshape(8, 8),
                  cmap = 'binary', interpolation = 'nearest',
                  clim = (0, 16))
    plt.show()
plot_digits(example_digits)            #效果如图 5-6 所示
```

(3) 使用 PCA 进行降噪。

```
pca = PCA(0.5).fit(noisy_digits)
pca.n_components_
#输出 12,即原始数据保存了 50% 的信息,需要 12 维
#进行降维,还原过程
components = pca.transform(example_digits)
```

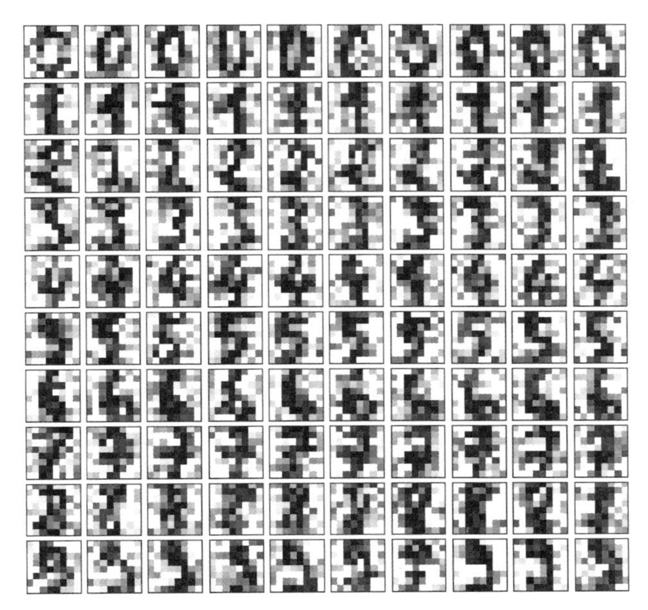

图 5-6　带噪声的数字

```
filtered_digits = pca.inverse_transform(components)
plot_digits(filtered_digits)            #效果如图 5 - 7 所示
```

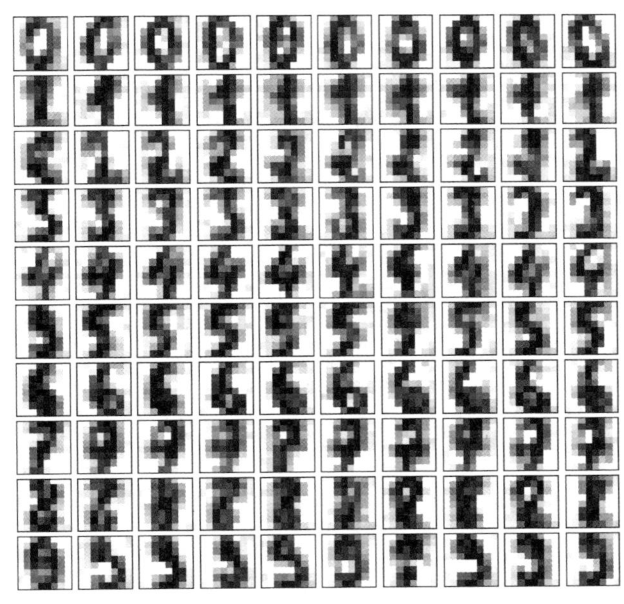

图 5-7　PCA 降噪效果

5.3　线性判别分析监督数据压缩

线性判别分析(Linear Discriminant Analysis,LDA)也是一种特征提取、数据压缩技术。在模型训练时进行 LDA 数据处理可以提高计算效率,并能避免过拟合。它是一种有监督学习算法。与 PCA 相比,LDA 是有监督数据压缩方法,而 PCA 是有监督数据压缩及特征提取方法。PCA 的目标是寻找数据集最大方差方向作为主成分;LDA 的目标是寻找和优化具有可分性特征子空间。

5.3.1 线性判别分析基本思想

LDA 的基本思想是：对于二分类问题，给定训练集，设法将样例投影到一条直线上，使得同类样例的投影点尽可能接近，不同类样例的投影点尽可能相互远离。在对新样本进行分类时，将其投影到这条直线上，再根据投影点的位置来判断其类别。图 5-8 为线性判别分析分类效果。

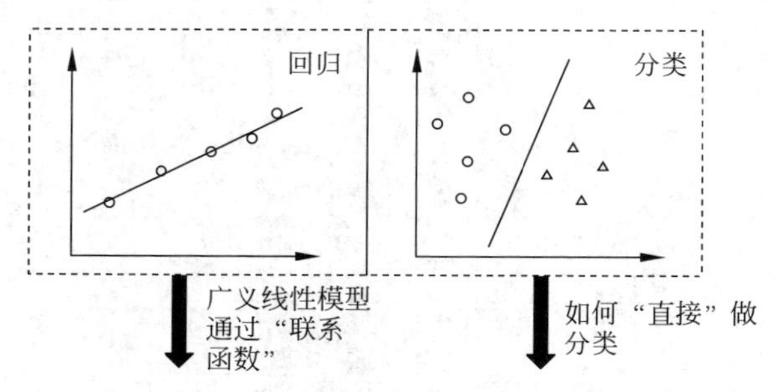

图 5-8 线性判别分析分类效果

5.3.2 LDA 公式推导

以二维变量为例，"+"表示正例，"−"表示反例。LDA 的优化目标就是使投影后的类内距离小，类间距离大。

给定数据集 $D=\{(x_1,y_1),(x_2,y_2),\cdots,(x_m,y_m)\}$，其中 $\boldsymbol{x}_i$ 为样本的 n 维特征向量，$y\in(0,1)$为样本的类别。令 N_j(j 为类别，0 或 1)为第 j 类样本的数量，X_j 为第 j 类样本的集合，$\boldsymbol{\mu}_j$ 为第 j 类样本的均值向量，$\boldsymbol{\Sigma}_j$ 为第 j 类样本的协方差矩阵。

$\boldsymbol{\mu}_j$ 的表达式为

$$\boldsymbol{\mu}_j=\frac{1}{N_j}\sum_{\boldsymbol{x}\in\boldsymbol{X}_j}\boldsymbol{x}$$

$\boldsymbol{\Sigma}_j$ 的表达式为

$$\boldsymbol{\Sigma}_j=\sum_{\boldsymbol{x}\in\boldsymbol{X}_j}(\boldsymbol{x}-\boldsymbol{\mu}_j)(\boldsymbol{x}-\boldsymbol{\mu}_j)^{\mathrm{T}}$$

由于是二分类模型，因此只需要将数据投影到一条直线上，假设投影直线为向量 $\boldsymbol{w}$，对于任意一个样本 $\boldsymbol{x}$，它在直线上的投影为 $\boldsymbol{w}^{\mathrm{T}}\boldsymbol{x}$，则投影之后，每类样本的均值向量和协方差的计算如下。

投影之后每类样本的均值向量：

$$\frac{1}{N_j}\sum_{\boldsymbol{x}\in\boldsymbol{X}_j}\boldsymbol{w}^{\mathrm{T}}\boldsymbol{x}=\boldsymbol{w}^{\mathrm{T}}\frac{1}{N_j}\sum_{\boldsymbol{x}\in\boldsymbol{X}_j}\boldsymbol{x}=\boldsymbol{w}^{\mathrm{T}}\boldsymbol{\mu}_j$$

投影之后每类样本的协方差矩阵：

$$\sum_{\boldsymbol{x}\in\boldsymbol{X}_j}(\boldsymbol{w}^{\mathrm{T}}\boldsymbol{x}-\boldsymbol{w}^{\mathrm{T}}\boldsymbol{\mu}_j)(\boldsymbol{w}^{\mathrm{T}}\boldsymbol{x}-\boldsymbol{w}^{\mathrm{T}}\boldsymbol{\mu}_j)^{\mathrm{T}}=\boldsymbol{w}^{\mathrm{T}}\sum_{\boldsymbol{x}\in\boldsymbol{X}_j}(\boldsymbol{x}-\boldsymbol{\mu}_j)(\boldsymbol{x}-\boldsymbol{\mu}_j)^{\mathrm{T}}\boldsymbol{w}=\boldsymbol{w}^{\mathrm{T}}\boldsymbol{\Sigma}_j\boldsymbol{w}$$

LDA 模型的优化目标是使同类样本的投影点尽可能接近，可以使同类样本的投影点的协方差尽可能小，即 $\boldsymbol{w}^{\mathrm{T}}\boldsymbol{\Sigma}_0\boldsymbol{w}+\boldsymbol{w}^{\mathrm{T}}\boldsymbol{\Sigma}_1\boldsymbol{w}$；异类样本的投影点尽可能疏远，可以使类中心点之间的距离尽可能远，即 $\|\boldsymbol{w}^{\mathrm{T}}\boldsymbol{\mu}_0-\boldsymbol{w}^{\mathrm{T}}\boldsymbol{\mu}_1\|_2^2$ 尽可能大。综合考虑两个优化目标的情况下，目标函数可定义为

$$\arg\max J(\boldsymbol{w})=\frac{\|\boldsymbol{w}^{\mathrm{T}}\boldsymbol{\mu}_0-\boldsymbol{w}^{\mathrm{T}}\boldsymbol{\mu}_1\|_2^2}{\boldsymbol{w}^{\mathrm{T}}\boldsymbol{\Sigma}_0\boldsymbol{w}+\boldsymbol{w}^{\mathrm{T}}\boldsymbol{\Sigma}_1\boldsymbol{w}}=\frac{\boldsymbol{w}^{\mathrm{T}}(\boldsymbol{\mu}_0-\boldsymbol{\mu}_1)(\boldsymbol{\mu}_0-\boldsymbol{\mu}_1)^{\mathrm{T}}\boldsymbol{w}}{\boldsymbol{w}^{\mathrm{T}}(\boldsymbol{\Sigma}_0+\boldsymbol{\Sigma}_1)\boldsymbol{w}}$$

定义类内散度矩阵为 $\boldsymbol{S}_w=\boldsymbol{\Sigma}_0+\boldsymbol{\Sigma}_1$，类间散度矩阵为 $\boldsymbol{S}_b=(\boldsymbol{\mu}_0-\boldsymbol{\mu}_1)(\boldsymbol{\mu}_0-\boldsymbol{\mu}_1)^{\mathrm{T}}$，则目标函数可改写为

$$\arg\max J(\boldsymbol{w})=\frac{\boldsymbol{w}^{\mathrm{T}}\boldsymbol{S}_b\boldsymbol{w}}{\boldsymbol{w}^{\mathrm{T}}\boldsymbol{S}_w\boldsymbol{w}}$$

为了对目标函数进行简化，令 $\boldsymbol{w}^{\mathrm{T}}\boldsymbol{S}_w\boldsymbol{w}=1$，则可以将其视作目标函数的约束条件。具体如下：

$$\arg\max F(\boldsymbol{w})=\boldsymbol{w}^{\mathrm{T}}\boldsymbol{S}_b\boldsymbol{w}$$
$$\text{s.t. } \boldsymbol{w}^{\mathrm{T}}\boldsymbol{S}_w\boldsymbol{w}=1$$

5.3.3 拉格朗日函数问题

对于优化问题：

$$\begin{aligned}&\min f(u)\\&\text{s.t. } g_i(u)\leqslant 0, i=1,2,\cdots,m\\&h_j(u)=0, j=1,2,\cdots,n\end{aligned}$$

定义其拉格朗日函数为

$$L(u,\alpha,\beta)=f(u)+\sum_{i=1}^{m}\alpha_i g_i(u)+\sum_{j=1}^{n}\beta_i h_j(u)$$

其中，$\alpha_i>0(i=1,2,\cdots,m)$。

利用拉格朗日函数可得

$$L(\boldsymbol{w})=\boldsymbol{w}^{\mathrm{T}}\boldsymbol{S}_b\boldsymbol{w}-\lambda(\boldsymbol{w}^{\mathrm{T}}\boldsymbol{S}_w\boldsymbol{w}-1)$$

取上式对 $\boldsymbol{w}$ 求导可得

$$\frac{\mathrm{d}L(\boldsymbol{w})}{\mathrm{d}\boldsymbol{w}}=2\boldsymbol{S}_b\boldsymbol{w}-2\lambda\boldsymbol{S}_w\boldsymbol{w}=0$$

即

$$2\boldsymbol{S}_b\boldsymbol{w}=2\lambda\boldsymbol{S}_w\boldsymbol{w}$$
$$\boldsymbol{S}_b\boldsymbol{w}=\lambda\boldsymbol{S}_w\boldsymbol{w}$$

如果 $\boldsymbol{S}_w$ 可逆，则

$$\lambda\boldsymbol{w}=\boldsymbol{S}_w^{-1}\boldsymbol{S}_b\boldsymbol{w}$$

λ 为一个参数，所以上式等于

$$\boldsymbol{w}=\frac{1}{\lambda}\boldsymbol{S}_w^{-1}\boldsymbol{S}_b\boldsymbol{w}$$

考虑 $\boldsymbol{S}_w$ 矩阵数值解的稳定性，如果矩阵不可逆，则可以对矩阵 $\boldsymbol{S}_w$ 进行奇异值分解，然后再对分解后的矩阵进行求逆操作，即可得到 $\boldsymbol{S}_w^{-1}$。

$$\boldsymbol{S}_w=\boldsymbol{U}\boldsymbol{\Sigma}\boldsymbol{V}^{-1}$$

因为对二分类模型 $\boldsymbol{S}_b\boldsymbol{w}=(\boldsymbol{\mu}_0-\boldsymbol{\mu}_1)(\boldsymbol{\mu}_0-\boldsymbol{\mu}_1)^{\mathrm{T}}\boldsymbol{w}$，可以看出 $\boldsymbol{S}_b\boldsymbol{w}$ 和 $(\boldsymbol{\mu}_0-\boldsymbol{\mu}_1)$ 是平行的，所以

$$\boldsymbol{S}_b\boldsymbol{w}=k(\boldsymbol{\mu}_0-\boldsymbol{\mu}_1)$$

即 $\boldsymbol{w}$ 可以表示为

$$\boldsymbol{w}=\frac{1}{\lambda}\boldsymbol{S}_w^{-1}k(\boldsymbol{\mu}_0-\boldsymbol{\mu}_1)$$

去除参数可得

$$w = S_w^{-1}(\mu_0 - \mu_1)$$

只需要求出原始数据集二分类样本的均值和方差就可以确定最佳的投影方向。

因此，LDA 算法的具体流程为：

(1) 对训练数据集根据组别进行分组。

(2) 分别计算每组样本的均值和方差。

(3) 计算类内散度矩阵 $S_b = \Sigma_0 + \Sigma_1$。

(4) 计算两类样本的均值差$(\mu_0 - \mu_1)$。

(5) 求 S_w 的逆矩阵 S_w^{-1}，如果矩阵不可逆，则可用奇异值分解的方式求解。

(6) 根据 $S_w^{-1}(\mu_0 - \mu_1)$得到 w。

(7) 计算投影后的数据点 $Y = wX$。

5.3.4 LDA 实现数据降维

本节通过一个实例来演示 LDA 实现将三维数据降维处理。

【例 5-2】 LDA 实现数据降维处理。

```
import numpy as np
import matplotlib.pyplot as plt
from mpl_toolkits.mplot3d import Axes3D
import matplotlib
matplotlib.rcParams['axes.unicode_minus'] = False
plt.rcParams['font.sans-serif'] = ['SimHei']          #显示中文
class LDA():
    def __init__(self):
        self.w = None

    def calculate_covariance_matrix(self,X,Y = None):
        #计算协方差矩阵
        m = X.shape[0]
        X = X - np.mean(X,axis = 0)
        Y = X if Y == None else Y - np.mean(Y,axis = 0)
        return 1/m * np.matmul(X.T,Y)
    #对数据进行向量转换
    def transform(self,x,y):
        self.fit(X,y)
        X_transform = X.dot(self.w)
        return X_transform
    #LDA 拟合过程
    def fit(self,X,y):
        #按类划分
        X0 = X[y.reshape( - 1) == 0]
        X1 = X[y.reshape( - 1) == 1]
        #计算两类数据变量的协方差矩阵
        sigma0 = self.calculate_covariance_matrix(X0)
        sigma1 = self.calculate_covariance_matrix(X1)
        #计算类内散度矩阵
        Sw = sigma0 + sigma1
        #分别计算两类数据自变量的均值和方差
        u0,u1 = X0.mean(0),X1.mean(0)
        mean_diff = np.atleast_1d(u0 - u1) #atleast_1d 将输入转换为至少一维的数组
        #对类内矩阵进行奇异值分解
        U,S,V = np.linalg.svd(Sw)
        #计算类内散度矩阵的逆
```

```
        Sw_ = np.dot(np.dot(V.T,np.linalg.pinv(np.diag(S))),U.T)
        #计算 w
        self.w = Sw_.dot(mean_diff)
        return self.w
    #LDA 分类预测
    def predict(self,X):
        y_pred = []
        for sample in X:
            h = sample.dot(self.w)
            y = 1 * (h < 0)
            y_pred.append(y)
        return y_pred
    #训练集数据
    def get_train_data(self,data_size = 100):
        data_label = np.zeros((2 * data_size, 1))
        #类 1
        x1 = np.reshape(np.random.normal(1, 0.6, data_size), (data_size, 1))
        y1 = np.reshape(np.random.normal(1, 0.8, data_size), (data_size, 1))
        data_train = np.concatenate((x1, y1), axis = 1)
        data_label[0:data_size, :] = 0 # 0

        #类 2
        x2 = np.reshape(np.random.normal( - 1, 0.3, data_size), (data_size, 1))
        y2 = np.reshape(np.random.normal( - 1, 0.5, data_size), (data_size, 1))
        data_train = np.concatenate((data_train, np.concatenate((x2, y2), axis = 1)), axis = 0)
        data_label[data_size:2 * data_size, :] = 1
        return data_train, data_label

    def get_test_data(self,data_size = 10):
        testdata_label = np.zeros((2 * data_size, 1))
        #类 1
        x1 = np.reshape(np.random.normal(1, 0.6, data_size), (data_size, 1))
        y1 = np.reshape(np.random.normal(1, 0.8, data_size), (data_size, 1))
        data_test = np.concatenate((x1, y1), axis = 1)
        testdata_label[0:data_size, :] = 0

        #类 2
        x2 = np.reshape(np.random.normal( - 1, 0.3, data_size), (data_size, 1))
        y2 = np.reshape(np.random.normal( - 1, 0.5, data_size), (data_size, 1))
        data_test = np.concatenate((data_test, np.concatenate((x2, y2), axis = 1)), axis = 0)
        testdata_label[data_size:2 * data_size, :] = 1
        return data_test, testdata_label
    def plot_2d_decision(self):
        x = np.arange( - 2, 2, 0.1)
        y = - w[0] * x / w[1]
        plt.figure()
        plt.scatter(train_data[:100, 0], train_data[:100, 1],c = 'g',marker = ' + ',label = '类别 0')
        plt.scatter(train_data[100:, 0],train_data[100:, 1], c = 'b', marker = 'o', label = '类别 1')
        plt.scatter(test_data[:, 0], test_data[:, 1], c = 'r', marker = 's', label = '测试数据')
        plt.plot(x, y, 'r-- ', label = '二维分类界面')
        plt.legend()
    def plot_3d_decision(self):
        fig2 = plt.figure()
        ax2 = Axes3D(fig2)
        ax2.scatter(train_data[:100, 0], train_data[:100, 1], train_label[:100, 0], c = 'g',
marker = ' + ',
                    label = '类别 0')
        ax2.scatter(train_data[100:, 0], train_data[100:, 1], train_label[100:, 0], c = 'b',
marker = 'o',
```

```
                label = '类别 1')
        ax2.scatter(test_data[:, 0], test_data[:, 1], test_label, c = 'r', marker = 's', label =
'测试数据 ')
        x1  = np.arange( - 2, 2.1, 0.1)
        x2  = np.arange( - 3, 3.1, 0.1)
        x1, x2  = np.meshgrid(x1, x2)
        Y  = w[0]  *  x1  +  w[1]  *  x2
        ax2.plot_surface(x1, x2, Y, rstride = 1, cstride = 1, cmap = plt.cm.coolwarm)
        plt.legend()

if __name__ == "__main__":
    '''产生数据'''
    lda = LDA()
    train_data,train_label = lda.get_train_data()
    test_data,test_label = lda.get_test_data()
    print('训练数据 = ', train_data.shape)
    print('训练数据 = ', train_label.shape)
    print('测试数据 = ', test_data.shape)
    print('测试数据 = ', test_label.shape)
    '''用训练集训练 LDA'''
    w = lda.fit(train_data,train_label)
    '''测试集预测'''
    y_pred = lda.predict(test_data)
    print("分界面权向量 w = ",w)
    print("测试集预测值为:",y_pred)
    print("测试集预测精度为 acc = ",np.sum(y_pred == test_label.reshape( - 1))/len(y_pred))
    '''画二维图及分界面'''
    lda.plot_2d_decision()
    '''画三维图及分界面'''
    lda.plot_3d_decision()
    plt.show()
```

运行程序,输出如下,效果如图 5-9、图 5-10 所示。

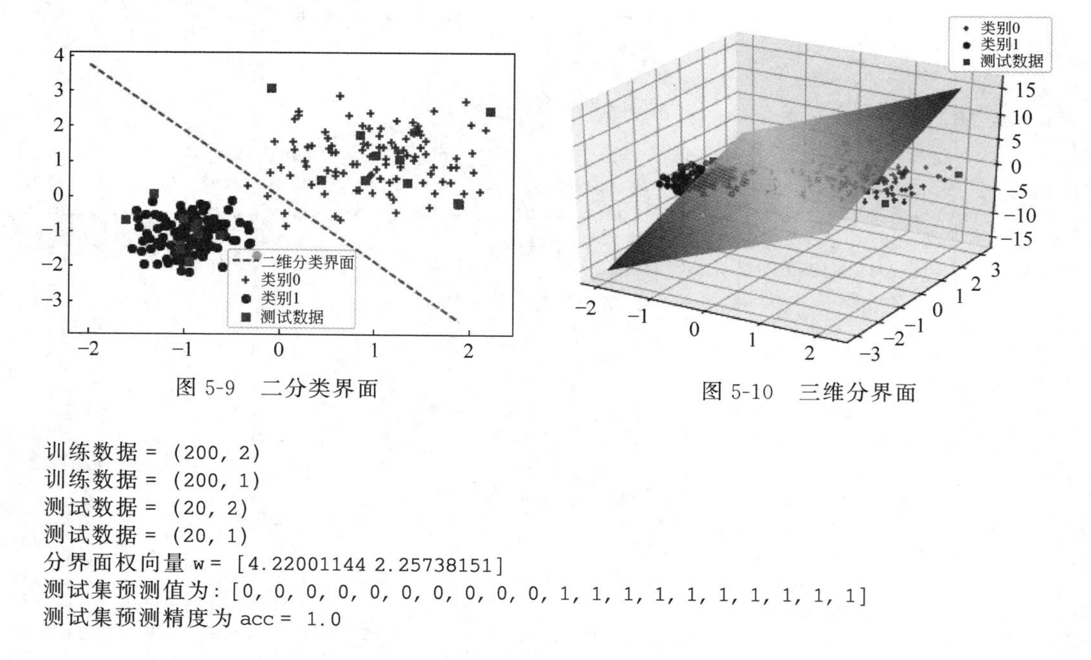

图 5-9　二分类界面

图 5-10　三维分界面

```
训练数据 = (200, 2)
训练数据 = (200, 1)
测试数据 = (20, 2)
测试数据 = (20, 1)
分界面权向量 w = [4.22001144 2.25738151]
测试集预测值为: [0, 0, 0, 0, 0, 0, 0, 0, 0, 0, 1, 1, 1, 1, 1, 1, 1, 1, 1, 1]
测试集预测精度为 acc = 1.0
```

5.3.5　基于 sklearn 的线性判别分析

本小节将使用 sklearn 库实现有监督的数据降维技术——线性判别分析(LDA)。基于

sklearn 进行 LDA 数据降维，提高编码速度，使代码更加简洁。

【例 5-3】 使用 sklearn 库实现 LDA。

```
#生成 1000 个三维样本
import matplotlib.pyplot as plt
from mpl_toolkits.mplot3d import Axes3D
%matplotlib inline
from sklearn.datasets import make_classification
x, y = make_classification(n_samples = 1000, n_features = 3, n_redundant = 0, n_classes = 3, n_informative = 2, n_clusters_per_class = 1, class_sep = 0.5, random_state = 10)
fig = plt.figure()
ax = Axes3D(fig)
ax.scatter(x[:, 0], x[:, 1], x[:, 2],c = y)          #生成三维散点图，如图 5-11 所示
#使用 PCA 降维，效果如图 5-12 所示
from sklearn.decomposition import PCA
model1 = PCA(n_components = 2)
x1 = model1.fit_transform(x)
plt.scatter(x1[:,0],x1[:,1],c = y)
plt.show()
```

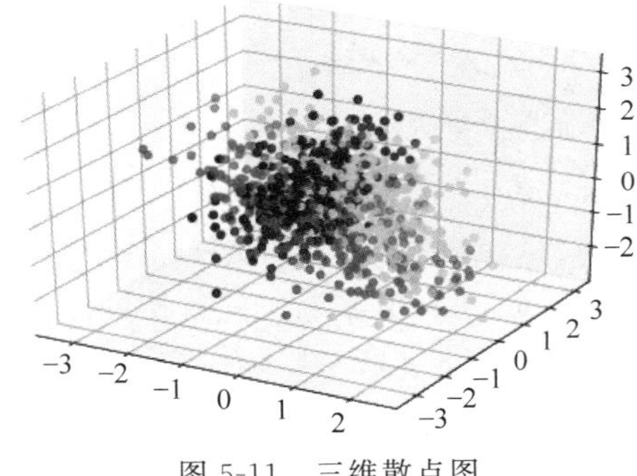

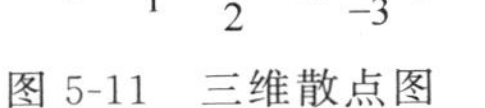
图 5-11 三维散点图

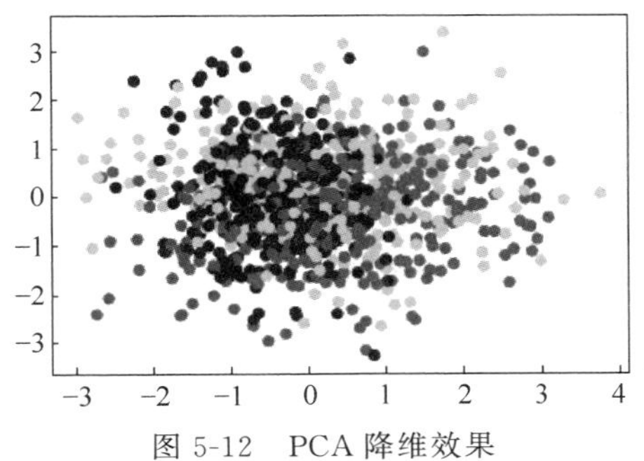

图 5-12 PCA 降维效果

```
#使用 LDA 进行降维，效果如图 5-13 所示
from sklearn.discriminant_analysis import LinearDiscriminantAnalysis
model2 = LinearDiscriminantAnalysis(n_components = 2)
model2.fit(x,y)
x2 = model2.transform(x)
plt.scatter(x2[:,0],x2[:,1],c = y)
plt.show()
```

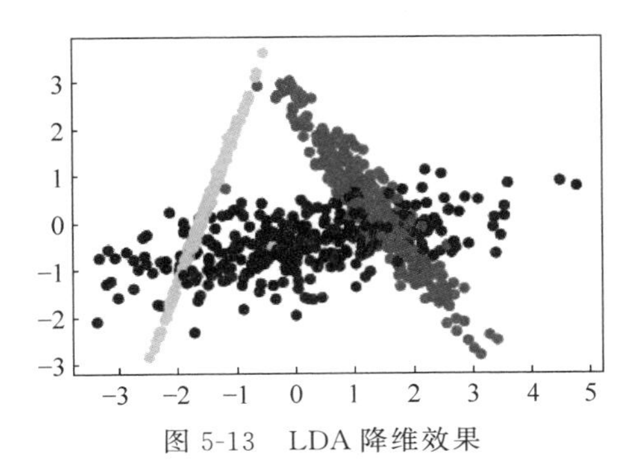

图 5-13 LDA 降维效果

5.4 非线性映射核主成分降维

核主成分分析(Kernel Principal Component Analysis，KPCA)方法是 PCA 方法的改进，其与 PCA 方法的不同之处就在于“核”。使用核函数的目的是构造复杂的非线性分类器。

核方法(kernel method)是一种在机器学习领域广泛使用的非参数统计学习方法。它可以用于分类、回归、聚类等任务,并被广泛应用于计算机视觉、自然语言处理、生物信息学等领域。核方法的核心思想是通过映射将输入空间中的数据点转换到一个特征空间中,从而使得在特征空间中的数据点能够更容易地被处理和分析,而这种映射通常是通过核函数(kernel function)来实现的。图 5-14 为核主成分分析的原理解析。

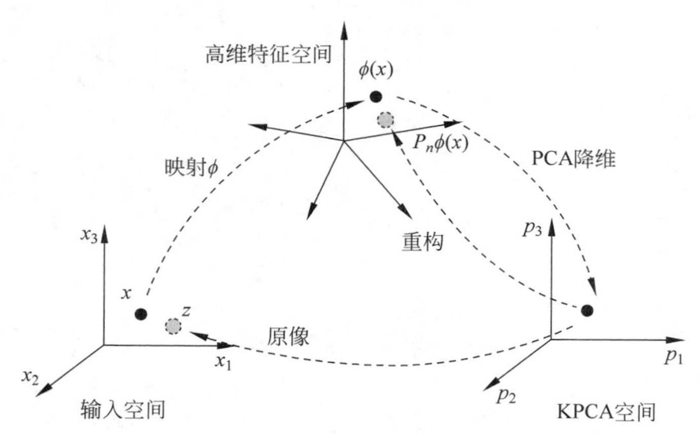

图 5-14 核主成分分析的原理解析

5.4.1 核函数与核技巧

通过将非线性可分问题映射到维度更高的特征空间,可使其在新的特征空间上线性可分。为了将样本 $\boldsymbol{x}\in R^d$ 转换到维度更高的 k 维子空间,定义如下非线性映射函数 ϕ:

$$\phi: R^d \rightarrow R^k (k \gg d)$$

可以将 ϕ 看作一个函数,它能够对原始特征进行非线性映射,以将原始的 d 维数据集映射到更高的 k 维特征空间。例如,对于二维($d=2$)特征向量 $\boldsymbol{x}\in R^d$ 来说,可用如下映射将其转换到三维空间:

$$\phi: R^d \rightarrow R^k (k \gg d)$$

$$\boldsymbol{x}=(x_1, x_2)^{\mathrm{T}}$$

$$\downarrow \phi$$

$$\boldsymbol{z}=(x_1^2, \sqrt{2x_1x_2}, x_2^2)^{\mathrm{T}}$$

也即利用核 PCA,可以通过非线性映射将数据转换到一个高维空间,然后在该高维空间中使用标准 PCA 将其映射到另外一个低维空间中,最后通过线性分类器进行划分。但是,这种方法的计算成本非常高,这也是要使用核技巧的原因。通过使用核技巧,可以在原始特征空间中计算两个高维特征空间中向量的相似度。

核矩阵的推导过程如下:

首先,使用矩阵符号来表示协方差矩阵,其中 $\phi(\boldsymbol{X})$是一个 $n\times k$ 维的矩阵:

$$\sum = \frac{1}{n}\sum_{i=1}^{n}\phi(\boldsymbol{x}^{(i)})\phi(\boldsymbol{x}^{(i)})^{\mathrm{T}} = \frac{1}{n}\phi(\boldsymbol{X})^{\mathrm{T}}\phi(\boldsymbol{X})$$

可以将特征向量的公式记为

$$v = \sum_{i=1}^{n} a^{(i)}\phi(\boldsymbol{x}^{(i)}) = \lambda\phi(\boldsymbol{X})^{\mathrm{T}}a$$

由于 $\sum v = \lambda v$,可以得到:

$$\frac{1}{n}\phi(\boldsymbol{X})^{\mathrm{T}}\phi(\boldsymbol{X})\phi(\boldsymbol{X})^{\mathrm{T}}a=\lambda\phi(\boldsymbol{X})^{\mathrm{T}}a$$

两边同乘以 $\phi(\boldsymbol{X})$，得

$$\frac{1}{n}\phi(\boldsymbol{X})\phi(\boldsymbol{X})^{\mathrm{T}}\phi(\boldsymbol{X})\phi(\boldsymbol{X})^{\mathrm{T}}a=\lambda\phi(\boldsymbol{X})\phi(\boldsymbol{X})^{\mathrm{T}}a$$

$$\Rightarrow\frac{1}{n}\phi(\boldsymbol{X})\phi(\boldsymbol{X})^{\mathrm{T}}a=\lambda a$$

$$\Rightarrow\frac{1}{n}\boldsymbol{K}a=\lambda a$$

其中，$\boldsymbol{K}$ 为相似(核)矩阵：

$$\boldsymbol{K}=\phi(\boldsymbol{X})\phi(\boldsymbol{X})^{\mathrm{T}}$$

通过核函数 κ 以避免使用 ϕ 来精确计算样本集合 $\boldsymbol{X}$ 中样本对之间的点积，这样就无须对特征向量进行精确的计算：

$$\kappa(\boldsymbol{x}^{(i)},\boldsymbol{x}^{(j)})=\phi(\boldsymbol{x}^{(i)})^{\mathrm{T}}\phi(\boldsymbol{x}^{(j)})$$

通过核 PCA 能够得到已经映射到各成分的样本，而不像标准 PCA 方法那样需要构建一个转换矩阵。简单地说，可以将核函数理解为通过两个向量点积来度量向量间相似度的函数。常用的核函数如下。

(1) 多项式核。

多项式核可表示为

$$\kappa(\boldsymbol{x}^{(i)},\boldsymbol{x}^{(j)})=(\boldsymbol{x}^{(i)\mathrm{T}}\boldsymbol{x}^{(j)}+\theta)^{p}$$

其中，阈值 θ 和幂的值 p 需自定义。

(2) 双曲正切(sigmoid)核。

双曲正切(sigmoid)核可表示为

$$\kappa(\boldsymbol{x}^{(i)},\boldsymbol{x}^{(j)})=\mathrm{thah}(\eta\boldsymbol{x}^{(i)\mathrm{T}}\boldsymbol{x}^{(j)}+\theta)$$

(3) 径向基核函数(Radial Basis Function，RBF)或高斯核函数。

其公式为

$$\kappa(\boldsymbol{x}^{(i)},\boldsymbol{x}^{(j)})=\exp\left(-\frac{\|\boldsymbol{x}^{(i)}-\boldsymbol{x}^{(j)}\|^{2}}{2\sigma^{2}}\right)$$

也可以写作

$$\kappa(\boldsymbol{x}^{(i)},\boldsymbol{x}^{(j)})=\exp(-\gamma\|\boldsymbol{x}^{(i)}-\boldsymbol{x}^{(j)}\|^{2})$$

综上所述，可以通过如下三个步骤来实现一个基于 RBF 的 KPCA。

(1) 为了计算核(相似)矩阵 $\boldsymbol{K}$，需要做如下计算：

$$\kappa(\boldsymbol{x}^{(i)},\boldsymbol{x}^{(j)})=\exp(-\gamma\|\boldsymbol{x}^{(i)}-\boldsymbol{x}^{(j)}\|^{2})$$

需要计算任意两样本对之间的值：

$$\boldsymbol{K}=\begin{bmatrix}\kappa(\boldsymbol{x}^{(1)},\boldsymbol{x}^{(1)}) & \kappa(\boldsymbol{x}^{(1)},\boldsymbol{x}^{(2)}) & \cdots & \kappa(\boldsymbol{x}^{(1)},\boldsymbol{x}^{(n)})\\ \kappa(\boldsymbol{x}^{(2)},\boldsymbol{x}^{(1)}) & \kappa(\boldsymbol{x}^{(2)},\boldsymbol{x}^{(2)}) & \cdots & \kappa(\boldsymbol{x}^{(2)},\boldsymbol{x}^{(n)})\\ \vdots & \vdots & & \vdots\\ \kappa(\boldsymbol{x}^{(n)},\boldsymbol{x}^{(1)}) & \kappa(\boldsymbol{x}^{(d)},\boldsymbol{x}^{(2)}) & \cdots & \kappa(\boldsymbol{x}^{(n)},\boldsymbol{x}^{(n)})\end{bmatrix}$$

例如，如果数据集包含 100 个训练样本，将得到一个 100×100 维的对称核矩阵。

(2) 通过如下公式进行计算，使核矩阵 $\boldsymbol{K}$ 更为聚集：

$$\boldsymbol{K}'=\boldsymbol{K}-\boldsymbol{l}_{n}\boldsymbol{K}-\boldsymbol{K}\boldsymbol{l}_{n}+\boldsymbol{l}_{n}\boldsymbol{K}\boldsymbol{l}_{n}$$

其中，$\boldsymbol{l}_n$ 是一个 $n\times n$ 维的矩阵(与核矩阵维度相同)，其所有的值均为$\frac{1}{n}$。

(3) 将聚集后的核矩阵的特征值按照降序排列，选择前 k 个特征值作为对应的特征向量。与标准 PCA 不同，这里的特征向量不是主成分轴，而是将样本映射到这些轴上。

5.4.2 KPCA 与 PCA 降维实现

下面通过两个例子来演示 KPCA 与 PCA 对数据降维的效果。

【例 5-4】 利用 KPCA 和 PCA 分离半月形数据。

(1) 创建一个保护 100 个样本点的二维数据集，以两个半月形状表示。

```
from sklearn.datasets import make_moons
X, y = make_moons(n_samples = 100, random_state = 123)

import matplotlib.pyplot as plt
plt.scatter(X[y == 0, 0], X[y == 0, 1], color = 'red', marker = '^', alpha = 0.5)
plt.scatter(X[y == 1, 0], X[y == 1, 1], color = 'blue', marker = 'o', alpha = 0.5)
plt.show()            # 效果如图 5 - 15 所示
```

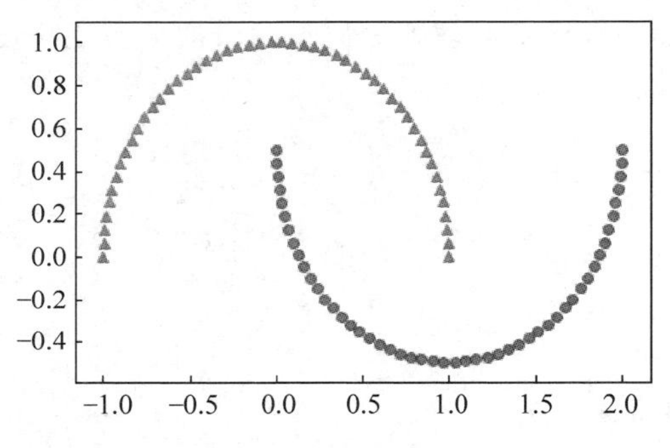

图 5-15 创建的半月形

从图 5-15 可看出，这两个半月形不是线性可分的，而我们的目标是通过 KPCA 将这两个半月形数据展开，使得数据集成为适用于某一线性分类器的输入数据。

(2) 通过标准 PCA 将数据映射到主成分上，并观察其形状，如图 5-16 所示。

```
from sklearn.decomposition import PCA
scikit_pca = PCA(n_components = 2)
X_spca = scikit_pca.fit_transform(X)
fig, ax = plt.subplots(nrows = 1, ncols = 2, figsize = (7, 3))
ax[0].scatter(X_spca[y == 0, 0], X_spca[y == 0, 1], color = 'red', marker = '^', alpha = 0.5)
ax[0].scatter(X_spca[y == 1, 0], X_spca[y == 1, 1], color = 'blue', marker = 'o', alpha = 0.5)
ax[1].scatter(X_spca[y == 0, 0], np.zeros((50, 1)) + 0.02, color = 'red', marker = '^', alpha = 0.5)
ax[1].scatter(X_spca[y == 1, 0], np.zeros((50, 1)) - 0.02, color = 'blue', marker = 'o', alpha = 0.5)
```

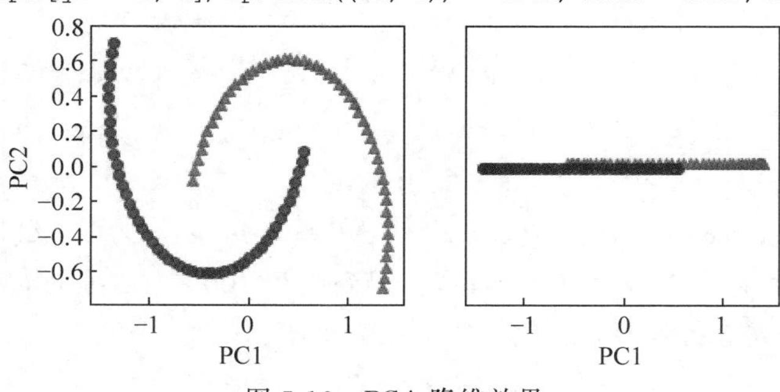

图 5-16 PCA 降维效果

```
ax[0].set_xlabel('PC1')
ax[0].set_ylabel('PC2')
ax[1].set_ylim([-1, 1])
ax[1].set_yticks([])
ax[1].set_xlabel('PC1')
plt.show()
```

由图 5-16 可看出，经过标准 PCA 转换后，线性分类器未能很好地发挥其作用。

(3) 使用 KPCA 函数将数据映射到主成分上，效果如图 5-17 所示。

```
from scipy.spatial.distance import pdist, squareform
from scipy import exp
from scipy.linalg import eigh
import numpy as np

def rbf_kernel_pca(X, gamma, n_components):
    # 计算 MxN 维数据集中的成对平方欧氏距离
    sq_dist = pdist(X, 'sqeuclidean')
    # 将成对距离转换为方阵
    mat_sq_dists = squareform(sq_dist)
    # 计算对称核矩阵
    K = exp(-gamma * mat_sq_dists)
    # 将核矩阵居中
    N = K.shape[0]
    one_n = np.ones((N, N)) / N
    K = K - one_n.dot(K) - K.dot(one_n) + one_n.dot(K).dot(one_n)
    # 从中心核矩阵获得特征对
    # scipy.linalg.eigh 按升序返回它们
    eigvals, eigvecs = eigh(K)
    # 收集前 K 个特征向量(投影样本)
    X_pc = np.column_stack((eigvecs[:, -i] for i in range(1, n_components + 1)))
    return X_pc

from matplotlib.ticker import FormatStrFormatter
X_kpca = rbf_kernel_pca(X, gamma=15, n_components=2)
fig, ax = plt.subplots(nrows=1, ncols=2, figsize=(7, 3))
ax[0].scatter(X_kpca[y == 0, 0], X_kpca[y == 0, 1], color='red', marker='^', alpha=0.5)
ax[0].scatter(X_kpca[y == 1, 0], X_kpca[y == 1, 1], color='blue', marker='o', alpha=0.5)
ax[1].scatter(X_kpca[y == 0, 0], np.zeros((50, 1)) + 0.02, color='red', marker='^', alpha=0.5)
ax[1].scatter(X_kpca[y == 1, 0], np.zeros((50, 1)) - 0.02, color='blue', marker='o', alpha=0.5)
ax[0].set_xlabel('PC1')
ax[0].set_ylabel('PC2')
ax[1].set_ylim([-1, 1])
ax[1].set_yticks([])
ax[1].set_xlabel('PC1')
ax[0].xaxis.set_major_formatter(FormatStrFormatter('%0.1f'))
ax[1].xaxis.set_major_formatter(FormatStrFormatter('%0.1f'))
plt.show()
```

由图 5-17 可以看到，两个类别(圆形和三角形)此时是线性可分的，这使得转换后的数据适合作为线性分类器的训练数据集。

【例 5-5】 分离同心圆数据。

```
from sklearn.datasets import make_circles
X, y = make_circles(n_samples=1000, random_state=123, noise=0.1, factor=0.2)
```

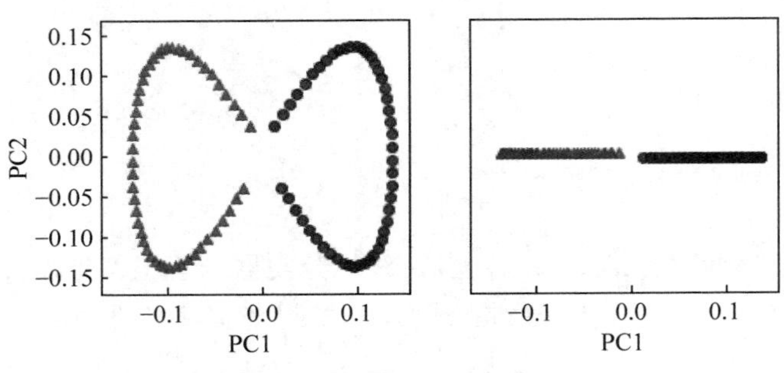

图 5-17　KPCA 降维效果

```
plt.scatter(X[y == 0, 0], X[y == 0, 1], color = 'red', marker = '^', alpha = 0.5)
plt.scatter(X[y == 1, 0], X[y == 1, 1], color = 'blue', marker = 'o', alpha = 0.5)
plt.show()             # 效果如图 5 - 18 所示
```

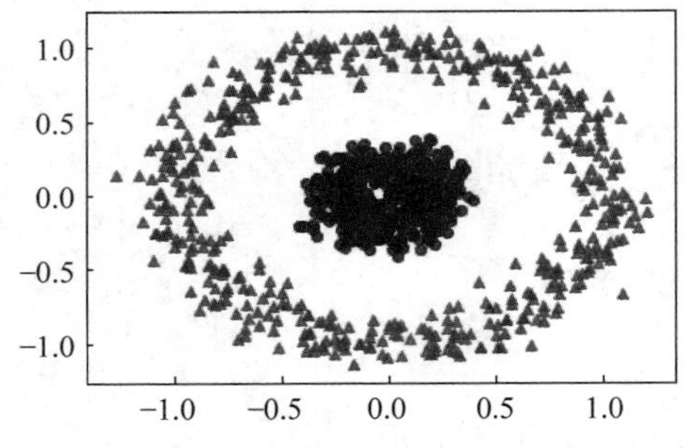

图 5-18　创建的同心圆散点图

（1）使用标准 PCA 方法。

```
scikit_pca = PCA(n_components = 2)
X_spca = scikit_pca.fit_transform(X)
fig, ax = plt.subplots(nrows = 1, ncols = 2, figsize = (7, 3))
ax[0].scatter(X_spca[y == 0, 0], X_spca[y == 0, 1], color = 'red', marker = '^', alpha = 0.5)
ax[0].scatter(X_spca[y == 1, 0], X_spca[y == 1, 1], color = 'blue', marker = 'o', alpha = 0.5)
ax[1].scatter(X_spca[y == 0, 0], np.zeros((500, 1)) + 0.02, color = 'red', marker = '^', alpha = 0.5)
ax[1].scatter(X_spca[y == 1, 0], np.zeros((500, 1)) - 0.02, color = 'blue', marker = 'o', alpha = 0.5)
ax[0].set_xlabel('PC1')
ax[0].set_ylabel('PC2')
ax[1].set_ylim([ - 1, 1])
ax[1].set_yticks([])
ax[1].set_xlabel('PC1')
plt.show()             # 效果如图 5 - 19 所示
```

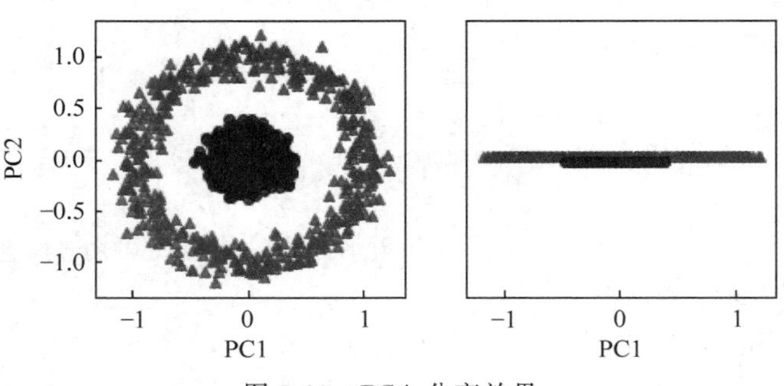

图 5-19　PCA 分离效果

由图 5-19 再一次发现，通过标准 PCA 无法得到适合于线性分类器的训练数据。

(2) 使用 KPCA 方法。

```
X_kpca = rbf_kernel_pca(X, gamma = 15, n_components = 2)
fig, ax = plt.subplots(nrows = 1, ncols = 2, figsize = (7, 3))
ax[0].scatter(X_kpca[y == 0, 0], X_kpca[y == 0, 1], color = 'red', marker = '^', alpha = 0.5)
ax[0].scatter(X_kpca[y == 1, 0], X_kpca[y == 1, 1], color = 'blue', marker = 'o', alpha = 0.5)
ax[1].scatter(X_kpca[y == 0, 0], np.zeros((500, 1)) + 0.02, color = 'red', marker = '^', alpha = 0.5)
ax[1].scatter(X_kpca[y == 1, 0], np.zeros((500, 1)) - 0.02, color = 'blue', marker = 'o', alpha = 0.5)
ax[0].set_xlabel('PC1')
ax[0].set_ylabel('PC2')
ax[1].set_ylim([ - 1, 1])
ax[1].set_yticks([])
ax[1].set_xlabel('PC1')
ax[0].xaxis.set_major_formatter(FormatStrFormatter('%0.1f'))
ax[1].xaxis.set_major_formatter(FormatStrFormatter('%0.1f'))
plt.show()              #效果如图 5 - 20 所示
```

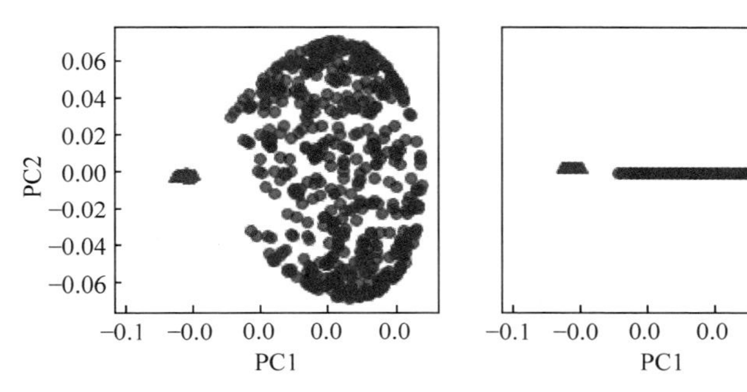

图 5-20 KPCA 分离效果

由图 5-20 可看到，基于 RBF 的 KPCA 再一次将数据映射到了一个新的子空间中，使得两个类别变得线性可分。

【例 5-6】 使用 sklearn 分离半月形。

```
from sklearn.decomposition import KernelPCA
import pandas as pd
import numpy as np
import matplotlib.pyplot as plt
from sklearn.datasets import make_moons
#创建二维数据集，其中 100 个样本组成两个半月形
X, y = make_moons(n_samples = 100, random_state = 123)
plt.scatter(X[y == 0, 0], X[y == 0, 1],
                color = 'red', marker = '^', alpha = 0.5)
plt.scatter(X[y == 1, 0], X[y == 1, 1],
                color = 'blue', marker = 'o', alpha = 0.5)
plt.show()              #效果如图 5 - 15 所示

scikit_kpca = KernelPCA(n_components = 2, kernel = 'rbf', gamma = 15)
X_skernpca = scikit_kpca.fit_transform(X)
plt.scatter(X_skernpca[y == 0, 0], X_skernpca[y == 0, 1],
                color = 'red', marker = '^', alpha = 0.5)
plt.scatter(X_skernpca[y == 1, 0], X_skernpca[y == 1, 1],
                color = 'blue', marker = 'o', alpha = 0.5)
plt.xlabel('PC1')
```

```
plt.ylabel('PC2')
plt.tight_layout()
plt.show()                #效果如图 5-21 所示
```

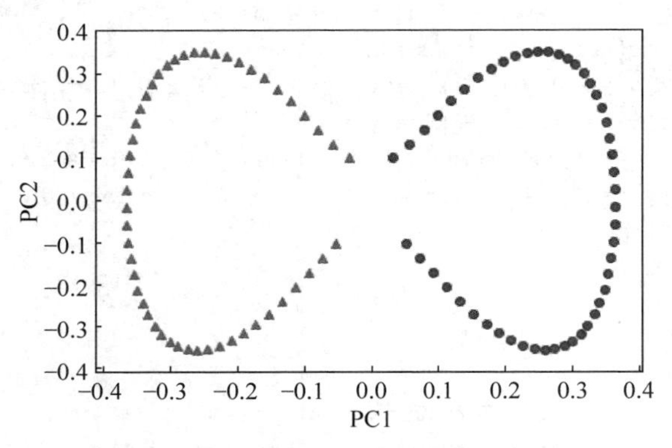

图 5-21 sklearn 分离半月形效果

由图 5-21 可看出,利用 sklearn 分离半月形是可行的,效果较好。

第6章 不同模型的集成学习

在机器学习中，模型单独运行时可能表现不佳，但将多个模型组合起来时就会变得更强大，这种多个基础模型的组合称为集成模型或集成学习(ensemble learning)。它的目标是将不同的分类器组合成为一个元分类器，与包含于其中的单个分类器相比，元分类器具有更好的泛化性能。

6.1 集成学习

自助法、自助聚合(bagging)、随机森林、提升法(boosting)、堆叠法(stacking)等都属于集成学习的集成模型。集成学习的思想是通过将这些个体学习器(个体学习器称为“基学习器”，基学习器也被称为弱学习器)的偏置或方差结合起来，从而创建一个强学习器(或集成模型)获得更好的性能。集成学习在各个规模的数据集上都有很好的策略，主要表现在：

- 数据集大：划分成多个小数据集，学习多个模型进行组合。
- 数据集小：利用 Bootstrap 方法进行抽样，得到多个数据集，分别训练多个模型后再进行组合。

在集成学习诸多算法中，有三种算法的目标旨在组合弱学习器的元算法，分别为：

- Bagging 算法，相互独立地并行学习同质弱学习器，并按照某种确定性的平均过程将它们组合起来。
- Boosting 算法，它以一种高度自适应的方法顺序地学习同质弱学习器，并按照某种确定性的策略将它们组合起来。
- Stacking 算法，并行地学习异质弱学习器，并通过训练一个元模型将它们组合起来，根据不同弱模型的预测结果输出一个最终的预测结果。

简单来说，Bagging 算法的重点在于获得一个方差比其组成部分更小的集成模型，而 Boosting 算法和 Stacking 算法则将主要生成偏置比其组成部分更低的强模型(即使方差也可以被减小)。

1. Bagging 算法

Bagging 算法从训练集中进行子抽样，组成每个基模型所需要的子训练集，对所有基模型预测的结果进行综合产生最终的预测结果，如图 6-1 所示。

给定包含 N 个样本的训练数据集 D，自助采样法是这样进行的：先从 D 中随机取出一个样本放入采样集 D_s 中，再把该样本放回 D 中(有放回的重复独立采样)。经过 N 次随机采样操作，得到包含 N 个样本的采样集 D_s。

注意，数据集 D 中可能有的样本在采样集 D_s 中多次出现，但是 D 中也有可能有样本在 D_s 中从未出现。一个样本始终不在采样集中出现的概率是 $\left(1-\frac{1}{N}\right)^N$。根据

$$\lim_{N\to\infty}\left(1-\frac{1}{N}\right)^N=\frac{1}{e}\cong 0.368 \tag{6-1}$$

因此 D 中约有 63.2%的样本出现在 D_s 中。

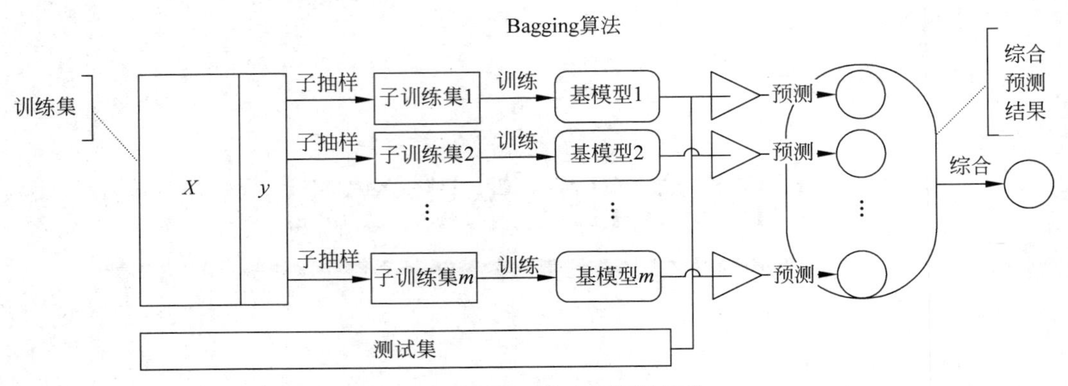

图 6-1 Bagging 算法的预测结果

Bagging 算法首先采用 M 轮自助采样法，获得 M 个包含 N 个训练样本的采样集，然后基于这些采样集训练出一个基学习器，最后将这 M 个基学习器进行组合。组合策略为：

- 分类任务采取简单投票法，即每个学习器一票；
- 回归任务使用简单平均法，即对每个基学习器的预测值取平均值。

从偏差-方差分解的角度分析，Bagging 算法主要关注降低方差，因此，它在不剪枝决策树、神经网络等容易受到样本扰动的学习器上效果更为明显。

2. Boosting 算法

Boosting 算法的训练过程为阶梯状，基模型按次序并行进行训练，基模型的训练集按照某种策略每次都进行一定的转化。对所有基模型预测的结果进行线性综合产生最终的预测结果，如图 6-2 所示。

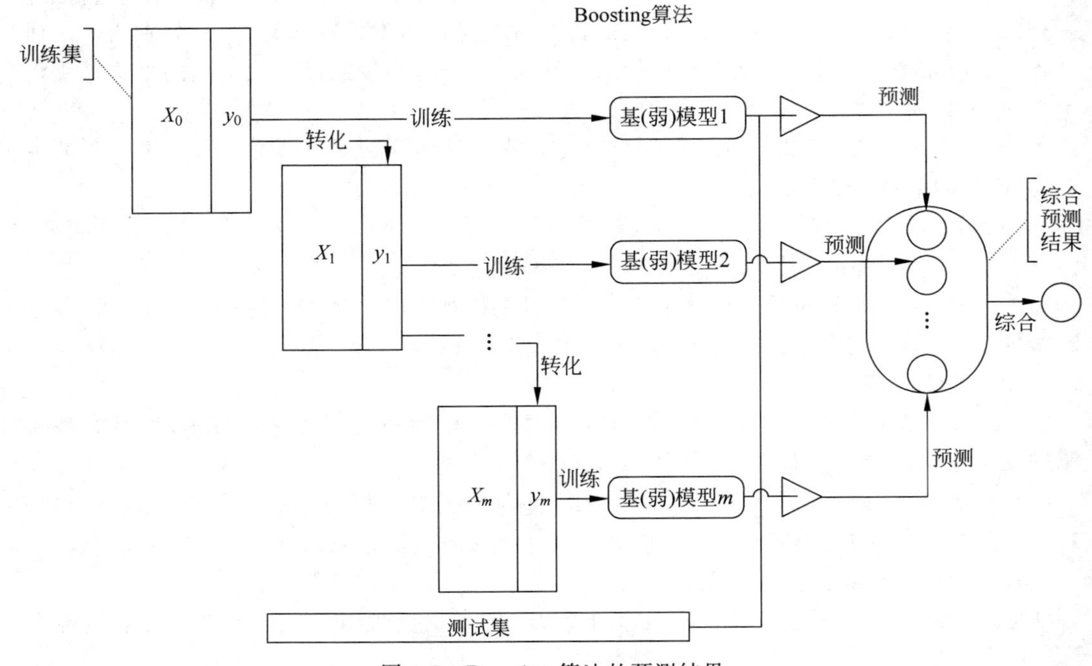

图 6-2 Boosting 算法的预测结果

3. Stacking 算法

Stacking 算法将训练好的所有基模型对训练集进行预测，第 j 个基模型对第 i 个训练样本的预测值作为新的训练集中的第 i 个样本的第 j 个特征值，最后基于新的训练集进行训练。同理，预测的过程也要先经过所有基模型的预测形成新的测试集，最后再对测试集进行预测，如图 6-3 所示。

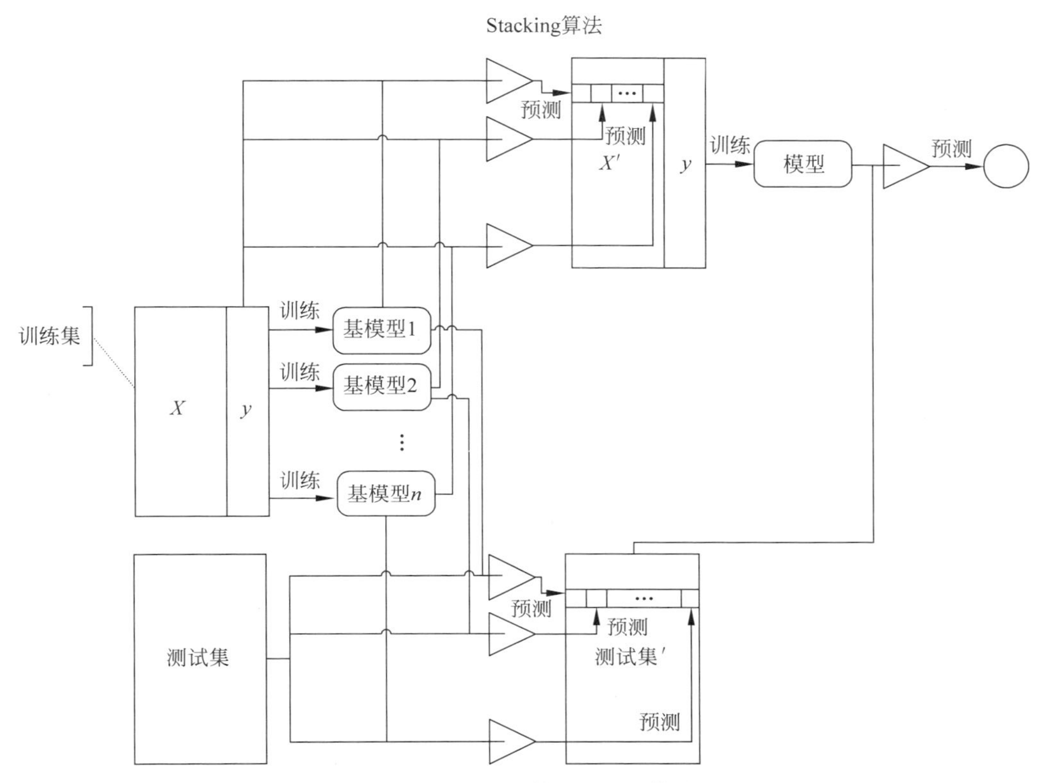

图 6-3　Stacking 算法的预测结果

6.2　多投票机制组合分类器

多数投票原则(majority voting)是将大多数分类器预测的结果作为最终类标，换句话说，将得票率超过 50%的结果作为类标。多类标分类选择得票最多的类别，如图 6-4 所示。

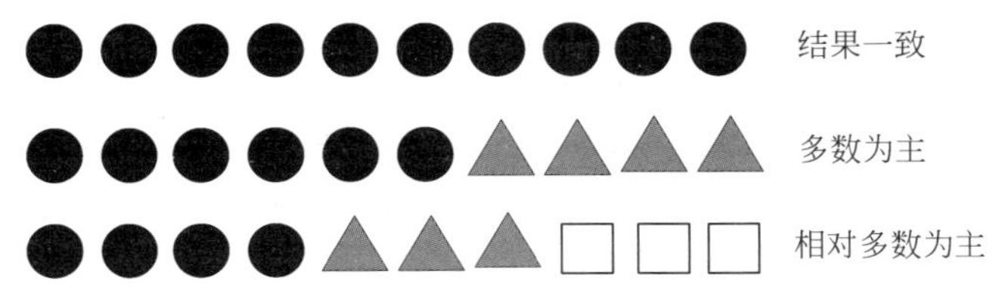

图 6-4　多分类标准

基于训练集，首先训练 m 个不同的成员分类器，在多数投票原则下，可集成不同的分类算法，如决策树、支持向量机、逻辑回归等。此外，也可以使用相同的成员分类算法拟合不同的训练子集，这种方法中典型的例子就是随机森林算法，它组合了不同的决策树分类器，如图 6-5 所示。

要通过简单的多数投票原则对类标进行预测，汇总所有分类器：

$$\hat{y} = \text{mode}\{C_1(x), C_2(x), \cdots, C_m(x)\}$$

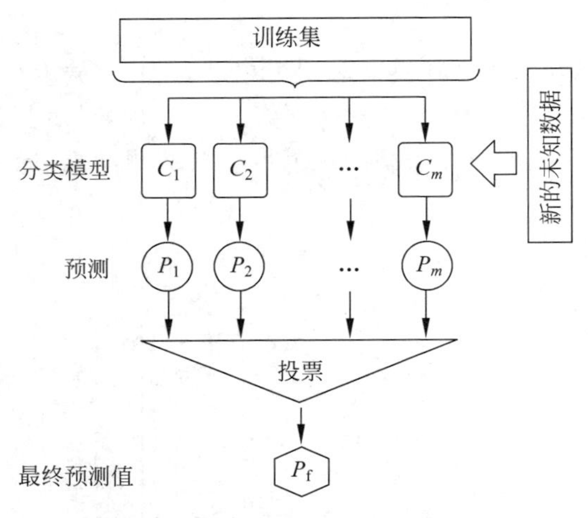

图 6-5 随机森林算法

假定二类别分类中的 n 个成员分类器都有相同的出错率,此外,假定每个分类器都是独立的,且出错率之间是不相关的。基于这些假设,可以将成员分类器集成后的出错概率简单地表示为二项分布的概率密度函数:

$$P(y \geqslant k) = \sum_{k=1}^{n} \binom{n}{k} \varepsilon^{k} (1-\varepsilon)^{n-k} = \varepsilon_{\text{ensemble}}$$

【例 6-1】 多投票机制组合分类器实现。

具体的实现步骤如下:

(1) 加载相关库。

```
from sklearn.datasets import load_iris                    #加载数据
from sklearn.model_selection import train_test_split      #切分训练集与测试集
from sklearn.preprocessing import StandardScaler          #标准化数据
from sklearn.preprocessing import LabelEncoder            #标签化分类变量
```

(2) 初步处理数据。

```
iris = load_iris()
X,y = iris.data[50:,[1,2]],iris.target[50:]
le = LabelEncoder()
y = le.fit_transform(y)
X_train,X_test,y_train,y_test = train_test_split(X,y,test_size = 0.5,random_state = 1,
stratify = y)
```

(3) 使用训练集训练三种不同的分类器。

使用 predict_proba 计算概率值:在决策树中,概率是通过训练时为每个节点创建的频度向量(frequency vector)来计算的,在向量收集对应节点中通过类标分布计算得到各类标频率值,进而通过频率归一化处理,使得它们的和为 1。

```
from sklearn.model_selection import cross_val_score       #10 折交叉验证评价模型
from sklearn.linear_model import LogisticRegression
from sklearn.tree import DecisionTreeClassifier
from sklearn.neighbors import KNeighborsClassifier
from sklearn.pipeline import Pipeline                     #管道简化工作流
clf1 = LogisticRegression(penalty = 'l2',C = 0.001,random_state = 1)
clf2 = DecisionTreeClassifier(max_depth = 1,criterion = 'entropy',random_state = 0)
clf3 = KNeighborsClassifier(n_neighbors = 1,p = 2,metric = "minkowski")
```

```
pipe1 = Pipeline([['sc',StandardScaler()],['clf',clf1]])
pipe3 = Pipeline([['sc',StandardScaler()],['clf',clf3]])
clf_labels = ['逻辑回归','决策树','KNN']
print('10 折交叉验证:\n')
for clf,label in zip([pipe1,clf2,pipe3],clf_labels):
    scores = cross_val_score(estimator = clf,X = X_train,y = y_train,cv = 10,scoring = 'roc_auc')
    print("ROC AUC: %0.2f(+/- %0.2f)[%s]"%(scores.mean(),scores.std(),label))
```

使用训练数据集训练三种不同类型的分类器：逻辑回归分类器、决策树分类器及KNN分类器，训练结果如下：

```
10 折交叉验证 :
ROC AUC: 0.87(+/- 0.17)[逻辑回归]
ROC AUC: 0.89(+/- 0.16)[决策树]
ROC AUC: 0.88(+/- 0.15)[KNN]
```

不同于决策树，逻辑回归与KNN算法并不是尺度不变的(scale-invariant)，所以需要对特征进行标准化处理。

(4) 使用MajorityVoteClassifier集成。

```
from sklearn.ensemble import VotingClassifier
mv_clf = VotingClassifier(estimators = [('pipe1',pipe1),('clf2',clf2),('pipe3',pipe3)],voting = 'soft')
clf_labels += ['多投票机制组合分类器']
all_clf = [pipe1,clf2,pipe3,mv_clf]
print('10 折交叉验证: \n')
for clf,label in zip(all_clf,clf_labels):
    scores = cross_val_score(estimator = clf,X = X_train,y = y_train,cv = 10,scoring = 'roc_auc')
    print("ROC AUC: %0.2f(+/- %0.2f)[%s]"%(scores.mean(),scores.std(),label))
```

运行程序，输出如下：

```
10 折交叉验证:
ROC AUC: 0.87(+/- 0.17)[逻辑回归]
ROC AUC: 0.89(+/- 0.16)[决策树]
ROC AUC: 0.88(+/- 0.15)[KNN]
ROC AUC: 0.94(+/- 0.13)[多投票机制组合分类器]
```

由结果可见，以10折交叉验证作为评估标准，MajorityVoteClassifier(多投票分类器)的性能与单个成员分类器相比有着质的提高。

(5) 使用ROC曲线评估集成分类器。

```
import matplotlib.pyplot as plt
from sklearn.metrics import roc_curve
from sklearn.metrics import auc
plt.rcParams['font.sans-serif'] = ['SimHei']          #显示中文

colors = ['black','orange','blue','green']
linestyles = [':','--','-.','-']
plt.figure(figsize = (10,6))
for clf,label,clr,ls in zip(all_clf,clf_labels,colors,linestyles):
    y_pred = clf.fit(X_train,y_train).predict_proba(X_test)[:,1]
    fpr,tpr,trhresholds = roc_curve(y_true = y_test,y_score = y_pred)
    roc_auc = auc(x = fpr,y = tpr)
    plt.plot(fpr,tpr,color = clr,linestyle = ls,label = '%s (auc = %0.2f)'%(label,roc_auc))
plt.legend(loc = 'lower right')
plt.plot([0,1],[0,1],linestyle = '--',color = 'gray',linewidth = 2)
plt.xlim([-0.1,1.1])
```

```
plt.ylim([ - 0.1,1.1])
plt.xlabel('假阳性率 (FPR)')
plt.xlabel('真阳性率 (TPR)')
plt.show()
```

运行程序，效果如图 6-6 所示。

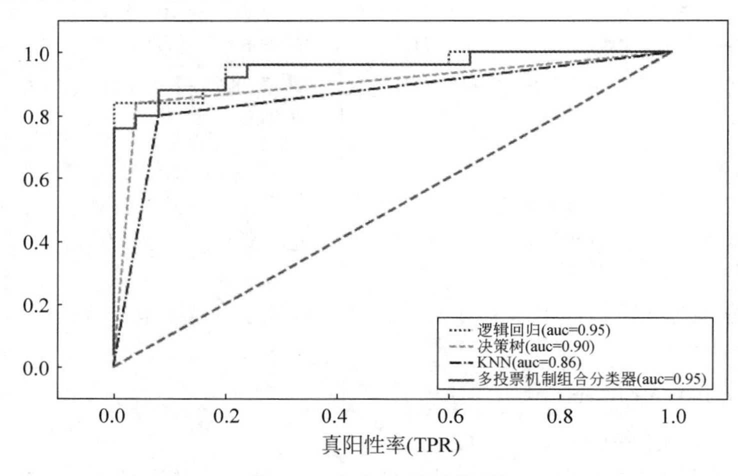

图 6-6 各方法分类效果

由 ROC 结果(图 6-6)可以看到，集成分类器在测试集上表现优秀(ROC AUC=0.95)，而 KNN 分类器对于训练数据稍微过拟合(训练集上的 ROC AUC=0.90，测试集上的 ROC AUC=0.86)。

(6) 绘制分类器决策区域。

```
import numpy as np
plt.rcParams['axes.unicode_minus'] = False          #显示负号
sc = StandardScaler()
X_train_std = sc.fit_transform(X_train)
from itertools import product
x_min = X_train_std[:, 0].min() - 1
x_max = X_train_std[:, 0].min() + 1
y_min = X_train_std[:, 1].min() - 1
y_max = X_train_std[:, 1].max() + 1
xx, yy = np.meshgrid(np.arange(x_min, x_max, 0.1), np.arange(y_min, y_max, 0.1))
f, axarr = plt.subplots(nrows = 2, ncols = 2, sharex = 'col', sharey = 'row', figsize = (7, 5))
for idx, clf, tt in zip(product([0, 1], [0, 1]), all_clf, clf_labels):
    clf.fit(X_train_std, y_train)
    Z = clf.predict(np.c_[xx.ravel(), yy.ravel()])
    Z = Z.reshape(xx.shape)
    axarr[idx[0], idx[1]].contourf(xx, yy, Z, alpha = 0.3)
    axarr[idx[0], idx[1]].scatter(X_train_std[y_train == 0, 0], X_train_std[y_train == 0, 1],
    c = 'blue', marker = '^', s = 50)
    axarr[idx[0], idx[1]].scatter(X_train_std[y_train == 1, 0], X_train_std[y_train == 1, 1],
    c = 'red', marker = 'o', s = 50)
    axarr[idx[0], idx[1]].set_title(tt)
plt.text( - 3.5, - 4.5, s = '萼片宽度 [标准化]', ha = 'center', va = 'center', fontsize = 12)
plt.text( - 11.5, 4.5, s = '萼片长度 [标准化]', ha = 'center', va = 'center', fontsize = 12, rotation = 90)
plt.show()
```

运行程序，效果如图 6-7 所示。

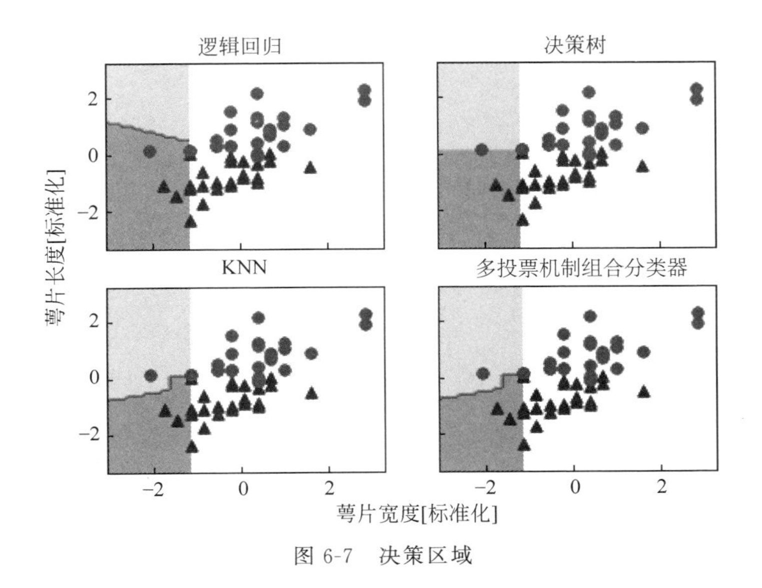

图 6-7 决策区域

6.3 Bagging 算法

Bagging 算法是基于自助采样法(框架见图 6-1)：给定包含 m 个样本的数据集,先随机取出一个样本放入采样集中,再把该样本放回初始数据集,使得下次采样时该样本仍有可能被选中。这样经过 m 次随机采样操作,得到一个含有 m 个样本的采样集。初始训练集有的样本在采样集中多次出现,有的样本则从未出现。一个样本从未出现的概率如式(6-1)所示,也即是说,训练集中大概有 63.2%的样本出现在了采样集中。

【例 6-2】 Bagging 模型实战。

整体实现步骤为：

(1) 构建实验数据集,如图 6-8 所示。

```
from sklearn.model_selection import train_test_split
from sklearn.datasets import make_moons
import matplotlib.pyplot as plt

X, y = make_moons(n_samples = 500, noise = 0.30, random_state = 42)
X_train, X_test, y_train, y_test = train_test_split(X, y, random_state = 42)
plt.plot(X[:, 0][y == 0], X[:, 1][y == 0], 'yo', alpha = 0.6)
plt.plot(X[:, 0][y == 0], X[:, 1][y == 1], 'bs', alpha = 0.6)
plt.show()          # 显示图片
```

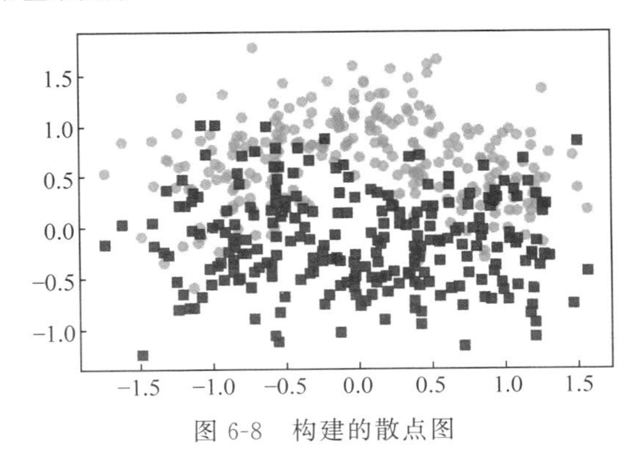

图 6-8 构建的散点图

（2）硬投票和软投票效果对比。

```
'''硬投票效果'''
from sklearn.ensemble import RandomForestClassifier, VotingClassifier
from sklearn.linear_model import LogisticRegression
from sklearn.svm import SVC
from sklearn.metrics import accuracy_score

log_clf = LogisticRegression(random_state = 520)
rnd_clf = RandomForestClassifier(random_state = 520)
svm_clf = SVC(random_state = 520)

voting_clf = VotingClassifier(estimators = [('lr', log_clf), ('rf', rnd_clf), ('svc', svm_clf)],
voting = 'hard')
print('硬投票效果:')
for clf in (log_clf, rnd_clf, svm_clf, voting_clf):
    clf.fit(X_train, y_train)
    y_pred = clf.predict(X_test)
    print('硬投票效果:',clf.__class__.__name__, accuracy_score(y_test, y_pred))
```

运行程序，输出如下：

```
硬投票效果:
LogisticRegression 0.864
RandomForestClassifier 0.88
SVC 0.888
VotingClassifier 0.888
```

```
'''软投票效果'''
from sklearn.ensemble import RandomForestClassifier, VotingClassifier
from sklearn.linear_model import LogisticRegression
from sklearn.svm import SVC
from sklearn.metrics import accuracy_score

log_clf = LogisticRegression(random_state = 520)
rnd_clf = RandomForestClassifier(random_state = 520)
svm_clf = SVC(random_state = 520,probability = True)

voting_clf = VotingClassifier(estimators = [('lr', log_clf), ('rf', rnd_clf),
                                            ('svc', svm_clf)],
                              voting = 'soft')
print('软投票效果:')
for clf in (log_clf, rnd_clf, svm_clf, voting_clf):
    clf.fit(X_train, y_train)
    y_pred = clf.predict(X_test)
    print('软投票效果:'clf.__class__.__name__, accuracy_score(y_test, y_pred))
```

运行程序，输出如下：

```
软投票效果:
LogisticRegression 0.864
RandomForestClassifier 0.88
SVC 0.888
VotingClassifier 0.896
```

从以上硬投票和软投票两种结果可看出，软投票比硬投票效果更好一些。

（3）Bagging 策略效果。

```
'''用 Bagging 策略效果'''
from sklearn.ensemble import BaggingClassifier
from sklearn.tree import DecisionTreeClassifier
```

```
bag_clf = BaggingClassifier(DecisionTreeClassifier(),
                            n_estimators = 500,
                            max_samples = 100,
                            bootstrap = True,
                            n_jobs = -1,
                            random_state = 520)
bag_clf.fit(X_train, y_train)
y_pred = bag_clf.predict(X_test)
print('用 Bagging 策略效果:',accuracy_score(y_test, y_pred))
```

运行程序,输出如下:

```
用 Bagging 策略效果: 0.912
```

```
'''不用 Bagging 策略效果'''
tree_clf = DecisionTreeClassifier(random_state = 42)
tree_clf.fit(X_train, y_train)
y_pred_tree = tree_clf.predict(X_test)
print('不用 Bagging 策略效果:',accuracy_score(y_test, y_pred_tree))
```

运行程序,输出如下:

```
不用 Bagging 策略效果: 0.856
```

从以上两个结果可得出,用 Bagging 策略的预测效果更好。

(4) 集成效果展示分析。

```
from matplotlib.colors import ListedColormap
plt.rcParams['font.sans-serif'] = ['SimHei']          #显示中文
plt.rcParams['axes.unicode_minus'] = False            #显示负号
import numpy as np
def plot_decision_boundary(clf,
                           X,
                           y,
                           axes = [-1.5, 2.5, -1, 1.5],
                           alpha = 0.5,
                           contour = True):
    x1s = np.linspace(axes[0], axes[1], 100)
    x2s = np.linspace(axes[2], axes[3], 100)
    x1, x2 = np.meshgrid(x1s, x2s)
    X_new = np.c_[x1.ravel(), x2.ravel()]
    y_pred = clf.predict(X_new).reshape(x1.shape)
    custom_cmap = ListedColormap(['#fafab0', '#9898ff', '#a0faa0'])
    plt.contourf(x1,x2,y_pred,cmap = custom_cmap,alpha = 0.3)
    if contour:
        custom_cmap2 = ListedColormap(['#7d7d58', '#4c4c7f', '#507d50'])
        plt.contour(x1, x2, y_pred)
    plt.plot(X[:, 0][y == 0], X[:, 1][y == 0], 'yo', alpha = 0.6)
    plt.plot(X[:, 0][y == 0], X[:, 1][y == 1], 'bs', alpha = 0.6)
    plt.axis(axes)
    plt.xlabel('x1')
    plt.xlabel('x2')

plt.figure(figsize = (12, 5))
plt.subplot(121)
plot_decision_boundary(tree_clf, X, y)
plt.title('决策树')
plt.subplot(122)
plot_decision_boundary(bag_clf, X, y)
plt.title('决策树与 Bagging')
```

运行程序，输出如下，效果如图 6-9 所示。

```
Text(0.5,1,'决策树与 Bagging')
```

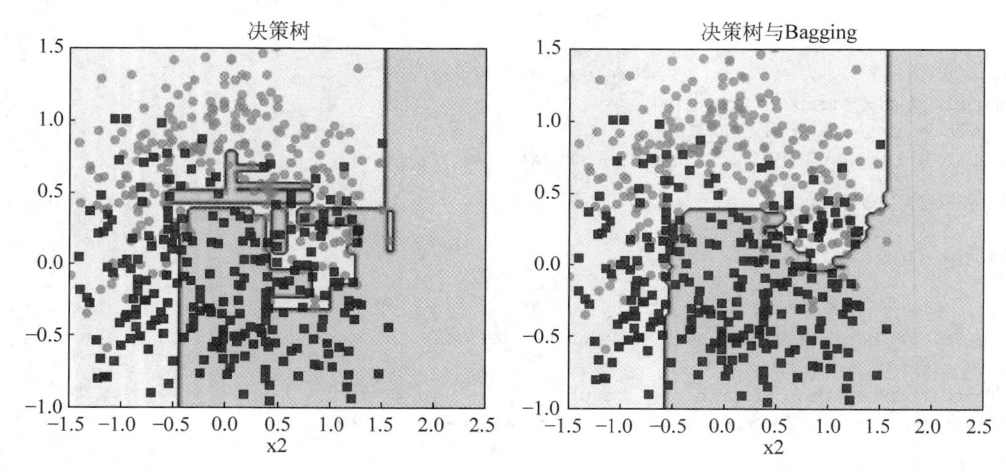

图 6-9 集成效果展示

从图 6-9 可得出，采用 Bagging 策略的模型过拟合风险更小。

(5) OOB 袋外数据的作用。

```
bag_clf = BaggingClassifier(DecisionTreeClassifier(),
                            n_estimators = 500,
                            max_samples = 100,
                            bootstrap = True,
                            n_jobs = -1,
                            random_state = 42,
                            oob_score = True)
bag_clf.fit(X_train, y_train)
print('OOB 袋外效果:',bag_clf.oob_score_)
```

运行程序，输出如下：

```
OOB 袋外效果: 0.9253333333333333
```

```
y_pred = bag_clf.predict(X_test)
print('测试集计算结果:',accuracy_score(y_test, y_pred))
```

运行程序，输出如下：

```
测试集计算结果: 0.904
```

由以上结果可得出：OOB 袋外数据可以作为验证集对模型进行准确率的计算，比测试集计算的准确率略高，但相差不多。

6.4 Boosting 模型

Boosting 是序列式或者串行的方式，各个基分类器之间有依赖关系。类似于人类的学习方式，Boosting 模型的基本过程如图 6-10 所示。

其中：

- 权重初始化：样本权重 1 初始化时直接平分权重。如果有 n 个样本，即每个样本的权值为$\frac{1}{n}$。
- 权重更新方法：不同的模型有不一样的 AdaBoost，对错误样本赋更大的权重；GBDT

(Gradient Boost Decision Tree)每一次的计算是为了减少上一次的残差。

- 迭代：计算每个基本分类器的误差率并更新，直至误差率达到规定范围。

相对来说，Boosting模型更关注在上一轮的结果上进行的调整，是串行的策略，是一个作为序列化的方法。Boosting基本学习器之间存在强依赖关系。

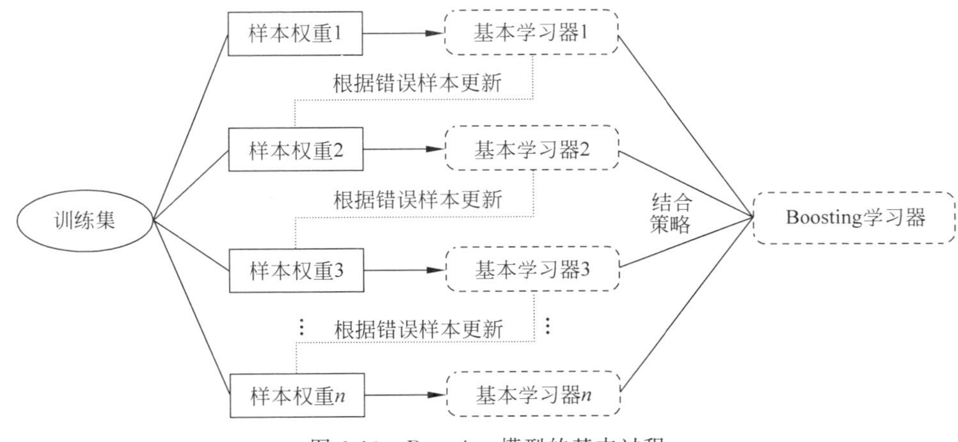

图 6-10　Boosting模型的基本过程

6.4.1　Boosting的基本思路

1. 强学习和弱学习

在介绍Boosting的思想前，需先了解强学习和弱学习。在概率近似正确(PAC)学习的框架下：

- 弱学习：识别错误率小于1/2(即准确率仅比随机猜测略高的学习算法)。
- 强学习：识别准确率很高并能在多项式时间内完成的学习算法。

在PAC学习的框架下，强学习和弱学习是等价的，也就是说一个概念是强学习的充分必要条件是这个概念是弱学习的。换句话说，弱学习是可以通过不断学习等方式来提升为强可学习的。

2. Boosting的思想

由于弱学习算法比强学习算法容易得多，而Boosting算法就是将弱学习算法提升至强学习算法，因此问题就转换为如何将弱学习提升为强学习。

Boosting算法的思路是，通过反复学习弱学习算法，得到一系列弱分类器(又称为基本分类器)，然后通过一定的形式去组合这些弱分类器构成一个强分类器。整体可分为两个阶段：一是不断地重复学习；二是对不同学习器的组合。

在第一阶段，大多数的Boosting算法都是通过改变训练数据集的概率分布，针对不同概率分布的数据调用弱分类算法学习得到一系列的弱分类器。

对于Boosting算法来说，有两个问题需要给出答案：一个是每一轮学习应该如何改变数据的概率分布；另一个是如何将各个弱分类器组合起来。

关于这两个问题，不同的Boosting算法会有不同的答案。

6.4.2　AdaBoost算法

对于AdaBoost来说，解决上述两个问题的方式是：

- 提高被前一轮分类器错误分类的样本的权重，而降低那些被正确分类的样本的权重。

- 通过采取加权多数表决的方式组合各个弱分类器，即加大分类错误率低的弱分类器的权重。

1. AdaBoost 的流程

假设给定一个二分类的训练数据集：$T=\{(x_1,y_1),(x_2,y_2),\cdots,(x_N,y_N)\}$，其中每个样本点由特征与类别组成。特征 $x_i\in X\subseteq R^n$，类别 $y_i\in Y=\{-1,+1\}$，X 是特征空间，Y 是类别集合，输出最终分类器 $G(x)$。

AdaBoost 具体算法如下：

(1) 初始化训练数据的分布：$D_1=(w_{11},\cdots,w_{1i},\cdots,w_{1N})$，$w_{1i}=\dfrac{1}{N}$，$i=1,2,\cdots,N$。

(2) 对于 $m=1,2,\cdots,N$，开始学习过程。

① 使用具有权值分布 D_m 的训练数据集进行学习，得到基本分类器：$G_m(x):X\rightarrow\{-1,+1\}$。

② 计算 $G_m(x)$在训练集上的分类误差率 $e_m=\sum_{i=1}^{N}P(G_m(x_i)\neq y_i)=\sum_{i=1}^{N}w_{m,i}I(G_m(x_i)\neq y_i)$。

③ 计算 $G_m(x)$的系数 $\alpha_m=\dfrac{1}{2}\ln\dfrac{1-e_m}{e_m}$。

④ 更新训练数据集的权重分布：

$$D_{m+1}=(w_{m+1,1},\cdots,w_{m+1,i},\cdots,w_{m+1,N})$$

$$w_{m+1,i}=\frac{w_{mi}}{Z_m}\exp(-\alpha_m y_i G_m(x_i)),i=1,2,\cdots,N$$

其中，Z_m 为归一化因子，使得 D_{m+1} 能够作为概率分布，$Z_m=\sum_{i=1}^{N}w_{m,i}\exp(-\alpha_m y_i G_m(x_i))$。

(3) 构建基本分类器的线性组合 $f(x)=\sum_{m=1}^{M}\alpha_m G_m(x)$，得到最终的分类器：

$$G(x)=\operatorname{sign}(f(x))=\operatorname{sign}\left(\sum_{m=1}^{M}\alpha_m G_m(x)\right)$$

2. AdaBoost 实现

前面介绍了 AdaBoost 的基本流程，本节将通过两个例子来演示 AdaBoost 的实现。

【例 6-3】 SVM 作为基本分类器实现 AdaBoost。

```
plt.figure(figsize = (14, 6))
learning_rate = 1
sample_weights = np.ones(len(X_train))
for i in range(5):
    svm_clf = SVC(kernel = 'rbf', C = 0.05, random_state = 42)
    svm_clf.fit(X_train, y_train, sample_weight = sample_weights)
    y_pred = svm_clf.predict(X_train)
    sample_weights[y_pred != y_train] * = (1 + learning_rate)
    plot_decision_boundary(svm_clf, X, y, alpha = 0.2)
    plt.title('学习率 = {}'.format(learning_rate))
plt.text( - 0.7, - 0.65, "1", fontsize = 14)
plt.text( - 0.6, - 0.10, "2", fontsize = 14)
plt.text( - 0.5, 0.10, "3", fontsize = 14)
plt.text( - 0.4, 0.55, "4", fontsize = 14)
plt.text( - 0.3, 0.90, "5", fontsize = 14)
plt.show()
```

运行程序，效果如图 6-11 所示。

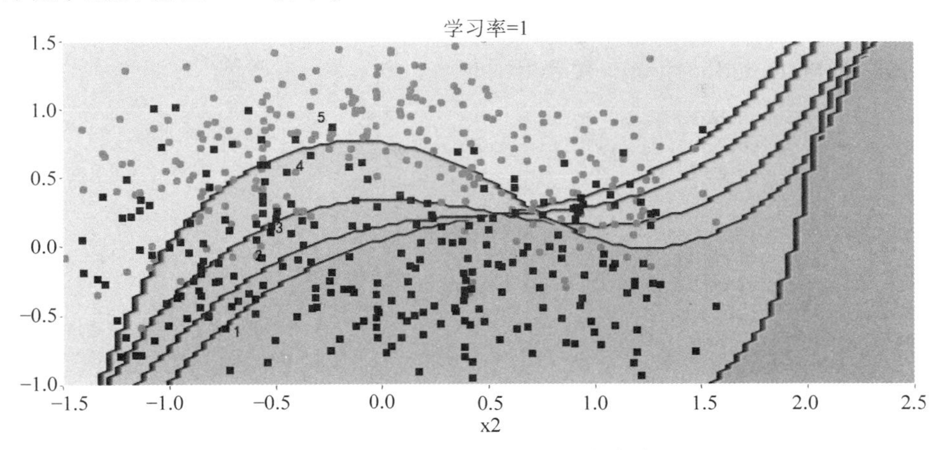

图 6-11　SVM 实现 AdaBoost 分类效果

由图 6-11 可看出，在 AdaBoost 中，学习率越大，每一步的更新就越快。

【例 6-4】　使用 sklearn 实现 AdaBoost。

```
from sklearn.ensemble import AdaBoostClassifier
ada_clf = AdaBoostClassifier(DecisionTreeClassifier(max_depth=1),
                             n_estimators=200,
                             learning_rate=0.5,
                             random_state=42)
ada_clf.fit(X_train,y_train)
plot_decision_boundary(ada_clf,X,y)
```

运行程序，效果如图 6-12 所示。

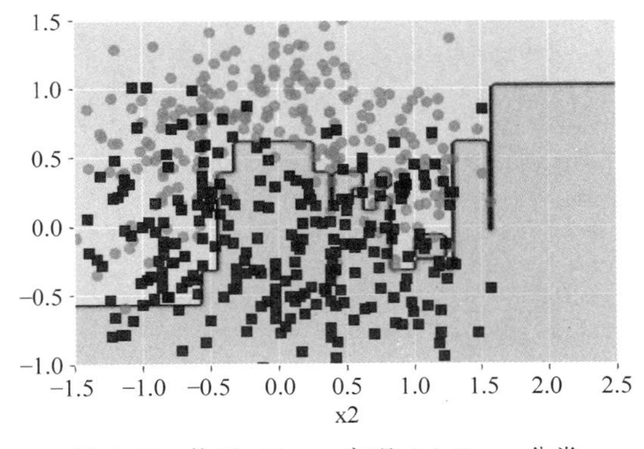

图 6-12　使用 sklearn 实现 AdaBoost 分类

6.4.3　Gradient Boosting 算法

Gradient Boosting 算法是通过按顺序添加 predictor 到集成中来工作。但是，并不像 AdaBoost 算法那样，在每次迭代时调整样本的权重，Gradient Boosting 算法是使用新的 predictor 去拟合旧的 predictor 所产生的残差。也即在残差的基础上进行拟合，拟合完成后剩下的残差又可以用新的 predictor 来拟合，步骤如下。

第一步：使用 DecisionTreeRegressor 拟合训练集；

第二步：对于第一个 predictor 产生的残差用第二个 DecisionTreeRegressor 训练；

第三步：在第二个 predictor 产生的残差上面训练第三个 DecisionTreeRegressor；

……

最后一步，即有一个包含 n 棵树的集合，它通过把所有的树的预测结果相加，从而对新的样本进行预测。

【例 6-5】 Gradient Boosting 梯度提升实现。

```
from sklearn.datasets import make_moons
from sklearn.model_selection import train_test_split
import matplotlib.pyplot as plt
import numpy as np
import pandas as pd
from sklearn.ensemble import AdaBoostClassifier
from sklearn.tree import DecisionTreeClassifier
'''产生一些数据样本点'''
np.random.seed(42)
X = np.random.rand(100,1) - 0.5
y = 3 * X[:,0] ** 2 + 0.05 * np.random.randn(100)
'''显示样本数据,如图 6-13 所示'''
plt.scatter(X,y,c = y)
plt.show()
```

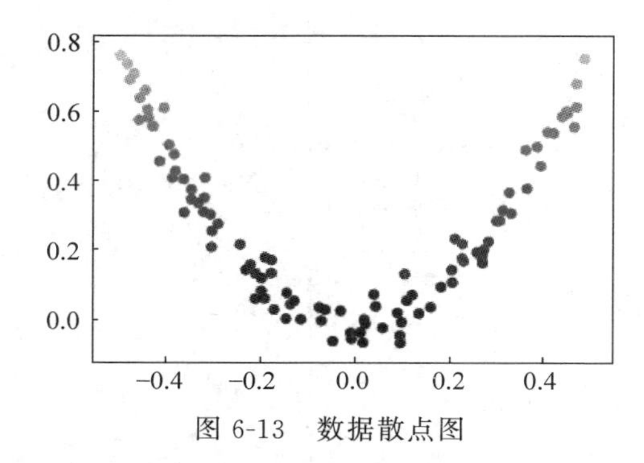

图 6-13　数据散点图

```
'''使用单棵最大深度为 2 的决策树'''
plt.rcParams['font.sans-serif'] = ['SimHei']          #设置显示中文,指定默认字体
plt.rcParams['axes.unicode_minus'] = False             #正常显示负号
from sklearn.tree import DecisionTreeRegressor
tree_reg1 = DecisionTreeRegressor(max_depth = 2)
y1 = tree_reg1.fit(X,y).predict(X)
resid1 = y - y1
resid1_pred = DecisionTreeRegressor(max_depth = 2).fit(X,resid1).predict(X)
df1 = pd.DataFrame({"X":X[:,0],"y":y1 + resid1_pred})
df1 = df1.sort_values(by = ['X'])
df2 = pd.DataFrame({"X":X[:,0],"y":resid1_pred})
df2 = df2.sort_values(by = ['X'])
fig,[ax1,ax2] = plt.subplots(1,2,figsize = (12,6))
ax1.plot(df1.X,df1.y,label = 'h(x) = h0(x) + h1(x)')
ax1.scatter(X,y,c = y,label = '训练集')
ax1.legend()
ax2.scatter(X,resid1,label = '残差 1')
ax2.plot(df2.X,df2.y,label = 'h1(x)')
ax2.legend()
```

使用决策树，设置 max_depth＝2，然后拟合预测得到单棵决策树的预测值 y1，并且使用 y－y1 得到 resid1，得到单棵决策树拟合一次后的残差，然后使用剩下的残差再进行拟合，拟合得到的结果用 resid1_pred 来表示，得出如图 6-14 所示的结果。

图 6-14 中左图散点为原始的数据集，线段为一棵决策树拟合的结果；右图散点为拟合一次残差的结果，线段为残差用单棵决策树拟合的结果。

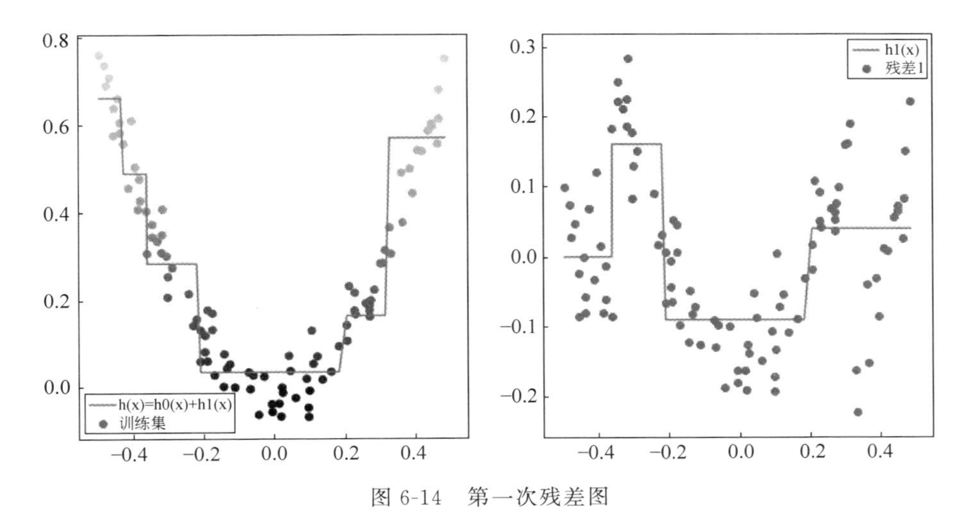

图 6-14 第一次残差图

然后用最原始的 y 减去第一次预测得到的 y1，再减去第一次残差拟合得到的预测值 resid1_pred 得到第二个残差 resid2，接着用第二个残差训练单棵决策树再进行预测，得到第二个残差的预测值 resid2_pred。

```
resid2 = y - y1 - resid1_pred
resid2_pred = DecisionTreeRegressor(max_depth = 2).fit(X,resid2).predict(X)
df1 = pd.DataFrame({"X":X[:,0],"y":y1 + resid1_pred + resid2_pred})
df1 = df1.sort_values(by = ['X'])
df2 = pd.DataFrame({"X":X[:,0],"y":resid2_pred})
df2 = df2.sort_values(by = ['X'])
fig,[ax1,ax2] = plt.subplots(1,2,figsize = (12,6))
ax1.plot(df1.X,df1.y,label = 'h(x) = h0(x) + h1(x) + h2(x)')
ax1.scatter(X,y,c = y,label = '训练集')
ax1.legend()
ax2.scatter(X,resid2,label = '残差 2')
ax2.plot(df2.X,df2.y,label = 'h2(x)')
ax2.legend()
```

运行程序，效果如图 6-15 所示。

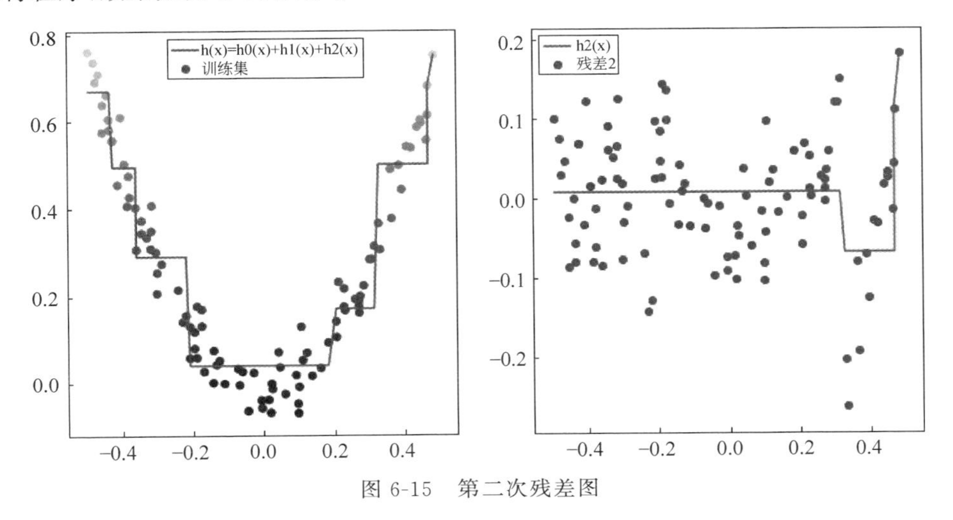

图 6-15 第二次残差图

图 6-15 中左图线段为第一次拟合和拟合两次残差相加的结果，右图散点为第二次残差，线段为第二次残差的预测值。

```
resid3 = y - y1 - resid1_pred - resid2_pred
resid3_pred = DecisionTreeRegressor(max_depth = 2).fit(X,resid3).predict(X)
df1 = pd.DataFrame({"X":X[:,0],"y":y1 + resid1_pred + resid2_pred + resid3_pred})
df1 = df1.sort_values(by = ['X'])
df2 = pd.DataFrame({"X":X[:,0],"y":resid3_pred})
df2 = df2.sort_values(by = ['X'])
fig,[ax1,ax2] = plt.subplots(1,2,figsize = (12,6))
ax1.plot(df1.X,df1.y,label = 'h(x) = h0(x) + h1(x) + h2(x) + h3(x)')
ax1.scatter(X,y,c = y,label = '训练集')
ax1.legend()
ax2.scatter(X,resid3,label = '残差 3')
ax2.plot(df2.X,df2.y,label = 'h3(x)')
ax2.legend()
```

运行程序,效果如图 6-16 所示。

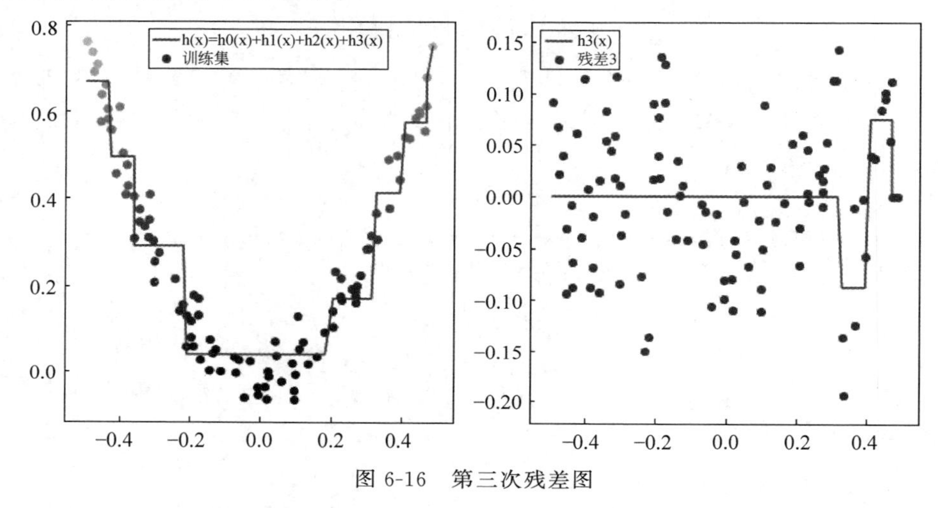

图 6-16　第三次残差图

以此类推,可以发现最后剩下的残差越来越小,曲线越来越接近于 y=3 * x^2。上面的分步骤也可以通过下面的代码来一次性查看:

```
'''通过全局变量实现重复部分累加'''
np.random.seed(42)
X = np.random.rand(100,1) - 0.5
y = 3 * X[:,0] ** 2 + 0.05 * np.random.randn(100)
plt.scatter(X,y,c = y)
from sklearn.tree import DecisionTreeRegressor
y_sum = 0
y_resid = y
y1 = DecisionTreeRegressor(max_depth = 2).fit(X,y).predict(X)
y_resid = y_resid - y1
y_sum = y_sum + y1
def calculate(X,dy):
    global y_resid, y_sum
    dy = DecisionTreeRegressor(max_depth = 2).fit(X,dy).predict(X)
    y_resid = y_resid - dy
    y_sum = y_sum + dy
    df1 = pd.DataFrame({"X":X[:,0],"y":y_sum}).sort_values(by = ['X'])
    df2 = pd.DataFrame({"X":X[:,0],"y":dy}).sort_values(by = ["X"])
    fig,[ax1,ax2] = plt.subplots(1,2,figsize = (12,6))
```

```
    ax1.plot(df1.X,df1.y)
    ax1.scatter(X,y,c = y)
    ax2.scatter(X,y_resid)
    ax2.plot(df2.X,df2.y)
from sklearn.ensemble import GradientBoostingRegressor
import matplotlib.patches as mpatches
gbrt = GradientBoostingRegressor(max_depth = 2,n_estimators = 3,learning_rate = 1)
gbrt.fit(X,y)
df = pd.DataFrame({"X":X[:,0],"y":gbrt.predict(X)})
df = df.sort_values(by = ['X'])
plt.scatter(X,y,c = y)
line1, = plt.plot(df.X,df.y,c = 'red',label = '集合预测')
plt.legend(handles = [line1],loc = 'upper center')
```

运行程序,效果如图 6-17 所示。

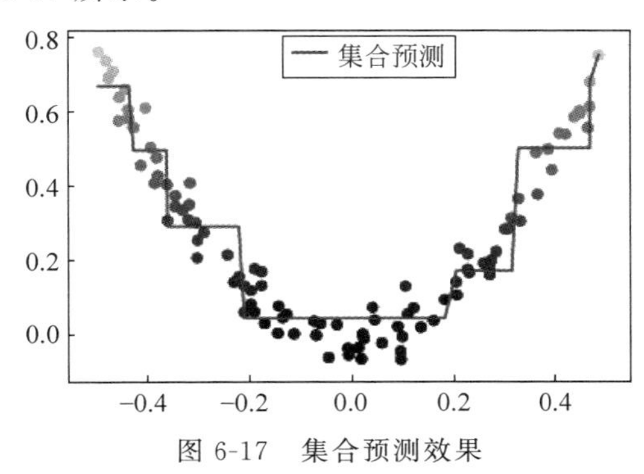

图 6-17 集合预测效果

可以看到图 6-17 和 h(x)=h0(x)+h1(x)+h2(x)图像是一样的,即和使用单棵决策树拟合三次的结果是一样的。

图 6-17 是通过 GradientBoostingRegressor 使用 3 棵决策树的结果,下面代码实现使用 200 棵决策树的结果。

```
gbrt = GradientBoostingRegressor(max_depth = 2,n_estimators = 200,learning_rate = 0.1)
gbrt.fit(X,y)
df = pd.DataFrame({"X":X[:,0],"y":gbrt.predict(X)})
df = df.sort_values(by = ['X'])
plt.scatter(X,y,c = y)
line1, = plt.plot(df.X,df.y,c = 'red',label = '集合预测')
plt.legend(handles = [line1],loc = 'upper center')
resid = y - gbrt.predict(X)

df2 = pd.DataFrame({"X":X[:,0],"y":resid})
df2 = df2.sort_values(by = ['X'])
fig,[ax1,ax2] = plt.subplots(1,2,figsize = (12,6))
ax1.plot(df.X,df.y,c = 'red',label = '集合预测')
ax1.scatter(X,y,c = y,label = '训练集')
ax1.legend()
ax2.scatter(df2.X,df2.y,label = '残差 200')
ax2.plot(df2.X,gbrt.fit(X,df2.y).predict(X),label = 'h200(x)')
```

运行程序,效果如图 6-18 所示。

在图 6-18 中,可以发现左图中的拟合线(即图中的折线)越来越接近于 y=3 * x^2 并且残差已经减少到±0.04 左右。

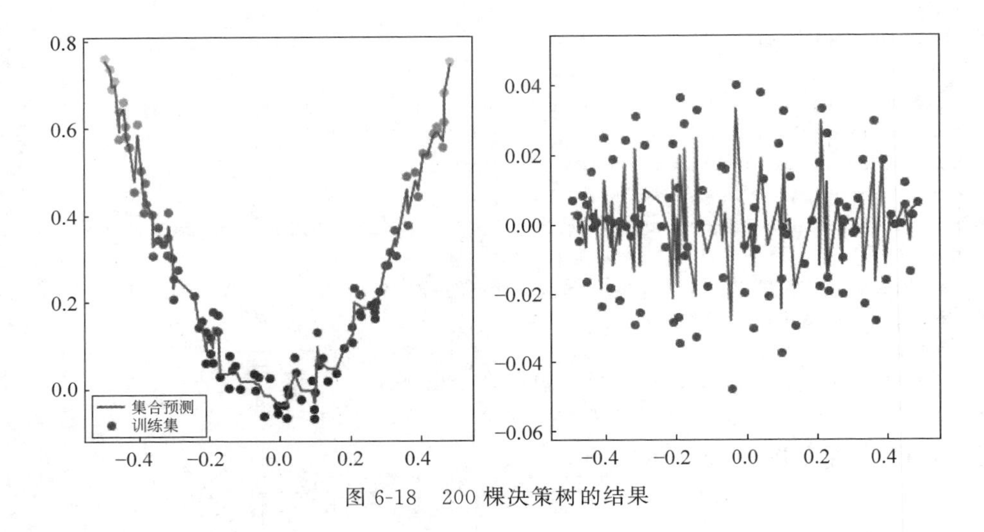

图 6-18　200 棵决策树的结果

6.5　Stacking 模型

集成学习一般有两种方式：第一种为 Boosting 架构，利用基学习器之间串行的方式进行构造强学习器；第二种是 Bagging 架构，通过构造多个独立的模型，然后通过选举或者加权的方式构造强学习器。还有一种方式就是 Stacking，它结合了 Boosting 和 Bagging 两种集成方式，Stacking 是利用多个基学习器学习原数据，然后将这几个基学习器学习到的数据交给第二层模型进行拟合。

6.5.1　Stacking 原理

Stacking 通过模型对原数据拟合的堆叠进行建模，首先通过基学习器学习原数据，然后这几个基学习器都会对原数据进行输出，接着将这几个模型的输出按照列的方式进行堆叠，构成了(m,p)维的新数据，m 代表样本数，p 代表基学习器的个数，然后将新的样本数据交给第二层模型进行拟合，如图 6-19 所示。

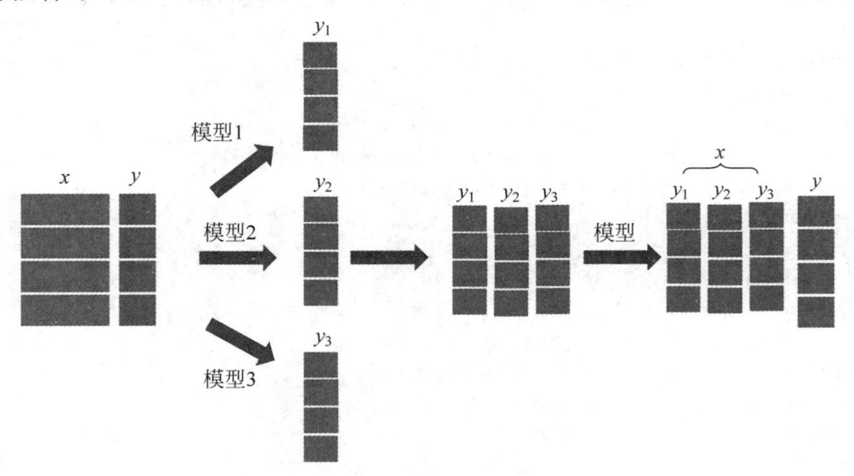

图 6-19　Stacking 思想原理

图 6-19 就是 Stacking 思想的原理示意图，为了防止模型过拟合，所以使用 K 折交叉验证。图 6-19 首先将特征 x 和标签 y 分别输入到 3 个模型中，然后这 3 个模型分别学习，接着针对 x 给出预测值，并给出概率。此处使用预测值，然后将 3 个模型的输出值按照列的方式

进行堆叠，这就形成了新的样本数据，接着将新的样本数据作为标签 x，新数据的标签仍然为原数据的标签 y，将新数据的标签 x、y 交给第二层的模型进行拟合，这个模型是用来融合前一轮 3 个模型的结果。

Stacking 易产生过拟合，所以需对上述方法进行改进，使用 K 折交叉验证的方式，不同之处就是图 6-19 的每个模型训练了所有的数据，然后输出 y 形成新的数据，使用 K 折交叉验证，每次只训练 $K-1$ 折，然后将剩下 1 折的预测值作为新的数据，这就有效地防止了过拟合。

如果每个模型训练所有的数据，然后用这个模型去预测 y 值，那么生成新数据的 y 非常精确，和真实值差不多，为了增强模型的泛化能力，每次只训练其中一部分数据，然后用剩余部分数据进行预测，如图 6-20 所示。

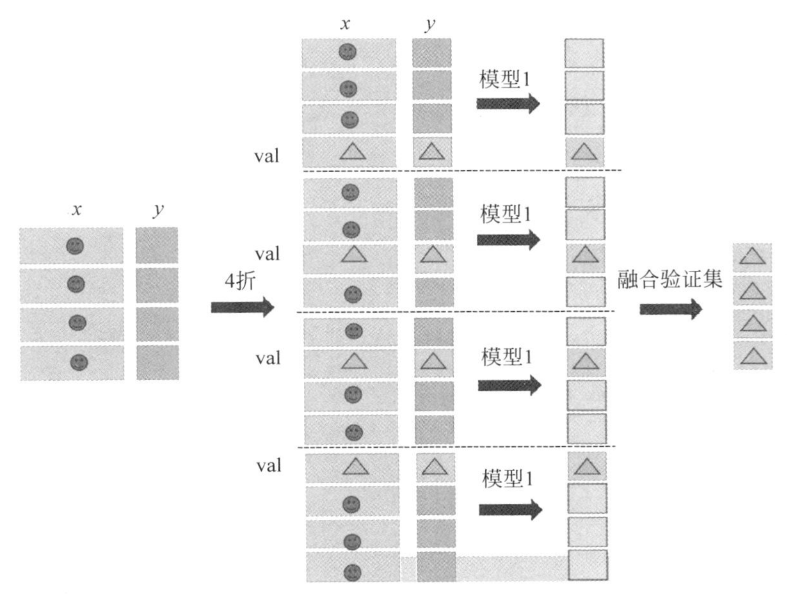

图 6-20　增强模型的泛化能力

图 6-20 先利用 K 折交叉验证，将数据分成 4 折切分，就会形成 4 组数据集，其中黄色（带笑脸）的代表训练集，绿色（带三角形）的为验证集，然后将每组的训练集交给模型进行训练，接着对验证集进行预测，就会得到对应验证集（4 种）的输出，然后将每个模型对各自组的验证集预测的结果按照行的方式进行堆叠，会获得完整样本数据的预测值。这只是针对一个模型，与学习器同理，每个模型按照这个方式获得预测值，然后将其按照列合并。

6.5.2　Stacking 模型实现

本节以 Boston 数据集为例，利用 Stacking 解决回归问题。

【例 6-6】 利用 Stacking 分析 Boston 数据集回归问题。

```
from sklearn import datasets
from sklearn.model_selection import KFold
from sklearn.model_selection import train_test_split
from sklearn.preprocessing import StandardScaler
from sklearn.ensemble import GradientBoostingRegressor as GBDT
from sklearn.ensemble import ExtraTreesRegressor as ET
from sklearn.ensemble import RandomForestRegressor as RF
from sklearn.ensemble import AdaBoostRegressor as ADA
from sklearn.metrics import r2_score
import pandas as pd
```

```
import numpy as np

boston = datasets.load_boston()
X = boston.data
Y = boston.target
df = pd.DataFrame(X,columns = boston.feature_names)
df.head()
```

运行程序，输出如下：

	CRIM	ZN	INDUS	CHAS	NOX	RM	AGE	DIS	RAD	TAX	PTRATIO	B	LSTAT
0	0.00632	18.0	2.31	0.0	0.538	6.575	65.2	4.0900	1.0	296.0	15.3	396.90	4.98
1	0.02731	0.0	7.07	0.0	0.469	6.421	78.9	4.9671	2.0	242.0	17.8	396.90	9.14
2	0.02729	0.0	7.07	0.0	0.469	7.185	61.1	4.9671	2.0	242.0	17.8	392.83	4.03
3	0.03237	0.0	2.18	0.0	0.458	6.998	45.8	6.0622	3.0	222.0	18.7	394.63	2.94
4	0.06905	0.0	2.18	0.0	0.458	7.147	54.2	6.0622	3.0	222.0	18.7	396.90	5.33

```
#数据集划分
X_train, X_test, Y_train, Y_test = train_test_split(X, Y,random_state = 123)
#标准化
transfer = StandardScaler()
X_train = transfer.fit_transform(X_train)
X_test = transfer.transform(X_test)
print("训练样例数: " + str(X_train.shape[0]))
print("测试样例数: " + str(X_test.shape[0]))
print("X_train 样例: " + str(X_train.shape))
print("Y_train 样例: " + str(Y_train.shape))
```

运行程序，输出如下：

```
训练样例数: 379
测试样例数: 127
X_train 样例: (379, 13)
Y_train 样例: (379,)
```

下面代码定义第一层模型并训练：

```
model_num = 4
models = [GBDT(n_estimators = 100),
          RF(n_estimators = 100),
          ET(n_estimators = 100),
          ADA(n_estimators = 100)]
#第二层模型训练和测试数据集
#第一层每个模型交叉验证将训练集的预测值作为训练数据,将测试集预测值的平均作为测试数据
X_train_stack = np.zeros((X_train.shape[0], len(models)))
X_test_stack = np.zeros((X_test.shape[0], len(models)))

#第一层训练:10 折 Stacking
n_folds = 10
kf = KFold(n_splits = n_folds)
# kf.split 返回划分的索引
for i, model in enumerate(models):
    X_stack_test_n = np.zeros((X_test.shape[0], n_folds)) #(test 样本数,10 组索引)
    for j, (train_index, test_index) in enumerate(kf.split(X_train)):
        tr_x = X_train[train_index]
        tr_y = Y_train[train_index]
        model.fit(tr_x, tr_y)
        #生成 Stacking 训练数据集
        X_train_stack[test_index, i] = model.predict(X_train[test_index])
```

```
        X_stack_test_n[:, j] = model.predict(X_test)
    #生成 Stacking 测试数据集
    X_test_stack[:, i] = X_stack_test_n.mean(axis = 1)
#查看构建的新数据集
print("X_train_stack 样例: " + str(X_train_stack.shape))
print("X_test_stack 样例: " + str(X_test_stack.shape))

X_train_stack 样例: (379, 4)
X_test_stack 样例: (127, 4)
```

至此,数据集便构建完毕了,接下来进入第二层模型。第二层定义了一个普通的线性模型。

注意:为了防止过拟合,这个模型应该简单些。

```
#第二层训练
from keras import models
from keras.models import Sequential
from keras.layers import Dense
model_second = Sequential()
model_second.add(Dense(units = 1,input_dim = X_train_stack.shape[1]))
model_second.compile(loss = 'mean_squared_error',optimizer = 'adam')
model_second.fit(X_train_stack,Y_train,epochs = 500)
pred = model_second.predict(X_test_stack)
print("R2:", r2_score(Y_test, pred))
Epoch 1/500
379/379 [ ============================== ] - 0s 600us/step - loss: 8292.2789
Epoch 2/500
379/379 [ ============================== ] - 0s 63us/step - loss: 8088.2254
...
379/379 [ ============================== ] - 0s 97us/step - loss: 10.8623
Epoch 500/500
379/379 [ ============================== ] - 0s 76us/step - loss: 10.8617
R2: 0.8617723461580289

#模型评估
from sklearn.metrics import mean_absolute_error
Y_test = np.array(Y_test)
print('MAE: %f',mean_absolute_error(Y_test,pred))
for i in range(len(Y_test)):
    print("Real: %f,Predict: %f" % (Y_test[i],pred[i]))
```

运行程序,输出如下:

```
MAE: %f 2.252628333925262
Real: 15.000000,Predict: 26.671183
Real: 26.600000,Predict: 26.258823
Real: 45.400000,Predict: 47.117538
...
Real: 13.600000,Predict: 15.016025
Real: 22.000000,Predict: 21.429218
Real: 22.200000,Predict: 22.229422
```

如果直接用 Sklearn 中的线性回归,代码为

```
from sklearn.linear_model import LinearRegression

model_second = LinearRegression()
model_second.fit(X_train_stack,Y_train)
pred = model_second.predict(X_test_stack)
print("R2: ", r2_score(Y_test, pred))
```

```
#模型评估
from sklearn.metrics import mean_absolute_error
Y_test = np.array(Y_test)
print('平均绝对误差: %f',mean_absolute_error(Y_test,pred))
for i in range(len(Y_test)):
    print("真实: %f,预测: %f" % (Y_test[i],pred[i]))
```

运行程序,输出如下:

```
R2: 0.8378818580721008
平均绝对误差: %f 2.125589477978677
真实: 15.000000,预测: 37.333546
真实: 26.600000,预测: 26.755009
...
真实: 13.600000,预测: 12.868088
真实: 22.000000,预测: 20.509868
真实: 22.200000,预测: 21.524763
```

第7章

连续变量的回归分析

在机器学习中，回归分析主要应用于预测连续目标变量，主要包括以下方面。

- 探索和可视化数据集。
- 研究实现线性回归模型的不同方法。
- 训练有效解决异常值问题的回归模型。
- 评估回归模型并诊断常见问题。
- 拟合非线性数据的回归模型。

7.1 线性回归

线性回归的目的是针对一个或多个特征与连续目标变量之间的关系建模。与监督学习分类相反，回归分析的主要目标是在连续尺度上预测输出，而不是在分类标签上。

7.1.1 简单线性回归

简单(单变量)线性回归的目的是对单个特征(解释变量 x)和连续目标值(响应变量 y)之间的关系建模。线性回归模型定义为

$$y = w_0 + w_1 x$$

权重 w_0 代表 y 轴截距，w_1 为解释变量的权重系数。我们的目标是学习线性方程的权重，以描述解释变量和响应变量之间的关系，然后预测训练数据集里未见过的新响应变量。根据回归模型定义，线性回归可以理解为通过采样点找到最佳拟合直线，如图 7-1 所示。

图 7-1 中的拟合线也称为回归线，从回归线到样点的垂直线即为偏移(offset)或残差(residual)——预测误差。

【例 7-1】 简单线性回归实例应用。

代码如下：

```
from scipy import stats
import matplotlib.pyplot as plt
x = [5,7,8,7,2,17,2,9,4,11,12,9,6]
y = [97,86,77,86,101,86,103,87,94,78,87,65,86]
plt.scatter(x,y)                        #初步观察一下数据是否具有线性关系
```

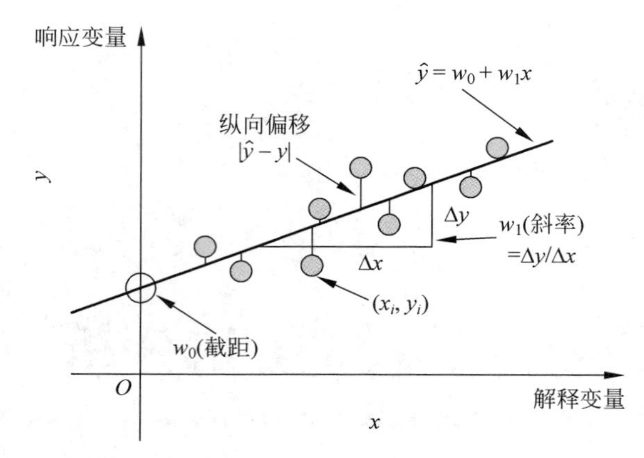

图 7-1　简单解释变量和响应变量之间的关系

```
#用 scipy.stats.linregress 进行线性回归得到各个参数
slope,intercept,rvalue,pvalue,stderr = stats.linregress(x,y)
print("相关系数是",rvalue)
#判断 x、y 相关度如何
def myfunc(x):
    return slope * x + intercept
getmodel = list(map(myfunc,x))      #map 返回迭代器中参数运行函数后得到的迭代器
plt.plot(x,getmodel)
```

运行程序，输出如下，效果如图 7-2 所示。

```
相关系数是 - 0.5652427010651441
```

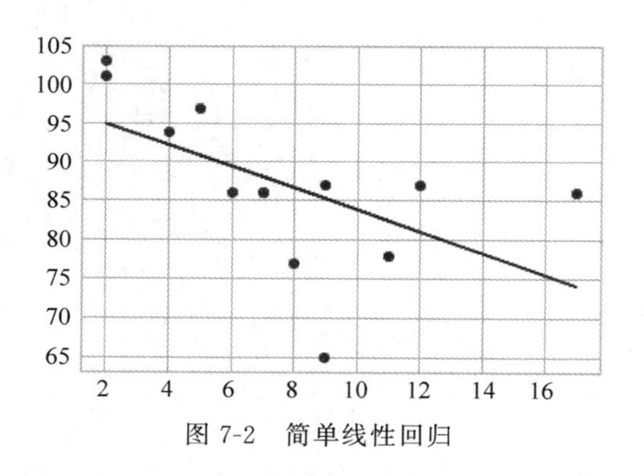

图 7-2　简单线性回归

7.1.2　多元线性回归

7.1.1 节引入的单解释变量的线性回归分析也称为简单线性回归。也可以将线性回归模型推广到多个解释变量，这个过程叫作多元线性回归。其模型为

$$y=w_0x_0+w_1x_1+\cdots+w_mx_m=\sum_{i=0}^{m}w_ix_i=\boldsymbol{w}^{\mathrm{T}}\boldsymbol{x}$$

其中，w_0 是当 $x_0=1$ 时的 y 轴截距。

图 7-3 显示了具有两个特征的多元线性回归模型的二维拟合超平面。

由图 7-3 可看到，三维散点图中多元线性回归超平面的可视化在静态图像时已经很难描述了。

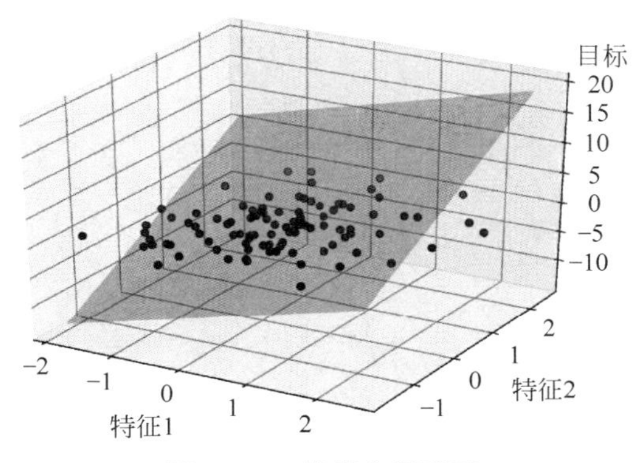

图 7-3 二维拟合超平面

【例 7-2】 现有如下数据，希望通过分析披萨的 Diameter（直径）、Toppings（辅料数量）与 Price（价格）的线性关系，来预测披萨的价格。

Id	Diameter	Toppings	Price
1	6	2	7
2	8	1	9
3	10	0	13
4	14	2	17.5
5	18	0	18
6	8	2	11
7	9	0	8.5
8	11	2	15
9	16	2	18
10	12	0	11

实现的代码如下：

```
'''导入必要模块'''
import numpy as np
import pandas as pd
'''加载数据'''
pizza = pd.read_csv("pizza_multi.csv", index_col = 'Id')
pizza          # 显示数据
```

运行程序，输出如下：

Id	Diameter	Toppings	Price
1	6	2	7.0
2	8	1	9.0
3	10	0	13.0
4	14	2	17.5
5	18	0	18.0
6	8	2	11.0
7	9	0	8.5
8	11	2	15.0
9	16	2	18.0
10	12	0	11.0

由公式 $\hat{\boldsymbol{w}}^*=(\boldsymbol{X}^{\mathrm{T}}\boldsymbol{X})^{-1}\boldsymbol{X}^{\mathrm{T}}\boldsymbol{y}$ 可计算出 $\hat{\boldsymbol{w}}^*$ 的值。

```
'''将后 5 行数据作为测试集，其他为训练集'''
```

```
X = pizza.iloc[: - 5, :2].values
y = pizza.iloc[: - 5, 2].values.reshape(( - 1, 1))
print(X)
print(y)
[[ 6  2]
 [ 8  1]
 [10  0]
 [14  2]
 [18  0]]
[[ 7. ]
 [ 9. ]
 [13. ]
 [17.5]
 [18. ]]

ones = np.ones(X.shape[0]).reshape( - 1,1)
X = np.hstack((X,ones))
X
array([[ 6.,   2.,   1.],
       [ 8.,   1.,   1.],
       [10.,   0.,   1.],
       [14.,   2.,   1.],
       [18.,   0.,   1.]])
w_ = np.dot(np.dot(np.linalg.inv(np.dot(X.T, X)), X.T), y)
w_
array([[1.01041667],
       [0.39583333],
       [1.1875    ]])
```

即

$$\hat{\boldsymbol{w}}^* = (\boldsymbol{w}, b) = \begin{pmatrix} w_1 \\ w_2 \\ b \end{pmatrix} = \begin{pmatrix} 1.01041667 \\ 0.39583333 \\ 1.1875 \end{pmatrix}$$

$$f(\boldsymbol{x}) = 1.01041667x_1 + 0.39583333x_2 + 1.1875$$

```
b = w_[ - 1]
w = w_[: - 1]
print(w)
print(b)
[[1.01041667]
 [0.39583333]]
[1.1875]

''' 预测 '''
X_test = pizza.iloc[ - 5:, :2].values
y_test = pizza.iloc[ - 5:, 2].values.reshape(( - 1, 1))
print(X_test)
print(y_test)
[[ 8  2]
 [ 9  0]
 [11  2]
 [16  2]
 [12  0]]
[[11. ]
 [ 8.5]
 [15. ]
 [18. ]
 [11. ]]
```

```
y_pred = np.dot(X_test, w) + b
# y_pred = np.dot(np.hstack((X_test, ones)), w_)
print("目标值:\n", y_test)
print("预测值:\n", y_pred)
```

运行程序，输出如下：

```
目标值:
 [[11. ]
 [ 8.5]
 [15. ]
 [18. ]
 [11. ]]
预测值:
 [[10.0625     ]
 [10.28125    ]
 [13.09375    ]
 [18.14583333]
 [13.3125     ]]
```

【例 7-3】 使用 sklearn 对 Boston 房价进行预测。

```
#使用 sklearn 中的 linear_model
import pandas as pd
from sklearn import datasets,linear_model
from sklearn.metrics import r2_score
import numpy as np
boston = datasets.load_boston()
x = pd.DataFrame(boston.data,columns = boston.feature_names)
y = pd.DataFrame(boston.target,columns = ['MEDV'])
method = linear_model.LinearRegression()
getmodel = method.fit(x,y)
py = getmodel.predict(x)
r_square = r2_score(y,py)
print('R 平方: {:.2f}'.format(r_square))
x_test = np.array([[0.005,16,2,0.0,0.7,6,70,4,1.0,297,16,398,5]])
print(method.predict(x_test))
```

运行程序，输出如下：

```
R 平方: 0.74
[[24.29494346]]
#使用 statsmodels
import pandas as pd
from sklearn import datasets
import statsmodels.api as sm
boston = datasets.load_boston()
x = pd.DataFrame(boston.data,columns = boston.feature_names)
y = pd.DataFrame(boston.target,columns = ['MEDV'])
#statsmodels 中的线性回归模型没有截距项,为其添加数据为 1 的特征
x_add1 = sm.add_constant(x)
#sm.OLS 普通最小二乘法回归模型,用 fit 进行拟合
model_1 = sm.OLS(y,x_add1).fit()
print(model_1.summary())
```

从模型中可以看到 INDUS、AGE 的 P 值大于 0.05，无显著性意义，删除这两个属性重新建模，如图 7-4 所示。

```
x.drop(['INDUS','AGE'],axis = 1,inplace = True)
x_add1 = sm.add_constant(x)
```

```
                            OLS Regression Results
==============================================================================
Dep. Variable:                   MEDV   R-squared:                       0.741
Model:                            OLS   Adj. R-squared:                  0.734
Method:                 Least Squares   F-statistic:                     108.1
Date:                Thu, 11 May 2023   Prob (F-statistic):          6.95e-135
Time:                        11:26:28   Log-Likelihood:                -1498.8
No. Observations:                 506   AIC:                             3026.
Df Residuals:                     492   BIC:                             3085.
Df Model:                          13
Covariance Type:            nonrobust
==============================================================================
                 coef    std err          t      P>|t|      [0.025      0.975]
------------------------------------------------------------------------------
const         36.4911      5.104      7.149      0.000      26.462      46.520
CRIM          -0.1072      0.033     -3.276      0.001      -0.171      -0.043
ZN             0.0464      0.014      3.380      0.001       0.019       0.073
INDUS          0.0209      0.061      0.339      0.735      -0.100       0.142
CHAS           2.6886      0.862      3.120      0.002       0.996       4.381
NOX          -17.7958      3.821     -4.658      0.000     -25.302     -10.289
RM             3.8048      0.418      9.102      0.000       2.983       4.626
AGE            0.0008      0.013      0.057      0.955      -0.025       0.027
DIS           -1.4758      0.199     -7.398      0.000      -1.868      -1.084
RAD            0.3057      0.066      4.608      0.000       0.175       0.436
TAX           -0.0123      0.004     -3.278      0.001      -0.020      -0.005
PTRATIO       -0.9535      0.131     -7.287      0.000      -1.211      -0.696
B              0.0094      0.003      3.500      0.001       0.004       0.015
LSTAT         -0.5255      0.051    -10.366      0.000      -0.625      -0.426
==============================================================================
```

图 7-4 拟合效果

```
model_2 = sm.OLS(y,x_add1).fit()
print(model_2.summary())            #模型效果如图 7-5 所示
```

```
                            OLS Regression Results
==============================================================================
Dep. Variable:                   MEDV   R-squared:                       0.741
Model:                            OLS   Adj. R-squared:                  0.735
Method:                 Least Squares   F-statistic:                     128.2
Date:                Thu, 11 May 2023   Prob (F-statistic):          5.74e-137
Time:                        11:26:40   Log-Likelihood:                -1498.9
No. Observations:                 506   AIC:                             3022.
Df Residuals:                     494   BIC:                             3073.
Df Model:                          11
Covariance Type:            nonrobust
==============================================================================
                 coef    std err          t      P>|t|      [0.025      0.975]
------------------------------------------------------------------------------
const         36.3694      5.069      7.176      0.000      26.411      46.328
CRIM          -0.1076      0.033     -3.296      0.001      -0.172      -0.043
ZN             0.0458      0.014      3.387      0.001       0.019       0.072
CHAS           2.7212      0.854      3.185      0.002       1.043       4.400
NOX          -17.3956      3.536     -4.920      0.000     -24.343     -10.448
RM             3.7966      0.406      9.343      0.000       2.998       4.595
DIS           -1.4934      0.186     -8.039      0.000      -1.858      -1.128
RAD            0.2991      0.063      4.719      0.000       0.175       0.424
TAX           -0.0118      0.003     -3.488      0.001      -0.018      -0.005
PTRATIO       -0.9471      0.129     -7.337      0.000      -1.201      -0.693
B              0.0094      0.003      3.508      0.000       0.004       0.015
LSTAT         -0.5232      0.047    -11.037      0.000      -0.616      -0.430
==============================================================================
Omnibus:                      178.444   Durbin-Watson:                   1.078
Prob(Omnibus):                  0.000   Jarque-Bera (JB):              786.944
Skew:                           1.524   Prob(JB):                    1.31e-171
Kurtosis:                       8.295   Cond. No.                     1.47e+04
==============================================================================
```

图 7-5 删除两个属性后建模效果

得到模型后，可以通过.params 查看系数：

```
print(model_2.params)
const       36.369366
CRIM        -0.107558
ZN           0.045804
CHAS         2.721207
```

```
NOX        -17.395642
RM           3.796650
DIS         -1.493360
RAD          0.299090
TAX         -0.011764
PTRATIO     -0.947112
B            0.009372
LSTAT       -0.523172
dtype: float64
```

7.1.3 相关矩阵查看关系

相关矩阵与协方差矩阵密切相关，直观来说，可以把相关矩阵理解为对协方差矩阵的修正。实际上，相关矩阵与协方差矩阵在标准化特征计算方面保持一致。

相关矩阵是包含皮尔逊积矩相关系数(通常简称为皮尔逊 r)的方阵，用它来度量特征之间的线性依赖关系。相关系数的值在-1到1之间。如果 $r=1$，则两个特征之间呈完美的正相关；如果 $r=0$，则两者之间没有关系；如果 $r=-1$，则两者之间呈完全负相关的关系。因此，可以把皮尔逊相关系数简单地计算为特征 x 和 r 之间的协方差(分子)除以标准差的乘积(分母)：

$$r=\frac{\sum_{i=1}^{n}[(x^{(i)}-\mu_x)][(y^{(i)}-\mu_y)]}{\sqrt{\sum_{i=1}^{n}(x^{(i)}-\mu_x)^2}\sqrt{\sum_{i=1}^{n}(y^{(i)}-\mu_y)^2}}=\frac{\sigma_{xy}}{\sigma_x\sigma_y}$$

此处，μ 为样本的均值，σ_{xy} 为样本 x 和 y 之间的协方差，σ_x 和 σ_y 为样本的标准差。

7.1.4 协方差与相关性

经标准化的特征之间的协方差实际上等于它们的线性相关系数。先标准化特征 x 和 y 以获得它们的 z 分数，分别用 x' 和 y' 来表示：

$$x'=\frac{x-\mu_x}{\sigma_x},\quad y'=\frac{y-\mu_y}{\sigma_y}$$

计算两个特征之间的(总体)协方差如下：

$$\sigma_{xy}=\frac{1}{n}\sum_{i}^{n}(x^{(i)}-\mu_x)(y^{(i)}-\mu_y)$$

因为标准化一个特征变量后，其均值为0，所以现在可以通过下式计算缩放后特征之间的协方差：

$$\sigma'_{xy}=\frac{1}{n}\sum_{i}^{n}(x'^{(i)}-0)(y'^{(i)}-0)$$

代入 x' 和 y' 得

$$\sigma'_{xy}=\frac{1}{n}\sum_{i}^{n}\left(\frac{x-\mu_x}{\sigma_x}\right)\left(\frac{y-\mu_y}{\sigma_y}\right)$$

$$\sigma'_{xy}=\frac{1}{n\cdot\sigma_x\sigma_y}\sum_{i=1}^{n}(x^{(i)}-\mu_x)(y^{(i)}-\mu_y)$$

简化得

$$\sigma'_{xy}=\frac{\sigma_{xy}}{\sigma_x\sigma_y}$$

提示：将相关系数转换为热力图，效果更为直观并且方便与他人交流。

【例 7-4】 将数据的相关系数转换为热力图。

```
#导入相关库
import pandas as pd
import numpy as np
from sklearn.tree import DecisionTreeClassifier
import seaborn as sns
import matplotlib.pyplot as plt
#载入数据,2009—2016 年耶拿天气数据集
data_train_set = pd.read_csv("jena_climate_2009_2016.csv")
data_train_set.head()                    #显示数据
#数据的相关系数
d = data_train_set.corr()
display(d)                               #显示相关系数
#转换为热力图
plt.subplots(figsize = (12,12))
sns.heatmap(d,annot = True,vmax = 1,square = True,cmap = "Reds")
plt.show()
```

运行程序,效果如图 7-6 所示。

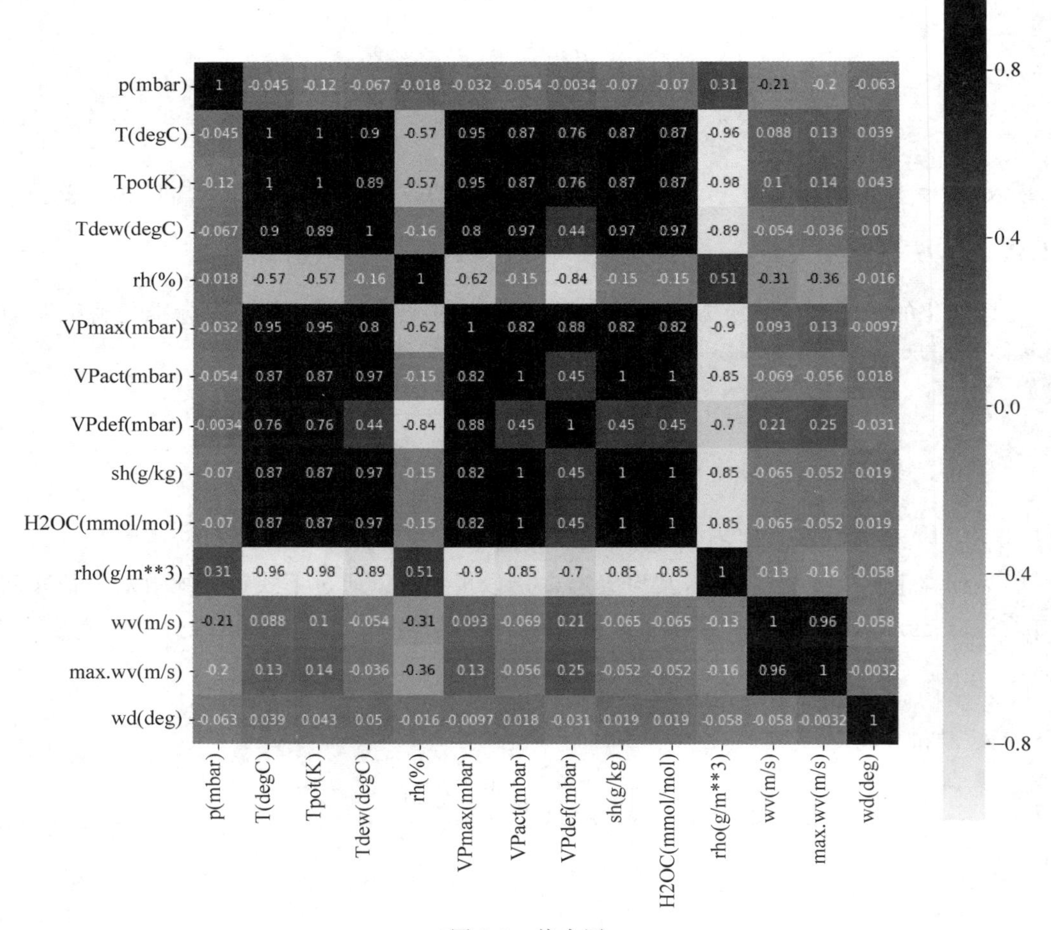

图 7-6 热力图

7.2 最小二乘线性回归

最小二乘法作为一种常见的数学优化方法,其核心思想是对残差平方和的最小化进行估

计。本节对线性条件下的最小二乘,即 Ordinary Least Square(OLS,普通最小二乘)做相关说明与介绍。

7.2.1 梯度下降法

梯度下降法(Gradient Descent,GD)的代价函数是误差平方和(SSE),它与 OLS 所用的代价函数相同,为

$$J(\boldsymbol{w})=\frac{1}{2}\sum_{i=1}^{n}(y^{(i)}-\hat{y}^{(i)})^2$$

其中,$\hat{y}$ 为预测值,$\hat{y}=\boldsymbol{w}^{\mathrm{T}}\boldsymbol{x}$。OLS 回归可以理解为没有单位阶跃函数的 Adaline,这样就可以得到连续的目标值,而不是分类标签−1 和 1。

【例 7-5】 用普通最小二乘法估计线性回归的参数,从而使样本点的垂直距离(残差或误差)之和最小化。

```
from sklearn.preprocessing import StandardScaler
import numpy as np
import pandas as pd
import matplotlib.pyplot as plt
plt.rcParams['font.sans-serif'] = ['SimHei']    #显示中文
plt.rcParams['axes.unicode_minus'] = False

df = pd.read_csv('housing.data',
                 header = None,
                 sep = '\s+')
df.columns = ['CRIM', 'ZN', 'INDUS', 'CHAS',
              'NOX', 'RM', 'AGE', 'DIS', 'RAD',
              'TAX', 'PTRATIO', 'B', 'LSTAT', 'MEDV']
print(df.head())                                 #显示住房数据集
```

运行程序,输出如下:

```
      CRIM    ZN   INDUS   CHAS    NOX     RM    AGE     DIS    RAD    TAX   \
0  0.00632  18.0    2.31      0  0.538  6.575   65.2  4.0900      1  296.0
1  0.02731   0.0    7.07      0  0.469  6.421   78.9  4.9671      2  242.0
2  0.02729   0.0    7.07      0  0.469  7.185   61.1  4.9671      2  242.0
3  0.03237   0.0    2.18      0  0.458  6.998   45.8  6.0622      3  222.0
4  0.06905   0.0    2.18      0  0.458  7.147   54.2  6.0622      3  222.0
   PTRATIO       B   LSTAT   MEDV
0     15.3  396.90    4.98   24.0
1     17.8  396.90    9.14   21.6
2     17.8  392.83    4.03   34.7
3     18.7  394.63    2.94   33.4
4     18.7  396.90    5.33   36.2
```

```
#一个线性回归模型
class LinearRegressionGD(object):
    def __init__(self, eta = 0.001, n_iter = 20):
        self.eta = eta
        self.n_iter = n_iter

    def fit(self, X, y):
        self.w_ = np.zeros(1 + X.shape[1])
        self.cost_ = []
```

```
        for i in range(self.n_iter):
            output = self.net_input(X)
            errors = (y - output)
            self.w_[1:] += self.eta * X.T.dot(errors)
            self.w_[0] += self.eta * errors.sum()
            cost = (errors**2).sum() / 2.0
            self.cost_.append(cost)
        return self

    def net_input(self, X):
        return np.dot(X, self.w_[1:]) + self.w_[0]

    def predict(self, X):
        return self.net_input(X)
```

为了观察 LinearRegressionGD 回归器的具体实现，用住房数据的 RM(房间数)变量作为解释变量，训练可以预测 MEDV(房价)的模型。此外通过标准化变量以确保梯度下降法算法具有更好的收敛性。

```
X = df[['RM']].values
y = df['MEDV'].values

sc_x = StandardScaler()
sc_y = StandardScaler()
X_std = sc_x.fit_transform(X)
# sklearn的大多数转换器期望数据存储在二维阵列
y_std = sc_y.fit_transform(y[:, np.newaxis]).flatten()
lr = LinearRegressionGD()
lr.fit(X_std, y_std)
```

绘制使用梯度下降的优化算法时，以训练集迭代次数作为成本函数成本，检查算法是否收敛到了最低成本。

```
plt.plot(range(1, lr.n_iter+1), lr.cost_)
plt.ylabel('SSE')
plt.xlabel('Epoch')
plt.show()            #效果如图7-7所示
```

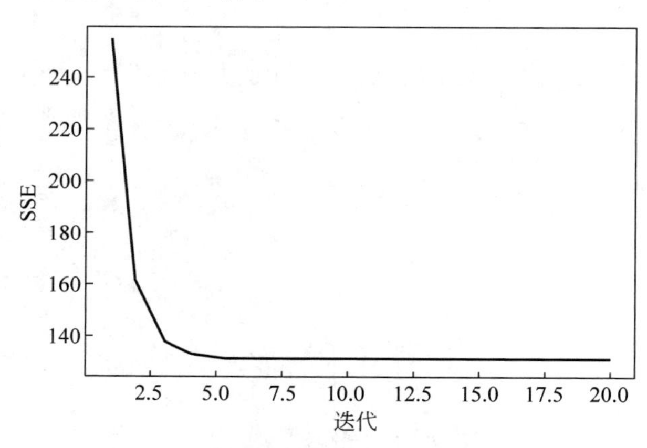

图7-7 算法的收敛效果

通过可视化手段，观察线性回归与训练数据的拟合程度。为此，定义简单的辅助函数绘制训练样本的散点图并添加回归线：

```
#观察线性回归与训练数据的拟合程度
def lin_regplot(X, y, model):
```

```
    # s:指定散点图点的大小,默认为 20,通过传入新的变量,实现气泡图的绘制
    # c:指定散点图点的颜色,默认为蓝色
    # edgecolors:设置散点边界线的颜色
    plt.scatter(X, y, c = 'steelblue', edgecolor = 'white', s = 70)
    plt.plot(X, model.predict(X), color = 'black', lw = 2)
    return
#用 lin_regplot 函数来绘制房间数目与房价之间的关系,如图 7-8 所示
lin_regplot(X_std, y_std, lr)
plt.xlabel('平均房间数 [RM](标准化)')
plt.ylabel('价格为 1000 美元[MEDV](标准化)')
plt.show()
```

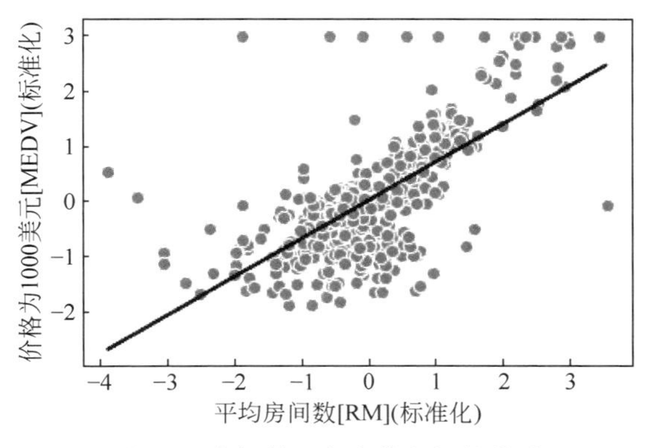

图 7-8 房间数目与房价之间的关系

如图 7-8 所示,线性回归反映了房价随房间数目增加的基本趋势。但是数据显示,在许多情况下,房间数目并不能很好地解释房价。

在某些应用中,将预测结果变量以原始缩放进行报告也很重要。可以直接调用 StandardScaler 的 inverse_transform 方法,把对价格预测的结果恢复到以价格为 1000 美元的坐标轴上:

```
#把价格的预测结果恢复到以价格为 1000 美元的坐标轴
num_rooms_std = sc_x.transform(np.array([[5.0]]))
#有 5 个房间的房屋价格
price_std = lr.predict(num_rooms_std)
print("价格为 1000 美元: %.3f" % sc_y.inverse_transform(price_std))
价格为 1000 美元: 10.840
```

根据模型计算,这样的房屋价格为 10 840 美元。另外,如果处理标准化变量,从技术角度来说,不需要更新截距的权重,因为在这些情况下,y 轴的截距是 0。可以通过打印权重来快速确认这一点:

```
print('Slope: %.3f' % lr.w_[1])
print('Intercept: %.3f' % lr.w_[0])
```

运行程序,输出如下:

```
Slope: 0.695
Intercept: -0.000
```

7.2.2 通过 sklearn 估计回归模型的系数

在 7.2.1 节中,实现了一个可用的回归分析模型;然而,在实际应用中,可能对所实现模型的高效性更感兴趣。例如,许多用于回归的 sklearn 估计器都采用 SciPy(scipy.linalg.lstsq)中的最小二乘法来实现,而后者又采用在线性代数包(LAPACK)的基础上高度优化过

的代码进行优化。sklearn 中所实现的线性回归也可以用于未标准化的变量,因为它不采用基于梯度下降的优化,因此可以跳过标准化的步骤。

【例 7-6】 通过 sklearn 估计回归模型的系数。

```
from sklearn.linear_model import LinearRegression

slr = LinearRegression()
slr.fit(X, y)
y_pred = slr.predict(X)
print('Slope: %.3f' % slr.coef_[0])
print('Intercept: %.3f' % slr.intercept_)
```

运行程序,输出如下:

```
Slope: 9.102
Intercept: -34.671
```

从结果中可看到,由于函数尚未标准化,因此 sklearn 的 LinearRegression 模型(使用未标准化的 RM 和 MEDV 变量进行筛选)产生了不同的模型系数。但是,当通过绘制 MEDV 与 RM 的关系来将其与梯度下降法实现进行比较时,可以定性地看到它也能很好地拟合数据,如图 7-9 所示。

```
lin_regplot(X, y, slr)
plt.xlabel('平均房间数[RM]')
plt.ylabel('价格 1000 美元[MEDV]')
plt.show()
```

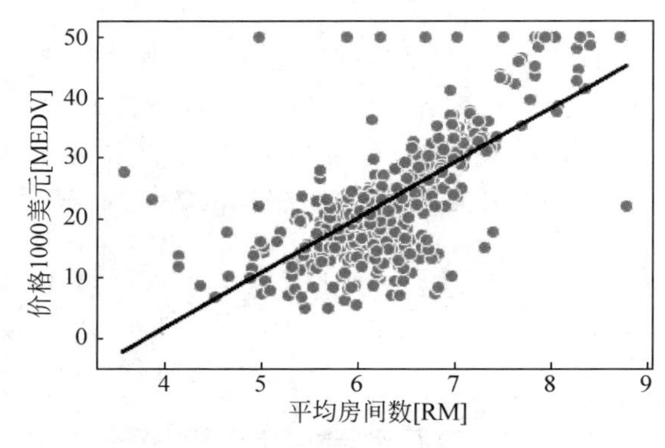

图 7-9 MEDV 与 RM 的关系与梯度下降法比较

从图 7-9 可以看到预测结果在总体上与前面所实现的梯度下降法一致。

7.3 使用 RANSAC 算法拟合健壮回归模型

在某些情况下,一小部分数据可能会对估计的模型系数有很大的影响。有监督回归学习随机抽样一致性(RANdom SAmple Consensus,RANSAC)算法拟合高健壮性回归模型,高健壮性线性回归器是一种清楚异常值的学习模型,采用 RANSAC 算法,使用数据的内点(inlier,数据集的子集)进行回归模型的拟合。

迭代 RANSAC 算法流程如下:

(1) 从数据集中随机抽取样本构建内点集合来拟合模型。

(2) 使用剩余数据对第(1)步得到的模型进行测试,并将误差在预定公差范围内的样本点增至内点集合中。

(3) 使用全部的内点集合再次进行模型的拟合。

(4) 使用内点集合来估计模型的误差。

(5) 如果模型性能达到设定的阈值或迭代达到预定次数，则算法终止，否则跳转到第(1)步。

使用 RANSAC 算法降低数据集中异常点的潜在影响，但不确定剔除掉异常数据对预测性能存在的影响。

【例 7-7】 用 sklearn 的 RANSACRegressor 类实现基于 RANSAC 算法的线性模型。

```
# -*- coding: utf-8 -*-
import pandas as pd
import matplotlib.pyplot as plt
import numpy as np
from sklearn.linear_model import RANSACRegressor
from sklearn.linear_model.base import LinearRegression
#设置显示中文
plt.rcParams['font.sans-serif'] = ['SimHei']          #指定默认字体
plt.rcParams['axes.unicode_minus'] = False            #正常显示负号

#导入 Boston 房屋数据集
df = pd.read_csv('housing.data',header = None,sep = '\s+')
df.columns = ['CRIM','ZM','INDUS','CHAS','NOX','RM','AGE','DIS','RAD','TAX','PTRATIO','B','LSTAT',
'MEDV']
X = df[['RM']].values                                 #房间数
y = df['MEDV'].values                                 #房价
#模型训练
ransac = RANSACRegressor(LinearRegression(),
                         max_trials = 100,            #最大迭代次数
                         min_samples = 50,            #最小抽取的内点样本数量
                         residual_metric = lambda x:np.sum(np.abs(X),axis = 1),
                         #计算拟合曲线与样本点垂直距离的绝对值
                         residual_threshold = 5.0,    #与拟合曲线距离小于该阈值的是内点,加入
                         #下一轮训练集中
                         random_state = 0)
ransac.fit(X,y)
#获取内点和异常点集合
inlier_mask = ransac.inlier_mask_
outlier_mask = np.logical_not(inlier_mask)
line_X = np.arange(3,10,1)
line_y_ransac = ransac.predict(line_X[:,np.newaxis])
plt.scatter(X[inlier_mask],y[inlier_mask],c = 'blue',marker = 'o',label = 'Inliers')
plt.scatter(X[outlier_mask],y[outlier_mask],c = 'lightgreen',marker = 's',label = 'Outliers')
plt.plot(line_X,line_y_ransac,color = 'red')
plt.xlabel('平均房间数[RM]')
plt.ylabel('价格 1000 美元[MEDV]')
plt.legend(loc = 'upper left')
plt.show()
```

设置 RANSACRegressor 的最大迭代次数为 100，用 min_samples=50 设置随机选择的最小样本数量为 50。用 absolute_loss 作为形式参数 loss 的实际参数，该算法计算拟合线和采样点之间的绝对垂直距离。通过将 residual_threshold 参数设置为 5.0，使内点集仅包括与拟合线垂直距离在 5 个单位以内的采样点，这对特定数据集的效果很好。

在默认情况下，sklearn 用 MAD 估计内点选择的阈值，MAD 是目标值 y 的中位数绝对偏差(Median Absolute Deviation)的缩写。在拟合 RANSAC 模型之后，可以根据用 RANSAC 算法拟合的线性回归模型获得内点和异常值，并且把这些点与线性拟合的情况绘制成图，如图 7-10 所示。

在利用模型计算出斜率和截距之后，可以看到线性回归拟合的线与 7.2 节末用 RANSAC

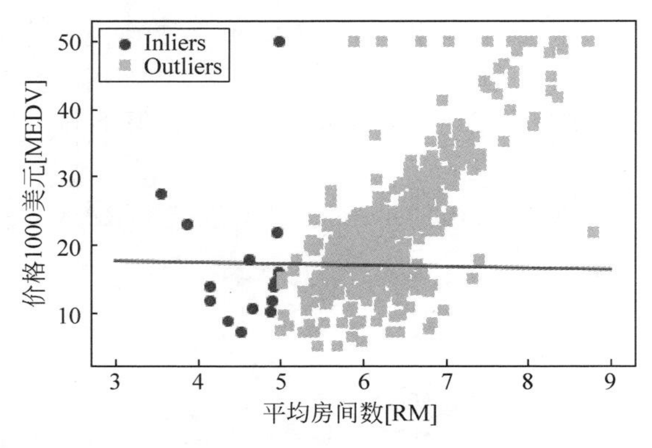

图 7-10 点与线性拟合效果

拟合的结果略有差异：

```
#显示模型的斜率和截距
print('Slope: %.3f' % ransac.estimator_.coef_[0])
print('Intercept: %.3f' % ransac.estimator_.intercept_)
```

运行程序，输出如下：

```
Slope: -0.209
Intercept:18.214
```

RANSAC 算法降低了数据集中异常值的潜在影响，但是，并不知道这种算法对未见过数据的预测性能是否有良性影响。因此，需要研究利用不同评估回归模型，这是建立预测模型系统的关键。

7.4 线性回归模型性能的评估

在回归分析中，常见的评估指标(metric)有：平均绝对误差(Mean Absolute Error, MAE)、均方误差(Mean Square Error, MSE)、均方根误差(Root Mean Square Error, RMSE)和平均绝对百分比误差(Mean Absolute Percentage Error, MAPE)，其中用得最广泛的是 MAE 和 MSE。

7.4.1 线性回归算法的衡量标准

线性回归的目标是：已知训练数据样本 x、y，找到 a 和 b，使 $\sum_{i=1}^{m}(y^{(i)}-ax^{(i)}-b)^2$ 尽可能小。衡量标准是看在测试数据集中 y 的真实值与预测值之间的差距。因此可以使用下面公式作为衡量标准：

$$\sum_{i=1}^{m}(y_{\text{train}}^{(i)}-\hat{y}_{\_\text{train}}^{(i)})^2$$

但这个衡量标准是和 m 相关的，在具体衡量时，测试数据集不同将会导致误差的累积量不同。所以从“使损失函数尽量小”出发，对于训练数据集合来说，使 $\sum_{i=1}^{m}(y_{\text{train}}^{(i)}-ax_{\text{train}}^{i}-b)^2$ 尽可能小。在得到 a 和 b 后将 x_{test} 代入 a、b 中。可以使用 $\sum_{i=1}^{m}(y_{\text{test}}^{(i)}-\hat{y}_{\text{test}}^{(i)})^2$ 来作为衡量回归算法的标准。

1. MSE

测试集中的数据量 m 不同,其误差可能不同,因为有累加操作,所以随着数据的增加,误差会逐渐积累,也即衡量标准和 m 相关。为了抵消数据量,可以除去数据量,抵消误差。这种处理得到的结果称作 MSE:

$$\frac{1}{m}\sum_{i=1}^{m}(y_{\text{test}}^{(i)}-\hat{y}_{\text{test}}^{(i)})^2$$

2. RMSE

MSE 受到量纲的影响,例如在衡量房产时,y 的单位是万元,那么衡量标准得到的结果是万元平方。为了解决方差的量纲问题,将其开方得到 RMSE:

$$\sqrt{\frac{1}{m}\sum_{i=1}^{m}(y_{\text{test}}^{(i)}-\hat{y}_{\text{test}}^{(i)})^2}=\sqrt{\text{MSE}_{\text{test}}}$$

3. MAE

对于线性回归算法还有另外一种非常朴素的评测标准:要求真实值 $y_{\text{test}}^{(i)}$ 与预测结果 $\hat{y}_{\text{test}}^{(i)}$ 之间的距离最小。可以直接相减然后取绝对值,加 m 次再除以 m,即可求出平均距离,被称作 MAE:

$$\left|\frac{1}{m}\sum_{i=1}^{m}(y_{\text{test}}^{(i)}-\hat{y}_{\text{test}}^{(i)})\right|$$

要注意,绝对值函数不是处处可导的,因此没有使用绝对值,但是在评价模型时不影响。因此,模型的评价方法可以和损失函数不同。

4. 残差图

当 $m>1$ 时,模型使用了多个解释变量,无法在二维坐标上绘制线性回归曲线。那怎样对回归模型的性能有一个直观的评估呢?可以通过绘制预测值的残差图(真实值和预测值之间的差异或者垂直距离)来评估。

残差图作为常用的图形分析方法,可对回归模型进行评估,获取模型的异常值,同时还可以检查模型是否是线性的,以及误差是否随机分布。

通过将预测结果减去对应的目标变量的真实值,即得到残差值,如图 7-11 所示,其中 x 轴表示预测结果,y 轴表示残差。其中一条直线 $y=0$,表示残差为 0 的位置。

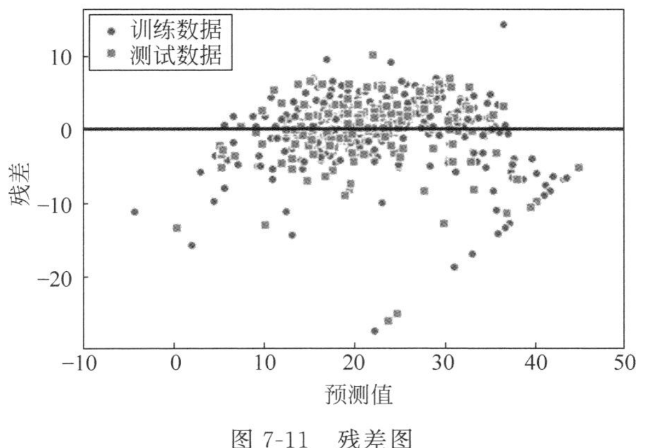

图 7-11 残差图

如果拟合结果准确,残差应该为 0。但实际应用中,这种情况通常是不会发生的。对于一个好的回归模型,期望误差是随机分布的,同时残差也随机分布于中心线附近。

如果从残差图中找出规律,就意味着模型遗漏了某些能够影响残差的解释信息。此外,还可以通过残差图来发现异常值，这些异常值看上去距离中心线有较大的偏差。

5. 决定系数

值得注意的是，MSE 不全面，某些情况下决定系数(coefficient of determination)R^2 显得尤为有用，它可以看作 MSE 的标准化版本，用于更好地解释模型的性能。R^2 值的定义如下：

$$R^2 = 1 - \frac{\text{SSE}}{\text{SST}}$$

其中，SSE 为误差平方和，而

$$\text{SST} = \sum_{i=1}^{n} (y_{\text{test}}^{(i)} - \mu_y)^2$$

SST 反映了真实的 y_{test} 的方差。决定系数 R^2 反映了 y_{test} 的波动有多少能被 x 的波动所描述，R^2 的取值范围为 0～1。然后使用 MSE 定义 R^2：

$$R^2 = 1 - \frac{\text{SSE}}{\text{SST}} = 1 - \frac{\frac{1}{n}\sum_{i=1}^{n}(y_{\text{test}}^{(i)} - \hat{y}_{\text{test}}^{(i)})^2}{\frac{1}{n}\sum_{i=1}^{n}(y_{\text{test}}^{(i)} - \mu_y)^2}$$

$$= 1 - \frac{\text{MSE}}{\text{Var}(y_{\text{test}})}$$

在 y_{test} 变化越剧烈($\text{Var}(y_{\text{test}})$很大，即大方差)的情况下，预测也很好(MSE 会小)，则说明模型越好，也说明模型对多样性数据的拟合能力比较强。从另一个角度思考，y_{test} 的方差越小，说明数据很相似，很集中，当然就更容易拟合。

7.4.2 线性回归算法应用实例

在度量一个回归模型的好坏时，会同时采用残差图、MSE 和决定系数 R^2。

(1) 残差图可以更直观地掌握每个样本的误差分布。

(2) MSE 的值越小越好，但是不考虑样本本身的分布。

(3) R^2 综合考虑了测试样本本身波动的分布性。

```
import pandas as pd
df = pd.read_csv('boston_house.csv')

df.columns = ['row', 'CRIM', 'ZN', 'INDUS', 'CHAS',
              'NOX', 'RM', 'AGE', 'DIS', 'RAD',
              'TAX', 'PTRATIO', 'B', 'LSTAT', 'MEDV']
df.drop("row", axis = 1, inplace = True)           # 删除第一列的行号
df.head()                                           # 效果如图 7-12 所示
```

	CRIM	ZN	INDUS	CHAS	NOX	RM	AGE	DIS	RAD	TAX	PTRATIO	B	LSTAT	MEDV
0	0.00632	18.0	2.31	0.0	0.538	6.575	65.2	4.0900	1.0	296.0	15.3	396.90	4.98	24.0
1	0.02731	0.0	7.07	0.0	0.469	6.421	78.9	4.9671	2.0	242.0	17.8	396.90	9.14	21.6
2	0.02729	0.0	7.07	0.0	0.469	7.185	61.1	4.9671	2.0	242.0	17.8	392.83	4.03	34.7
3	0.03237	0.0	2.18	0.0	0.458	6.998	45.8	6.0622	3.0	222.0	18.7	394.63	2.94	33.4
4	0.06905	0.0	2.18	0.0	0.458	7.147	54.2	6.0622	3.0	222.0	18.7	396.90	5.33	36.2

图 7-12 数据显示效果

```
# 绘制数据的残差图
from sklearn.model_selection import train_test_split
```

```
X = df.iloc[:, :-1].values
y = df['MEDV'].values
X_train, X_test, y_train, y_test = train_test_split(X, y,
                                    random_state=0, test_size=0.3)
#显示中文
plt.rcParams['font.sans-serif']=['SimHei']
plt.rcParams['axes.unicode_minus'] = False
#开始训练
from sklearn.linear_model import LinearRegression
import numpy as np
import pandas as pd
import matplotlib.pyplot as plt

lr = LinearRegression()
lr.fit(X_train, y_train)
y_train_pred = lr.predict(X_train)          #训练数据的预测值
y_test_pred = lr.predict(X_test)            #测试数据的预测值
y_train_pred.shape, y_test_pred.shape

#绘制散点图
plt.scatter(y_train_pred, y_train_pred - y_train,
            c='steelblue', marker='o', edgecolor='white',
            label='训练数据')
plt.scatter(y_test_pred, y_test_pred-y_test,
            c='limegreen', marker='s', edgecolor='white',
            label='测试数据')
plt.xlabel('预测值')
plt.ylabel('残差')
plt.legend(loc='upper left')
plt.hlines(y=0, xmin=-10, xmax=50, color='black', lw=2)
plt.xlim([-10, 50])                         #设置坐标轴的取值范围
plt.tight_layout()
plt.show()                                  #残差图如图7-13所示
```

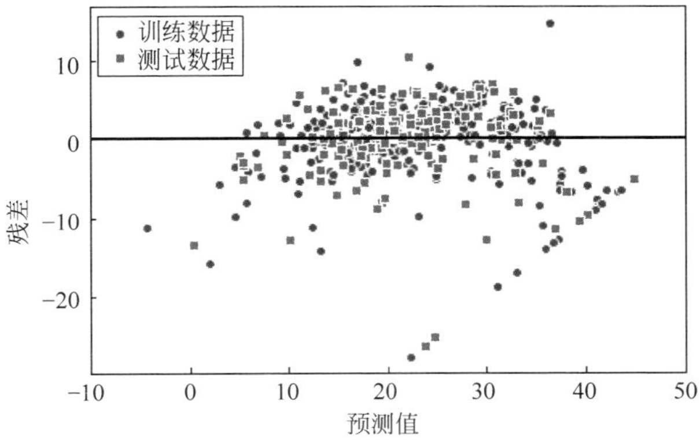

图 7-13 残差图

```
#计算均方误差MSE、决定系数R2
from sklearn.metrics import r2_score
from sklearn.metrics import mean_squared_error
print("MSE 训练: %.2f,测试, %.2f" % (
                mean_squared_error(y_train, y_train_pred),
                mean_squared_error(y_test, y_test_pred)))

print("R^2 训练: %.2f, 测试, %.2f" % (
                r2_score(y_train, y_train_pred),
                r2_score(y_test, y_test_pred)))
```

运行程序,输出如下:

```
MSE 训练: 19.97,测试, 27.18
R^2 训练: 0.76, 测试, 0.67
```

7.5 利用正则化方法进行回归

正则化是通过添加额外信息解决过拟合问题的一种方法,但缩小模型参数值会带来复杂性的惩罚。正则线性回归最常用的方法包括岭回归、最小绝对收缩与选择算子(Lasso)以及弹性网络(Elastic Network)。

7.5.1 岭回归

1. 岭回归概述

岭回归与多项式回归唯一的不同在于代价函数上的差别。岭回归的代价函数如下:

$$J(\boldsymbol{\theta})=\sum_{i=1}^{m}(y^{(i)}-(\boldsymbol{w}\boldsymbol{x}^{(i)}+b))^2+\lambda\|\boldsymbol{w}\|_2^2=\text{MSE}(\boldsymbol{\theta})+\lambda\sum_{i=1}^{n}\theta_i^2\cdots(l-1)$$

为了方便计算导数,通常也写成下面的形式:

$$J(\boldsymbol{\theta})=\frac{1}{2m}\sum_{i=1}^{m}(y^{(i)}-(\boldsymbol{w}\boldsymbol{x}^{(i)}+b))^2+\frac{\lambda}{2}\|\boldsymbol{w}\|_2^2=\frac{1}{2}\text{MSE}(\boldsymbol{\theta})+\frac{\lambda}{2}\sum_{i=1}^{n}\theta_i^2\cdots(l-2)$$

其中,$\boldsymbol{w}$ 是长度为 n 的向量,不包括截距项的系数 θ_0;$\boldsymbol{\theta}$ 是长度为 $n+1$ 的向量,包括截距项的系数 θ_0;m 为样本数;n 为特征数。

岭回归的代价函数仍然是一个凸函数,因此可以利用梯度等于0的方式求得全局最优解(正规方程):

$$\boldsymbol{\theta}=(\boldsymbol{X}^{\mathrm{T}}\boldsymbol{X}+\lambda\boldsymbol{I})^{-1}(\boldsymbol{X}^{\mathrm{T}}y)$$

上述正规方程与一般线性回归的正规方程相比,多了一项 $\lambda\boldsymbol{I}$,其中 $\boldsymbol{I}$ 表示单位矩阵。假如 $\boldsymbol{X}^{\mathrm{T}}\boldsymbol{X}$ 是一个奇异矩阵(不满秩),添加这一项后可以保证该项可逆。由于单位矩阵的形状是对角线上为1,其他地方都为0,看起来像一条山岭,因此而得名。

除了上述正规方程之外,还可以使用梯度下降的方式求解:

$$\nabla_{\boldsymbol{\theta}}J(\boldsymbol{\theta})=\frac{1}{m}\boldsymbol{X}^{\mathrm{T}}\cdot(\boldsymbol{X}\cdot\boldsymbol{\theta}-y)+\lambda\boldsymbol{w}$$

为了计算方便,在式中添加 $\theta_0=0$ 到 $\boldsymbol{w}$。因此在梯度下降的过程中,参数的更新可以表示为

$$\boldsymbol{\theta}=\boldsymbol{\theta}-\left(\frac{\alpha}{m}\boldsymbol{X}^{\mathrm{T}}\cdot(\boldsymbol{X}\cdot\boldsymbol{\theta}-y)+\lambda\boldsymbol{w}\right)$$

其中,α 为学习率,λ 为正则化项的参数。

2. 岭回归的实现

【例7-8】 用岭回归实现回归。

```
'''数据以及相关函数'''
import numpy as np
import matplotlib.pyplot as plt
from sklearn.preprocessing import PolynomialFeatures
from sklearn.metrics import mean_squared_error

data = np.array([[ -2.95507616,  10.94533252],
        [ -0.44226119,  2.96705822],
        [ -2.13294087,  6.57336839],
```

```
        [ 1.84990823,  5.44244467],
        [ 0.35139795,  2.83533936],
        [ -1.77443098,  5.6800407],
        [ -1.8657203,  6.34470814],
        [ 1.61526823,  4.77833358],
        [ -2.38043687,  8.51887713],
        [ -1.40513866,  4.18262786]])
m = data.shape[0]                          #样本大小
X = data[:, 0].reshape(-1, 1)              #将 array 转换为矩阵
y = data[:, 1].reshape(-1, 1)

'''岭回归的实现'''
#代价函数
def L_theta(theta, X_x0, y, lamb):
    h = np.dot(X_x0, theta)                #np.dot 表示矩阵乘法
    theta_without_t0 = theta[1:]
    L_theta = 0.5 * mean_squared_error(h, y) + 0.5 * lamb * np.sum(np.square(theta_without_t0))
    return L_theta
#梯度下降
def GD(lamb, X_x0, theta, y, alpha):
    for i in range(T):
        h = np.dot(X_x0, theta)
        theta_with_t0_0 = np.r_[np.zeros([1, 1]), theta[1:]]     #设 theta[0] = 0
        theta -= (alpha * 1/m * np.dot(X_x0.T, h - y) + lamb * (theta_with_t0_0))
        #添加正则化项的梯度
        if i % 50000 == 0:
            print(L_theta(theta, X_x0, y, lamb))
    return theta

T = 1200000                                #迭代次数
degree = 11
theta = np.ones((degree + 1, 1))           #参数的初始化,degree = 11
alpha = 0.0000000006                       #学习率
lamb = 0.0001
poly_features_d = PolynomialFeatures(degree = degree, include_bias = False)
X_poly_d = poly_features_d.fit_transform(X)
X_x0 = np.c_[np.ones((m, 1)), X_poly_d]         #向每个实例添加 X0 = 1
theta = GD(lamb = lamb, X_x0 = X_x0, theta = theta, y = y, alpha = alpha)
```

由于自由度比较大,此时利用梯度下降的方法训练模型较困难,学习率稍微大些就会出现损失函数的值越过最低点时不断增长的情况。下面是训练结束后的参数以及代价函数值:

```
185842996.9976393
3.3865692058065915
3.6003632848879725
3.602155809370964
...
3.599879516788523
3.5997451046573166
3.599610698056696
3.599476296986373
```

从结果看,截距项的参数最大,高阶项的参数都比较小。以下代码比较原始数据和训练出来的模型之间的关系,效果如图 7-14 所示。

```
X_plot = np.linspace(-2.99, 1.9, 1000).reshape(-1, 1)
poly_features_d_with_bias = PolynomialFeatures(degree = degree, include_bias = True)
X_plot_poly = poly_features_d_with_bias.fit_transform(X_plot)
y_plot = np.dot(X_plot_poly, theta)
plt.plot(X_plot, y_plot, 'r-')
```

```
plt.plot(X, y, 'b.')
plt.xlabel('x')
plt.ylabel('y')
plt.show()
```

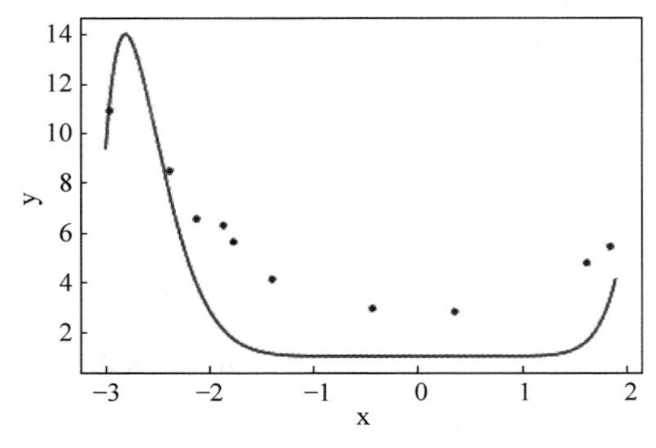

图 7-14 岭回归的效果

图 7-14 显示模型与原始数据的匹配度不是太好，但是过拟合的情况极大地改善了，模型变得更简单了。

3. 正则方程

下面代码使用正则方程求解，其中 $\lambda=0$。

```
theta2 = np.linalg.inv(np.dot(X_x0.T, X_x0) + 10 * np.identity(X_x0.shape[1])).dot(X_x0.T)
.dot(y)
print(theta2)
print(L_theta(theta2, X_x0, y, lamb))
```

运行程序，参数即代价函数的值为：

```
[[ 0.56502654]
 [ - 0.12459547]
 [ 0.26772443]
 [ - 0.15642405]
 [ 0.29249514]
 [ - 0.10084392]
 [ 0.22791769]
 [ 0.1648667]
 [ - 0.05686718]
 [ - 0.03906615]
 [ - 0.00111673]
 [ 0.00101724]]
0.604428719059618
```

从参数来看，截距项的系数减小了，1～7 阶都有比较大的参数，后面更高阶项的参数越来越小，图 7-15 为函数图像。

```
X_plot = np.linspace( - 3, 2, 1000).reshape( - 1, 1)
poly_features_d_with_bias = PolynomialFeatures(degree = degree, include_bias = True)
X_plot_poly = poly_features_d_with_bias.fit_transform(X_plot)
y_plot = np.dot(X_plot_poly, theta2)
plt.plot(X_plot, y_plot, 'r - ')
plt.plot(X, y, 'b.')
plt.xlabel('x')
plt.ylabel('y')
plt.show()          # 效果如图 7 - 15 所示
```

从图 7-15 中可以看到，虽然模型的自由度没变，还是 11，但是过拟合的程度得到了改善。

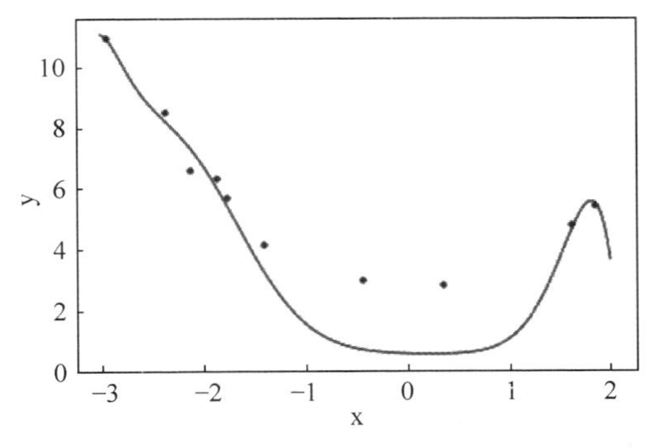

图 7-15 使用正则方程求解

4. 使用 sklearn 训练岭回归

sklearn 中有专门计算岭回归的函数，而且效果要比上面的方法好。使用 sklearn 中的岭回归，只需要输入以下参数：

- alpha：正则化项的系数；
- solver：求解方法；
- X：训练样本；
- y：训练样本的标签。

```
from sklearn.linear_model import Ridge

#代价函数
def L_theta_new(intercept, coef, X, y, lamb):
    h = np.dot(X, coef) + intercept          # np.dot 表示矩阵乘法
    L_theta = 0.5 * mean_squared_error(h, y) + 0.5 * lamb * np.sum(np.square(coef))
    return L_theta

lamb = 10
ridge_reg = Ridge(alpha = lamb, solver = "cholesky")
ridge_reg.fit(X_poly_d, y)
print(ridge_reg.intercept_, ridge_reg.coef_)
print(L_theta_new(intercept = ridge_reg.intercept_, coef = ridge_reg.coef_.T, X = X_poly_d, y =
y, lamb = lamb))
```

训练结束后得到的参数为(分别表示截距、特征的系数、代价函数的值)：

```
[3.03698398] [[-2.95619849e-02  6.09137803e-02  -4.93919290e-02  1.10593684e-01
  -4.65660197e-02  1.06387336e-01  5.14340826e-02  -2.29460359e-02
  -1.12705709e-02  -1.73925386e-05  2.79198986e-04]]
0.21387723248793578

'''绘制岭回归训练效果图'''
X_plot = np.linspace(-3, 2, 1000).reshape(-1, 1)
X_plot_poly = poly_features_d.fit_transform(X_plot)
h = np.dot(X_plot_poly, ridge_reg.coef_.T) + ridge_reg.intercept_
plt.plot(X_plot, h, 'r-')
plt.plot(X, y, 'b.')
plt.show()        #效果如图 7-16 所示
```

经过与前面两种方法得到的结果比较，这里得到的曲线更加平滑，不仅降低了过拟合的风险，而且代价函数的值也非常低。

7.5.2 Lasso 回归

Lasso 回归与岭回归非常相似，它们的差别在于使用了不同的正则化项，最终都实现了约

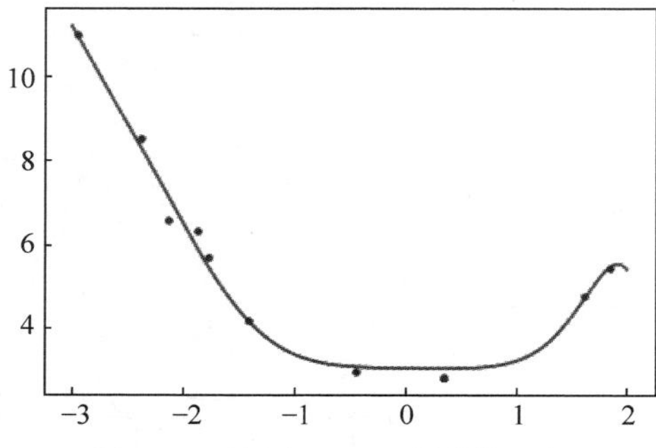

图 7-16 使用 sklearn 训练岭回归

束参数从而防止过拟合的效果。Lasso 回归应用广泛还有另一个原因：Lasso 回归能够将一些作用比较小的特征的参数训练为 0，从而获得稀疏解。也就是说用这种方法，在训练模型的过程中实现了降维（特征筛选）的目的。

Lasso 回归的代价函数为

$$J(\boldsymbol{\theta})=\frac{1}{2m}\sum_{i=1}^{m}(y^{(i)}-(\boldsymbol{w}\boldsymbol{x}^{(i)}+b))^2+\lambda\|\boldsymbol{w}\|_1=\frac{1}{2}\text{MSE}(\boldsymbol{\theta})+\lambda\sum_{i=1}^{n}|\theta_i|$$

其中，$\boldsymbol{w}$ 是长度为 n 的向量，不包括截距项的系数 θ_0，$\boldsymbol{\theta}$ 是长度为 $n+1$ 的向量，包括截距项的系数 θ_0，m 为样本数，n 为特征数。$\|\boldsymbol{w}\|_1$ 表示参数 $\boldsymbol{w}$ 的 l_1 范数，表示距离的函数。如果 w 表示三维空间中的一个点(x,y,z)，那么 $\|w\|_1=|x|+|y|+|z|$，即各个方向上的绝对值（长度）之和。

上式的梯度为

$$\nabla_{\boldsymbol{\theta}}\text{MSE}(\boldsymbol{\theta})+\lambda\begin{pmatrix}\text{sign}(\theta_1)\\ \text{sign}(\theta_2)\\ \vdots\\ \text{sign}(\theta_n)\end{pmatrix}$$

其中，$\text{sign}(\theta_i)$由 θ_i 的符号决定：$\theta_i>0,\text{sign}(\theta_i)=1$；$\theta_i=0,\text{sign}(\theta_i)=0$；$\theta_i<0,\text{sign}(\theta_i)=-1$。

【例 7-9】 直接使用 sklearn 中的函数实现 Lasso 回归。

```
from sklearn.linear_model import Lasso

lamb = 0.025
lasso_reg = Lasso(alpha = lamb)
lasso_reg.fit(X_poly_d, y)
print(lasso_reg.intercept_, lasso_reg.coef_)
print(L_theta_new(intercept = lasso_reg.intercept_, coef = lasso_reg.coef_.T, X = X_poly_d, y =
y, lamb = lamb))
```

最终获得的参数以及代价函数的值为

```
[2.86435179] [-0.00000000e+00  5.29099723e-01  -3.61182017e-02  9.75614738e-02
  1.61971116e-03  -3.42711766e-03  2.78782527e-04  -1.63421713e-04
 -5.64291215e-06  -1.38933655e-05  1.02036898e-06]
0.03205668191282935

X_plot = np.linspace(-3, 2, 1000).reshape(-1, 1)
X_plot_poly = poly_features_d.fit_transform(X_plot)
h = np.dot(X_plot_poly, lasso_reg.coef_.T) + lasso_reg.intercept_
plt.plot(X_plot, h, 'r-')
plt.plot(X, y, 'b.')
plt.show()        #效果如图 7-17 所示
```

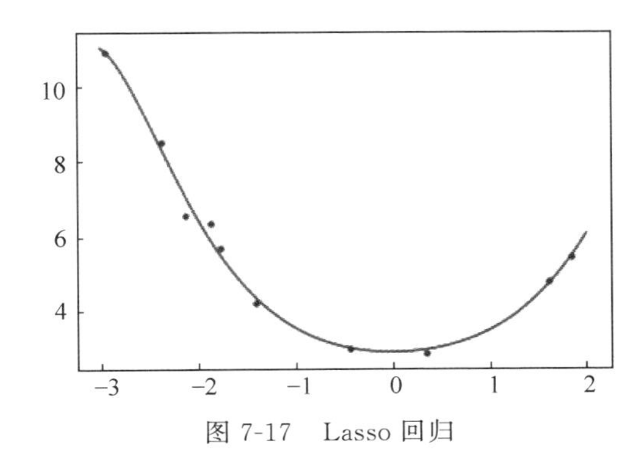

图 7-17 Lasso 回归

图 7-17 是目前在 degree=11 的情况下得到的最好模型。

7.5.3 弹性网络

弹性网络是结合了岭回归和 Lasso 回归，由两者加权平均所得。这种方法在特征数大于训练集样本数或有些特征之间高度相关时比 Lasso 回归更加稳定。其代价函数为

$$J(\boldsymbol{\theta})=\frac{1}{2}\mathrm{MSE}(\boldsymbol{\theta})+r\lambda\sum_{i=1}^{n}|\theta_i|+\frac{1-r}{2}\lambda\sum_{i=1}^{n}\theta_i^2$$

其中，r 表示 l_1 所占的比例。

【例 7-10】 使用 sklearn 的函数实现弹性网络。

```
from sklearn.linear_model import ElasticNet

#代价函数
def L_theta_ee(intercept, coef, X, y, lamb, r):
    h = np.dot(X, coef) + intercept          # np.dot 表示矩阵乘法
    L_theta = 0.5 * mean_squared_error(h, y) + r * lamb * np.sum(np.abs(coef)) + 0.5 *
(1 - r) * lamb * np.sum(np.square(coef))
    return L_theta

elastic_net = ElasticNet(alpha = 0.5, l1_ratio = 0.8)
elastic_net.fit(X_poly_d, y)
print(elastic_net.intercept_, elastic_net.coef_)
print(L_theta_ee(intercept = elastic_net.intercept_, coef = elastic_net.coef_.T, X = X_poly_d,
y = y, lamb = 0.1, r = 0.8))
```

运行程序，输出如下：

```
[3.31466833] [-0.00000000e+00  0.00000000e+00  -0.00000000e+00  1.99874040e-01
 -1.21830209e-02  2.58040545e-04  3.01117857e-03  -8.54952421e-04
 4.35227606e-05  -2.84995639e-06  -8.36248799e-06]
0.08077384471918377
X_plot = np.linspace(-3, 2, 1000).reshape(-1, 1)
X_plot_poly = poly_features_d.fit_transform(X_plot)
h = np.dot(X_plot_poly, elastic_net.coef_.T) + elastic_net.intercept_
plt.plot(X_plot, h, 'r-')
plt.plot(X, y, 'b.')
plt.show()          #效果如图 7-18 所示
```

该方法中得到了更多的 0，当然这也跟参数的设置有关。

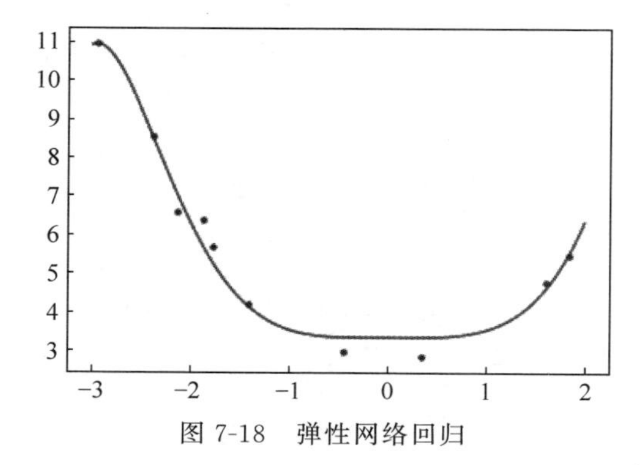

图 7-18　弹性网络回归

7.6　将线性回归模型转换为多项式回归

多项式回归是线性回归的一种扩展，它可以对非线性关系进行建模。线性回归使用直线来拟合数据，如一次函数 $y=kx+b$ 等。而多项式回归则使用曲线来拟合数据，如用二次函数 $y=ax^2+bx+c$、三次函数 $y=ax^3+bx^2+cx+d$ 以及多次函数等来拟合数据。

如果假设解释变量和响应变量之间存在线性关系，一种有效假设的方法是，通过增加多项式利用多项式回归模型：

$$y=w_0+w_1x_1+w_2x_2+\cdots+w_dx_d$$

这里 d 为多项式的次数。虽然可以用多项式回归来模拟非线性关系，但是因为存在线性回归系数 $\boldsymbol{w}$，它仍然被认为是多元线性回归模型。

本节将演示一个实例来学习如何用 sklearn 的 PolynomialFeatures 转换类在只含一个解释变量的简单回归问题中增加二次项($d=2$)，然后根据下面的步骤来比较多项式拟合与线性拟合。

(1) 增加一个二次多项式项。

```
import numpy as np
X = np.array([258.0, 270.0, 294.0,
              320.0, 342.0, 368.0,
              396.0, 446.0, 480.0, 586.0])\
             [:, np.newaxis]
y = np.array([236.4, 234.4, 252.8,
              298.6, 314.2, 342.2,
              362.8, 368.0, 391.2,
              390.8])
from sklearn.preprocessing import PolynomialFeatures
from sklearn.linear_model import LinearRegression
lr = LinearRegression()
pr = LinearRegression()
quadratic = PolynomialFeatures(degree = 2)
X_quad = quadratic.fit_transform(X)
```

(2) 为了比较，拟合一个简单线性回归模型。

```
lr.fit(X, y)
X_fit = np.arange(250, 600, 10)[:, np.newaxis]
y_lin_fit = lr.predict(X_fit)
```

(3) 用转换后的特征针对多项式回归拟合一个多元回归模型。

```
pr.fit(X_quad, y)
y_quad_fit = pr.predict(quadratic.fit_transform(X_fit))
```

(4) 绘制结果。

```
import matplotlib.pyplot as plt
plt.rcParams['font.sans-serif'] = ['SimHei']          #显示中文
plt.rcParams['axes.unicode_minus'] = False
plt.scatter(X, y, label = '训练点')
plt.plot(X_fit, y_lin_fit, label = '线性拟合', linestyle = '--')
plt.plot(X_fit, y_quad_fit, label = '多元拟合')
plt.legend(loc = 'upper left')
plt.tight_layout()
plt.show()
```

运行程序，效果如图 7-19 所示。

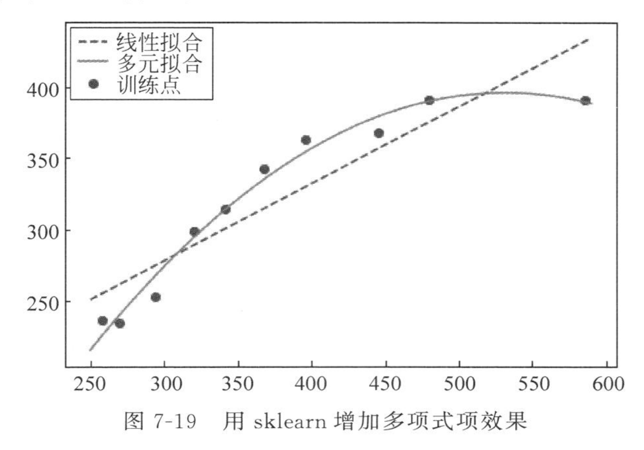

图 7-19　用 sklearn 增加多项式项效果

在图 7-19 中可以看到，多项式拟合比线性拟合能更好地反映响应变量和解释变量之间的关系。

7.7　用随机森林处理非线性关系

随机森林(random forest)是一种有监督学习算法，是以决策树为基学习器的集成学习算法。随机森林非常简单，易于实现，计算开销也很小，但是它在分类和回归上表现出非常惊人的性能，因此，随机森林被誉为“代表集成学习技术水平的方法”。

7.7.1　决策树

决策树(decision tree)是一个类似于流程图的树状结构，树内部的每一个节点代表的是对一个特征的测试，树的分支代表特征的每一个测试结果，树的叶节点代表一种分类结果。

决策树模型既可以做分类也可以做回归。它的一个优点是，如果处理非线性数据，它不需要对特征进行任何转换。因为决策树一次只分析一个特征，而不考虑加权组合。同样，决策树也不需要归一化或标准化函数。当用决策树进行分类时，定义熵作为杂质的指标以确定采用哪个特征分裂可以最大化信息增益(Information Gain，IG)。二进制分裂定义为

$$\mathrm{IG}(D_{\mathrm{p}},x_i)=I(D_{\mathrm{p}})-\frac{D_{\mathrm{left}}}{N_{\mathrm{p}}}I(D_{\mathrm{left}})-\frac{N_{\mathrm{right}}}{N_{\mathrm{p}}}I(D_{\mathrm{right}})$$

其中，x_i 为要分裂的样本特征，N_{p} 为父节点的样本数，I 为杂质函数，D_{p} 为父节点训练样本的子集。D_{left} 和 D_{right} 为分裂后左、右两个子节点的训练样本集。决策树的目标是找到可以最大化信息增益的特征分裂，即希望找到可以减少子节点中杂质的分裂特征。为了把回归决策树用于回归，需要一个适合连续变量的杂质指标，即把节点 t 的杂质指标定义为 MSE：

$$I(t)=\mathrm{MSE}(t)=\frac{1}{N_t}\sum_{i\in D_t}(y^{(i)}-\hat{y}_t)^2$$

其中，N_t 为节点 t 的训练样本数，D_t 为节点 t 的训练数据子集，$y^{(i)}$ 为真实的目标值，$\hat{y}_t$ 为预测的目标值(样本均值)。

$$\hat{y}_t = \frac{1}{N_t} \sum_{i \in D_t} y^{(i)}$$

在决策树回归的背景下，通常也把 MSE 称为内节点方差(within-node variance)，这就是也把分裂标准称为方差缩减(variance reduction)的原因。

【例 7-11】 决策树的实现。

表 7-1 为训练数据集，特征向量只有一维，根据此数据表建立回归决策树。

表 7-1 训练数据集

x	1	2	3	4	5	6	7	8	9	10
y	5.56	5.7	5.91	6.4	6.8	7.05	8.9	8.7	9	9.05

(1) 选择最优切分变量 j 与最优切分点 s：在本数据集中，只有一个特征变量，最优切分变量自然是 x。接下来考虑 9 个切分点{1.5,2.5,3.5,4.5,5.5,6.5,7.5,8.5,9.5}(切分变量两个相邻取值为区间$[a^i, a^{i+1})$内任一点均可)，计算每个待切分点的损失函数值。损失函数为

$$L(j,s) = \sum_{x_i \in R_1(j,s)} (y_i - \hat{c}_1)^2 + \sum_{x_i \in R_2(j,s)} (y_i - \hat{c}_2)^2$$

其中，$\hat{c}_1 = \frac{1}{N_1} \sum_{x_i \in R_1(j,s)} y_i$，$\hat{c}_2 = \frac{1}{N_2} \sum_{x_i \in R_2(j,s)} y_i$。

① 计算子区域输出值。

当 $s=1.5$ 时，两个子区域 $R_1=\{1\}$，$R_2=\{2,3,4,5,6,7,8,9,10\}$，$c_1=5.56$，$c_2=\frac{1}{9}(5.7+5.91+6.4+6.8+7.05+8.9+8.7+9+9.05)=7.5$。

得到其他各切分点的子区域输出值，列表如下：

s	1.5	2.5	3.5	4.5	5.5	6.5	7.5	8.5	9.5
c_(1)	5.56	5.63	5.72	5.89	6.07	6.24	6.62	6.88	7.11
c_(2)	7.5	7.73	7.99	8.25	8.54	8.91	8.92	9.03	9.05

② 计算损失函数值，找到最优切分点。

当 $s=1.5$ 时

$$\begin{aligned} L(1.5) &= (5.56-5.56)^2 + [(5.7-7.5)^2 + (5.91-7.5)^2 + \cdots + (9.05-7.5)^2] \\ &= 0 + 15.72 \\ &= 15.72 \end{aligned}$$

计算得到其他各切分点的损失函数值，列表如下：

s	1.5	2.5	3.5	4.5	5.5	6.5	7.5	8.5	9.5
$L(s)$	15.72	12.07	8.36	5.78	3.91	1.93	8.01	11.73	15.74

③ 易知，取 $s=6.5$ 时，损失函数值最小。因此，第一个划分点为($j=x$，$s=6.5$)。

(2) 用选定的对(j，s)划分区域并决定相应的输出值。

划分区域：$R_1=\{1,2,3,4,5\}$，$R_2=\{7,8,9,10\}$

对应输出值：$c_1=6.24$，$c_2=8.91$

(3) 调用步骤(1)、(2),继续划分。

对 R_1,取划分点{1.5,2.5,3.5,4.5,5.5},计算得到单元输出值为

s	1.5	2.5	3.5	4.5	5.5
c_(1)	5.56	5.63	5.72	5.89	6.07
c_(2)	6.37	5.54	6.75	6.93	7.05

损失函数值为

s	1.5	2.5	3.5	4.5	5.5
$L(s)$	1.3087	0.754	0.2771	0.4368	1.0644

$L(3.5)$最小,取 $s=3.5$ 为划分点。

后面以此类推。

(4) 生成回归树。

假设两次划分后即停止,则最终生成的回归树为

$$T=\begin{cases}5.72, & x\leqslant 3.5\\ 6.75, & 3.5<x\leqslant 6.5\\ 8.91, & x>6.5\end{cases}$$

以下利用 Python 实现与线性回归对比。

```
import numpy as np
import matplotlib.pyplot as plt
from sklearn.tree import DecisionTreeRegressor
from sklearn import linear_model
plt.rcParams['font.sans-serif'] = ['SimHei']        #显示中文
plt.rcParams['axes.unicode_minus'] = False

#数据集
x = np.array(list(range(1, 11))).reshape(-1, 1)
y = np.array([5.56, 5.70, 5.91, 6.40, 6.80, 7.05, 8.90, 8.70, 9.00, 9.05]).ravel()
#拟合回归模型
model1 = DecisionTreeRegressor(max_depth=1)
model2 = DecisionTreeRegressor(max_depth=3)
model3 = linear_model.LinearRegression()
model1.fit(x, y)
model2.fit(x, y)
model3.fit(x, y)
#预测
X_test = np.arange(0.0, 10.0, 0.01)[:, np.newaxis]
y_1 = model1.predict(X_test)
y_2 = model2.predict(X_test)
y_3 = model3.predict(X_test)
#绘图
plt.figure()
plt.scatter(x, y, s=20, edgecolor="black",
                c="darkorange", label="data")
plt.plot(X_test, y_1,color="cornflowerblue",
            label="max_depth=1", linewidth=2)
plt.plot(X_test, y_2,color="yellowgreen", label="max_depth=3", linewidth=2)
plt.plot(X_test, y_3, color='red', label='liner regression', linewidth=2)
plt.xlabel("数据")
plt.ylabel("目标")
plt.title("决策树回归")
plt.legend()
plt.show()
```

运行程序，效果如图 7-20 所示。

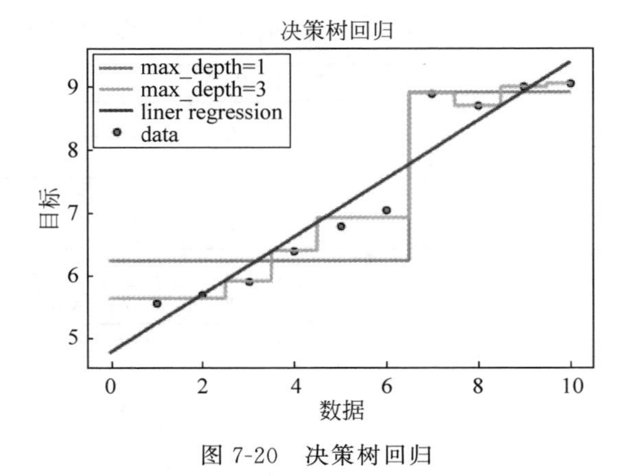

图 7-20 决策树回归

7.7.2 随机森林回归

随机森林是一个包含多个决策树的分类器，并且它输出的类别由个别树输出的类别的众数而定。随机森林通常比单决策树具有更好的泛化性能，这有助于减小模型的方差。随机森林的优点还包括它对数据集中的异常值不敏感，而且也不需要太多的参数优化。随机森林中通常唯一需要试验的参数是集成中决策树的棵数。

【例 7-12】 随机森林简单回归预测。

具体实现步骤如下：

(1) 数据准备，导入相关库。

```
import numpy as np
import matplotlib.pyplot as plt
from sklearn.ensemble import RandomForestRegressor
from sklearn.model_selection import train_test_split
from sklearn.multioutput import MultiOutputRegressor
```

(2) 单输出回归：预测给定输入的单个数字输出。

```
'''随机构建训练集和测试集'''
rng = np.random.RandomState(1)
X = np.sort(200 * rng.rand(600, 1) - 100, axis = 0)
y = np.array([np.pi * np.sin(X).ravel()]).T
y += (0.5 - rng.rand( * y.shape))
#x 和 y 的 shape 为(600, 1) (600, 1)
X_train, X_test, y_train, y_test = train_test_split(
    X, y, train_size = 400, test_size = 200, random_state = 4)
#X_train, X_test, y_train, y_test 的 shape 为(400, 1) (200, 1) (400, 1) (200, 1)

'''构建模型并进行预测'''
#定义模型
regr_rf = RandomForestRegressor(n_estimators = 100, max_depth = 30,
                                random_state = 2)
#集合模型
regr_rf.fit(X_train, y_train)
#利用预测
y_rf = regr_rf.predict(X_test)
#评价
print('评价:',regr_rf.score(X_test, y_test))
```

运行程序,输出如下:

```
评价: 0.8603823812226028

'''作图'''
plt.figure()
s = 50
a = 0.4
plt.scatter(X_test, y_test, edgecolor = 'k',
                c = "navy", s = s, marker = "s", alpha = a, label = "Data")
plt.scatter(X_test, y_rf, edgecolor = 'k',
                c = "c", s = s, marker = "^", alpha = a,
                label = "RF score = %.2f" % regr_rf.score(X_test, y_test))
plt.xlim([ - 6, 6])
plt.xlabel("测试集")
plt.ylabel("目标")
plt.title("比较随机森林和测试")
plt.legend()
plt.show()
```

运行程序,效果如图 7-21 所示。

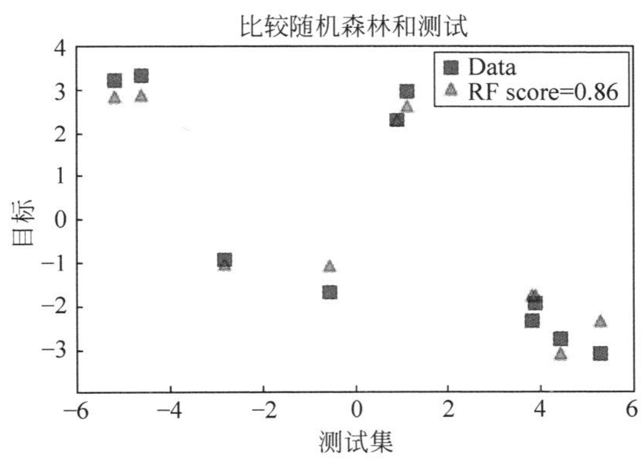

图 7-21　随机森林和测试集

(3) 多输出回归:根据输入预测两个或多个数字的输出。

```
'''随机构建训练集和测试集,这里构建的是一个 x 对应两个 y'''
rng = np.random.RandomState(1)
X = np.sort(200 * rng.rand(600, 1) - 100, axis = 0)
y = np.array([np.pi * np.sin(X).ravel(), np.pi * np.cos(X).ravel()]).T
y += (0.5 - rng.rand( * y.shape))
#x 和 y 的 shape 为(600, 1) (600, 2)

X_train, X_test, y_train, y_test = train_test_split(
    X, y, train_size = 400, test_size = 200, random_state = 4)
#X_train, X_test, y_train, y_test 的 shape 为(400, 1) (200, 2) (400, 1) (200, 2)

'''构建模型并进行预测,尝试了利用随机森林和多输出回归两种方法'''
#定义模型
max_depth = 30
regr_multirf = MultiOutputRegressor(RandomForestRegressor(n_estimators = 100,max_depth = max_
depth, random_state = 0))
#拟合模型
regr_multirf.fit(X_train, y_train)
#定义模型
regr_rf = RandomForestRegressor(n_estimators = 100, max_depth = max_depth,
                                random_state = 2)
```

```
#拟合
regr_rf.fit(X_train, y_train)
#预测
y_multirf = regr_multirf.predict(X_test)
y_rf = regr_rf.predict(X_test)

'''作图'''
plt.figure()
s = 50
a = 0.4
plt.scatter(y_test[:, 0], y_test[:, 1], edgecolor = 'k',
            c = "navy", s = s, marker = "s", alpha = a, label = "Data")
plt.scatter(y_multirf[:, 0], y_multirf[:, 1], edgecolor = 'k',
            c = "cornflowerblue", s = s, alpha = a,
            label = "Multi RF score = %.2f" % regr_multirf.score(X_test, y_test))
plt.scatter(y_rf[:, 0], y_rf[:, 1], edgecolor = 'k',
            c = "c", s = s, marker = "^", alpha = a,
            label = "RF score = %.2f" % regr_rf.score(X_test, y_test))
plt.xlim([-6, 6])
plt.ylim([-6, 6])
plt.xlabel("目标 1")
plt.ylabel("目标 2")
plt.title("比较随机森林和多输出回归")
plt.legend()
plt.show()
```

运行程序，效果如图7-22所示。

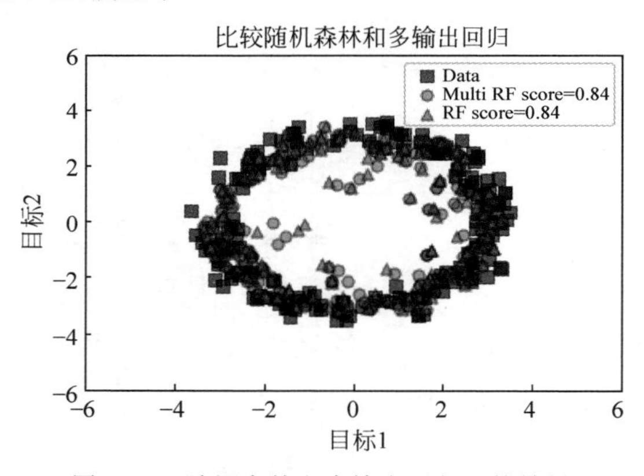

图7-22 随机森林和多输出回归比较效果

第 8 章

数据的聚类分析

聚类(clustering)是一种寻找数据之间内在结构的技术。聚类把全体数据实例组织成一些相似组,而这些相似组被称作簇。处于相同簇中的数据实例彼此相同,处于不同簇中的实例彼此不同。K-Means、AgglomerativeClustering、DBSCAN、MeanShift、SpectralClustering 等是常用的聚类方法。

8.1 K-Means 算法

K-Means 算法又名 K 均值算法,K-Means 算法中的 K 表示的是聚类为 K 个簇,Means 代表取每一个聚类中数据值的均值作为该簇的中心,或者称为质心,即用每一个类的质心对该簇进行描述。

8.1.1 K-Means 算法原理

K-Means 算法是一种典型的基于划分的聚类算法,属于无监督学习算法。K-Means 算法预先指定初始聚类数以及初始化聚类中心,按照样本之间的距离大小,把样本集根据数据对象与聚类中心之间的相似度划分为类簇,不断更新聚类中心的位置,不断降低类簇的误差平方和(Sum of Squared Error,SSE),当 SSE 不再变化或目标函数收敛时,聚类结束,得到最终结果。

K-Means 算法的核心思想:先从数据集中随机选取 K 个初始聚类中心 $C_i(1\leqslant i\leqslant k)$,计算其余数据对象与聚类中心 C_i 的欧氏距离,找出离目标数据对象最近的聚类中心 C_i,并将数据对象分配到聚类中心 C_i 所对应的簇中。接着计算每个簇中数据对象的平均值,将该值当作新的聚类中心,进行下一次迭代,直到聚类中心不再变化或达到最大的迭代次数时停止。

空间中数据对象与聚类中心间的欧氏距离计算公式为

$$d(X,C_i)=\sqrt{\sum_{j=1}^{m}(X_j-C_{ij})^2}$$

其中,X 为数据对象;C_i 为第 i 个聚类中心;m 为数据对象的维度;X_j、C_{ij} 为 X 和 C_i 的第 j 个属性值。

整个数据集的 SSE 计算公式为

$$\mathrm{SSE}=\sum_{i=1}^{k}\sum_{X\in C_i}|d(X,C_i)|^2$$

其中,SSE 的大小表示聚类结果的好坏;k 为簇的个数。

8.1.2 K-Means 算法步骤

K-Means 算法的实质是 EM 算法(Expectation-Maximization algorithm,最大期望算法)的模型优化过程,具体步骤如下。

(1) 随机选择 K 个样本作为初始簇类的均值向量。

(2) 将每个样本数据集划分离它距离最近的簇。

(3) 根据每个样本所属的簇,更新簇类的均值向量。

(4) 重复(2)(3)步,当达到设置的迭代次数或簇类的均值向量不再改变时,模型构建完成,输出聚类算法结果。

8.1.3 K-Means 算法的缺陷

K-Means 算法非常简单且使用广泛,但是主要存在以下 4 个缺陷。

(1) K 值需要预先给定,属于预先知识,很多情况下 K 值的估计是非常困难的,对于像计算全部微信用户的交往圈这样的场景就完全没办法用 K-Means 算法进行。对于可以确定 K 值不会太大但不明确精确的 K 值的场景,可以进行迭代运算,然后找出对应的 K 值,这个值往往能较好地描述有多少个簇类。

(2) K-Means 算法对初始选取的聚类中心点是敏感的,不同的随机种子点得到的聚类结果完全不同。

(3) K-Means 算法并不适合所有的数据类型。它不能处理非球形簇、不同尺寸和不同密度的簇。

(4) 易陷入局部最优解。

8.1.4 使用 sklearn 进行 K-Means 聚类

K-Means 算法实现非常容易,并且与其他聚类算法相比,它的计算效率也非常高,这是它受欢迎的原因。K-Means 算法属于基于原型的聚类类别。

基于原型的聚类即每个聚类都由一个原型表示,原型通常是具有连续特征的相似点的质心(平均值)。虽然 K-Means 算法非常擅长识别具有球形形状的聚类,但这种聚类算法的缺点是必须先验地指定聚类的数量 K。在本节后面,将讨论肘法和轮廓图,它们是评估聚类质量的有用技术,可帮助确定最佳聚类数 K。

【例 8-1】 使用 sklearn 实现 K-Means 聚类。

```
from sklearn.datasets import make_blobs
from pylab import *
mpl.rcParams['font.sans-serif'] = ['SimHei']          #显示中文
X, y = make_blobs(n_samples = 150,
                  n_features = 2,
                  centers = 3,
                  cluster_std = 0.5,
                  shuffle = True,
                  random_state = 0)
import matplotlib.pyplot as plt
plt.scatter(X[:, 0],
            X[:, 1],
            c = 'white',
            marker = 'o',
```

```
                edgecolor = 'black',
                s = 50)
plt.xlabel('特征 1')
plt.ylabel('特征 2')
plt.grid()
plt.tight_layout()
plt.show()
```

运行程序,数据集由 150 个随机生成的点大致分为 3 个密度较高的区域,通过二维散点图可视化如图 8-1 所示。

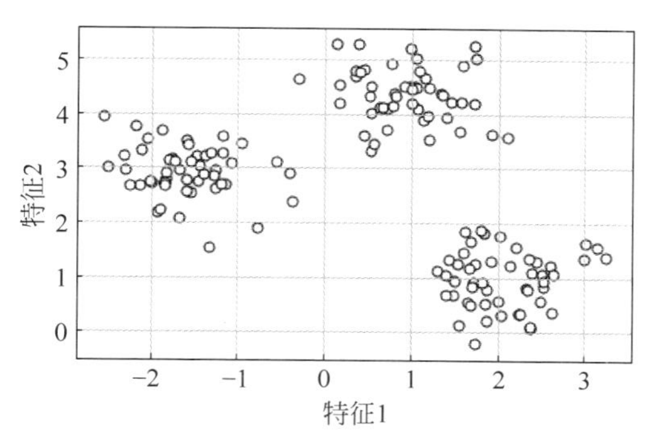

图 8-1 散点图

接下来,下一个问题是如何衡量对象之间的相似性。可以将相似度定义为距离的反义词,对具有连续特征的样本进行聚类的常用距离是点 x 和 y 之间的平方欧几里得距离。在 m 维空间中,有

$$d(x,y)^2=\sum_{j=1}^{m}(x_j-y_j)^2=\|x-y\|_2^2$$

式中,索引 j 指的是实例输入 x 和 y 的第 j 个维度(特征列)。其余部分将使用上标 i 和 j 分别表示实例(数据记录)的索引和集群索引。

接下来,使用 sklearn cluster 模块中的类将它应用到实例数据集:

```
from sklearn.cluster import KMeans
km = KMeans(n_clusters = 3,
            init = 'random',
            n_init = 10,
            max_iter = 300,
            tol = 1e - 04,
            random_state = 0)
y_km = km.fit_predict(X)
```

当使用欧几里得距离度量将 K-Means 应用于真实世界的数据时,要确保在相同的尺度上测量特征,并在必要时应用 Z-score 标准化或 Min-Max 缩放。下面通过代码可视化 K-Means 算法在数据集中识别的集群以及集群质心。存储 cluster_centers_拟合 K-Means 对象的属性如下:

```
plt.scatter(X[y_km == 0, 0],
            X[y_km == 0, 1],
            s = 50, c = 'lightgreen',
            marker = 's', edgecolor = 'black',
            label = '聚类 1')
plt.scatter(X[y_km == 1, 0],
            X[y_km == 1, 1],
            s = 50, c = 'orange',
```

```
                marker = 'o', edgecolor = 'black',
                label = '聚类 2')
plt.scatter(X[y_km == 2, 0],
                X[y_km == 2, 1],
                s = 50, c = 'lightblue',
                marker = 'v', edgecolor = 'black',
                label = '聚类 3')
plt.scatter(km.cluster_centers_[:, 0],
                km.cluster_centers_[:, 1],
                s = 250, marker = '*',
                c = 'red', edgecolor = 'black',
                label = '质心')
plt.xlabel('特征 1')
plt.ylabel('特征 2')
plt.legend(scatterpoints = 1)
plt.grid()
plt.tight_layout()
plt.show()
```

运行程序,效果如图 8-2 所示。

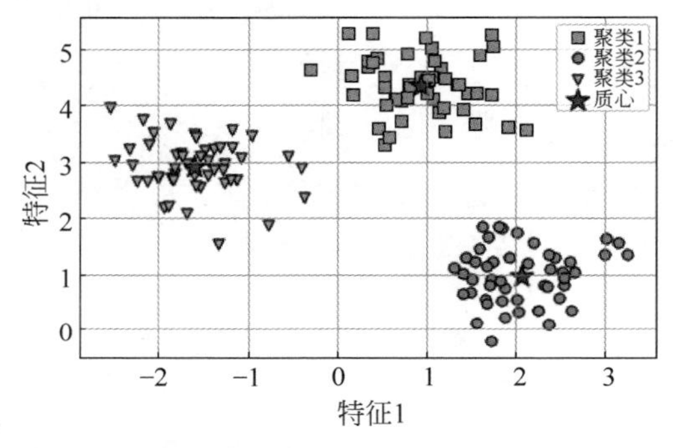

图 8-2 K-Means 聚类效果

在图 8-2 中,可以看到 K-Means 将 3 个质心放在每个球体的中心。尽管 K-Means 在这个数据集上运行良好,但仍然存在必须先验地指定聚类数量 K 的缺点。在实际应用中,要选择的集群数量可能并不总是那么明显,尤其是当使用无法可视化的高维数据集时。

8.1.5 肘法与轮廓法

本小节主要介绍使用肘法寻找最佳聚类数与通过轮廓图量化聚类的质量等相关内容。

1. 使用肘法寻找最佳聚类数

无监督学习的主要挑战之一是不知道明确的答案,数据集中没有真实类标签,因此,为了量化聚类的质量,需要使用内在指标——例如集群内 SSE(失真)来比较不同 K-Means 聚类模型的性能。

当不使用 sklearn 时,需要显式计算集群内 SSE,因为在拟合模型 inertia_后它已经可以通过属性访问 K-Means。

```
print(f'失真: {km.inertia_:.2f}')
失真: 72.48
```

基于集群内 SSE,可以使用图形工具,即所谓的肘法来估计给定任务的最佳集群数 k。如果 k 增加,失真就会减少,原因在于实例将更接近它们分配到的质心。肘法的目的是确定 k 的值,其中失真开始增加最快,如果绘制不同 k 值的失真,这将变得更加清晰:

```
distortions = []
for i in range(1, 11):
    km = KMeans(n_clusters = i,
                init = 'k - means++',
                n_init = 10,
                max_iter = 300,
                random_state = 0)
    km.fit(X)
    distortions.append(km.inertia_)
plt.plot(range(1,11), distortions, marker = 'o')
plt.xlabel('集群数量')
plt.ylabel('失真')
plt.tight_layout()
plt.show()
```

运行程序，效果如图 8-3 所示。

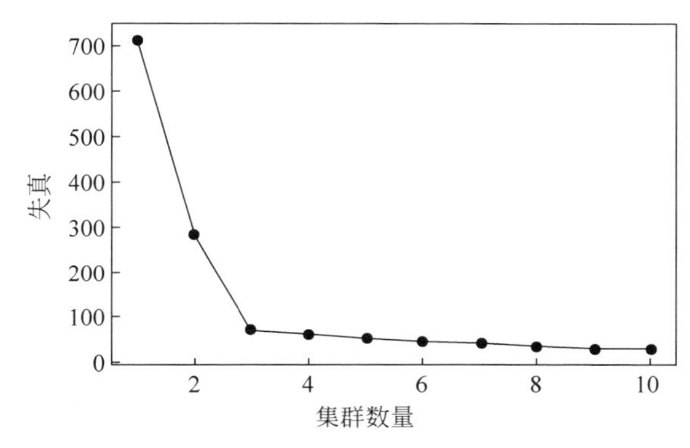

图 8-3 使用肘法寻找最佳聚类数

图 8-3 中，肘部位于 $k=3$，因此这支持了 $k=3$ 对于这个数据集确实是一个不错的选择。

2. 通过轮廓图量化聚类的质量

评估产品质量的另一个内在指标是轮廓分析，它可以应用于除 K-Means 之外的聚类算法。轮廓分析可用作图形工具来绘制衡量集群中实例的紧密程度。计算轮廓系数可以应用以下 3 个步骤。

(1) 计算簇内聚力 $a^{(i)}$ 作为实例 $x^{(i)}$ 与同一簇中所有其他点之间的平均距离。

(2) 计算与下一个最近的聚类分离 $a^{(i)}$ 作为实例 $x^{(i)}$ 与最近聚类中的所有实例之间的平均距离。

(3) 将轮廓 $s^{(i)}$ 计算为集群凝聚力和分离度之间的差除以两者中的较大者，如：

$$s^{(i)}=\frac{b^{(i)}-a^{(i)}}{\max\{b^{(i)},a^{(i)}\}}$$

轮廓系数在 -1 到 1 的范围内。根据等式，可以看到，如果聚类分离和内聚相等($b^{(i)}=a^{(i)}$)，则轮廓系数为 0。此外，如果 $b^{(i)}\gg a^{(i)}$，则会接近理想的轮廓系数 1，因为 $b^{(i)}$ 量化了一个实例与其他聚类的不同程度，而 $a^{(i)}$ 告诉它在集群中的相似程度。

现在将为 $k=3$ 的 K 均值聚类创建轮廓系数图：

```
km = KMeans(n_clusters = 3,
            init = 'k - means++',
            n_init = 10,
            max_iter = 300,
            tol = 1e - 04,
            random_state = 0)
```

```
y_km = km.fit_predict(X)
import numpy as np
from matplotlib import cm
from sklearn.metrics import silhouette_samples
cluster_labels = np.unique(y_km)
n_clusters = cluster_labels.shape[0]
silhouette_vals = silhouette_samples(
    X, y_km, metric = 'euclidean'
)
y_ax_lower, y_ax_upper = 0, 0
yticks = []
for i, c in enumerate(cluster_labels):
    c_silhouette_vals = silhouette_vals[y_km == c]
    c_silhouette_vals.sort()
    y_ax_upper += len(c_silhouette_vals)
    color = cm.jet(float(i) / n_clusters)
    plt.barh(range(y_ax_lower, y_ax_upper),
             c_silhouette_vals,
             height = 1.0,
             edgecolor = 'none',
             color = color)
    yticks.append((y_ax_lower + y_ax_upper) / 2.)
    y_ax_lower += len(c_silhouette_vals)
silhouette_avg = np.mean(silhouette_vals)
plt.axvline(silhouette_avg,
            color = "red",
            linestyle = "--")
plt.yticks(yticks, cluster_labels + 1)
plt.ylabel('聚类')
plt.xlabel('轮廓系数')
plt.tight_layout()
plt.show()
```

运行程序,效果如图 8-4 所示。

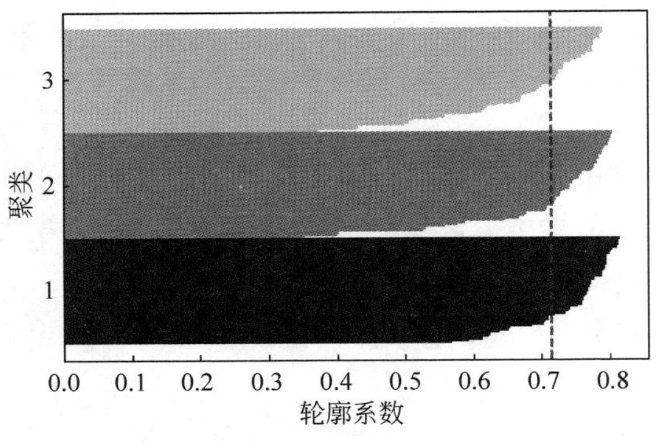

图 8-4 聚类轮廓图

通过视觉检查轮廓图,可以快速检查不同聚类的大小并识别包含异常值的聚类。但是,正如在轮廓图 8-4 中看到的,轮廓系数并不接近 0,并且与平均轮廓分数的距离大致相等,在这种情况下,平均轮廓分数是良好聚类的指标。此外,为了突出聚类的优点,可以在图中添加平均轮廓系数(虚线)。

```
km = KMeans(n_clusters = 2,
            init = 'k - means++',
            n_init = 10,
            max_iter = 300,
```

```
            tol = 1e - 04,
            random_state = 0)
y_km = km.fit_predict(X)
plt.scatter(X[y_km == 0, 0],
            X[y_km == 0, 1],
            s = 50, c = 'lightgreen',
            edgecolor = 'black',
            marker = 's',
            label = '聚类 1')
plt.scatter(X[y_km == 1, 0],
            X[y_km == 1, 1],
            s = 50,
            c = 'orange',
            edgecolor = 'black',
            marker = 'o',
            label = '聚类 2')
plt.scatter(km.cluster_centers_[:, 0],
            km.cluster_centers_[:, 1],
            s = 250,
            marker = '*',
            c = 'red',
            label = '质心')
plt.xlabel('特征 1')
plt.ylabel('特征 2')
plt.legend()
plt.grid()
plt.tight_layout()
plt.show()
```

运行程序,效果如图 8-5 所示。

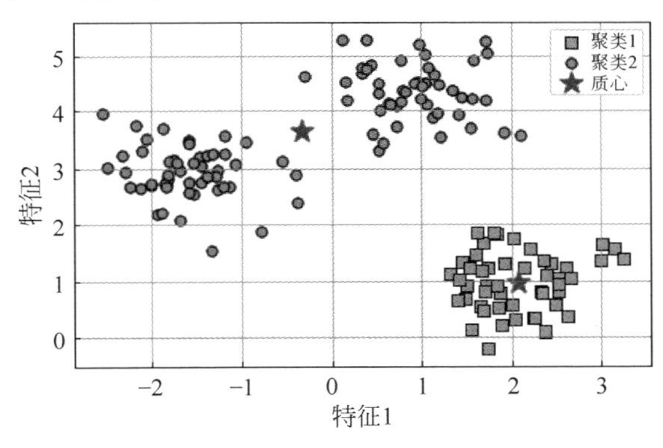

图 8-5　聚类的次优效果

图 8-5 中的其中一个质心位于输入数据的 3 个球形分组中的两个之间。聚类看起来并不完全糟糕,它是次优的。

接下来,将创建轮廓图来评估结果:

```
cluster_labels = np.unique(y_km)
n_clusters = cluster_labels.shape[0]
silhouette_vals = silhouette_samples(
    X, y_km, metric = 'euclidean'
)
y_ax_lower, y_ax_upper = 0, 0
yticks = []
for i, c in enumerate(cluster_labels):
    c_silhouette_vals = silhouette_vals[y_km == c]
    c_silhouette_vals.sort()
```

```
        y_ax_upper += len(c_silhouette_vals)
        color = cm.jet(float(i) / n_clusters)
        plt.barh(range(y_ax_lower, y_ax_upper),
                 c_silhouette_vals,
                 height = 1.0,
                 edgecolor = 'none',
                 color = color)
        yticks.append((y_ax_lower + y_ax_upper) / 2.)
        y_ax_lower += len(c_silhouette_vals)
    silhouette_avg = np.mean(silhouette_vals)
    plt.axvline(silhouette_avg, color = "red", linestyle = " -- ")
    plt.yticks(yticks, cluster_labels + 1)
    plt.ylabel('聚类')
    plt.xlabel('轮廓系数')
    plt.tight_layout()
    plt.show()
```

运行程序，效果如图 8-6 所示。

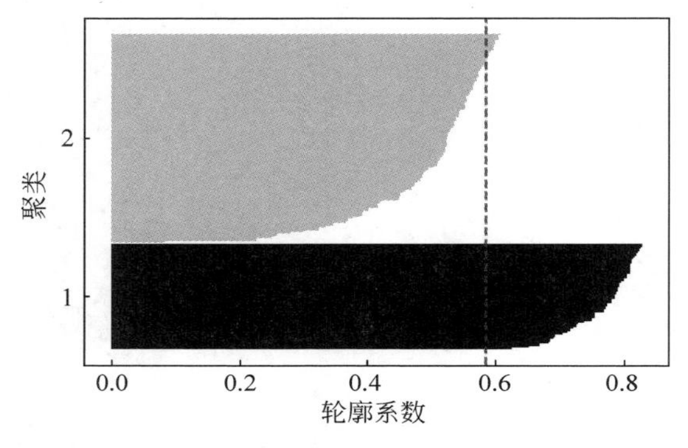

图 8-6 次优聚类的轮廓图

正如在图 8-6 中看到的，轮廓现在具有明显不同的长度和宽度。

8.1.6 K-Means++算法

K-Means++算法是 K-Means 算法的改进版，主要是为了选择出更优的初始聚类中心。其基本思路如下。

(1) 在数据集中随机选择一个样本作为第一个初始聚类中心。

(2) 选择出其余的聚类中心。

① 计算数据集中的每个样本与已经初始化的聚类中心之间的距离，并选择其中最短的距离，记为 d_i。

② 以概率选择距离最大的样本作为新的聚类中心，重复上述过程，直到 K 个聚类中心都被确定。

(3) 对 K 个初始的聚类中心，利用 K-Means 算法计算出最终的聚类中心。

技巧：对“以概率选择距离最大的样本作为新的聚类中心”的理解。

即初始的聚类中心之间的相互距离应尽可能地远。假如有 3、5、15、10、2 这 5 个样本的最小距离 d_i，则其和 sum 为 35，然后乘以一个取值在[0,1)范围的值，即概率(也可以称其为权重)，将这个结果不断减去样本的距离 d_i，直到某一个距离使其小于或等于 0，这个距离对应的样本就是新的聚类中心。如上述例子，假设 sum 乘以 0.5 得到结果 17.5，$17.5-3=14.5>0$，$14.5-5=9.5>0$，$9.5-15=-5.5<0$，则距离 d_i 为 15 的样本点距离最大，将其作为新的聚

类中心。

【例 8-2】 通过例子说明 K-Means++算法是如何选取初始聚类中心的。

解析：数据集中共有 8 个样本，分布情况如图 8-7 所示。

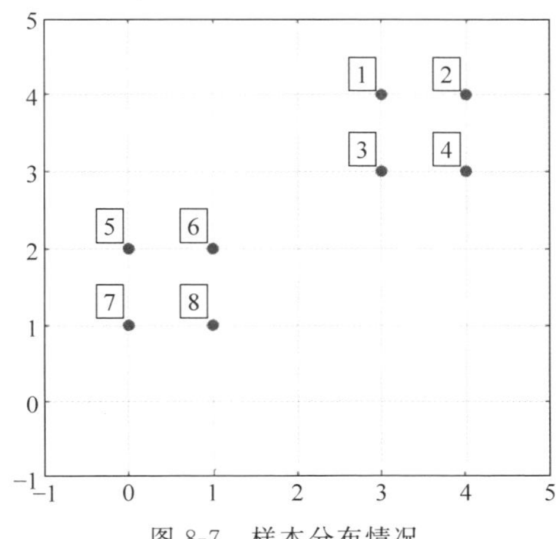

图 8-7　样本分布情况

假设经过 K-Means++算法第(1)步后，6 号点(1, 2)被选择为第一个初始聚类中心，在进行第(2)步时每个样本的 $D(x)$ 和被选择为第二个聚类中心的概率如表 8-1 所示。

表 8-1　$D(x)$和被选择为第二个聚类中心的概率

序号	①	②	③	④	⑤	⑥	⑦	⑧
$D(x)$	$2\sqrt{2}$	$\sqrt{13}$	$\sqrt{5}$	$\sqrt{10}$	1	0	$\sqrt{2}$	1
$(D(x))^2$	8	13	5	10	1	0	2	1
$P(x)$	0.2	0.325	0.125	0.25	0.025	0	0.05	0.025
Sum	0.2	0.525	0.65	0.9	0.925	0.925	0.975	1

其中的 $P(x)$ 就是每个样本被选为下一个聚类中心的概率。最后一行的 Sum 是概率 $P(x)$ 的累加和。

用轮盘法选择出第二个聚类中心的方法：随机产生出一个[0,1]的随机数，判断它属于哪个区间，那么该区间对应的序号就被选择作为第二个聚类中心。例如 1 号点的区间为[0, 0.2]，2 号点的区间为(0.2, 0.525]等。如果给出的随机数是 0.45，那么 2 号点就是第二个聚类中心。

从表 8-1 可以直观地看到第二个初始聚类中心是 1 号、2 号、3 号、4 号中的一个，因为这 4 个点的累计概率为 0.9，占了很大一部分比例。而从图 8-7 中也可以看到，这 4 个点正好是离第一个初始聚类中心 6 号点较远的 4 个点。这也验证了 K-Means 算法的改进思想，即离当前已有聚类中心较远的点有更大的概率被选为下一个聚类中心。

代码如下：

```
import time
import matplotlib.pyplot as plt
import matplotlib
import numpy as np
matplotlib.rcParams['font.sans-serif'] = [u'SimHei']      #显示中文
matplotlib.rcParams['axes.unicode_minus'] = False         #显示负号

def distEclud(vecA,vecB):
    """
```

```
    计算两个向量的欧氏距离
    """
    return np.sqrt(np.sum(np.power(vecA - vecB,2)))

def get_closest_dist(point, centroids):
    """
    计算样本点与当前已有聚类中心之间的最短距离
    """
    min_dist = np.inf                                  # 初始设为无穷大
    for i, centroid in enumerate(centroids):
        dist = distEclud(np.array(centroid), np.array(point))
        if dist < min_dist:
            min_dist = dist
    return min_dist

def RWS(P, r):
    """利用轮盘法选择下一个聚类中心"""
    q = 0                               # 累计概率
    for i in range(len(P)):
        q += P[i]                       # P[i]表示第 i 个个体被选中的概率
        if i == (len(P) - 1):           # 对于由于概率计算导致累计概率和小于 1 的,设置为 1
            q = 1
        if r <= q:                      # 产生的随机数在 m 到 m + P[i]间则认为选中了 i
            return i

def getCent(dataSet, k):
    """
    按 K - Means++算法生成 k 个点作为质心
    """
    n = dataSet.shape[1]                # 获取数据的维度
    m = dataSet.shape[0]                # 获取数据的数量
    centroids = np.mat(np.zeros((k, n)))
    # 随机选出一个样本点作为第一个聚类中心
    index = np.random.randint(0, n, size = 1)
    centroids[0, :] = dataSet[index, :]
    d = np.mat(np.zeros((m, 1)))        # 初始化 D(x)
    for j in range(1, k):
        # 计算 D(x)
        for i in range(m):
            d[i, 0] = get_closest_dist(dataSet[i], centroids)  # 与最近一个聚类中心的距离
        # 计算概率
        P = np.square(d) / np.square(d).sum()
        r = np.random.random()          # r 为 0 到 1 的随机数
        choiced_index = RWS(P, r)       # 利用轮盘法选择下一个聚类中心
        centroids[j, :] = dataSet[choiced_index]
    return centroids

def kMeans_plus2(dataSet,k,distMeas = distEclud):
    """
    k - Means++聚类算法,返回最终的 k 个质心和点的分配结果
    """
    m = dataSet.shape[0]                # 获取样本数量
    # 构建一个簇分配结果矩阵,共两列,第一列为样本所属的簇类值,第二列为样本到簇质心的误差
    clusterAssment = np.mat(np.zeros((m,2)))
    # 初始化 k 个质心
    centroids = getCent(dataSet,k)
    clusterChanged = True
    while clusterChanged:
        clusterChanged = False
```

```
        for i in range(m):
            minDist = np.inf
            minIndex = -1
            #找出最近的质心
            for j in range(k):
                distJI = distMeas(centroids[j,:],dataSet[i,:])
                if distJI < minDist:
                    minDist = distJI
                    minIndex = j
            #更新每一行样本所属的簇
            if clusterAssment[i,0] != minIndex:
                clusterChanged = True
            clusterAssment[i,:] = minIndex,minDist**2
        print(centroids) #打印质心
        #更新质心
        for cent in range(k):
            ptsClust = dataSet[np.nonzero(clusterAssment[:,0].A==cent)[0]]
            #获取给定簇的所有点
            centroids[cent,:] = np.mean(ptsClust,axis=0)      #沿矩阵列的方向求均值
    return centroids,clusterAssment

def plotResult(myCentroids,clustAssing,X):
    """将结果用图展示出来"""
    centroids = myCentroids.A          #将 matrix 转换为 ndarray 类型
    #获取聚类后的样本所属的簇值,将 matrix 转换为 ndarray
    y_kmeans = clustAssing[:, 0].A[:, 0]
    #未聚类前的数据分布
    plt.subplot(121)
    plt.scatter(X[:, 0], X[:, 1], s=50)
    plt.title("未聚类前的数据分布")
    plt.subplots_adjust(wspace=0.5)

    plt.subplot(122)
    plt.scatter(X[:, 0], X[:, 1], c=y_kmeans, s=50, cmap='viridis')
    plt.scatter(centroids[:, 0], centroids[:, 1], c='red', s=100, alpha=0.5)
    plt.title("用 K-Means++算法原理聚类的效果")
    plt.show()

def load_data_make_blobs():
    """
    生成模拟数据
    """
    from sklearn.datasets import make_blobs      #导入产生模拟数据的方法
    k = 5                                        #给定聚类数量
    X, Y = make_blobs(n_samples=1000, n_features=2, centers=k, random_state=1)
    return X,k

if __name__ == '__main__':
    X, k = load_data_make_blobs()                #获取模拟数据和聚类数量
    s = time.time()
    myCentroids, clustAssing = kMeans_plus2(X, k, distMeas=distEclud)
    #myCentroids 为簇质心
    print("用 K-Means++算法原理聚类耗时:", time.time() - s)
    plotResult(myCentroids, clustAssing, X)
```

运行程序,输出如下,效果如图 8-8 所示。

```
[[-12.22482514  -5.65268215]
 [ -1.05724063   4.82677207]
 [ -4.97357093  -3.40117757]
```

```
 [ -8.04704314   -8.60053627]
 [ -9.11308264   -7.66934446]]
...
[[-10.66631851   -3.50135699]
 [ -1.80530913    2.66422491]
 [ -5.90187775   -2.8993223]
 [ -7.05942132   -8.07760549]
 [ -9.02638865   -4.33638277]]
```

用 K-Means++算法原理聚类耗时：4.481517791748047

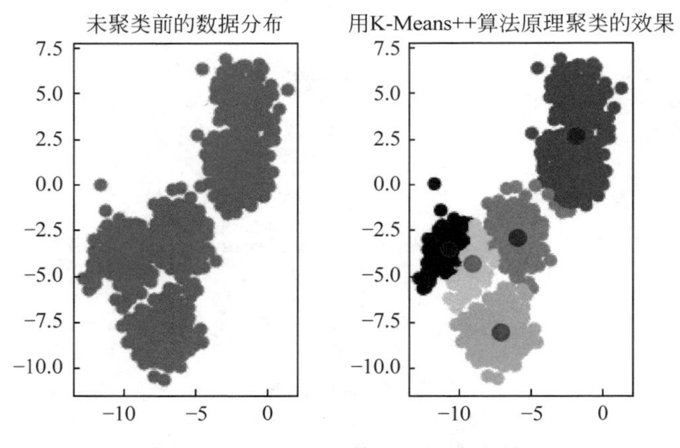

图 8-8　K-Means++算法原理聚类效果

8.2　层次聚类

系统聚类法(hierarchical clustering method)又叫分层聚类法，是目前最常用的聚类分析方法。层次聚类是通过计算不同类别点的相似度创建一棵有层次的树结构(见图 8-9)，在这棵树中，树的底层是原始数据点，顶层是一个聚类的根节点。

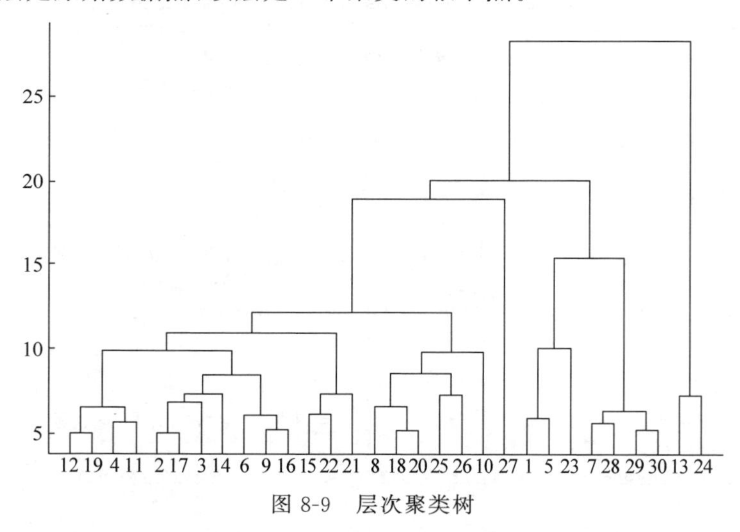

图 8-9　层次聚类树

创建这样一棵树的方法有自底向上和自顶向下两种。

下面介绍如何利用自底向上的方法构造一棵树。假设有 5 条数据，如图 8-10 所示，用这 5 条数据构造一棵树。

首先，计算两两样本之间相似度，然后找到最相似的两条数据(假设 1、2 最相似)，接着将其合并起来，成为一条数据，如图 8-11 所示。

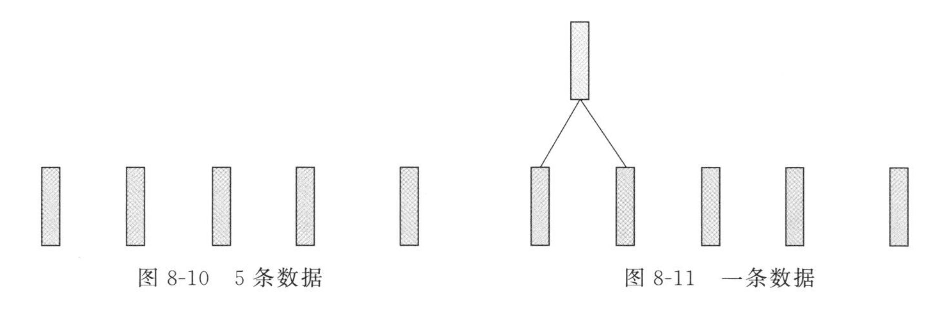

图 8-10　5 条数据　　　　图 8-11　一条数据

现在数据还剩 4 条，同样计算两两之间的相似度，找出最相似的两条数据（假设前两条最相似），然后合并起来，如图 8-12 所示。

将剩余的 3 条数据继续重复上面的步骤，假设后面两条数据最相似，如图 8-13 所示。

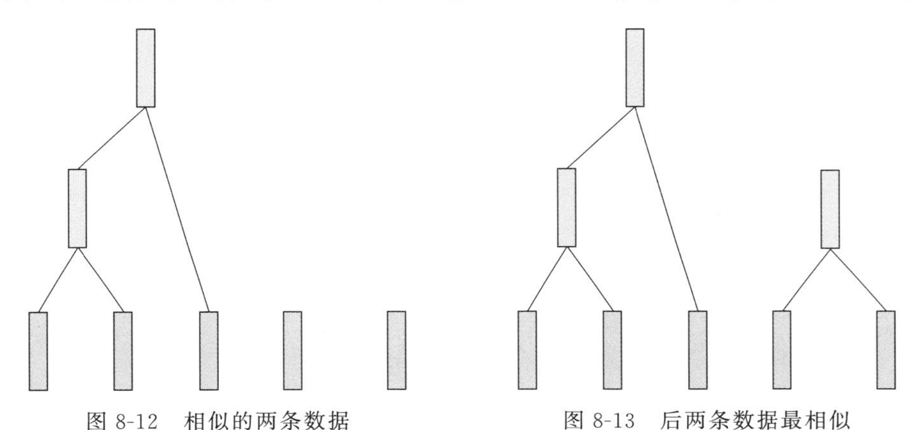

图 8-12　相似的两条数据　　　　图 8-13　后两条数据最相似

再把剩余的两条数据合并起来，最终完成一棵树的构建，如图 8-14 所示。

以上过程为自底向上聚类树的构建过程，自顶向下的过程与之相似，区别在于：初始数据是一个类别，需要不断分裂出距离最远的那个点，直到所有的点都成为叶节点。那么如何根据这棵树进行聚类呢？从树的中间部分切一刀，像图 8-15 这样。

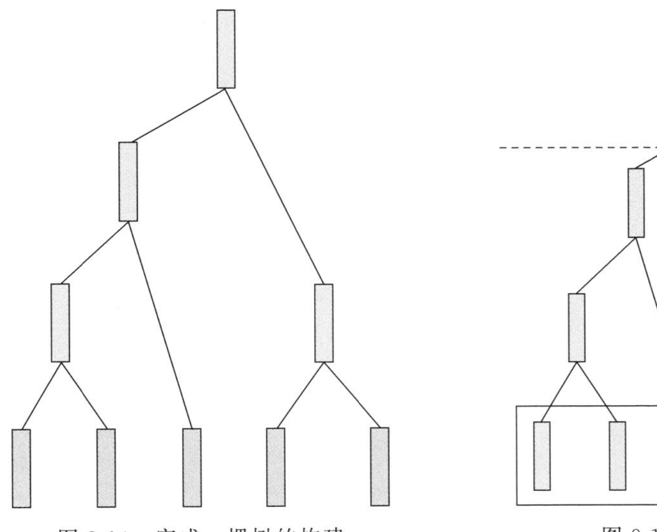

图 8-14　完成一棵树的构建

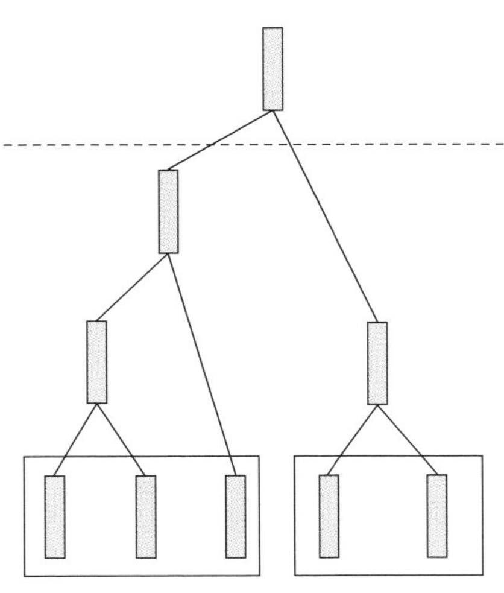

图 8-15　分割聚类树

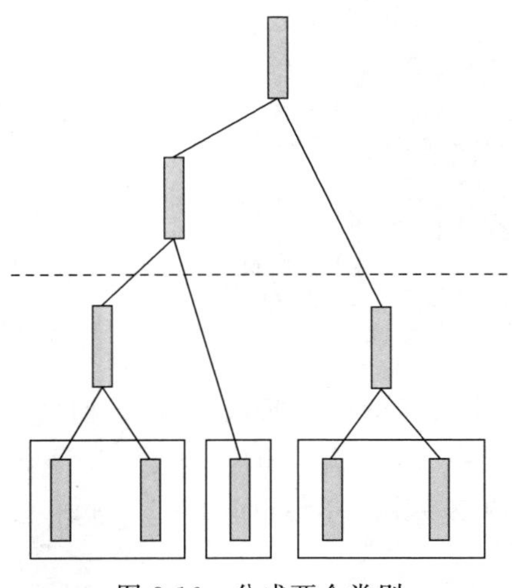
图 8-16　分成两个类别

接着，叶节点被分成两个类别，也可以像图 8-16 所示这样切。

这样样本集就被分成 3 个类别。这条切割的线由一个阈值（threshold）来决定切在什么位置，此处的阈值是需要预先给定的。但在实际过程中，往往不需要先构建一棵树，再去进行切分，在建树的过程中当达到所指定的类别后，就可以停止树的建立了。

【例 8-3】 实现层次聚类。

```
'''导入相关库'''
import numpy as np
import matplotlib.pyplot as plt
import pandas as pd
'''读取数据'''
ourData = pd.read_csv('Mall_Customers.csv')
ourData.head()
```

运行程序，输出如下：

	Customer	Genre	Age	Annual Income(k$)	Spending Score(1-100)
0	1	Male	19	15	39
1	2	Male	21	15	81
2	3	Female	20	16	6
3	4	Female	23	16	77
4	5	Female	31	17	40

将使用该数据集在 Annual Income (k $)和 Spending Score (1—100)列上实现层次聚类模型，所以需要从数据集中提取这两个特征：

```
newData = ourData.iloc[:, [3, 4]].values
newData
```

运行程序，输出如下：

```
array([[15, 39],
       [15, 81],
       [16, 6],
       [16, 77],
       ...
       [24, 73],
       [25, 5],
       [25, 73]], dtype = int64)
```

从结果可以看到数据不一致，必须对数据进行缩放，以使各种特征具有可比性；否则，最终会得到一个劣质的模型。

【例 8-4】 确定最佳集群数。

下面在尝试对数据进行聚类之前，需要知道数据可以最佳地聚类到多少个集群。所以首先在数据集上实现一个树状图来实现这个目标：

```
'''确定最佳集群数'''
from pylab import *
mpl.rcParams['font.sans - serif'] = ['SimHei']          #显示中文
plt.rcParams['axes.unicode_minus'] = False              #负号
import scipy.cluster.hierarchy as sch                   #导入层次聚类算法
```

```
dendrogram = sch.dendrogram(sch.linkage(newData , method = 'ward'))
#使用树状图找到最佳聚类数
plt.title('树状图')                                    #标题
plt.xlabel('集群数')                                   #横标签
plt.ylabel('欧几里得距离')                              #纵标签
plt.show()
```

运行程序,效果如图 8-17 所示。

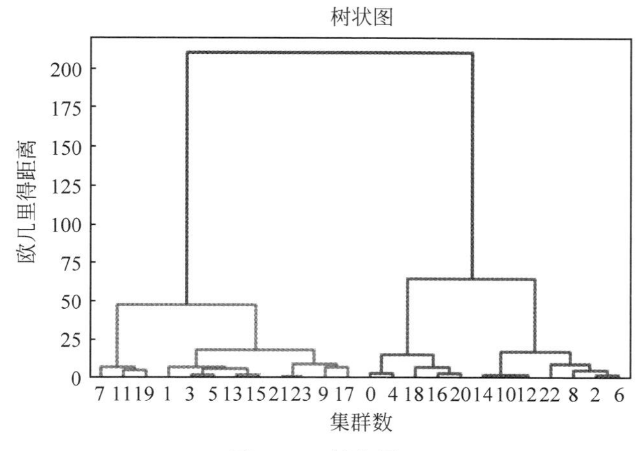

图 8-17 树状图 1

在图 8-17 中,可以确定最佳聚类数。假设截断整个树状图中的所有水平线,然后找到不与这些假设线相交的最长垂直线。越过那条最长的线,建立一个分界线。可以对数据进行最佳聚类,聚类数等于已建立的阈值所跨越的欧几里得距离(垂直线)的计数。下面训练聚类模型来实现这个目标。

```
'''层次聚类模型训练'''
from sklearn.cluster import AgglomerativeClustering
# n_clusters 为集群数,affinity 指定用于计算距离的度量,linkage 参数中的 ward 为离差平方和法
Agg_hc = AgglomerativeClustering(n_clusters = 5, affinity = 'euclidean', linkage = 'ward')
y_hc = Agg_hc.fit_predict(newData)              #训练数据

'''可视化数据是如何聚集的'''
plt.scatter(newData[y_hc == 0, 0], newData[y_hc == 0, 1], s = 100, c = 'red', label = '聚类 1')
#聚类 1
plt.scatter(newData[y_hc == 1, 0], newData[y_hc == 1, 1], s = 100, c = 'blue', label = '聚类 2')
#聚类 2
plt.scatter(newData[y_hc == 2, 0], newData[y_hc == 2, 1], s = 100, c = 'green', label = '聚类 3')
#聚类 3
plt.scatter(newData[y_hc == 3, 0], newData[y_hc == 3, 1], s = 100, c = 'cyan', label = '聚类 4')
#聚类 4
plt.scatter(newData[y_hc == 4, 0], newData[y_hc == 4, 1], s = 100, c = 'magenta', label = '聚类 5')
#聚类 5

plt.title('树状图')
plt.xlabel('集群数(k$)')
plt.ylabel('欧几里得距离(1-100)')
plt.legend()
plt.show()
```

运行程序，效果如图 8-18 所示。

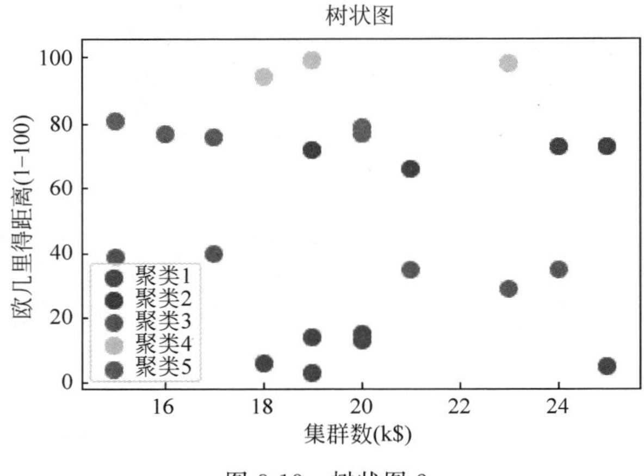

图 8-18　树状图 2

8.3　DBSCAN 算法

DBSCAN 算法是一种基于密度的聚类算法，这类密度聚类算法一般假定类别可以通过样本分布的紧密程度决定。同一类别的样本，它们之间是紧密相连的，也就是说，在该类别任意样本周围一定有同类别的样本存在。

通过将紧密相连的样本划为一类，这样就得到了一个聚类类别。通过将所有各组紧密相连的样本划为各个不同的类别，就得到了最终的所有聚类类别结果。

8.3.1　DBSCAN 算法相关概念

首先需要了解与 DBSCAN 有关的几个概念。

(1) ε-邻域。一个对象在半径为 ε 内的区域，简单来说就是以给定的一个数据为圆心画一个半径为 ε 的圆。

(2) 核心对象(core object)。如果 x_j 的ε-邻域至少包含 minPts 个样本，即 $|N_\varepsilon(x_j)| \geqslant \text{minPts}$，则 x_j 是一个核心对象。

(3) 密度直达(directly density-reachable)。如果 x_j 位于 x_i 的ε 邻域中，且 x_i 是核心对象，则称 x_j 由 x_i 密度直达。

(4) 密度可达(density-reachable)。对 x_i 与 x_j，如果存在样本序列 $p_1, p_2, \cdots, p_n$，其中 $p_1 = x_i, p_n = x_j$ 且 p_{i+1} 由 p_i 密度直达，则称 x_j 由 x_i 密度可达。

(5) 密度相连(density-connected)。对 x_i 与 x_j，如果存在 x_k 使得 x_i 与 x_j 均由 x_k 密度可达，则称 x_i 与 x_j 密度相连。

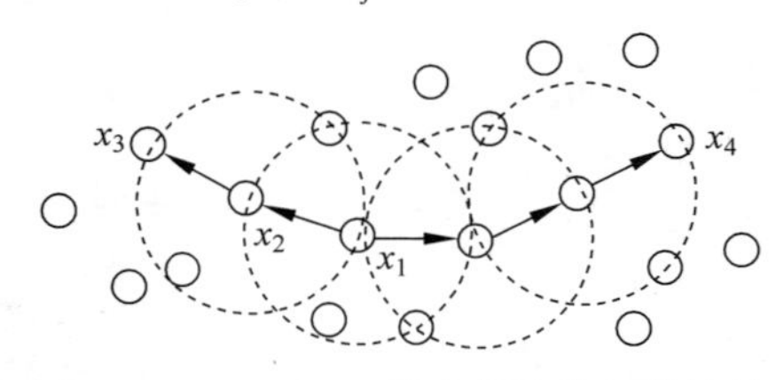

图 8-19　DBSCAN 算法概念的相关效果

图 8-19 为 DBSCAN 算法概念的相关效果。图中的 x_1 为核心对象；x_2 由 x_1 密度直达；x_3 由 x_1 密度可达；x_3 与 x_4 密度相连。

(6) 簇。基于密度聚类的簇就是最大的密度相连的所有对象的集合。

(7) 噪声点。不属于任何簇中的对象称为噪声点。

8.3.2　DBSCAN 算法的优缺点

DBSCAN 算法的优点主要表现在：

（1）与 K-Means 算法相比，不需要手动确定簇的个数 K，但需要确定邻域 r 和密度阈值 minPts。

（2）能发现任意形状的簇。

（3）能有效处理噪声点（邻域 r 和密度阈值 minPts 参数的设置可以影响噪声点）。

作为一种算法，DBSCAN 算法也存在缺点，主要表现在：

（1）在创建树的过程中要计算每个样本间的距离，计算复杂度较高。

（2）算法对于异常值比较敏感，影响聚类效果。

（3）容易形成链状的簇。

8.3.3　DBSCAN 算法实现

前面已对 DBSCAN 算法的相关概念、优缺点进行了介绍，下面通过实例来演示 DBSCAN 算法的实现。

【例 8-5】　DBSCAN 聚类算法的 Python 实现。

```
from sklearn import datasets
import numpy as np
import random
import matplotlib.pyplot as plt
import time
import copy

#def 定义函数 + 函数名(参数),返回值:return()
def find_neighbor(j, x, eps):
    N = list()
    for i in range(x.shape[0]):
        temp = np.sqrt(np.sum(np.square(x[j] - x[i])))    #计算欧氏距离
        #如果距离小于 eps
        if temp <= eps:
            #append 用于在列表末尾添加新的对象
            N.append(i)
    #返回邻居的索引
    return set(N)

def DBSCAN(X, eps, min_Pts):
    k = -1
    neighbor_list = []                                  #用来保存每个数据的邻域
    omega_list = []                                     #核心对象集合
    gama = set([x for x in range(len(X))])              #初始时将所有点标记为未访问
    cluster = [-1 for _ in range(len(X))]               #聚类
    for i in range(len(X)):
        neighbor_list.append(find_neighbor(i, X, eps))
        #取倒数第一个进行判断,如果大于设定的样本数,即为核心点
        if len(neighbor_list[-1]) >= min_Pts:
            omega_list.append(i)                        #将样本加入核心对象集合
    omega_list = set(omega_list)                        #转换为集合便于操作
    while len(omega_list) > 0:
        #深复制 gama
        gama_old = copy.deepcopy(gama)
        j = random.choice(list(omega_list))             #随机选取一个核心对象
```

```
        #k计数,从0开始
        k = k + 1
        #初始化Q
        Q = list()
        #记录访问点
        Q.append(j)
        #从gama中移除j,剩余未访问点
        gama.remove(j)
        while len(Q) > 0:
            #将第一个点赋值给q,Q队列输出给q,先入先出
            q = Q[0]
            Q.remove(q)
            if len(neighbor_list[q]) >= min_Pts:
                #&: 按位与运算符,参与运算的两个值,如果两个相应位都为1,则该位的结果为1,
                #否则为0
                delta = neighbor_list[q] & gama
                deltalist = list(delta)
                for i in range(len(delta)):
                    #在Q中增加访问点
                    Q.append(deltalist[i])
                    #从gama中移除访问点,剩余未访问点
                    gama = gama - delta
        #原始未访问点:剩余未访问点 = 访问点
        Ck = gama_old - gama
        Cklist = list(Ck)
        for i in range(len(Ck)):
            #类型为k
            cluster[Cklist[i]] = k
        #剩余核心点
        omega_list = omega_list - Ck
    return cluster

#创建一个包含较小圆的大圆的样本集
X1, y1 = datasets.make_circles(n_samples = 2000, factor = .6, noise = .02)
#生成聚类算法的测试数据
X2, y2 = datasets.make_blobs(n_samples = 400, n_features = 2, centers = [[1.2, 1.2]], cluster_
std = [[.1]], random_state = 9)
X = np.concatenate((X1, X2))
#判断为邻域的半径
eps = 0.08
#判断为核心点的样本数
min_Pts = 10
begin = time.time()
C = DBSCAN(X, eps, min_Pts)
end = time.time() - begin
plt.figure()
plt.scatter(X[:, 0], X[:, 1], c = C)
plt.show()
print(end)
print(X)
```

运行程序,输出如下,效果如图8-20所示。

```
54.39235258102417
[[-0.62951597  -0.04543715]
 [-0.22258548  0.56494867]
 [ 0.12975336  0.60202833]
 ...
```

```
[ 1.3182636   1.23193706]
[ 1.18114518  1.2700325]
[ 1.06090269  1.20967997]]
```

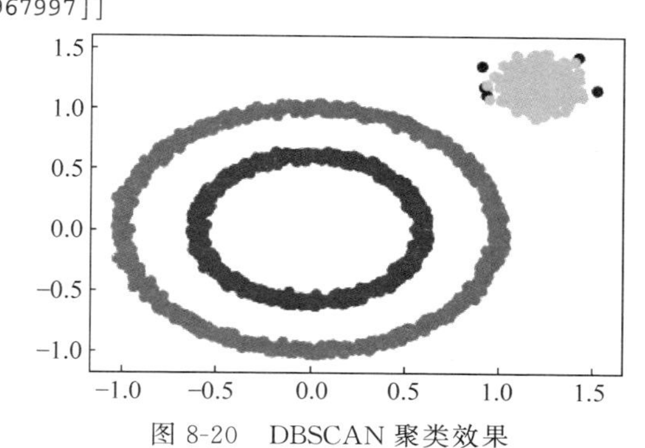

图 8-20 DBSCAN 聚类效果

利用 sklearn 中的 DBSCAN 类进行实现,代码为

```
from sklearn.cluster import DBSCAN

model = DBSCAN(eps = 0.08, min_samples = 10, metric = 'euclidean', algorithm = 'auto')
"""
eps: 邻域半径
min_samples: 对应 minPts
metrics: 邻域内距离计算方法,可选项如下.
         欧氏距离: euclidean
         曼哈顿距离: manhattan
         切比雪夫距离: chebyshev
         闵可夫斯基距离: minkowski
         带权重的闵可夫斯基距离: wminkowski
         标准化欧氏距离: seuclidean
         马氏距离: mahalanobis
algorithm: 最近邻搜索算法参数,算法一共有三种,
         第一种是暴力实现 brute,
         第二种是 KD 树实现 kd_tree,
         第三种是球树实现 ball_tree,
         auto 则会在上面三种算法中做权衡
"""
model.fit(X)
plt.figure()
plt.scatter(X[:, 0], X[:, 1], c = model.labels_)
plt.show()
```

得到效果与图 8-20 一致。

第 9 章

从单层到多层的人工神经网络

广义上来说，由神经元模型构成的模型即可称为人工神经网络模型。两层神经元模型可组成最简单的感知机模型，其中第一层称为输入层，第二层称为输出层。

9.1 人工神经网络建模复杂函数

9.1.1 单隐层神经网络概述

在每个 epoch（传递训练数据集）中，权重更新过程如下：

$$\boldsymbol{w}=\boldsymbol{w}+\Delta\boldsymbol{w}$$

其中，$\Delta\boldsymbol{w}=-\eta\,\nabla J(\boldsymbol{w})$。

此处使用的是批量梯度下降，即计算的梯度是基于整个训练集，同时基于梯度的方向更新模型的权值。其中，定义目标函数为 SSE，记作 $J(\boldsymbol{w})$。更进一步，通过将 $-J(\boldsymbol{w})$ 乘以学习率 η，用以控制下降步伐，从而避免越过代价函数的全局最小值。

基于上述优化方式，更新所有的权重系数，定义每个权重的偏导数如下：

$$\frac{\partial}{\partial w_j}J(\boldsymbol{w})=-\sum_i\left(y^{(i)}-a^{(i)}\right)x_j^{(i)}$$

其中，$y^{(i)}$ 为特定样本 $x^{(i)}$ 的类别标签，$a^{(i)}$ 代表的是神经元的激活函数，在自适应神经元中是一个线性函数：

$$\phi(z)=z=a$$

其中，z 为连接输入层和输出层的权值线性组合：

$$z=\sum_j w_j x_j=\boldsymbol{w}^{\mathrm{T}}\boldsymbol{x}$$

使用激活函数计算梯度更新，进一步实现一个阈值函数，将连续值输出压缩成二进制类别标签：

$$\hat{y}=\begin{cases}1, & g(z)\geqslant 0\\ -1, & \text{其他}\end{cases}$$

图 9-1 为单隐层神经网络的结构。

如图 9-1 所示，因为输入层和输出层之间仅仅有一条链路，所以称其为单层网络。另一种加速模型学习的优化方式为随机梯度下降（Stochastic Gradient Descent，SGD），SGD 近似于单个训练样本，或近似于使用一小部分训练样本即小批量学习。

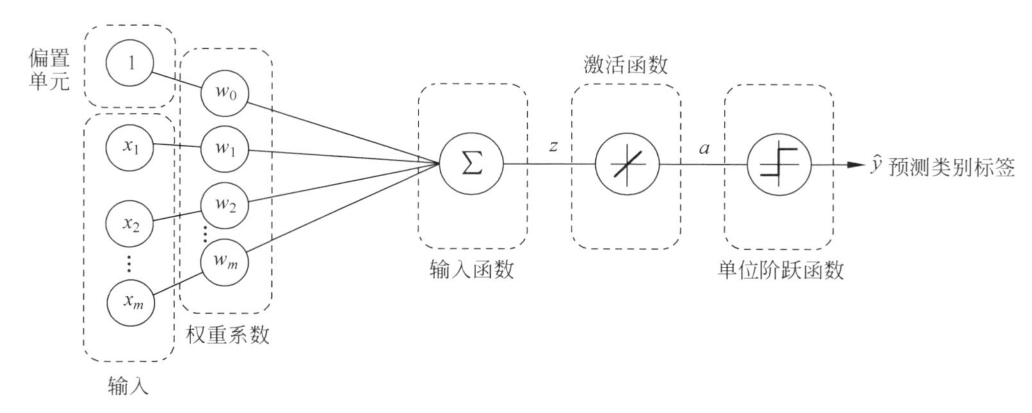

图 9-1 单隐层神经网络的结构

SGD 由于权重更新更加频繁，相较于批量梯度下降，其学习速度更快。同时噪声特性也使 SGD 在训练时具有非线性激活函数。此处引入的噪声可以促进优化目标，避免陷入局部最小。

9.1.2 多层神经网络结构

人工神经网络领域在 20 世纪 80 年代迎来了新的突破，产生了多层神经网络，终于可以利用人工神经网络处理非线性问题。

1. 两层神经网络

图 9-2 是最简单的两层神经网络，它包含 2 层，共由 3 个神经元相互连接而成。

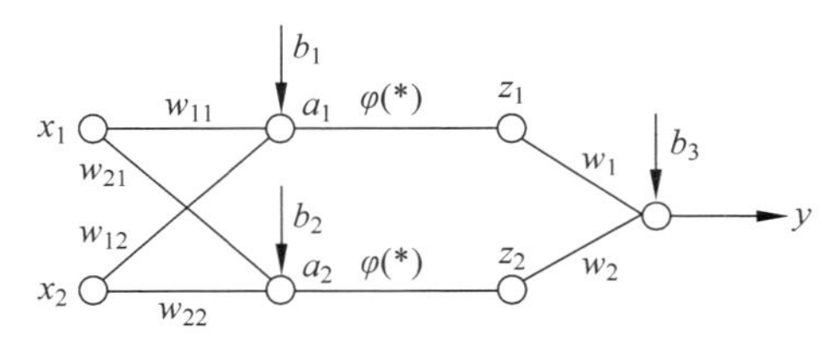

图 9-2 两层神经网络

在图 9-2 中，输入 $\boldsymbol{x}$ 向量有两个分量 x_1 和 x_2；输出 y 是一个数值。逐层写出输入与输出之间的关系：

$a_1=w_{11}x_1+w_{12}x_2+b_1$（第一个神经元）

$a_2=w_{21}x_1+w_{22}x_2+b_2$（第二个神经元）

$z_1=\varphi(a_1)$（非线性函数）

$z_2=\varphi(a_2)$（非线性函数）

$y=w_1z_1+w_2z_2+b_3$（第三个神经元）

也可以用一个非常复杂的公式描述多层神经网络输入与输出的关系：

$$y=w_1\varphi(w_{11}x_1+w_{12}x_2+b_1)+w_1\varphi(w_{21}x_1+w_{22}x_2+b_2)+b_3$$

这个神经网络分成了两层，第一层是前 2 个神经元，第二层是后一个神经元，两层之间用非线性函数 $\varphi()$ 连接起来。以上公式中待求的参数有 9 个，分别是第一层网络中的（w_{11}，w_{12}，w_{21}，w_{22}，b_1，b_2）和第二层网络中的（w_1，w_2，b_3）。

2. 非线性函数的作用

非线性函数 $\varphi()$ 在两层之间是必需的，如果考虑不加这个非线性函数 $\varphi()$，而是让第一层的输出直接作用到第二层的输入结果又会怎样呢？

输出 y 等价于：

$$y = w_1(w_{11}x_1 + w_{12}x_2 + b) + w_2(w_{21}x_1 + w_{22}x_2 + b_2) + b_3$$

化简后：

$$y = (w_1w_{11} + x_2w_{21})x_1 + (w_1w_{12} + w_2w_{22})x_2 + (w_1b_1 + w_2b_2 + b_3) \tag{9-1}$$

可以看到，y 是 x_1 和 x_2 加权求和再加偏置的形式，输出仍为输入的线性加权求和再加偏置的形式。

假设一个神经元如图 9-3 所示。

即有

$$y = w_1x_1 + w_2x_2 + b \tag{9-2}$$

综合式(9-1)及式(9-2)，可看到，如果式(9-2)的 $w_1 = w_1w_{11} + w_2w_{21}$，另外两个相应的式子也相等，那么式(9-1)与式(9-2)将会是同一个模型，即如果层与层不加非线性函数，那么多层神经网络将会退化到一个神经元的感知器模型状态。新问题又出来了，要加的非线性函数是什么呢？非线性函数是阶跃函数。例如：

$$\varphi(x) = \begin{cases} 1, & x > 0 \\ 0, & x < 0 \end{cases}$$

对应的阶跃函数如图 9-4 所示。

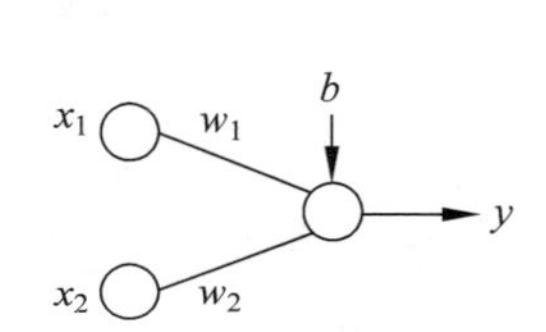

图 9-3　单个神经元实例

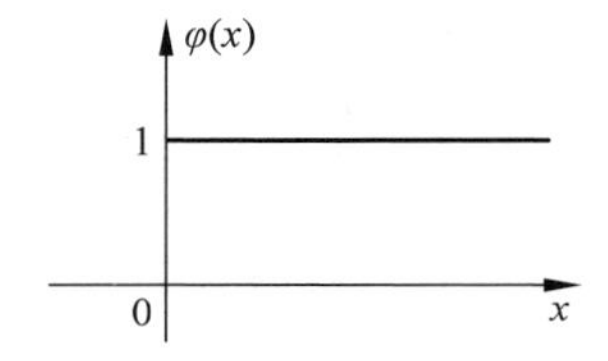

图 9-4　阶跃函数

9.1.3　前向传播激活神经网络

前向传播是给网络输入一个样本向量，该样本向量的各元素经过各隐藏层的逐级加权求和与非线性激活，最终由输出层输出一个预测向量的过程。

如图 9-5 所示，假设有一个神经网络，第 l 层的神经元有 2 个，第 $l-1$ 层(上一层)的神经元有 3 个。

提示：在图 9-5 中，上标表示所在层，下标表示在本层的索引。

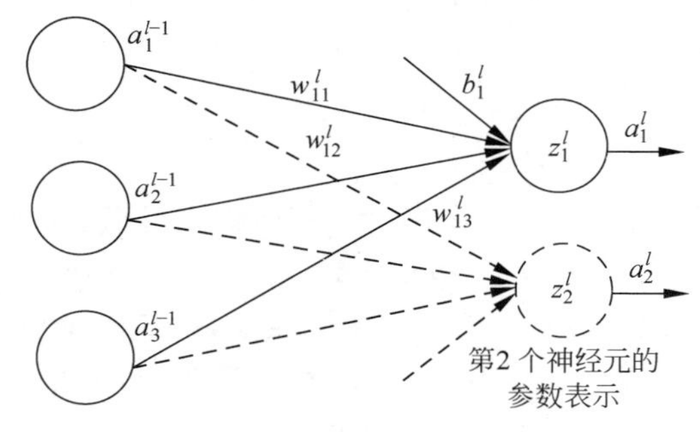

图 9-5　简化的局部网络

其中，a_1^{l-1} 表示第 $l-1$ 层的第 1 个神经元的激活值；w_{12}^l 表示第 l 层的权重，该权重连接第 $l-1$ 层的第 2 个神经元和 l 层的第 1 个神经元；b_1^l 表示第 l 层的第 1 个神经元的偏置；

z_1^l 表示第 l 层的第 1 个神经元的输入加权和。

1. 加权和的计算

根据图 9-5,可以按照图 9-6 所示将 z_1^l 求出来,同理求出 z_2^l,两个元素对堆叠起来,可用一个矩阵乘积再加上偏置向量来表示。

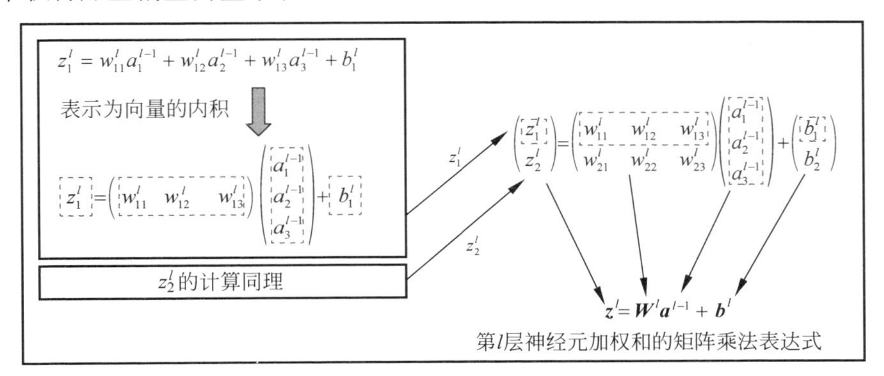

图 9-6 加权和的计算

由图 9-6 可看出:

- 上一层神经元越多,$\boldsymbol{W}$ 的列数越多,即越宽。
- 本层神经元越多,$\boldsymbol{W}$ 的行数越多,即越高。
- 偏置 $\boldsymbol{b}$ 的元素个数等于本层神经元个数,与上一层神经元个数无关。

深入探讨,可以将偏置融入权重矩阵中,构造出增广矩阵 $\boldsymbol{W}$;与此同时,给上一层的激活值向量 $\boldsymbol{a}$ 也增加一个元素 1,如图 9-7 所示。

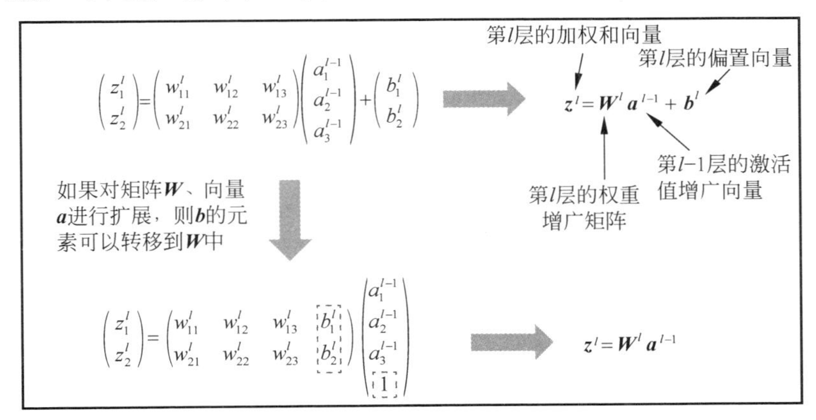

图 9-7 加权和的两种表示方法

2. 激活值的计算

有了加权和 $\boldsymbol{z}$ 的计算表达式,即由上一层输出的激活值向量获得本层的加权和,而且有两种形式的表达式,因此激活值的计算表达式也是两种,如图 9-8 所示。

注意,此处的激活 $\sigma()$ 指的是对输入向量的每个元素进行激活,即标量运算。输入的向量 $\boldsymbol{z}^l$ 有多少个元素,输出也对应多少个元素。

实现前向传播的 Python 过程为:

```
import numpy as np
class Network(object):
    def __init__(self,sizes):
        """
```

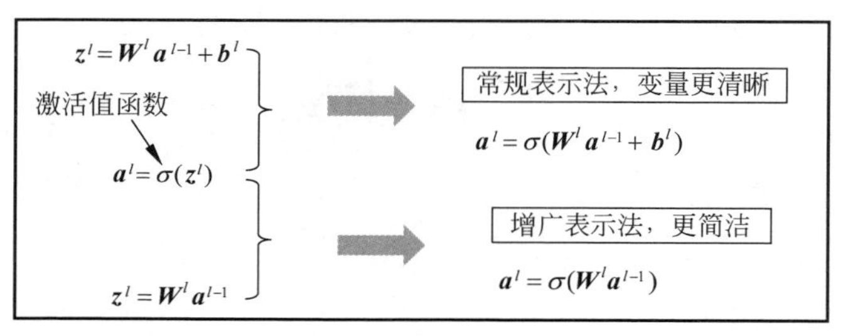

图 9-8 激活值前向传播的两种常见表示方法

```
        sizes 表示网络的结构
        """
        # 网络层数
        self.num_layers = len(sizes) # 层数
        # 神经元的个数
        self.sizes = sizes
        # 初始化每一层的偏置,即 b 的值
        self.baises = [np.random.randn(y,1) for y in sizes[1:]]

        # 初始化权重 W
        self.weights = [np.random.randn(y,x) for x,y in zip(sizes[:-1],sizes[1:])]
        """
        产生一个 y*x 符合正态分布
        """
    # 梯度下降
    def GD(self,training_data,epochs):
        """
        这个是梯度下降
        :param training_data:训练数据
        :param epochs:训练次数
        """
        for j in xrange(epochs):
            # 洗牌:打乱训练数据
            random.shuffle(training_data)
            # 训练每一个数据
            for x,y in training_data:
                self.update(x,y)

            print ("Epoch {0} complete".format(j))
    # 前向传播
    def update(self,x,y):
        # 保存每一层的偏导
        nabla_b  =  [np.zeros(b.shape) for b in self.baises]
        nabla_w  =  [np.zeros(b.shape) for b in self.weights]
        # 保存输入数据
        # 第一层的 activation
        activation = x
        # 保存每一层的激励值,a = sigmoid(z)
        activations = [x]
        # zs 保存每一层的 zs 值
        zs = []
        # 要做前向传播
        for b,w in zip(self.baises,self.weights):
            # 计算每一层的 z,此处 activation 是上一层的输出
            z = np.dot(w,activation) + b
            # 保存每一层的 z
            zs.append(z)
            # 计算每一层的 a(即 y)
```

```
            activation = sigmoid(z)
            #保存每一层的 a,用作记录反向传播
            activations.append(activation)
    # sigmoid
    def sigmoid(z):
        """
        sigmoid(z) = 1/(1 + e^ - z)
        """
        return 1.0/(1.0 + np.exp( - z))
```

9.1.4　反向传播

$\frac{1}{2}\sum(d-o)^2$ 是最简单也是人们最熟悉的均方差损失函数，其中 d 为真实值（标签值），o 为预测值，$\frac{1}{2}$ 是为了求导方便，不影响最后的损失对结果的度量，因此 $\text{loss}=\frac{1}{2}\sum_{k=1}^{l}(d_k-o_k)^2$，又因为

$$y_j=f(\text{net}_j)=f\left(\sum_{i=0}^{n}v_{ij}x_i\right) \tag{9-3}$$

$$o_k=f(\text{net}_k)=f\left(\sum_{j=0}^{m}w_{jk}y_j\right) \tag{9-4}$$

即 loss 等价于

$$\begin{aligned}\text{loss}&=\frac{1}{2}\sum_{k=1}^{l}(d_k-o_k)^2\\&=\frac{1}{2}\sum_{k=1}^{l}[d_k-f(\text{net}_k)]^2\\&=\frac{1}{2}\sum_{k=1}^{l}\left[d_k-f\left(\sum_{j=0}^{m}w_{jk}y_j\right)\right]^2\\&=\frac{1}{2}\sum_{k=1}^{l}\left[d_k-f\left(\sum_{j=0}^{m}w_{jk}f(\text{net}_j)\right)\right]^2\\&=\frac{1}{2}\sum_{k=1}^{l}\left[d_k-f\left(\sum_{j=0}^{m}w_{jk}f\left(\sum_{i=0}^{n}v_{ij}x_i\right)\right)\right]^2\end{aligned}$$

得到 loss 的式子后，目标是 loss 越小越好，这就需要优化 w 和 v。常用方法是梯度下降法，不停地迭代更新 w 和 v，直到得到最合适的 w 和 v 值使得 loss 最小，由梯度下降法更新公式，得到：

$$w=w-\nabla w_{jk} \tag{9-5}$$

$$v=v-\nabla v_{ij} \tag{9-6}$$

$$b_w=b_w-\nabla b_{oj} \tag{9-7}$$

$$b_v=b_v-\nabla b_{ok} \tag{9-8}$$

η 为学习率，自己设定，即有

$$\nabla w_{jk}=-\eta\frac{\partial\text{loss}}{\partial w_{jk}}=-\eta\frac{\partial\text{loss}}{\partial\text{net}_k}\times\frac{\partial\text{net}_k}{\partial w_{jk}} \tag{9-9}$$

$$\nabla v_{ij}=-\eta\frac{\partial\text{loss}}{\partial v_{ij}}=-\eta\frac{\partial\text{loss}}{\partial\text{net}_j}\times\frac{\partial\text{net}_j}{\partial v_{ij}} \tag{9-10}$$

其中，$\frac{\partial \text{loss}}{\partial w_{jk}}=y_j$，$\frac{\partial \text{net}_j}{\partial v_{ij}}=x_i$。

令

$$\delta_k^o=-\frac{\partial \text{loss}}{\partial \text{net}_k} \tag{9-11}$$

$$\delta_j^y=-\frac{\partial \text{loss}}{\partial \text{net}_j} \tag{9-12}$$

把 δ_k^o、δ_j^y 称作学习信号，代入式(9-9)、式(9-10)得：

$$\nabla w_{jk}=\eta\delta_k^o y_j$$

$$\nabla v_{ij}=\eta\delta_j^y x_i$$

即有

$$\delta_k^o=-\frac{\partial \text{loss}}{\partial \text{net}_k}=-\frac{\partial \text{loss}}{\partial o_k}\times\frac{\partial o_k}{\partial \text{net}_k}=-\frac{\partial \text{loss}}{\partial o_k}\times f'(\text{net}_k)$$

$$\delta_j^y=-\frac{\partial \text{loss}}{\partial \text{net}_j}=-\frac{\partial \text{loss}}{\partial y_j}\times\frac{\partial y_j}{\partial \text{net}_j}=-\frac{\partial \text{loss}}{\partial y_j}\times f'(\text{net}_j)$$

$$\frac{\partial \text{loss}}{\partial o_k}=-\sum_{k=1}^{l}(d_k-o_k)$$

$$\frac{\partial \text{loss}}{\partial y_j}=\frac{\partial \text{loss}}{\partial o_k}\times\frac{\partial o_k}{\partial \text{net}_k}\times\frac{\partial \text{net}_k}{\partial y_j}=-\sum_{k=1}^{l}(d_k-o_k)\times f'(\text{net}_k)\times w_{jk}$$

将上面式子代回式(9-11)、式(9-12)：

$$\delta_k^o=\sum_{k=1}^{l}(d_k-o_k)\times f'(\text{net}_k)=\sum_{k=1}^{l}(d_k-o_k)\times o_k\times(1-o_k)$$

$$\delta_j^y=\sum_{k=1}^{l}(d_k-o_k)\times f'(\text{net}_k)\times w_{jk}\times f'(\text{net}_j)=\delta_k^o\times w_{jk}\times y_j\times(1-y_j)$$

得到了最后的学习信号表达式，就可以代回梯度下降参数更新公式了：

$$\nabla w_{jk}=\eta\delta_k^o y_j=\eta\sum_{k=1}^{l}(d_k-o_k)\times o_k\times(1-o_k)\times y_j$$

$$\nabla v_{ij}=\eta\delta_j^y x_i=\eta\delta_k^o\times w_{jk}\times y_j\times(1-y_j)\times x_i$$

$$w=w-\nabla w_{jk}$$

$$v=v-\nabla v_{ij}$$

接下来求∇b_{oj} 和∇b_{ok}，因为知道偏置的权重系数是1，即有

$$\begin{aligned}\nabla b_{ok}&=-\eta\frac{\partial \text{loss}}{\partial b_{ok}}=-\eta\frac{\partial \text{loss}}{\partial o_k}\times\frac{\partial o_k}{\partial \text{net}_k}\times\frac{\partial \text{net}_k}{\partial b_{ok}}\\&=-\sum_{k=1}^{l}(d_k-o_k)\times f'(\text{net}_k)\times l\end{aligned}$$

$$\begin{aligned}\nabla b_{oj}&=-\eta\frac{\partial \text{loss}}{\partial b_{oj}}=-\eta\frac{\partial \text{loss}}{\partial o_k}\times\frac{\partial o_k}{\partial \text{net}_k}\times\frac{\partial \text{net}_k}{\partial y_j}\times\frac{\partial y_j}{\partial \text{net}_j}\times\frac{\partial \text{net}_j}{\partial b_{oj}}\\&=-\sum_{k=1}^{l}(d_k-o_k)\times f'(\text{net}_k)\times w_{jk}\times f'(\text{net}_j)\times 1\end{aligned}$$

再更新偏置值：

$$b_w = b_w - \nabla b_{oj}$$

$$b_v = b_v - \nabla b_{ok}$$

至此，两层的权重和偏置就更新完成了。

【例 9-1】 实现简单的反向传播。

```
import numpy as np

def sigmoid(x):
    return 1 / (1 + np.exp(-1 * x))

def d_sigmoid(x):
    s = sigmoid(x)
    return s * (np.ones(s.shape) - s)

def mean_square_loss(s, y):
    return np.sum(np.square(s - y) / 2)

def d_mean_square_loss(s, y):
    return s - y

def forward(W1, W2, b1, b2, X, y):
    #输入层到隐藏层
    y1 = np.matmul(X, W1) + b1             #[2, 3]
    z1 = sigmoid(y1)                       #[2, 3]
    #隐藏层到输出层
    y2 = np.matmul(z1, W2) + b2            #[2, 2]
    z2 = sigmoid(y2)                       #[2, 2]
    #求均方差损失
    loss = mean_square_loss(z2, y)
    return y1, z1, y2, z2, loss

def backward_update(epochs, lr = 0.01):
    #随机创建的数据和权重、偏置值
    X = np.array([[0.6, 0.1], [0.3, 0.6]])
    y = np.array([0, 1])
    W1 = np.array([[0.4, 0.3, 0.6], [0.3, 0.4, 0.2]])
    b1 = np.array([0.4, 0.1, 0.2])
    W2 = np.array([[0.2, 0.3], [0.3, 0.4], [0.5, 0.3]])
    b2 = np.array([0.1, 0.2])
    #进行一次前向传播
    y1, z1, y2, z2, loss = forward(W1, W2, b1, b2, X, y)
    for i in range(epochs):
        #求得隐藏层的学习信号(损失函数的导数乘激活函数的导数)
        ds2 = d_mean_square_loss(z2, y) * d_sigmoid(y2)
        #根据上面推导结果式子,注意形状需要转置
        dW2 = np.matmul(z1.T, ds2)
        #对隐藏层的偏置梯度求和,注意是对列求和
        db2 = np.sum(ds2, axis = 0)
        #前两个元素相乘
        dx = np.matmul(ds2, W2.T)
        ds1 = d_sigmoid(y1) * dx
        dW1 = np.matmul(X.T, ds1)
        #对隐藏层的偏置梯度求和,注意是对列求和
        db1 = np.sum(ds1, axis = 0)
        #参数更新
        W1 = W1 - lr * dW1
        b1 = b1 - lr * db1
```

```
        W2 = W2 - lr * dW2
        b2 = b2 - lr * db2

        y1, z1, y2, z2, loss = forward(W1, W2, b1, b2, X, y)
        # 每隔 100 次打印一次损失
        if i % 100 == 0:
            print('第 %d 批次' % (i / 100))
            print('当前损失为:{:.4f}'.format(loss))
            print(z2)
            # sigmoid 激活函数将结果大于 0.5 的分为正类,小于 0.5 的分为负类
            z2[z2 > 0.5] = 1
            z2[z2 < 0.5] = 0
            print(z2)
if __name__ == '__main__':
    backward_update(epochs = 50001, lr = 0.01)
```

运行程序,输出如下:

```
第 0 批次
当前损失为: 0.5448
[[0.67262937  0.6953569]
 [0.67262289  0.69684873]]
[[1. 1.]
 [1. 1.]]
第 1 批次
当前损失为: 0.3388
[[0.52328771  0.74367759]
 [0.52265281  0.74517593]]
[[1. 1.]
 [1. 1.]]
...
第 500 批次
当前损失为: 0.0004
[[0.01396342  0.98627432]
 [0.01364463  0.98661371]]
[[0. 1.]
 [0. 1.]]
```

9.2 识别手写数字

手写数字识别是指给定一系列的手写数字图片以及对应的数字标签,构建模型进行学习,目的是对于一张新的手写数字图片能够自动识别出对应的数字。手写数字识别因为数字类别只有 0～9 共 10 个,比其他字符识别率较高,所以应用广泛,可将其用于验证新的理论或做深入的分析研究。

9.2.1 神经网络算法实现数字的识别

本节利用 Backpropagation 算法来设计神经网络,主要步骤如下。

(1) 通过迭代性来处理训练集中的实例。

(2) 对比经过神经网络后输入层预测值(predicted value)与真实值(target value)之间的差距。

(3) 反方向(输出层→隐藏层→输入层)以最小化误差(error)来更新每个连接的权重(weight)$\boldsymbol{W}$ 和偏置 $\boldsymbol{b}$。

(4) 算法详细介绍。

① 输入: D 为数据集,l 为学习率(learning rate),一个多层前向神经网络。

② 输出：一个训练好的神经网络。

③ 初始化权重和偏置：随机初始化在－1到1之间，或者－0.5到0.5之间，每个单元有一个偏置。

④ 对于每个训练实例 X，执行以下步骤：

a. 由输入层向前传送，输入→输出对应的计算为

$$I_j=\sum_i w_{ij}o_i+\theta_j$$

其中，w_{ij} 为 i、j 连线上的权重；o_i 为前一次单元的值；θ_j 为偏置。

计算得到一个数据，经过 f 函数转换作为下一层的输入，f 函数为

$$o_j=\frac{1}{1+\mathrm{e}^{-I_j}}$$

b. 根据误差反向传送。

输入层：$\mathrm{Err}_j=o_j(1-o_j)(T_j-o_j)$

其中，T_j 为真实值；o_j 表示预测值。

隐藏层(误差计算)：$\mathrm{Err}_j=o_j(1-o_j)\sum_k \mathrm{Err}_k w_{jk}$

其中，Err_k 表示前一层的误差，w_{jk} 表示前一层与当前点的连接权重。

权重更新：$\begin{cases}\Delta w_{ij}=(l)\mathrm{Err}_j o_i\\ w_{ij}=w_{ij}+\Delta w_{ij}\end{cases}$

其中，l 为学习率(变化率)。优化方法是，随着数据的迭代逐渐减小。

偏置更新：$\begin{cases}\Delta\theta_j=(l)\mathrm{Err}_j\\ \theta_j=\theta_j+\Delta\theta_j\end{cases}$

其中，l 为学习率。

c. 终止条件主要有：权重的更新低于某个阈值；预测的错误率低于某个阈值；达到预设一定的循环次数。

根据需要，实现神经网络的类 NeuralNetwork 的代码为：

```
import numpy as np

def tanh(x):                                             #双曲线函数
    return np.tanh(x)

def tanh_deriv(x):                                       #双曲线函数的导数
    return 1.0 - np.tanh(x) * np.tanh(x)

def logistic(x):                                         #逻辑函数
    return 1/(1 + np.exp(-x))

def logistic_derivative(x):                              #逻辑函数的导数
    return logistic(x) * (1 - logistic(x))

class NeuralNetwork:                                     #定义了一个关于神经网络的算法类
    def __init__(self, layers, activation = 'tanh'):     #构造函数
        """
        包含每层单元数的列表
        要使用的激活函数可以是"logistic"或"tanh"
        """
        if activation == 'logistic':                     #判断所使用函数的类型
            self.activation = logistic
```

```
            self.activation_deriv = logistic_derivative
        elif activation == 'tanh':
            self.activation = tanh
            self.activation_deriv = tanh_deriv

        self.weights = []                              #定义了一个自身的权重
        for i in range(1, len(layers) - 1):
            self.weights.append((2 * np.random.random((layers[i - 1] + 1, layers[i] + 1)) -
1) * 0.25)
            self.weights.append((2 * np.random.random((layers[i] + 1, layers[i + 1])) - 1) * 0.25)

    def fit(self, X, y, learning_rate = 0.2, epochs = 10000):    #设定 epochs 为循环的最高次数
    #即到最高次数时就直接结束循环
        X = np.atleast_2d(X)                           #将 X 转换为 NumPy 包下的二维数组
        temp = np.ones([X.shape[0], X.shape[1] + 1])   #最后的 + 1 为偏向所在列
        temp[:, 0: - 1] = X                            #将偏置单元添加到输入层
        X = temp
        y = np.array(y)

        for k in range(epochs):                        #k 在第几次的循环中
            i = np.random.randint(X.shape[0])
            a = [X[i]]

            for l in range(len(self.weights)):         #到前向网络的输入层,对于每一层
                a.append(self.activation(np.dot(a[l], self.weights[l])))     #使用激活函数
                #计算每层(O_i)的节点值
            error = y[i] - a[ - 1]                     #计算最高层的误差
            deltas = [error * self.activation_deriv(a[ - 1])]      #对于输出层,误差计算(增
                                                                   #量是更新误差)
            #开始反向传播
            for l in range(len(a) - 2, 0, - 1):        #需要从倒数第二层开始
                #计算从顶层到输入层的每个节点的更新误差(即增量)
                deltas.append(deltas[ - 1].dot(self.weights[l].T) * self.activation_deriv(a[l]))
            deltas.reverse()
            for i in range(len(self.weights)):
                layer = np.atleast_2d(a[i])
                delta = np.atleast_2d(deltas[i])
                self.weights[i] += learning_rate * layer.T.dot(delta)

    def predict(self, x):
        x = np.array(x)
        temp = np.ones(x.shape[0] + 1)
        temp[0: - 1] = x
        a = temp
        for l in range(0, len(self.weights)):
            a = self.activation(np.dot(a, self.weights[l]))
        return a                                       #返回输出层
```

调用已经写好的神经网络的类实现一个识别手写数字的应用：

```
#每个图片为 8×8,识别数字:0,1,2,3,4,5,6,7,8,9
import numpy as np
from sklearn.datasets import load_digits
from sklearn.metrics import confusion_matrix, classification_report
from sklearn.preprocessing import LabelBinarizer
from NeuralNetwork import NeuralNetwork
from sklearn.model_selection import train_test_split

digits = load_digits()
X = digits.data
```

```
y = digits.target
X -= X.min()                                    #将值标准化,使其处于 0~1 范围内
X /= X.max()

nn = NeuralNetwork([64, 100, 10], 'logistic')
X_train, X_test, y_train, y_test = train_test_split(X, y)
labels_train = LabelBinarizer().fit_transform(y_train)
labels_test = LabelBinarizer().fit_transform(y_test)
print("开始识别")
nn.fit(X_train, labels_train, epochs=3000)
predictions = []
for i in range(X_test.shape[0]):
    o = nn.predict(X_test[i])
    predictions.append(np.argmax(o))
print(confusion_matrix(y_test, predictions))
print(classification_report(y_test, predictions))
```

运行程序,输出如下:

```
开始识别
[[49  0  0  0  0  0  0  0  0  0]
 [ 0 40  0  0  0  0  1  0  3  2]
 [ 0  1 42  0  0  0  0  1  1  0]
 [ 0  0  0 50  0  0  0  3  1  0]
 [ 0  0  0  0 41  0  0  1  1  1]
 [ 0  0  0  1  1 46  0  0  0  2]
 [ 0  0  0  0  0  0 34  0  1  0]
 [ 0  0  0  0  0  1  0 39  1  1]
 [ 0  2  1  1  0  2  0  0 39  0]
 [ 0  2  0  1  2  1  0  0  3 31]]
```

其中,对角线上的数字为正确识别的内容,其他位置不为 0 的都是识别错误的。

```
             precision    recall  f1-score   support

          0       1.00      1.00      1.00        49
          1       0.89      0.87      0.88        46
          2       0.98      0.93      0.95        45
          3       0.94      0.93      0.93        54
          4       0.93      0.93      0.93        44
          5       0.92      0.92      0.92        50
          6       0.97      0.97      0.97        35
          7       0.89      0.93      0.91        42
          8       0.78      0.87      0.82        45
          9       0.84      0.78      0.81        40

avg / total       0.91      0.91      0.91       450
```

从结果可看出,本次识别的平均准确率高达 91%。

9.2.2 实现多层感知器

现实生活中很多真实的问题都不是线性可分的,即无法使用一条直线、平面或超平面分割不同的类别,其中典型的例子是异或(Exclusive OR,XOR)问题,即假设输入为 x_1 和 x_2,如果它们相同,即当 $x_1=0$、$x_2=0$ 或 $x_1=1$、$x_2=1$ 时,输出 $y=0$;如果它们不相同,即当 $x_1=0$、$x_2=1$ 或 $x_1=1$、$x_2=0$ 时,输出

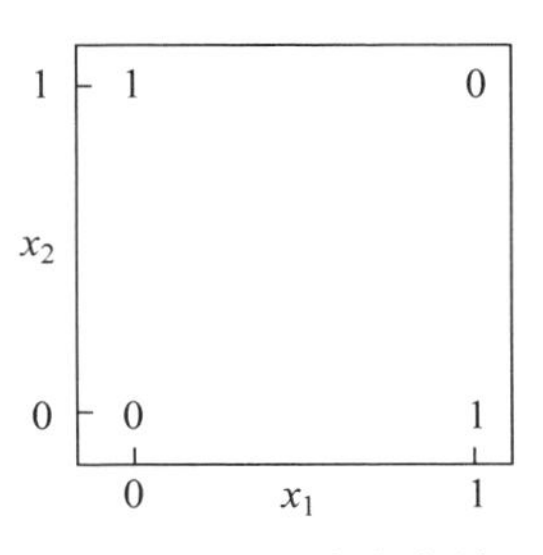

图 9-9 无法正确分类效果

$y=1$,如图 9-9 所示。此时,无法使用线性分类器恰当地将输入划分到正确的类别。

1. 定义

多层感知器(Multi-layer Perceptron,MLP)指的是堆叠多层线性分类器,并在中间层(即隐含层,hidden layer)增加非线性激活函数。MLP 是解决线性不可分问题的一种解决方案,例如,可以设计如下多层感知器:

$$\boldsymbol{z}=\boldsymbol{W}^{(1)}\boldsymbol{x}+\boldsymbol{b}^{(1)}$$

$$\boldsymbol{h}=\mathrm{ReLU}(\boldsymbol{z})$$

$$\boldsymbol{y}=\boldsymbol{W}^{(2)}\boldsymbol{h}+\boldsymbol{b}^{(2)}$$

等式中,ReLU(Rectified Linear Unit)是一种非线性激活函数,定义为:当某一项输入小于 0 时,输出为 0;否则输出相应的输入值,即 $\mathrm{ReLU}(z)=\max(0,z)$。$\boldsymbol{W}^{(i)}$ 和 $\boldsymbol{b}^{(i)}$ 分别表示第 i 层感知器的权重和偏置项。

如果将相应的参数进行如下设置:

$$\boldsymbol{W}^{(1)}=\begin{pmatrix}1 & 1\\ 1 & 1\end{pmatrix}$$

$$\boldsymbol{b}^{(1)}=(0,\quad -1)^{\mathrm{T}}$$

$$\boldsymbol{W}^{(2)}=(1,\quad -2)$$

$$\boldsymbol{b}^{(2)}=(0)$$

这样就可解决异或问题,该多层感知器的网络结构如图 9-10 所示。

图 9-10 的网络是如何解决异或问题的呢?它是通过两个关键技术实现的,即增加了一个含两个节点的隐含层(h)和引入非线性激活函数(ReLU)。通过设置恰当的参数值,将在原始输入空间中线性不可分的问题映射到新的隐含层空间,使其在该空间内线性可分,如图 9-11 所示,原空间中,$x=(0,0)$和 $x=(1,1)$这两个点分别被映射到 $h=(0,0)$和 $h=(2,1)$;而 $x=(0,1)$和 $x=(1,0)$这两个点都被映射到了 $h=(1,0)$。这时就可以使用一条直线将两类点分割,即可成功将线性不可分问题转换为线性可分问题。

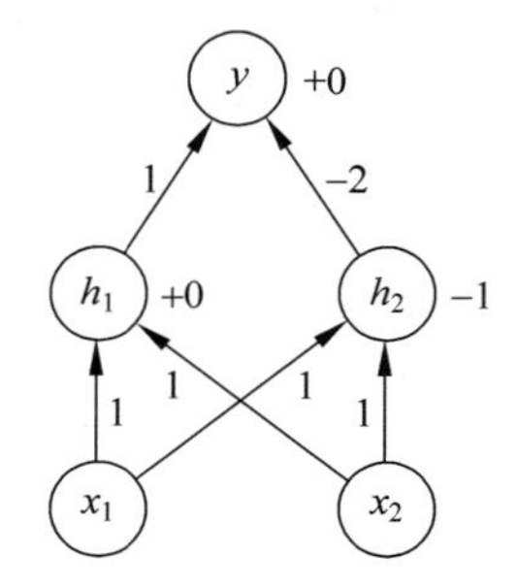

图 9-10 多层感知器的网络结构

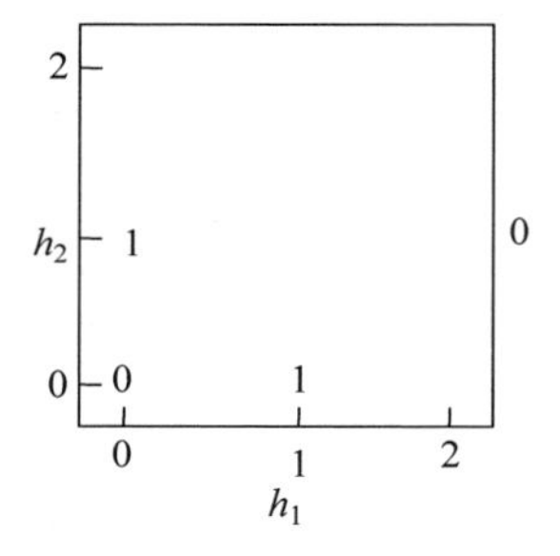

图 9-11 转换后线性可分

2. 一般形式

图 9-12 展示了一般形式的多层感知器,图中引入了更多的隐含层,并将输出层设置为多类分类层(使用 Softmax 函数)。输入层和输出层的大小是固定的,与输入数据的维度及所处理问题的类别相对应,而隐含层的大小、层数和激活函数的类型等需要根据经验以及实验结果设置,并被称为超参数(hyper-parameter)。一般来说,隐含层越大、层数越多,即模型的参数越多、容量越大,多层感知器的表达能力就越强,但较难优化网络的参数。如果隐含层太小、层数过少,模型的表达能力会不足。为了在模型容量和学习难度中间寻找到一个平衡点,需要根据不同的问题和数据,通过在调参过程中寻找合适的超参数组合。

3. 多层感知器 MLP 实现

下面通过一个实例来演示 Python 实现多层感知器。

图 9-12 一般形式的多层感知器

【例 9-2】 Python 实现多层感知器。

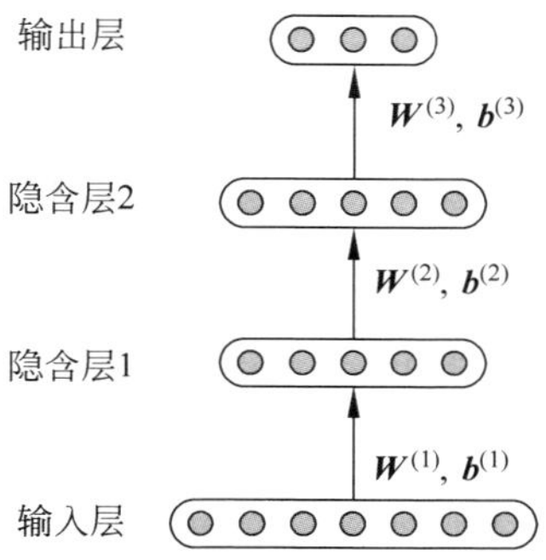

```
'''加载必要的库,生成数据集'''
import math
import random
import matplotlib.pyplot as plt
import numpy as np
class moon_data_class(object):
  def __init__(self,N,d,r,w):
    self.N = N
    self.w = w
    self.d = d
    self.r = r

  def sgn(self,x):
    if(x > 0):
      return 1;
    else:
      return -1;

  def sig(self,x):
    return 1.0/(1 + np.exp(x))

  def dbmoon(self):
    N1 = 10 * self.N
    N = self.N
    r = self.r
    w2 = self.w/2
    d = self.d
    done = True
    data = np.empty(0)
    while done:
      tmp_x = 2 * (r + w2) * (np.random.random([N1, 1]) - 0.5)
      tmp_y = (r + w2) * np.random.random([N1, 1])
      tmp = np.concatenate((tmp_x, tmp_y), axis = 1)
      tmp_ds = np.sqrt(tmp_x * tmp_x + tmp_y * tmp_y)
      #生成双月数据 - 上部
      idx = np.logical_and(tmp_ds > (r - w2), tmp_ds < (r + w2))
      idx = (idx.nonzero())[0]

      if data.shape[0] == 0:
        data = tmp.take(idx, axis = 0)
      else:
        data = np.concatenate((data, tmp.take(idx, axis = 0)), axis = 0)
      if data.shape[0] >= N:
        done = False
    db_moon = data[0:N, :]
    data_t = np.empty([N, 2])
    data_t[:, 0] = data[0:N, 0] + r
    data_t[:, 1] = - data[0:N, 1] - d
    db_moon = np.concatenate((db_moon, data_t), axis = 0)
    return db_moon

'''定义激活函数'''
def rand(a,b):
  return (b - a) * random.random() + a
def sigmoid(x):
```

```
    return 1.0/(1.0 + math.exp( - x))
def sigmoid_derivate(x):
    return x * (1 - x)                                      #sigmoid函数的导数

'''定义神经网络'''
class BP_NET(object):
    def __init__(self):
        self.input_n = 0
        self.hidden_n = 0
        self.output_n = 0
        self.input_cells = []
        self.bias_input_n = []
        self.bias_output = []
        self.hidden_cells = []
        self.output_cells = []
        self.input_weights = []
        self.output_weights = []
        self.input_correction = []
        self.output_correction = []

    def setup(self,ni,nh,no):
        self.input_n = ni + 1                               #输入层 + 偏置项
        self.hidden_n = nh
        self.output_n = no
        self.input_cells = [1.0] * self.input_n
        self.hidden_cells = [1.0] * self.hidden_n
        self.output_cells = [1.0] * self.output_n

        self.input_weights = make_matrix(self.input_n,self.hidden_n)
        self.output_weights = make_matrix(self.hidden_n,self.output_n)

        for i in range(self.input_n):
            for h in range(self.hidden_n):
                self.input_weights[i][h] = rand( - 0.2,0.2)

        for h in range(self.hidden_n):
            for o in range(self.output_n):
                self.output_weights[h][o] = rand( - 2.0,2.0)

        self.input_correction = make_matrix(self.input_n,self.hidden_n)
        self.output_correction = make_matrix(self.hidden_n,self.output_n)

    def predict(self,inputs):
        for i in range(self.input_n - 1):
            self.input_cells[i] = inputs[i]

        for j in range(self.hidden_n):
            total = 0.0
            for i in range(self.input_n):
                total += self.input_cells[i] * self.input_weights[i][j]
            self.hidden_cells[j] = sigmoid(total)

        for k in range(self.output_n):
            total = 0.0
            for j in range(self.hidden_n):
                total += self.hidden_cells[j] * self.output_weights[j][k]

            self.output_cells[k] = sigmoid(total)
        return self.output_cells[:]
```

```
    def back_propagate(self, case,label,learn,correct):
        #计算得到输出 output_cells
        self.predict(case)
        output_deltas = [0.0] * self.output_n
        error = 0.0
        #计算误差 = 期望输出 - 实际输出
        for o in range(self.output_n):
            error = label[o] - self.output_cells[o]          #正确结果和预测结果的误差:0,1, -1
            output_deltas[o] = sigmoid_derivate(self.output_cells[o]) * error      #误差稳定在 0~1 内

        hidden_deltas = [0.0] * self.hidden_n
        for j in range(self.hidden_n):
            error = 0.0
            for k in range(self.output_n):
                error += output_deltas[k] * self.output_weights[j][k]
            hidden_deltas[j] = sigmoid_derivate(self.hidden_cells[j]) * error

        for h in range(self.hidden_n):
            for o in range(self.output_n):
                change = output_deltas[o] * self.hidden_cells[h]
                #调整权重：上一层每个节点的权重学习 * 变化 + 校正率
                self.output_weights[h][o] += learn * change
        #更新输入 ->隐藏层的权重
        for i in range(self.input_n):
            for h in range(self.hidden_n):
                change = hidden_deltas[h] * self.input_cells[i]
                self.input_weights[i][h] += learn * change
        error = 0
        for o in range(len(label)):
            for k in range(self.output_n):
                error += 0.5 * (label[o] - self.output_cells[k]) ** 2
        return error

    def train(self,cases,labels, limit, learn,correct = 0.1):
        for i in range(limit):
            error = 0.0
            for j in range(len(cases)):
                case = cases[j]
                label = labels[j]
                error += self.back_propagate(case, label, learn,correct)
            if((i + 1) % 500 == 0):
                print("错误率:",error)

    def test(self):                                         #学习异或
        N = 200
        d = -4
        r = 10
        width = 6
        data_source = moon_data_class(N, d, r, width)
        data = data_source.dbmoon()
        input_cells = np.array([np.reshape(data[0:2 * N, 0], len(data)), np.reshape(data[0:2 * N,
1], len(data))]).transpose()
        labels_pre = [[1.0] for y in range(1, 201)]
        labels_pos = [[0.0] for y in range(1, 201)]
        labels = labels_pre + labels_pos
        self.setup(2,5,1)                        #初始化神经网络:输入层,隐藏层,输出层元素个数
        self.train(input_cells,labels,2000,0.05,0.1)        #可以更改
        test_x = []
```

```
        test_y = []
        test_p = []
        y_p_old = 0

        for x in np.arange(-15.,25.,0.1):
          for y in np.arange(-10.,10.,0.1):
            y_p = self.predict(np.array([x, y]))
            if(y_p_old < 0.5 and y_p[0] > 0.5):
              test_x.append(x)
              test_y.append(y)
              test_p.append([y_p_old,y_p[0]])
            y_p_old = y_p[0]
        #画决策边界
        plt.plot(test_x, test_y, 'g--')
        plt.plot(data[0:N, 0], data[0:N, 1], 'r*', data[N:2*N, 0], data[N:2*N, 1], 'b*')
        plt.show()

if __name__ == '__main__':
  nn = BP_NET()
  nn.test()
```

运行程序，效果如图 9-13 所示。

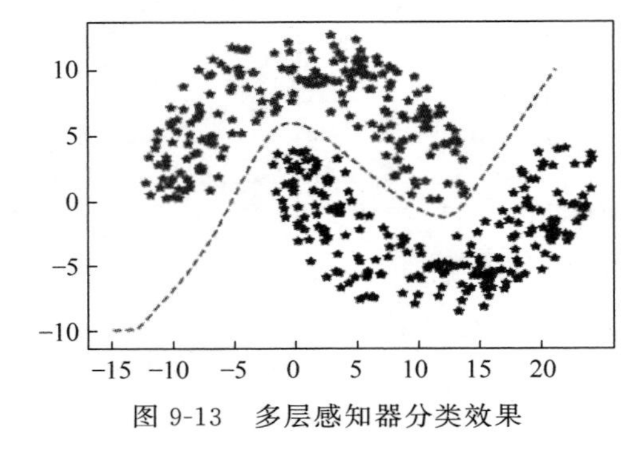

图 9-13　多层感知器分类效果

第10章 使用深度卷积神经网络实现图像分类

卷积神经网络用于图像分类，最早可以追溯到 LeNet-5，它最早被应用于手写数字的识别，并且取得了不错的分类效果。

10.1 构建卷积神经网络

卷积神经网络(Convolutional Neural Network，CNN)是多层感知机(MLP)的变种，CNN 本质是一个多层感知机，其成功的原因在于它所采用的局部连接和权值共享的方式：一方面减少了权值的数量，使网络易于优化；另一方面降低了模型的复杂度，减小了过拟合的风险。

当网络的输入为图像时，该优点表现得更为明显，使得图像可以直接作为网络的输入，避免了传统识别算法中复杂的特征提取和数据重建的过程。特别是在二维图像的处理过程中，如网络能够自行抽取图像的特征包括颜色、纹理、形状及图像的拓扑结构的优势十分明显，更是在识别位移、缩放及其他形式扭曲不变性的应用上具有良好的健壮性和运算效率等。

10.1.1 深度学习

Hinton 在 2006 年提出了深度学习，有以下两个主要的观点。

- 多隐层的人工神经网络具有优异的特征学习能力，学习到的数据更能反映数据的本质特征，有利于可视化或分类。
- 在训练的难度上，深度神经网络可以通过逐层无监督训练有效克服。

深度学习能够取得成功有如下原因。

- 大规模数据(例如 ImageNet)为深度学习提供了好的训练资源。
- 计算机硬件的飞速发展，特别是 GPU 的出现，使得训练大规模上网络成为可能。

深度神经网络的基本思想是通过构建多层网络，对目标进行多层表示，以通过多层的高层次特征来表示数据的抽象语义信息，获得更好的特征健壮性。

10.1.2 CNN 的原理

CNN 在图像识别领域中应用广泛，它是如何实现图像识别的呢？下面根据图 10-1 中的实例来了解 CNN 的原理。

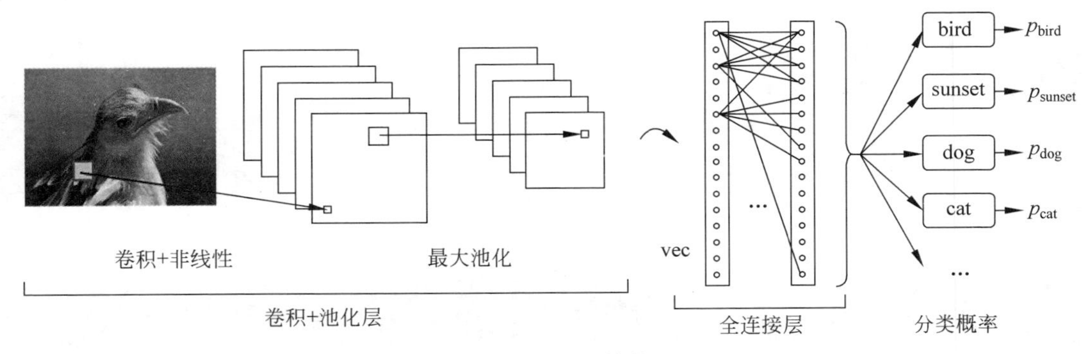

图 10-1 CNN 结构

CNN 是一种经典的人工神经网络，其结构可以分为卷积层、池化层和全连接层。

- 卷积层(convolutional layer)：主要作用是提取特征。
- 池化层(pooling layer)：主要作用是下采样(downsampling)，并不会损坏识别结果。
- 全连接层(fully connected layer)：主要作用是分类。

可以拿人类来做类比，如图 10-1 中的小鸟，人类如何识别它就是鸟呢？首先判断鸟的嘴是尖的，全身有羽毛和翅膀，有尾巴，然后通过这些外形进行联系，判断这是一只鸟。CNN 的原理与此类似，通过卷积层来查找特征，然后通过全连接层来做分类判断这是一只鸟，而池化层则是为了让训练的参数更少，在保持采样不变的情况下，忽略掉一些信息。

1. 卷积层

在卷积层中是怎样实现特征提取的呢？卷积是 2 个函数的叠加，应用在图像上，则可以理解为将一个滤镜放在图像上，找出图像中的某些特征，在区分某一物体时，是需要很多特征的，所以会需要很多滤镜进行组合，通过这些滤镜的组合，可以得出很多特征。

首先，一张图片在计算机中保存的格式为一个个像素，如一张长度为 1024、宽度为 1010 的图片，共包含了 1024×1010 像素，如果为 RGB 图片，由于 RGB 图片由 3 种颜色叠加而成，包含 3 个通道，因此需要用 1024×1010×3 的数组来表示，如图 10-2 所示。

(a) 人看到的

29 10 19 20 00 00 12 22 13 14 90 89
78 27 39 00 00 00 12 90 87 89 19 19
22 32 65 56 89 11 22 33 11 15 67 28
00 29 38 48 21 22 27 81 92 33 13 13
11 77 45 45 37 89 91 23 12 38 74 63
46 41 31 37 13 12 46 46 24 32 44 57
84 38 38 74 63 46 41 31 37 13 12 46
46 24 32 44 57 84 38 15 67 28 00 29
38 48 21 22 27 81 92 33 13 13 11 77

(b) 计算机显示的

图 10-2 图像保存的格式

假设有一组灰度图片，可以表示为一个矩阵，假设图片大小为 5×5，就可以得到一个 5×5 的矩阵，接着用一组过滤器(filter)对图片过滤，过滤的过程实际上是求卷积的过程。假设过滤器的大小为 3×3，从图片的左上角开始移动过滤器，并且把每次矩阵相乘的结果记录下来。

每次过滤器从矩阵的左上角开始移动，每次移动的步长是 1，从左到右、从上到下依次移动到矩阵末尾后结束，每次都把过滤器和矩阵对应的区域做乘法，得出一个新的矩阵，这实际上是做卷积的过程。过滤器的选择非常关键，决定了过滤方式，通过不同的过滤器会得到不同的特征，如图 10-3 所示。

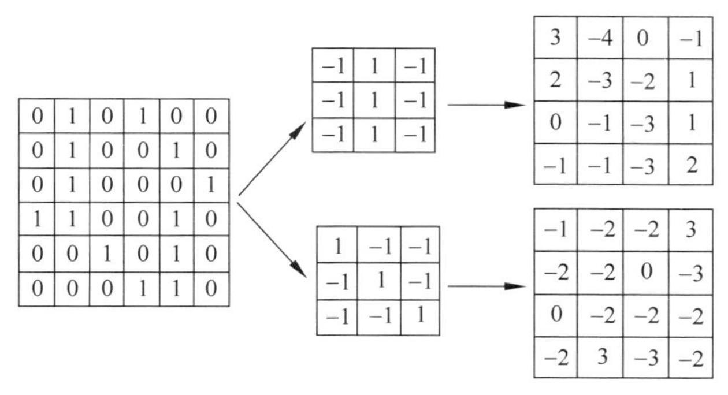

图 10-3　过滤器移动过程

2. 池化层

经过卷积层处理的特征是不可以直接用来分类的。例如，一张图片的大小为 500×500，经过 50 个过滤器的卷积层后，得到的结果为 500×500×50，维度太大了，所以需要减小数据，且不会对识别的结果产生影响，即对卷积层的输出做下采样(downsampling)，因此需要引入池化层。池化层的原理如图 10-4 所示。

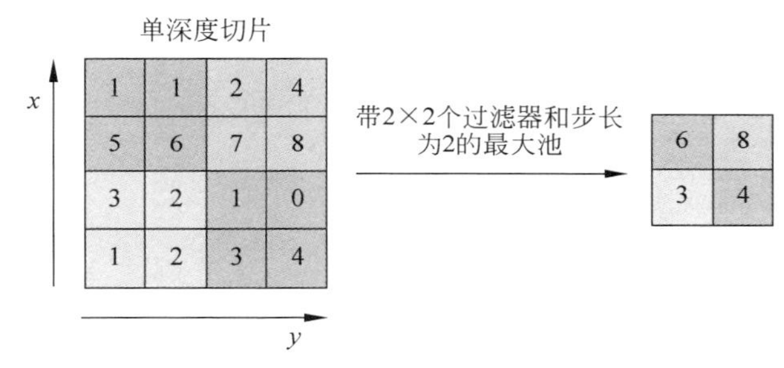

图 10-4　池化层的原理

先看图 10-4 的左边，可以看到它是把一个 4×4 的矩阵按照 2×2 做切分，每个 2×2 的矩阵中，取最大值保存下来，如 $\begin{bmatrix}1&1\\5&6\end{bmatrix}$ 中最大值为 6，所以输出为 6，$\begin{bmatrix}2&4\\7&8\end{bmatrix}$ 中最大值为 8，输出为 8，$\begin{bmatrix}3&2\\1&2\end{bmatrix}$ 中最大值为 3，$\begin{bmatrix}1&0\\3&4\end{bmatrix}$ 中最大值为 4，这样即把原来 4×4 的矩阵变为了一个 2×2 的矩阵。再看图 10-4 的右边，发现原来 4×4 的矩阵缩小为 2×2 的矩阵，大小减少了一半。

为什么这样做可行呢？丢失的一部分数据会不会对结果有影响？其实，池化层不会对数据丢失产生影响，因为每次保留的输出都是局部最显著的一个输出，经池化层后，最显著的特征没有了，只保留了认为最显著的特征，把其他无用的信息丢掉来减少运算。池化层的引入还保证了平移不变性，意为同样的图像经过翻转变换后，通过池化层，可以得到相似的结果。

那么是否有其他方法实现降采样，也能达到同样的效果呢？答案是肯定的。通过其他的降采样方式，也可以得到和池化层相同的结果，因此可以用这种方式替换掉池化层，起到的效果是相同的。

提示：通常卷积层和池化层会重复多次形成具有多个隐藏层的网络，该网络俗称深度神经网络。

3. 全连接层

全连接层的作用主要是进行分类，是对通过卷积层和池化层得出的特征做分类。全连接层其实是一个完全连接的神经网络，根据每个神经元反馈的权重，最后通过调整权重和网络得到分类结果。

因为全连接层占用了神经网络80%的参数,所以对全连接层的优化就显得至关重要。也有些模型用平均值来做最后的分类。

10.1.3 使用CNN实现手写体识别

前面已对CNN的相关定义、原理、结构等进行了介绍,下面通过一个实例简单演示CNN的应用。

【例10-1】 使用CNN和Python进行图像分类。

具体实现步骤为:

(1) 导入执行CNN任务所需的必要库。

```
import numpy as np
%matplotlib inline
import matplotlib.image as mpimg
import matplotlib.pyplot as plt
import tensorflow as tf
```

(2) 形成CNN模型。

```
model = tf.keras.models.Sequential([
    tf.keras.layers.Conv2D(16,(3,3),activation = "relu", input_shape = (180,180,3)),
    tf.keras.layers.MaxPooling2D(2,2),
    tf.keras.layers.Conv2D(32,(3,3),activation = "relu"),
    tf.keras.layers.MaxPooling2D(2,2),
    tf.keras.layers.Conv2D(64,(3,3),activation = "relu"),
    tf.keras.layers.MaxPooling2D(2,2),
    tf.keras.layers.Conv2D(128,(3,3),activation = "relu"),
    tf.keras.layers.MaxPooling2D(2,2),
    tf.keras.layers.Flatten(),
    tf.keras.layers.Dense(550,activation = "relu"),          #添加隐藏层
    tf.keras.layers.Dropout(0.1,seed = 2019),
    tf.keras.layers.Dense(400,activation = "relu"),
    tf.keras.layers.Dropout(0.3,seed = 2019),
    tf.keras.layers.Dense(300,activation = "relu"),
    tf.keras.layers.Dropout(0.4,seed = 2019),
    tf.keras.layers.Dense(200,activation = "relu"),
    tf.keras.layers.Dropout(0.2,seed = 2019),
    tf.keras.layers.Dense(5,activation = "softmax")          #添加输出层
])
```

一个卷积的图像可能太大了,因此在不丢失特征或模式的情况下将其缩小,即完成了池化。这里创建的一个神经网络是使用Keras的Sequential模型来初始化网络的。Flatten函数将二维特征矩阵转换为特征向量。

(3) CNN模型的总结。

```
model.summary()

_________________________________________________________________
Layer (type)                 Output Shape              Param #
=================================================================
conv2d_1 (Conv2D)            (None, 178, 178, 16)      448
_________________________________________________________________
max_pooling2d_1 (MaxPooling2 (None, 89, 89, 16)        0
_________________________________________________________________
conv2d_2 (Conv2D)            (None, 87, 87, 32)        4640
_________________________________________________________________
```

```
max_pooling2d_2 (MaxPooling2 (None, 43, 43, 32)  0
…
dropout_4 (Dropout)       (None, 200)            0
_________________________________________________________________
dense_5 (Dense)           (None, 5)              1005
=================================================================
Total params: 6,202,295
Trainable params: 6,202,295
Non-trainable params: 0
_________________________________________________________________
```

（4）需要指定优化器。

```
from tensorflow.python.keras.optimizers import RMSprop,SGD,Adam
adam = Adam(lr = 0.001)
model.compile(optimizer = 'adam', loss = 'categorical_crossentropy', metrics = ['acc'])
```

其中：

- optimizer：优化器，用于降低交叉熵计算的成本。
- loss：损失函数，用于计算误差。
- metrics：度量项，用于表示模型的效率。

（5）设置数据目录和生成图像数据。

```
bs = 30                               #设置块的大小
train_dir = "D:/train/"               #设置训练路径
validation_dir = "D:/test/"           #设置测试路径
from tensorflow.python.keras.preprocessing.image import ImageDataGenerator
#所有图像将按 1/255 重新缩放
train_datagen = ImageDataGenerator(rescale = 1.0/255.)
test_datagen = ImageDataGenerator(rescale = 1.0/255.)
#使用 train_datagen 生成器以 20 个为一组进行流训练图像
#flow_from_directory 函数让分类器直接从图像所在目录的名称中识别标签
train_generator = train_datagen.flow_from_directory(train_dir,batch_size = bs,class_mode =
'categorical',target_size = (180,180))
#使用 test_datagen 生成器以 20 个为一组进行流验证图像
validation_generator = test_datagen.flow_from_directory(validation_dir,
                                                         batch_size = bs,
                                                         class_mode = 'categorical',
target_size = (180,180))

Found 1465 images belonging to 5 classes.
Found 893 images belonging to 5 classes.
```

（6）拟合模型。

```
history = model.fit(train_generator,
                    validation_data = validation_generator,
                    steps_per_epoch = 150 // bs,
                    epochs = 30,
                    validation_steps = 50 // bs,
                    verbose = 2)
Epoch 1/30
5/5 - 4s - loss: 0.8625 - acc: 0.6933 - val_loss: 1.1741 - val_acc: 0.5000
Epoch 2/30
5/5 - 3s - loss: 0.7539 - acc: 0.7467 - val_loss: 1.2036 - val_acc: 0.5333
Epoch 3/30
5/5 - 3s - loss: 0.7829 - acc: 0.7400 - val_loss: 1.2483 - val_acc: 0.5667
Epoch 4/30
5/5 - 3s - loss: 0.6823 - acc: 0.7867 - val_loss: 1.3290 - val_acc: 0.4333
```

```
...
Epoch 28/30
5/5 - 3s - loss: 0.3606 - acc: 0.8621 - val_loss: 1.2423 - val_acc: 0.8000
Epoch 29/30
5/5 - 3s - loss: 0.2630 - acc: 0.9000 - val_loss: 1.4235 - val_acc: 0.6333
Epoch 30/30
5/5 - 3s - loss: 0.3790 - acc: 0.9000 - val_loss: 0.6173 - val_acc: 0.8000
```

上述函数使用训练集训练神经网络,并在测试集上评估其性能。函数在每个时期返回两个度量'acc'和'val_acc',分别是在训练集中获得的预测的准确性和在测试集中获得的准确性。

下面章节将介绍卷积神经网络的相关网络。

10.2 使用 LeNet-5 实现图像分类

LeNet-5 是一种经典的卷积神经网络,是现代卷积神经网络的起源之一。

图 10-5 是 LeNet-5 的经典结构,它一共有 7 层(不包含输入层),分别是 2 个卷积层、2 个池化层和 3 个全连接层(最后一个全连接层为输出层)。

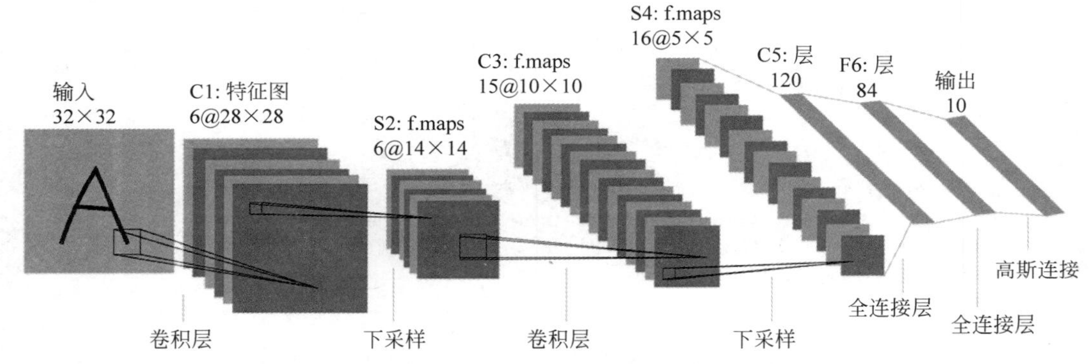

图 10-5 LeNet-5 的经典结构

图 10-5 的输入是一个 32×32 的图片,通过 6 个 5×5×1 的卷积核对其进行卷积,产生 6 幅 28×28 的卷积特征图,这 6 幅特征图又经过 2×2 的池化提取,变成 6 幅 14×14 的特征图,这样第一个卷积+池化(C1+S2)的操作就完成了,如图 10-6 所示。

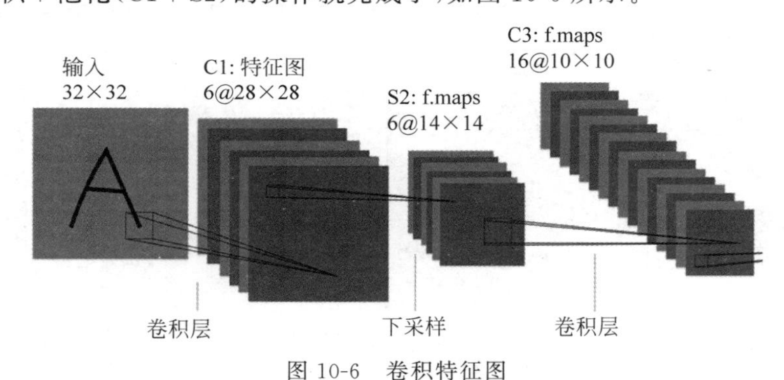

图 10-6 卷积特征图

接着对这 6 幅 14×14 的特征图使用 16 个 5×5×6 的卷积核进行卷积,产生 16 幅 10×10 的卷积特征图,然后这 16 幅特征图又经过 2×2 的池化提取,变成 16 幅 5×5 的特征图,如图 10-7 所示。

值得一提的是,卷积核不一定是一个二维的矩阵,它也可以是一个三维的卷积核,每个 5×5×6 的卷积核实际执行的操作是同时对 6 幅特征图进行卷积操作,每幅特征图对应一个

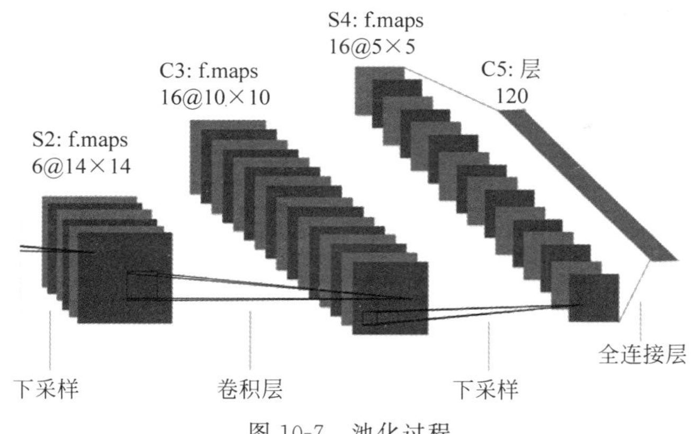

图 10-7　池化过程

5×5×1 的卷积核，最后 6 幅图卷积的结果再加在一起，等效于一个 5×5×6 的卷积核的卷积结果。

池化后的 16 幅 5×5 的特征图还会经过一次卷积，即 120 个 5×5×16 的卷积核对 16 幅 5×5 的特征图进行卷积，得到 120 幅 1×1 的特征图，这一层也称全连接层，因为每个神经元都与前面的 16 幅特征图相连，实质上这算一次卷积操作，过程如图 10-8 所示。

之后就是一个 120 输入 84 输出的全连接层和一个 84 输入 10 输出的输出层（使用 Softmax 函数激活），如图 10-9 所示。

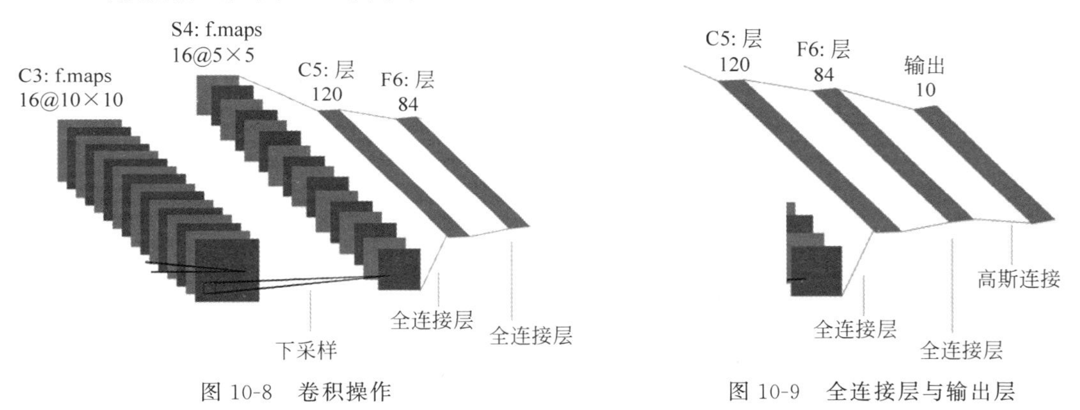

图 10-8　卷积操作　　　　图 10-9　全连接层与输出层

【例 10-2】 使用 LeNet-5 对 MNIST 手写数字图片进行分类。

具体实现步骤为：

（1）导入相应的包。

```
import torch
import torch.nn as nn
import torch.utils.data as Data
import torchvision
import os
```

（2）定义超参数。

```
EPOCH = 20
BATCH_SIZE = 10
LR = 0.001
DOWNLOAD_MNIST = False
```

（3）加载数据集，实例使用 PyTorch 中自带的 MNIST 数据集。

```
if not(os.path.exists('./mnist/')) or not os.listdir('./mnist/'):
    DOWNLOAD_MNIST = True

train_data = torchvision.datasets.MNIST(
    root = './mnist/',
    train = True,                         #训练数据
    transform = torchvision.transforms.ToTensor(),
    #将 PIL.Image 或 numpy.ndarray 转换为形状为(C×H×W)的 torch.FloatTensor 并在[0.0, 1.0]
    #范围内归一化
    download = DOWNLOAD_MNIST,
)
train_loader = Data.DataLoader(dataset = train_data, batch_size = BATCH_SIZE, shuffle = True)
test_ data  =  torchvision. datasets. MNIST ( root  =  ' ./mnist/ ' ,  train  =  False,  transform  =
torchvision.transforms.ToTensor())
test_loader = Data.DataLoader(dataset = test_data, batch_size = BATCH_SIZE, shuffle = True)
```

(4) 定义网络。

```
class Net(nn.Module):
    def __init__(self):
        super(Net, self).__init__()          #上述是自定义网络的常规写法
        self.conv1 = nn.Sequential(
            nn.Conv2d(1, 6, 5),              #输入通道,输出通道,卷积核大小
            nn.ReLU(),
            nn.MaxPool2d(2),
        )
        self.conv2 = nn.Sequential(
            nn.Conv2d(6, 16, 5),
            nn.ReLU(),
            nn.MaxPool2d(2),
        )
        self.fc1 = nn.Sequential(
            nn.Linear(256, 120),             #输入特征,输出特征
            nn.ReLU(),
        )
        self.fc2 = nn.Sequential(
            nn.Linear(120, 84),
            nn.ReLU(),
        )
        self.fc3 = nn.Sequential(
            nn.Linear(84, 10),
            nn.ReLU(),
        )

    def forward(self, x):
        x1 = self.conv1(x)
        x2 = self.conv2(x1)
        x2 = x2.view(x.size(0), -1)          #展开成一维向量,方便后面进行全连接
        x3 = self.fc1(x2)
        x4 = self.fc2(x3)
        x5 = self.fc3(x4)
        return torch.nn.functional.log_softmax(x5, dim = 1)
net = Net()
print(net)
Net(
  (conv1): Sequential(
    (0): Conv2d(1, 6, kernel_size = (5, 5), stride = (1, 1))
    (1): ReLU()
    (2): MaxPool2d(kernel_size = 2, stride = 2, padding = 0, dilation = 1, ceil_mode = False)
  )
```

```
    (conv2): Sequential(
      (0): Conv2d(6, 16, kernel_size = (5, 5), stride = (1, 1))
      (1): ReLU()
      (2): MaxPool2d(kernel_size = 2, stride = 2, padding = 0, dilation = 1, ceil_mode = False)
    )
    (fc1): Sequential(
      (0): Linear(in_features = 256, out_features = 120, bias = True)
      (1): ReLU()
    )
    (fc2): Sequential(
      (0): Linear(in_features = 120, out_features = 84, bias = True)
      (1): ReLU()
    )
    (fc3): Sequential(
      (0): Linear(in_features = 84, out_features = 10, bias = True)
      (1): ReLU()
    )
)
```

代码中，首先输入是大小为28×28的单通道图像，用矩阵表示为(Batch,28,28)。

- 第一个卷积层Conv1所用的卷积核尺寸为55，步长为1，卷积核数目为6，那么经过该层后图像尺寸变为24(28－5＋1＝24)，输出矩阵为(6,24,24)。
- 第一个池化层Pool核尺寸为22，步长为2，这是没有重叠的最大池化，池化操作后，图像尺寸减半，变为12×12，输出矩阵为(6,12,12)。
- 第二个卷积层Conv2的卷积核尺寸为55，步长为1，卷积核数目为16，卷积后图像尺寸变为8，这是因为12－5＋1＝8，输出矩阵为(16,8,8)。
- 第二个池化层Pool2核尺寸为22，步长为2，这是没有重叠的最大池化，池化操作后，图像尺寸减半，变为4×4，输出矩阵为(16,4,4)。

Pool2后面接全连接层fc1，神经元数目为120，再接ReLU激活函数。fc1后面接全连接层fc2，神经元数目为84，再接ReLU激活函数。再接fc3，神经元个数为10，得到10维的特征向量，用于10个数字的分类训练，送入Softmax分类，得到分类结果的概率。

(5) 开始训练。

```
loss_func = nn.CrossEntropyLoss()                            #损失函数
optimizer = torch.optim.Adam(net.parameters(),lr = LR)       #梯度下降
cuda_gpu = torch.cuda.is_available()                         #GPU
for epoch in range(EPOCH):
    net.train()
    for batch_idx, (data, target) in enumerate(train_loader):
        if cuda_gpu:
            data, target = data.cuda(), target.cuda()
            net.cuda()

        output = net(data)                                   #网络输出结果
        loss = loss_func(output, target)
        optimizer.zero_grad()
        loss.backward()
        optimizer.step()

        if (batch_idx + 1) % 400 == 0:
            # --------------------------- 测试 ---------------------------
            net.eval()
            correct = 0
            for data, target in test_loader:
                if cuda_gpu:
```

```
                data, target = data.cuda(), target.cuda()
                net.cuda()
            output = net(data)
            pred = output.data.max(1)[1]                    # 获取最大对数概率的索引
            correct += pred.eq(target.data).cpu().sum()
        accuracy = 1. * correct / len(test_loader.dataset)
        print('Epoch: ', epoch, '| train loss: %.4f' % loss.data.numpy(), '| test accuracy:
%.2f' % accuracy)
Epoch: 0 | train loss: 0.7702 | test accuracy: 0.75
Epoch: 0 | train loss: 0.9665 | test accuracy: 0.77
Epoch: 0 | train loss: 0.2522 | test accuracy: 0.77
Epoch: 0 | train loss: 0.7370 | test accuracy: 0.77
Epoch: 0 | train loss: 0.9620 | test accuracy: 0.77
Epoch: 0 | train loss: 0.0065 | test accuracy: 0.77
Epoch: 0 | train loss: 0.2491 | test accuracy: 0.78
Epoch: 0 | train loss: 0.7527 | test accuracy: 0.78
Epoch: 0 | train loss: 0.4302 | test accuracy: 0.79
Epoch: 0 | train loss: 0.5242 | test accuracy: 0.78
Epoch: 0 | train loss: 0.4638 | test accuracy: 0.79
Epoch: 0 | train loss: 0.2323 | test accuracy: 0.79
Epoch: 0 | train loss: 0.2524 | test accuracy: 0.78
Epoch: 0 | train loss: 0.2359 | test accuracy: 0.79
Epoch: 0 | train loss: 0.2321 | test accuracy: 0.79
Epoch: 1 | train loss: 0.2826 | test accuracy: 0.79
Epoch: 1 | train loss: 0.9211 | test accuracy: 0.79
...
Epoch: 19 | train loss: 0.2303 | test accuracy: 0.79
Epoch: 19 | train loss: 0.6912 | test accuracy: 0.79
Epoch: 19 | train loss: 0.4608 | test accuracy: 0.79
Epoch: 19 | train loss: 0.6908 | test accuracy: 0.79
Epoch: 19 | train loss: 0.6950 | test accuracy: 0.79
```

10.3 使用 AlexNet 实现图片分类

AlexNet 结构相对简单,它使用了 8 层卷积神经网络,前 5 层是卷积层,剩下的 3 层是全连接层,具体如图 10-10 所示。

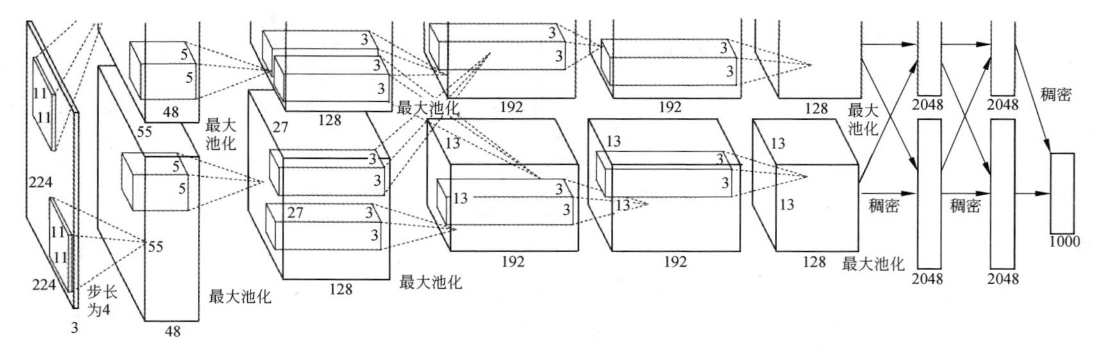

图 10-10 AlexNet 完整结构

10.3.1 AlexNet 结构分析

AlexNet 现在的网络设计其实并非如图 10-10 所示,图 10-10 包含了 GPU 通信的部分。这是由当时 GPU 内存的限制引起的,图中使用两块 GPU 进行计算,分为上、下两部分。就目前 GPU 的处理能力而言,单 GPU 便足够了,因此其结构如图 10-11 所示。

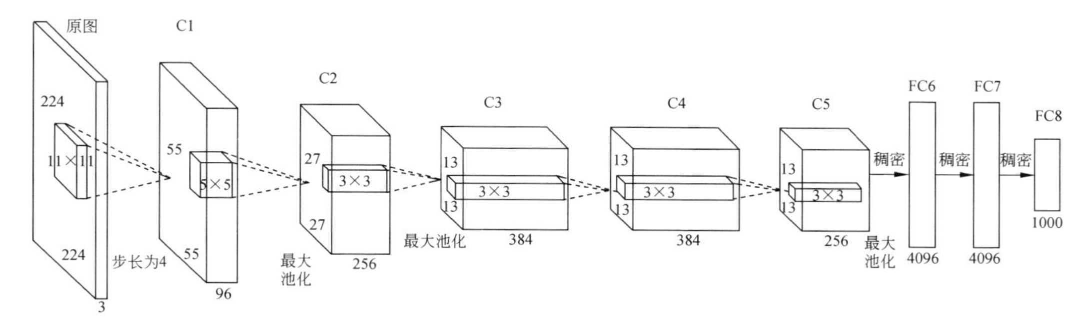

图 10-11 AlexNet 结构

注意：原图输入大小为 224×224，进行了随机裁剪，实际大小为 227×227。

1. 卷积层 C1

第一层输入数据为原始的 227×227×3 的图像(输入图像的尺寸是 224×224，在进行第一次卷积时会填充 3 个像素变成 227×227)，图像被 11×11×3 的卷积核进行卷积运算，卷积核对原始图像的每次卷积都生成一个新的像素。卷积核沿原始图像 x 轴方向和 y 轴方向两个方向移动，移动的步长是 4。因此，卷积核在移动的过程中会生成(227－11)/4＋1＝55 像素，行和列的 55×55 像素为原始图像卷积后的像素层。共有 96 个卷积核，会生成 55×55×96 个卷积后的像素层，96 个卷积核分成 2 组，每组 48 个卷积核。对应生成 2 组 55×55×48 的卷积后的像素层数据。这些像素层经过 ReLU1 单元的处理，生成激活像素层，尺寸仍为 2 组 55×55×48 的像素层数据。

这些像素层经过池化运算处理，池化运算的尺度为 3×3，运算的步长为 2，则池化后图像的尺寸为(55－3)/2＋1＝27，即池化后像素的规模为 27×27×96；然后经过归一化处理，归一化运算的尺度为 5×5；第一卷积层运算结束后形成的像素层的规模为 27×27×96，分别对应 96 个卷积核所运算的形成。这 96 层像素层分为 2 组，每组 48 个像素层，每组在一个独立的 GPU 上进行运算，整个过程如图 10-12 所示。

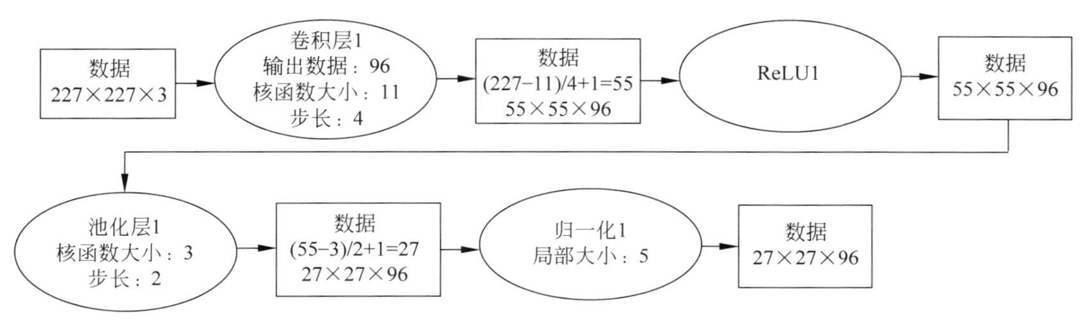

图 10-12 卷积层 1 运算过程

2. 卷积层 C2

第二层输入数据为第一层输出的 27×27×96 的像素层，每幅像素层的左右两边和上下两边都填充 2 像素；27×27×96 的像素数据分成 27×27×48 的 2 组像素数据，2 组数据分别在 2 个不同的 GPU 中进行运算。每组像素数据被 5×5×48 的卷积核进行卷积运算，卷积核对每组数据的每次卷积都生成一个新的像素。卷积核沿原始图像的 x 轴方向和 y 轴方向两个方向移动，移动的步长是 1 像素。因此，卷积核在移动的过程中会生成(27－5＋2×2)/1＋1＝27 像素，行和列的 27×27 像素形成对原始图像卷积之后的像素层。共有 256 个 5×5×48 卷积核，这 256 个卷积核分成 2 组，每组针对一个 GPU 中的 27×27×48 的像素进行卷积运算，会生成 2 组 27×27×128 个卷积后的像素层。这些像素层经过 ReLU2 单元的处理,生成激活像素层,尺寸仍为 2 组 27×27×128 的像素层。

这些像素层经过池化运算处理,池化运算的尺度为 3×3,运算的步长为 2,则池化后图像的尺寸为(27−3)/2+1=13,即池化后像素的规模为 2 组 13×13×128 的像素层;然后经过归一化处理,归一化运算的尺度为 5×5;第二卷积层运算结束后形成的像素层的规模为 2 组 13×13×128 的像素层,分别对应 2 组 128 个卷积核所运算的形成。每组在一个 GPU 上进行运算,即共 256 个卷积核,共 2 个 GPU 进行运算,整个过程如图 10-13 所示。

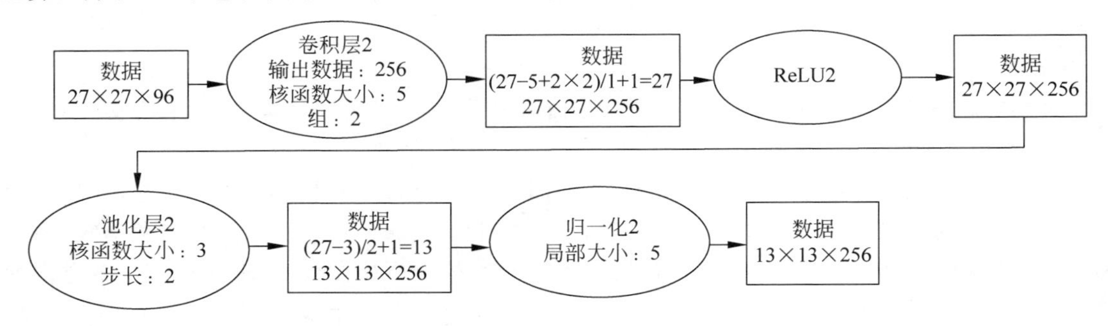

图 10-13　卷积层 2 运算过程

3. 卷积层 C3

第三层输入数据为第二层输出的 2 组 13×13×128 的像素层,为便于后续处理,每幅像素层的左右两边和上下两边都要填充 1 像素;2 组像素层数据都被送到 2 个不同的 GPU 中进行运算。每个 GPU 中都有 192 个卷积核,每个卷积核的尺寸是 3×3×256。因此,每个 GPU 中的卷积核都能对 2 组 13×13×128 的像素层的所有数据进行卷积运算。卷积核对每组数据的每次卷积都生成一个新的像素。卷积核沿像素层数据的 x 轴方向和 y 轴方向两个方向移动,移动的步长是 1 像素。因此,运算后的卷积核的尺寸为(13−3+1×2)/1+1=13,每个 GPU 中共 13×13×192 个卷积核。2 个 GPU 中共 13×13×384 个卷积后的像素层。这些像素层经过 ReLU3 单元的处理,生成激活像素层,尺寸仍为 2 组 13×13×192 的像素层,共 13×13×384 个像素层,过程如图 10-14 所示。

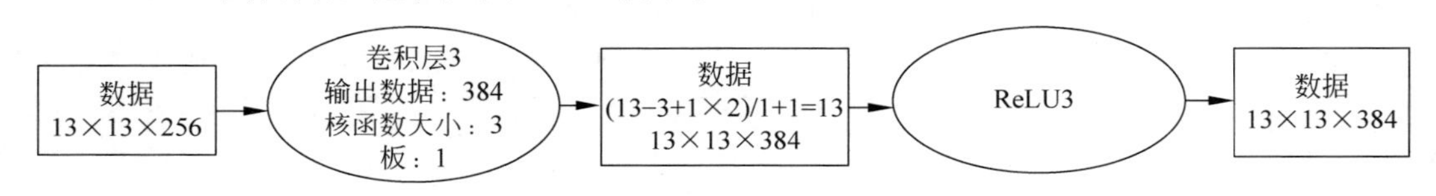

图 10-14　卷积层 3 运算过程

4. 卷积层 4

第四层输入数据为第三层输出的 2 组 13×13×192 的像素层;每幅像素层的左右两边和上下两边都要填充 1 像素;2 组像素层数据都被送到 2 个不同的 GPU 中进行运算。每个 GPU 中都有 192 个卷积核,每个卷积核的尺寸是 3×3×192。因此,每个 GPU 中的卷积核能对 1 组 13×13×192 的像素层的数据进行卷积运算。卷积核对每组数据的每次卷积都生成一个新的像素。卷积核沿像素层数据的 x 轴方向和 y 轴方向两个方向移动,移动的步长是 1 像素。因此,运算后的卷积核的尺寸为(13−3+1×2)/1+1=13,每个 GPU 中共 13×13×192 个卷积核。2 个 GPU 中共 13×13×384 个卷积后的像素层。这些像素层经过 ReLU4 单元的处理,生成激活像素层,尺寸仍为 2 组 13×13×192 的像素层,共 13×13×384 个像素层,过程如图 10-15 所示。

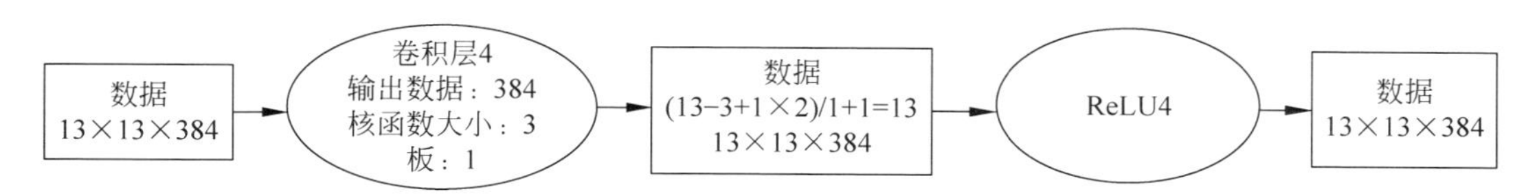

图 10-15 卷积层 4 运算过程

5. 卷积层 5

第五层输入数据为第四层输出的 2 组 13×13×192 的像素层；每幅像素层的左右两边和上下两边都要填充 1 像素；2 组像素层数据都被送到 2 个不同的 GPU 中进行运算。每个 GPU 中都有 128 个卷积核，每个卷积核的尺寸是 3×3×192。因此，每个 GPU 中的卷积核能对 1 组 13×13×192 的像素层的数据进行卷积运算。卷积核对每组数据的每次卷积都生成一个新的像素。卷积核沿像素层数据的 x 轴方向和 y 轴方向两个方向移动，移动的步长是 1 像素。因此，运算后的卷积核的尺寸为(13－3＋1×2)/1＋1＝13，每个 GPU 中共 13×13×128 个卷积核。2 个 GPU 中共 13×13×256 个卷积后的像素层。这些像素层经过 ReLU5 单元的处理，生成激活像素层，尺寸仍为 2 组 13×13×128 的像素层，共 13×13×256 个像素层。

2 组 13×13×128 的像素层分别在 2 个不同 GPU 中进行池化运算处理。池化运算的尺度为 3×3，运算的步长为 2，则池化后图像的尺寸为(13－3)/2＋1＝6，池化后像素的规模为 2 组 6×6×128 的像素层数据，共 6×6×256 个像素层，过程如图 10-16 所示。

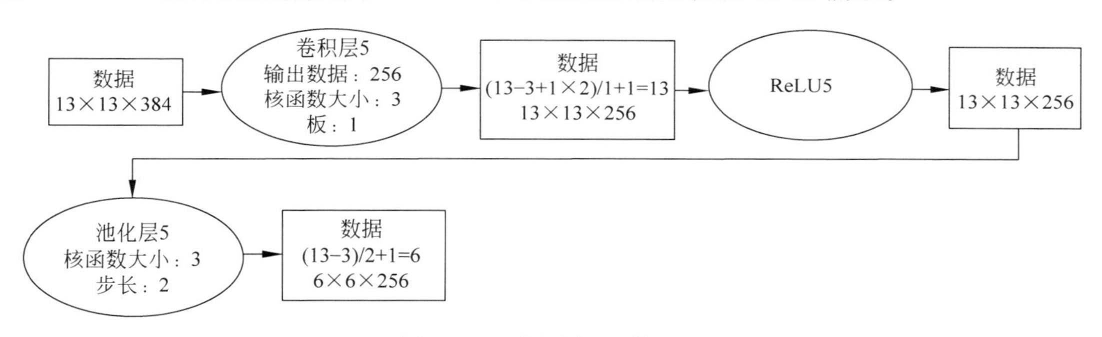

图 10-16 卷积层 5 运算过程

6. 全连接层 6

第六层输入数据的尺寸是 6×6×256，采用 6×6×256 尺寸的滤波器对第六层的输入数据进行卷积运算；每个 6×6×256 尺寸的滤波器对第六层的输入数据进行卷积运算生成一个运算结果，通过一个神经元输出这个运算结果；共有 4096 个 6×6×256 尺寸的滤波器对输入数据进行卷积运算，通过 4096 个神经元输出运算结果；这 4096 个运算结果通过 ReLU 激活函数生成 4096 个值；并通过 Drop 运算(利用 drop 函数进行删除操作)后输出 4096 个本层的输出结果值。

由于第六层的运算过程中，采用的滤波器的尺寸(6×6×256)与待处理的特征图的尺寸(6×6×256)相同，即滤波器中的每个系数只与特征图中的一个像素值相乘，而其他卷积层中，每个滤波器的系数都会与多个特征图中像素值相乘，因此，将第六层称为全连接层。

第五层输出的 6×6×256 规模的像素层数据与第六层的 4096 个神经元进行全连接，然后经由 ReLU6 进行处理后生成 4096 个数据，再经过 Drop6 处理后输出 4096 个数据，过程如图 10-17 所示。

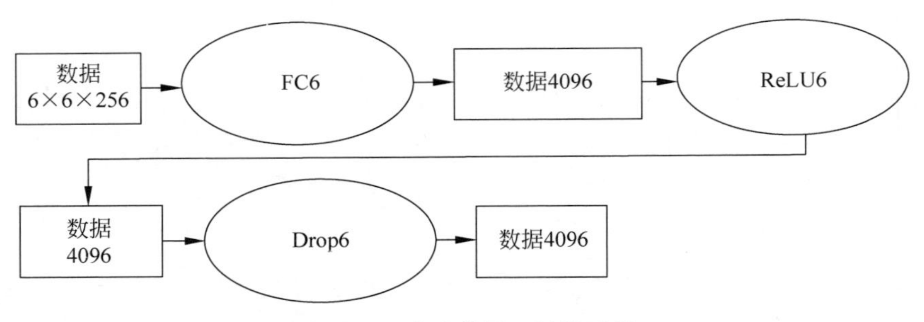

图 10-17　全连接层 6 运算过程

7. 全连接层 7

第六层输出的 4096 个数据与第七层的 4096 个神经元进行全连接，然后经由 ReLU7 进行处理后生成 4096 个数据，再经过 Drop7 处理后输出 4096 个数据，过程如图 10-18 所示。

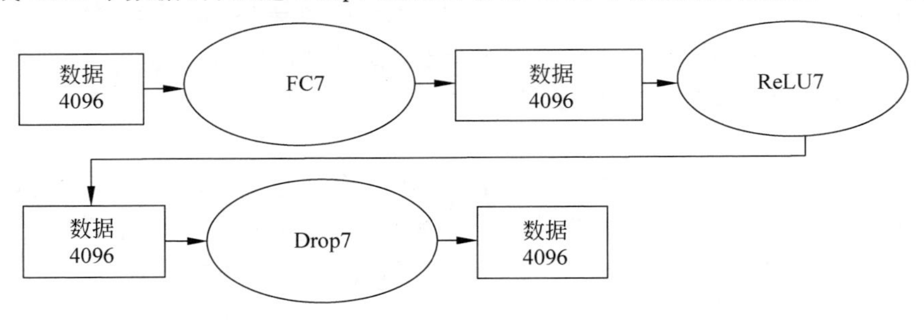

图 10-18　全连接层 7 运算过程

8. 全连接层 8

第七层输出的 4096 个数据与第八层的 1000 个神经元进行全连接，经过训练后输出被训练的数值，过程如图 10-19 所示。

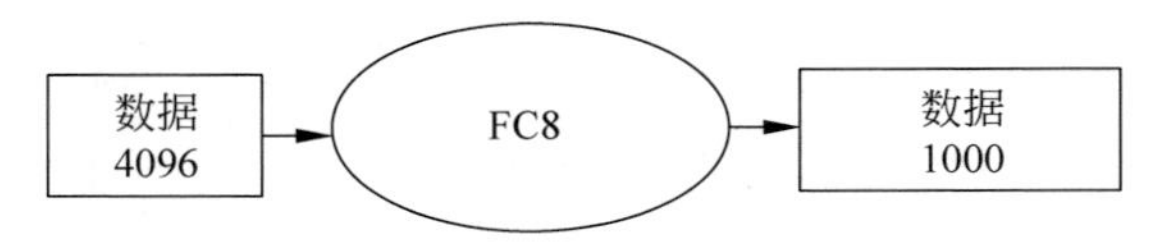

图 10-19　全连接层运算过程

AlexNet 网络的整个过程运算过程如图 10-20 所示。

10.3.2　AlexNet 的分类实现

本节通过一个例子来演示如何使用 AlexNet 实现分类。

【例 10-3】　实现猫和狗分类。

先新建一个图像分类项目，在 data 中放数据集，在 dataset 文件夹中自定义数据的读取方式。具体实现步骤为：

(1) 导入所需要的库。

```
import torch.optim as optim
import torch
import torch.nn as nn
import torch.nn.parallel
import torch.optim
import torch.utils.data
import torch.utils.data.distributed
```

输入图像(大小227×227×3)			
卷积层1 227×227×3	卷积核大小为11×11，数量为48个，步长为4	卷积核大小为11×11，数量为48个，步长为4	两台GPU同时训练，即共96个核。输出特征图像大小：(227−11)/4+1=55，即55×55×96
	激活函数(ReLU)	激活函数(ReLU)	
	池化(kernel_size=3, stride=2)	池化(kernel_size=3, stride=2)	输出特征图像大小：(55−3)/2+1=27，即27×27×96
	标准化		
卷积层2 27×27×96	卷积核大小为5×5，数量为128个，步长为1	卷积核大小为5×5，数量为128个，步长为1	输入特征图像先扩展2像素，即大小为31×31。输出特征图像大小：(31−5)/2+1=27，即27×27×256
	激活函数(ReLU)	激活函数(ReLU)	
	池化(kernel_size=3, stride=2)	池化(kernel_size=3, stride=2)	输出特征图像大小：(27−3)/2+1=13，即13×13×256
	标准化		
卷积层3 13×13×256	卷积核大小为3×3，数量为192个，步长为1	卷积核大小为3×3，数量为192个，步长为1	输入特征图像先扩展1像素，即大小为15×15。输出特征图像大小：(15−3)/1+1=13，即13×13×384
	激活函数(ReLU)	激活函数(ReLU)	
卷积层4 13×13×384	卷积核大小为3×3，数量为192个，步长为1	卷积核大小为3×3，数量为192个，步长为1	输入特征图像先扩展1像素，即大小为15×15。输出特征图像大小：(15−3)/1+1=13，即13×13×384
	激活函数(ReLU)	激活函数(ReLU)	
卷积层5 13×13×384	卷积核大小为3×3，数量为128个，步长为1	卷积核大小为5×5，数量为128个，步长为1	输入特征图像先扩展1像素，即大小为15×15。输出特征图像大小：(15−3)/1+1=13，即13×13×256
	激活函数(ReLU)	激活函数(ReLU)	
	池化(kernel_size=3, stride=2)	池化(kernel_size=3, stride=2)	输出特征图像大小：(13−3)/2+1=6，即6×6×256
全连接6 6×6×256	2048个神经元	2048个神经元	共4096个神经元
	模型平均	模型平均	输出4096×1的向量
全连接7 4096×1	2048个神经元	2048个神经元	共4096个神经元
	模型平均	模型平均	输出4096×1的向量
全连接8 4096×1	1000个神经元		输出1000×1的向量

图 10-20 AlexNet 网络的整个运算过程

```
import torchvision.transforms as transforms
from dataset.dataset import DogCat
from torch.autograd import Variable
from torchvision.models import alexnet
```

(2) 设置全局参数。

```
# 设置全局参数
modellr = 1e-4
BATCH_SIZE = 64
EPOCHS = 20
DEVICE = torch.device('cuda' if torch.cuda.is_available() else 'cpu')
```

(3) 图像预处理。

在做图像与处理时，train 数据集的转换和验证集的转换分开做，train 数据集的图像处理除了改变大小和归一化之外，还可以实现图像增强，如旋转、随机擦除等一系列操作，验证集则不需要做图像增强。

```
# 数据预处理
transform = transforms.Compose([
    transforms.Resize((224, 224)),
    transforms.ToTensor(),
    transforms.Normalize([0.5, 0.5, 0.5], [0.5, 0.5, 0.5])
])
transform_test = transforms.Compose([
    transforms.Resize((224, 224)),
    transforms.ToTensor(),
    transforms.Normalize([0.5, 0.5, 0.5], [0.5, 0.5, 0.5])
])
```

(4) 读取数据。

在 dataset 文件夹下面新建__init__.py 和 dataset.py 文件，在 dataset.py 文件中写入下面的代码：

```
# coding:utf8
import os
from PIL import Image
from torch.utils import data
from torchvision import transforms as T
from sklearn.model_selection import train_test_split

class DogCat(data.Dataset):
    def __init__(self, root, transforms = None, train = True, test = False):
        """
        主要目标:获取所有图片的地址,并根据训练、验证、测试划分数据
        """
        self.test = test
        self.transforms = transforms
        imgs = [os.path.join(root, img) for img in os.listdir(root)]
        if self.test:
            imgs = sorted(imgs, key = lambda x: int(x.split('.')[-2].split('/')[-1]))
        else:
            imgs = sorted(imgs, key = lambda x: int(x.split('.')[-2]))
        if self.test:
            self.imgs = imgs
        else:
            trainval_files, val_files = train_test_split(imgs, test_size = 0.3, random_state = 42)
            if train:
                self.imgs = trainval_files
            else:
                self.imgs = val_files

    def __getitem__(self, index):
        """
        一次返回一张图片的数据
        """
        img_path = self.imgs[index]
        if self.test:
            label = -1
        else:
            label = 1 if 'dog' in img_path.split('/')[-1] else 0
        data = Image.open(img_path)
        data = self.transforms(data)
        return data, label
    def __len__(self):
        return len(self.imgs)
```

然后在 train.py 中调用 DogCat 函数读取数据：

```
dataset_train = DogCat('data/train', transforms = transform, train = True)
dataset_test = DogCat("data/train", transforms = transform_test, train = False)
#读取数据
print(dataset_train.imgs)
#导入数据
train_loader = torch.utils.data.DataLoader(dataset_train, batch_size = BATCH_SIZE, shuffle = True)
test_loader = torch.utils.data.DataLoader(dataset_test, batch_size = BATCH_SIZE, shuffle = False)
```

(5) 设置模型。

使用 CrossEntropyLoss 作为 loss(损失函数)，模型采用 AlexNet，选用预训练模型。更改

全连接层,将最后一层的类别设置为 2,并将模型放到 DEVICE 中,优化器选用 Adam。

```
#实例化模型并且移动到 GPU
criterion = nn.CrossEntropyLoss()
model_ft = alexnet(pretrained = True)
model_ft.classifier = nn.Sequential(
              nn.Dropout(),
              nn.Linear(256 * 6 * 6, 4096),
              nn.ReLU(inplace = True),
              nn.Dropout(),
              nn.Linear(4096, 4096),
              nn.ReLU(inplace = True),
              nn.Linear(4096, 2),
          )
model_ft.to(DEVICE)
#选择简单的 Adam 优化器,学习率调低
optimizer = optim.Adam(model_ft.parameters(), lr = modellr)
def adjust_learning_rate(optimizer, epoch):
    """将学习率设置为初始学习率,每 30 个周期衰减 10"""
    modellrnew = modellr * (0.1 ** (epoch // 50))
    print("lr:", modellrnew)
    for param_group in optimizer.param_groups:
        param_group['lr'] = modellrnew
```

(6) 设置训练和验证。

```
#验证
def val(model, device, test_loader):
    model.eval()
    test_loss = 0
    correct = 0
    total_num = len(test_loader.dataset)
    print(total_num, len(test_loader))
    with torch.no_grad():
        for data, target in test_loader:
            data, target = Variable(data).to(device), Variable(target).to(device)
            output = model(data)
            loss = criterion(output, target)
            _, pred = torch.max(output.data, 1)
            correct += torch.sum(pred == target)
            print_loss = loss.data.item()
            test_loss += print_loss
        correct = correct.data.item()
        acc = correct / total_num
        avgloss = test_loss / len(test_loader)
        print('\nVal set: Average loss: {:.4f}, Accuracy: {}/{} ({:.0f}%)\n'.format(
            avgloss, correct, len(test_loader.dataset), 100 * acc))
#训练
for epoch in range(1, EPOCHS + 1):
    adjust_learning_rate(optimizer, epoch)
    train(model_ft, DEVICE, train_loader, optimizer, epoch)
    val(model_ft, DEVICE, test_loader)
torch.save(model_ft, 'model.pth')
```

因为此处使用了预训练模型,所以收敛速度很快。下面代码使用自定义的 dataset.py 加载测试集。

```
import torch.utils.data.distributed
import torchvision.transforms as transforms
from dataset.dataset import DogCat
```

```
from torch.autograd import Variable

classes = ('cat', 'dog')
transform_test = transforms.Compose([
    transforms.Resize((224, 224)),
    transforms.ToTensor(),
    transforms.Normalize([0.5, 0.5, 0.5], [0.5, 0.5, 0.5])
])
DEVICE = torch.device("cuda:0" if torch.cuda.is_available() else "cpu")
model = torch.load("model.pth")
model.eval()
model.to(DEVICE)
dataset_test = DogCat('data/test/', transform_test, test = True)
print(len(dataset_test))
#对应文件夹的标签
for index in range(len(dataset_test)):
    item = dataset_test[index]
    img, label = item
    img.unsqueeze_(0)
    data = Variable(img).to(DEVICE)
    output = model(data)
    _, pred = torch.max(output.data, 1)
    print('Image Name:{},predict:{}'.format(dataset_test.imgs[index], classes[pred.data.item()]))
    index += 1
```

10.4 VGG16 的迁移学习实现

VGG 是视觉几何组(Visual Geometry Group)的缩写,VGG16 的网络结构如图 10-21 所示。下面直接通过一个实例来演示 VGG16 实现迁移学习。

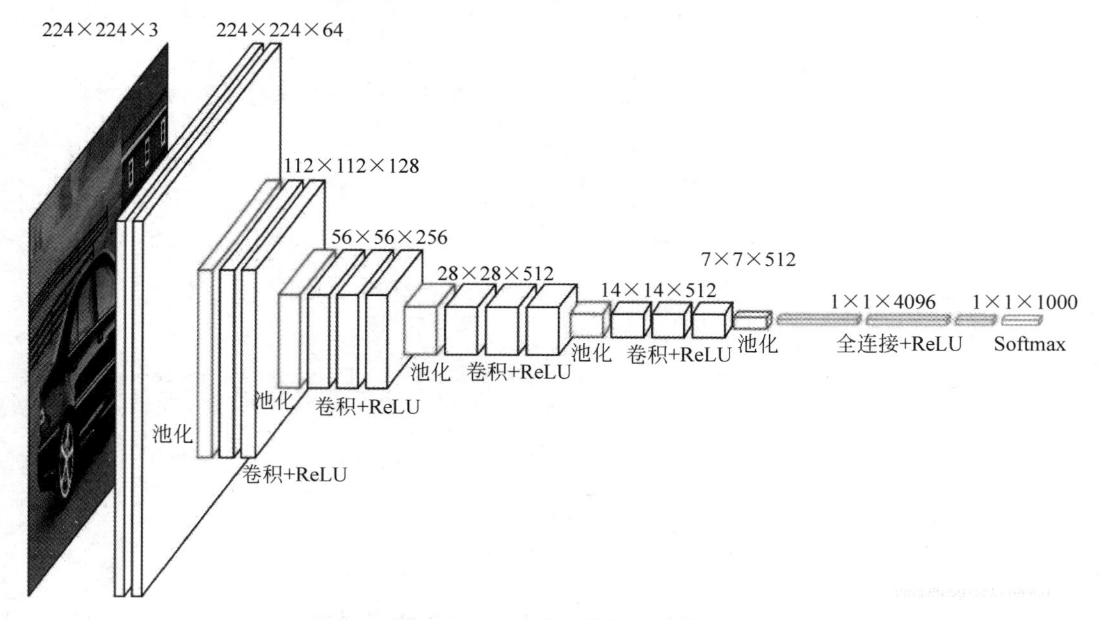

图 10-21 VGG16 的网络结构

【例 10-4】 基于 VGG16 迁移学习的图像迁移处理。

具体实现步骤为:

(1) 检查导入的包和 PyTorch 版本。

```
#导入软件包
import numpy as np
import json
from PIL import Image
import matplotlib.pyplot as plt
%matplotlib inline
import torch
import torchvision
from torchvision import models, transforms

#确认 PyTorch 的版本号
print("PyTorch Version: ",torch.__version__)
print("Torchvision Version: ",torchvision.__version__)
PyTorch Version: 1.10.2+cpu
Torchvision Version: 0.11.3+cpu
```

（2）训练模型的载入。

利用已经训练好的 VGG16 模型，对文件夹 data 中 4.jpg（章鱼）的照片进行分类处理。首先，使用 ImageNet 载入已经训练好参数的 VGG16 模型。

```
#完成训练模型的载入，并生成 VGG16 模型的实例
use_pretrained = True                #使用已经训练好的参数
net = models.vgg16(pretrained=use_pretrained)
net.eval()                           #设置为推测模式
#输出模型的网络结构
print(net)
VGG(
  (features):Sequential(
    (0):Conv2d(3,64,kernel_size=(3,3),stride=(1,1),padding=(1,1))
    (1):RelU(inplace)
    (2):Conv2d(64,64,kernel_size=(3,3),stride=(1,1),padding=(1,1))
    (3):RelU(inplace)
    (4):MaxPool2d(kernel_size=2,stride=2,padding=0,dilation=1,ceil_mode=False)
    (5):Conv2d(64,128,kernel_size=(3,3),stride=(1,1),padding=(1,1))
    (6):RelU(inplace)
    (7):Conv2d(128,128,kernel_size=(3,3),stride=(1,1),padding=(1,1))
    (8):RelU(inplace)
    (9):MaxPool2d(kernel_size=2,stride=2,padding=0,dilation=1,ceil_mode=False)
    (10):Conv2d(128,256,kernel_size=(3,3),stride=(1,1),padding=(1,1))
    (11):RelU(inplace)
    (12):Conv2d(256,256,kernel_size=(3,3),stride=(1,1),padding=(1,1))
    (13):RelU(inplace)
    (14):Conv2d(256,256,kernel_size=(3,3),stride=(1,1),padding=(1,1))
    (15):RelU(inplace)
    (16):MaxPool2d(kernel_size=2,stride=2,padding=0,dilation=1,ceil_mode=False)
    (17):Conv2d(256,512,kernel_size=(3,3),stride=(1,1),padding=(1,1))
    (18):RelU(inplace)
    (19):Conv2d(512,512,kernel_size=(3,3),stride=(1,1),padding=(1,1))
    (20):RelU(inplace)
    (21):Conv2d(512,512,kernel_size=(3,3),stride=(1,1),padding=(1,1))
    (22):RelU(inplace)
    (23):MaxPool2d(kernel_size=2,stride=2,padding=0,dilation=1,ceil_mode=False)
    (24):Conv2d(512,512,kernel_size=(3,3),stride=(1,1),padding=(1,1))
```

```
      (25):RelU(inplace)
      (26):Conv2d(512,512,kernel_size=(3,3),stride=(1,1),padding=(1,1))
      (27):RelU(inplace)
      (28):Conv2d(512,512,kernel_size=(3,3),stride=(1,1),padding=(1,1))
      (29):RelU(inplace)
      (30):MaxPool2d(kernel_size=2,stride=2,padding=0,dilation=1,ceil_mode=False)
    )
    (avgpool):AdaptiveAvgPool2d(output_size=(7,7))
    (classifier):Sequential(
      (0):Linear(in_feature=25088,out_features=4096,bias=True)
      (1):ReLU(inplace)
      (2):Dropout(p=0.5)
      (3):Linear(in_features=4096,out_features=4096,bias=True)
      (4):ReLU(inplace)
      (5):Dropout(p=0.5)
      (6):Linear(in_features=4096,out_features=1000,bias=True)
    )
  )
```

运行程序,效果如图 10-22 所示。

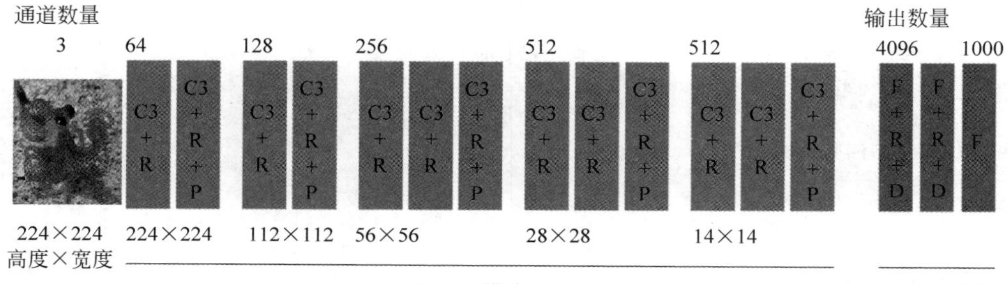

图 10-22 VGG16 模型的网络结构

从图 10-22 可以看出,VGG16 模型的网络结构是由名为 feature 和 classifier 的两个模块组成的。在这两个模块中,又分别包含卷积神经网络和全连接层。

可以看到,VGG16 实际上是由 38 层网络组成的,而不是 16 层。这是因为 16 层指的只是其中的卷积神经网络层和全连接层的数量(其中不包括 ReLU 激活函数、池化层和 Dropout (模型平均)层)。图 10-22 为 VGG16 模型的网络结构。

网络输入的图像的尺寸是颜色通道数为 3 的 RGB 格式,图像的高度和宽度均为 224 像素(batch_num,3,224,224)。图像尺寸前面的 batch_num 表示每个小批次处理的数量,图 10-22 中并没有显示最小批处理数量。

输入数据在通过 features 模块后,紧接着被传入 classifier 模块。位于开头的全连接层的输入参数数量为 25 088,输出参数数量为 4096。此处的 25 088 是通过 classifier 模块的输入图像的总参数量 512×7×7=25 088 计算得到的。

在全连接层之后,然后通过 ReLU 层和 Dropout 层,接着会再次通过一个全连接、ReLU 层和 Dropout 层的组合,最后通过一个神经数量为 1000 的分类类目的数量,用于表示输入图像属于 1000 个分类类别中的哪一个。

(3) 输入图片的预处理类的编写。

接着实现图片被输入 VGG16 前的预处理部分。在将图片输入 VGG 模型前,必须先对数据进行预处理。预处理就是将图片的尺寸转换为 224×224,并对颜色信息进行标准化数据处理。对颜色信息进行标准化,就是对每个 RGB 值用平均值(0.485,0.456,0.406)和标准差(0.229,0.224,0.225)进行归一化处理。

需要注意的是,PyTorch 与 Pillow(PIL)对图像像素的处理顺序是不同的。在 PyTorch 中,图像是按照颜色通道、高度、宽度的顺序来处理的,而 Pillow(PIL)中是按照图像的高度、宽度、颜色通道的顺序处理的。因此,PyTorch 中输出的张量的顺序是通过 image_transformed = img_transformed.numpy().transpose((1,2,0))进行转换的。

```
#对输入图片进行预处理的类
class BaseTransform():
    """
    调整图片的尺寸,并对颜色进行规范化
    resize: int
        指定调整尺寸后图片的大小
    mean: (R, G, B)
        各个颜色通道的平均值
    std: (R, G, B)
        各个颜色通道的标准偏差
    """
    def __init__(self, resize, mean, std):
        self.base_transform = transforms.Compose([
            transforms.Resize(resize),           #将较短边的长度作为 resize 的大小
            transforms.CenterCrop(resize),       #从图片中央截取 resize×resize 大小的区域
            transforms.ToTensor(),               #转换为 Torch 张量
            transforms.Normalize(mean, std)      #颜色信息的正规化
        ])

    def __call__(self, img):
        return self.base_transform(img)

#确认图片预处理的结果
image_file_path = '4.jpg'                        #读取图片
img = Image.open(image_file_path)                #[高度][宽度][颜色 RGB]
#显示处理前的图片
plt.imshow(img)
plt.show()
#同时显示预处理前后的图片
resize = 224
mean = (0.485, 0.456, 0.406)
std = (0.229, 0.224, 0.225)
transform = BaseTransform(resize, mean, std)
img_transformed = transform(img)                 #torch.Size([3, 224, 224])
#将 (颜色、高度、宽度) 转换为 (高度、宽度、颜色),并将取值范围限制在 0~1
img_transformed = img_transformed.numpy().transpose((1, 2, 0))
img_transformed = np.clip(img_transformed, 0, 1)
plt.imshow(img_transformed)
plt.show()
```

运行程序,效果如图 10-23 所示,图 10-23(b)为图片预处理效果。图像的尺寸被调整为 224,颜色信息也进行了归一化处理。

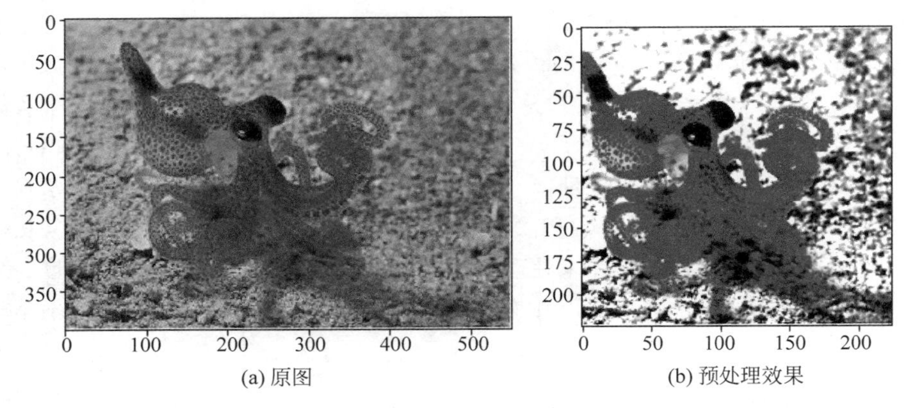

(a) 原图　　(b) 预处理效果

图 10-23　迁移处理效果

10.5　使用 OpenCV 实现人脸识别

OpenCV(Open Source Computer Vision Library)是一个功能强大的跨平台开源计算机视觉库,可应用于人机互动、物体识别、图像分割、人脸识别、动作识别、运动跟踪、机器人、运动分析、机器视觉、结构分析、汽车安全驾驶等诸多领域。这些应用领域将人们的注意力引向一个当前科技和社会的热点——人工智能。

10.5.1　人脸检测

人脸检测的任务是从一个图像中寻找出人脸所在的位置和大小。OpenCV 提供了级联分类器(cascade classifier)和人脸特征数据,只用少量代码就能实现人脸检测功能。其实现步骤为:

(1) 导入 cv2 模块。

```
import cv2
```

(2) 从文件中加载一个含有人脸的图像,并将其转换为一个灰度图像。

```
img = cv2.imread('face.jpg')
gray = cv2.cvtColor(img, cv2.COLOR_BGR2GRAY)
```

OpenCV rjwar Color()方法是用于转换图像的色彩空间,使用 cv2. COLOR_BGR2GRAY 参数可以将一个彩色图像转换为灰度图像。

(3) 利用人脸特征数据创建一个人脸检测器(CascadeClassifier 类的实例),然后调用该实例的 detectMultiScale 方法检测图像中的人脸区域,将检测结果返回给变量 faces。

```
file = 'haarcascade_frontalface_default.xml'
face_cascade = cv2.CascadeClassifier(file)
#检测人脸区域
faces = face_cascade.detectMultiScale(gray, 1.2, 4)
```

在调用 detectMultiScale 方法的参数中,第 1 个参数是一个灰度图像,第 2 个参数表示在前后两次相继的扫描中搜索窗口的比例系数(默认为 1.1,即每次搜索窗口依次扩大 10%),第 3 个参数表示构成检测目标的相邻矩形的最小个数(默认为 3 个)。

(4) 在检测图像中的每一个人脸区域上画上矩形框。

```
#标注人脸区域
for (x, y, w, h) in faces:
    cv2.rectangle(img, (x, y), (x + w, y + h), (255, 0, 0), 3)
```

检测出的人脸区域是一个矩形,由左上角坐标(x,y)和矩形的宽度 w 和高度 h 来确定。利用 cv2.rectangle 方法可以在图像上画出一个矩形,该方法的第 1 个参数是图像,第 2 个参数是矩形的左上角坐标(x,y),第 3 个参数是矩形的右下角坐标(x+w,y+h),第 4 个参数是线条的颜色,第 5 个参数是线条的宽度。

(5) 把标注矩形框后的图像显示到窗口中。

```
cv2.imshow('Image', img)        # 显示检测结果到窗口
```

(6) 等待用户按下任意键后销毁所有窗口。

```
cv2.waitKey(0)                  # 销毁所有窗口
cv2.destroyAllWindows()
```

运行程序,效果如图 10-24 所示。

图 10-24　人脸检测效果

10.5.2　车牌检测

不仅可以使用 OpenCV 进行人脸检测,还可以用它进行车牌检测。检测车牌的程序与检测人脸的程序类似,只要使用车牌特征数据创建一个车牌检测器就可以用来检测车牌了。下面代码是实现图片检测的过程:

```
import cv2

# 从文件读取图像并转换为灰度图像
img = cv2.imread('car.jpg')
gray = cv2.cvtColor(img, cv2.COLOR_BGR2GRAY)

# 创建车牌检测器
file = 'haarcascade_russian_plate_number.xml'
face_cascade = cv2.CascadeClassifier(file)
faces = face_cascade.detectMultiScale(gray, 1.2, 5)

# 标注车牌区域,并保存到文件中
for (x, y, w, h) in faces:
    cv2.rectangle(img, (x, y), (x + w, y + h), (255, 0, 0), 3)
    # 裁剪识别区[y0:y1,x0:x1]
    number_img = img[y:y + h,x:x + w]
    cv2.imwrite('car_number.jpg',number_img)
# 显示检测结果到窗口
cv2.imshow('Image', img)
# 按任意键退出
cv2.waitKey(0)
# 销毁所有窗口
cv2.destroyAllWindows()
```

运行程序,就可以检测出图像中的车牌,如图 10-25 所示。

图 10-25　车牌检测

10.5.3　目标检测

在图像中找出检测对象的位置和大小是目标检测(object detection)的任务,是计算机视觉领域的核心问题之一,在自动驾驶、机器人和无人机等许多领域极具研究价值。

深度学习是指在多层神经网络上运用各种机器学

习算法解决图像、文本等各种问题的算法集合。因此，基于深度学习的目标检测算法又被称为目标检测网络。

本小节使用一种名为 MobileNet-SSD 的目标检测网络对图像进行目标检测。MobileNet-SSD 能够在图像中检测出飞机、自行车、船、瓶子、公交车、摩托车、火车、汽车、鸟、猫、狗、马、人、羊、奶牛、餐桌、椅子、沙发、盆栽、电视共 20 种物体和 1 种背景，平均准确率能达到 72.7%。由于训练神经网络需要大量的数据和强大的运算力，在这里将使用一个已经训练好的目标检测网络模型。在 Python 中，可以通过 OpenCV 的 dnn 模块使用训练好的模型对图像进行目标检测，其步骤为：

(1) 加载 MobileNet-SSD 目标检测网络模型。

(2) 读入待检测图像，并将其转换为 blob 数据包。

(3) 将 blob 数据包传入目标检测网络，并进行前向传播。

(4) 根据返回结果标注图像中被检测出的对象。

下面代码实现目标检测：

```
#导入 cv2 和 numpy 模块
import cv2, numpy

#指定图像和模型文件路径
image_path = 'target.jpg'
prototxt = './model/MobileNetSSD_deploy.prototxt'
model = './model/MobileNetSSD_deploy.caffemodel'

#创建物体分类标签、颜色和字体等变量
CLASSES = ('background', 'aeroplane', 'bicycle', 'bird', 'boat',
 'bottle', 'bus', 'car', 'cat', 'chair', 'cow', 'diningtable',
 'dog', 'horse', 'motorbike', 'person', 'pottedplant', 'sheep',
 'sofa', 'train', 'tvmonitor')
COLORS = numpy.random.uniform(0, 255, size=(len(CLASSES), 3))
FONT = cv2.FONT_HERSHEY_SIMPLEX

#使用 dnn 模块从文件中加载神经网络模型
net = cv2.dnn.readNetFromCaffe(prototxt, model)

#从文件中加载待检测的图像,用来构造一个 blob 数据包
image = cv2.imread(image_path)
(h, w) = image.shape[:2]
input_img = cv2.resize(image, (300, 300))
#返回一个 blob 数据包,它是经过减去均值、归一化和通道交换后的输入图像
blob = cv2.dnn.blobFromImage(input_img, 0.007843, (300, 300), 127.5)

#将 blob 数据包传入 MobileNet-SSD 目标检测网络,进行前向传播,并返回结果
net.setInput(blob)
detections = net.forward()

#用循环结构读取检测结果中的检测区域,并标注矩形框、分类名称和可信度
for i in numpy.arange(0, detections.shape[2]):
    idx = int(detections[0, 0, i, 1])
    confidence = detections[0, 0, i, 2]
    if confidence > 0.2:
        #标注矩形框
        box = detections[0, 0, i, 3:7] * numpy.array([w, h, w, h])
        (x1, y1, x2, y2) = box.astype('int')
        cv2.rectangle(image, (x1, y1), (x2, y2), COLORS[idx], 2)
        #标注可信度
```

```
        label = '[INFO] {}: {:.2f} %'.format(CLASSES[idx], confidence * 100)
        print(label)
        cv2.putText(image, label, (x1, y1), FONT, 1, COLORS[idx], 1)
#将检测结果图像显示在窗口中
cv2.imshow('Image', image)
cv2.waitKey(0)
cv2.destroyAllWindows()
```

运行程序，对图像进行检测的结果如图 10-26 所示。

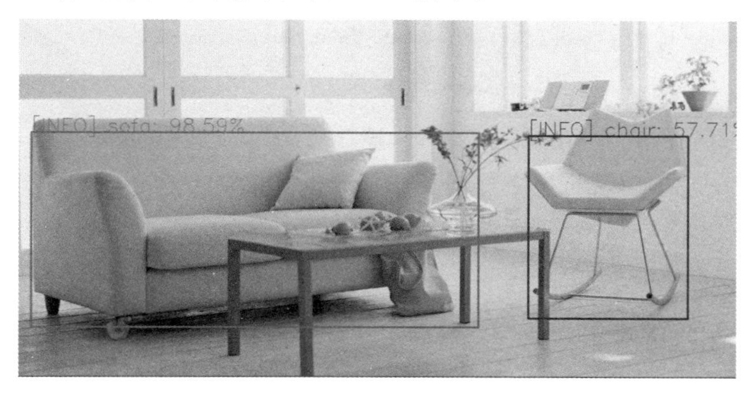

图 10-26　目标检测效果

10.6　使用 OpenCV 实现网络迁移

本节直接通过一个例子来演示利用 OpenCV 实现网络迁移，其步骤如下（models 文件夹中提供了一些已经训练好的风格迁移网络模型）。

（1）导入 cv2 模块。

```
import cv2
```

（2）设定待处理图像和风格迁移网络模型。

```
image_file = 'horse.jpg'                              #指定图像
model = 'the_scream.t7'                               #风格迁移网络模型
```

提示： the_scream.t7 为已训练好的风格迁移网络模型，选择不同的模型进行迁移，得到不同的效果。

（3）使用 OpenCV 的 dnn 模块加载风格迁移网络模型。

```
net = cv2.dnn.readNetFromTorch('models/' + model)
```

（4）从文件中读取待处理图像，用来构造一个 blob 数据包。

```
image = cv2.imread('images/' + image_file)          #从文件中读取图像
(h, w) = image.shape[:2]
blob = cv2.dnn.blobFromImage(image, 1.0, (w, h),
    (103.939, 116.779, 123.680), swapRB = False, crop = False)
```

（5）将图像的 blob 数据包传入风格迁移网络，并进行前向传播，然后等待返回结果。

```
net.setInput(blob)
out = net.forward()
```

（6）修正输出张量，加上平均减法，然后交换通道排序。

```
out = out.reshape(3, out.shape[2], out.shape[3])
out[0] += 103.939
```

```
out[1] += 116.779
out[2] += 123.68
out /= 255
out = out.transpose(1, 2, 0)
```

(7) 将处理后的图像显示到窗口中,并保存到文件中。

```
cv2.namedWindow('Image', cv2.WINDOW_NORMAL)
cv2.imshow('Image', out)
out *= 255.0
cv2.imwrite('output-' + model + '_' + image_file, out)
cv2.waitKey(0)
cv2.destroyAllWindows()
```

利用迁移 the_scream.t7 模型,运行程序,迁移效果如图 10-27 所示。

图 10-27 迁移效果 1

改为迁移 starry_night.t7 模型,运行程序,迁移效果如图 10-28 所示。

图 10-28 迁移效果 2

第 11 章

使用循环神经网络实现序列建模

循环神经网络(Recurrent Neural Networks,RNN)是一种常用的神经网络结构,其特有的最重要的结构——长短时记忆网络,使得它在处理和预测序列数据的问题上有着良好的表现。图 11-1 为 RNN 的结构。

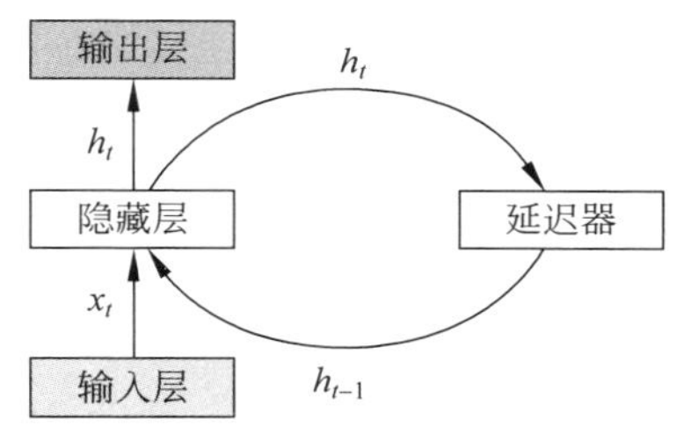

图 11-1 RNN 的结构

11.1 RNN

具有记忆性、参数共享并且图灵完备(Turing completeness)等是 RNN 的特性,因此,RNN 在进行序列的非线性特征学习时具有一定优势。RNN 在自然语言处理(Natural Language Processing,NLP)、各类时间序列预报等中有广泛应用。

11.1.1 RNN 的发展历史

1986 年,RNN 被提出用于处理序列数据,它是专用于处理序列信息的神经网络。RNN 甚至可以扩展到更长的序列。大多数 RNN 可以处理可变长度的序列,因此,RNN 的诞生解决了传统神经网络在处理序列信息方面的局限性。

1997 年,长短时记忆(Long Short-Term Memory,LSTM)单元被提出用于解决标准 RNN 时间维度的梯度消失问题(gradient vanishing problem)。LSTM 型 RNN 用 LSTM 单元替换标准结构中的神经元节点,LSTM 单元使用输入门、输出门和遗忘门控制序列信息的传输,从而实现较大范围的上下文信息的保存与传输。

1998 年,随时间反向传播(Backpropagation Through Time, BPTT)的 RNN 算法被提出。BPTT 算法的本质是按照时间序列将 RNN 展开,展开后的网络包含 N(时间步长)个隐含单元和一个输出单元,然后采用反向误差传播方式对神经网络的连接权值进行更新。

2001 年，LSTM 型 RNN 优化模型被提出，它在传统的 LSTM 单元中加入了窥视孔连接(peephole connections)。窥视孔连接进一步提高了 LSTM 单元对具有长时间间隔相关性特点的序列信息的处理能力。

11.1.2 什么是 RNN

RNN 被称为“循环”，是因为它对序列的每个元素都执行相同的任务，输出取决于先前的计算。另外，RNN 有一个“记忆”功能，它可以捕获到目前为止计算的信息。理论上，RNN 可以利用任意长序列中的信息，但实际上它仅限于回顾几个步骤，图 11-2 为 RNN 在 t 时刻展开的效果。

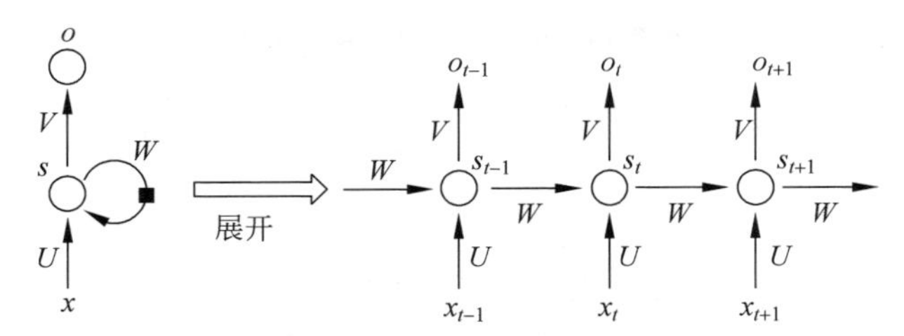

图 11-2 RNN 在 t 时刻展开的效果

其中，x_t 是输入层的输入；s_t 是隐藏层的输出，s_0 是计算第一个隐藏层所需要的，初始化一般全设为零；o_t 为输出层的输出。

从图 11-2 可看出，RNN 的关键是 s_t 的值不仅取决于 x_t，还取决于 s_{t-1}。

假设 f 是隐藏层激活函数，是非线性的，如 tanh 函数或 ReLU 函数；g 为输出层激活函数，可以是 Softmax 函数，那么循环神经网络的前向计算过程可表示为

$$o_t = g(V \cdot s_t + b_2)$$

$$s_t = f(U \cdot x_t + W \cdot s_{t-1} + b_1)$$

需要注意的是：

(1) 可以将隐藏的状态 s_t 看作网络的记忆，用于捕获有关所有前时间步中发生的事件的信息。步骤输出 o_t 根据时间 t 的记忆计算。

(2) 与在每层使用不同参数的传统深度神经网络不同，RNN 共享相同的参数(所有步骤的 U、V、W)。这反映了它在每个步骤中执行相同任务记录时，只是使用不同的输入，这大大减少了需要学习的参数总数。

(3) 图 11-2 在每个时间步都有输出，但根据任务，这可能不是必需的。例如，在预测句子的情绪时，可能只关心最终的输出，而不是每个单词之后的情绪。同样，可能不需要在每个时间步输入。所以，RNN 结构可以是如图 11-3 所示的不同组合。

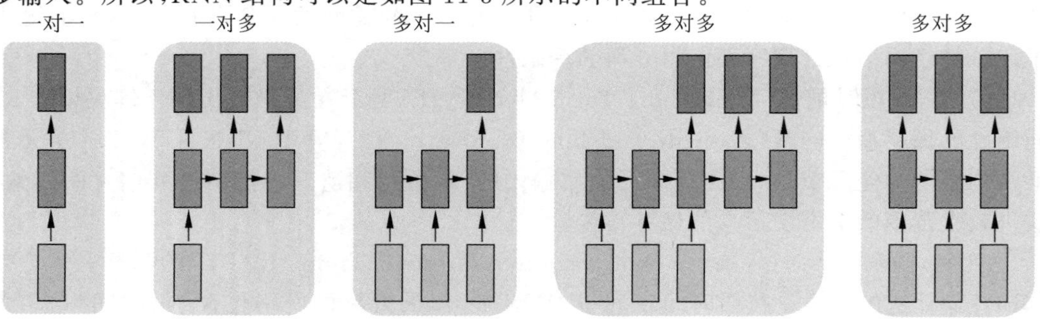

图 11-3 不同组合效果

11.1.3 LSTM 结构和 GRU 结构

任何一个模型都不是完美的，针对其缺陷人们总会研究出来一些方法来优化它们，RNN 作为一个表现优秀的深度学习网络也不例外。

1. RNN 的梯度消失和梯度爆炸问题

假设时间序列只有三段，在 $t=3$ 时刻，损失函数为

$$L_3=\frac{1}{2}(Y_3-O_3)^2$$

则对于一次训练任务的损失函数为

$$L=\sum_{t=1}^{T}L_t$$

结果为每一时刻损失值的累加。

使用随机梯度下降法训练 RNN 实质上是对 W_x、W_s、W_o 以及 b_1、b_2 求偏导，并不断调整它们以使 L 尽可能达到最小的过程。

例如，只对 t_3 时刻的对 W_x、W_s、W_o 求偏导(其他时刻类似)：

$$\frac{\partial L_3}{\partial W_o}=\frac{\partial L_3}{\partial O_3}\frac{\partial O_3}{\partial W_o}$$

$$\frac{\partial L_3}{\partial W_x}=\frac{\partial L_3}{\partial O_3}\frac{\partial O_3}{\partial S_3}\frac{\partial S_3}{\partial W_x}+\frac{\partial L_3}{\partial O_3}\frac{\partial O_3}{\partial S_3}\frac{\partial S_3}{\partial S_2}\frac{\partial S_2}{\partial W_x}+\frac{\partial L_3}{\partial O_3}\frac{\partial O_3}{\partial S_3}\frac{\partial S_3}{\partial S_2}\frac{\partial S_2}{\partial S_1}\frac{\partial S_1}{\partial W_x}$$

$$\frac{\partial L_3}{\partial W_s}=\frac{\partial L_3}{\partial O_3}\frac{\partial O_3}{\partial S_3}\frac{\partial S_3}{\partial W_s}+\frac{\partial L_3}{\partial O_3}\frac{\partial O_3}{\partial S_3}\frac{\partial S_3}{\partial S_2}\frac{\partial S_2}{\partial W_s}+\frac{\partial L_3}{\partial O_3}\frac{\partial O_3}{\partial S_3}\frac{\partial S_3}{\partial S_2}\frac{\partial S_2}{\partial S_1}\frac{\partial S_1}{\partial W_s}$$

可以看出，损失函数对于 W_o 并没有长期依赖，但是因为 s_t 随时间序列向前传播，而 s_t 又是 W_x、W_s 的函数，所以对于 W_x、W_s 会随着时间序列产生长期依赖。

根据上述求偏导的过程，任意时刻对 W_x 求偏导的公式为

$$\frac{\partial L_t}{\partial W_x}=\sum_{k=0}^{t}\frac{\partial L_t}{\partial O_t}\frac{\partial O_t}{\partial S_t}\left(\prod_{j=k+1}^{t}\frac{\partial S_j}{\partial S_{j-1}}\right)\frac{\partial S_k}{\partial W_x}$$

任意时刻对 W_s 求偏导的公式同上。

如果加上激活函数(tanh)，即有

$$S_j=\tanh(W_xX_j+W_sS_{j-1}+b_1)$$

则

$$\prod_{j=k+1}^{t}\frac{\partial S_j}{\partial S_{j-1}}=\prod_{j=k+1}^{t}\tanh' W_s$$

tanh 函数定义如下：

$$\tanh x=\frac{\sinh x}{\cosh x}=\frac{\mathrm{e}^{x}-\mathrm{e}^{-x}}{\mathrm{e}^{x}+\mathrm{e}^{-x}}$$

图 11-4 为 tanh 函数及其导数的图像。

从图 11-4 可以看出 $\tanh'\leqslant 1$，在绝大部分训练过程中，tanh 函数的导数是小于 1 的(很少情况下会出现 $W_xX_j=W_sS_{j-1}+b_1=0$)。如果 W_s 也是一个大于 0 且小于 1 的值，则当 t 很大时，$\prod_{j=k+1}^{t}\tanh' W_s$ 会趋近于 0。同理，当 W_s 很大时，$\prod_{j=k+1}^{t}\tanh' W_s$ 会趋近于无穷，这就是 RNN 梯度消失和爆炸的原因。

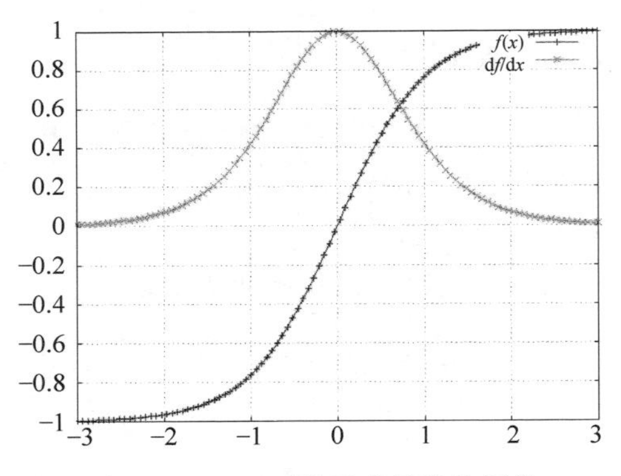

图 11-4　tanh 函数及其导数的图像

梯度消失和爆炸的根本原因就是 $\prod_{j=k+1}^{t}\frac{\partial S_j}{\partial S_{j-1}}$ 这一部分，要消除这种情况就需要把这一部分在求偏导的过程中去掉，一种办法是使 $\frac{\partial S_j}{\partial S_{j-1}}\approx 1$，另一种办法是使 $\frac{\partial S_j}{\partial S_{j-1}}\approx 0$。

2. LSTM 和 GRU 的原理

LSTM 模型可用来解决稳定性和梯度消失的问题，常规的神经元被存储单元代替。存储单元中将单元移除或添加的结构叫"门限"。门限有三种，分别为遗忘门、输入门、输出门。门限由 sigmoid 激活函数和逐点乘法运算组成。前一个时间步长的隐藏状态被送到遗忘门、输入门和输出门。在前向计算过程中，输入门学习何时激活让当前输入传入存储单元，输出门学习何时激活让当前隐藏层状态传出存储单元。单个 LSTM 神经元的结构如图 11-5 所示。

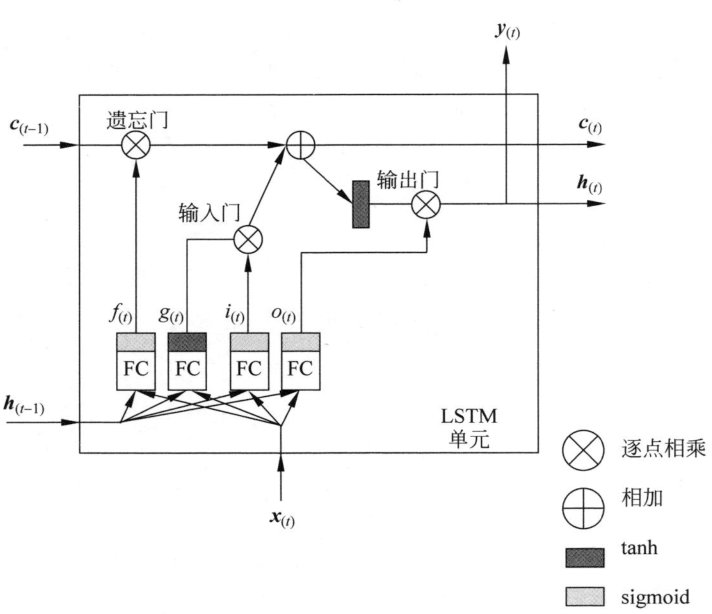

图 11-5　单个 LSTM 神经元的结构

假设 $\boldsymbol{h}_{(t)}$ 为 LSTM 单元的隐藏层输出，$\boldsymbol{c}_{(t)}$ 为 LSTM 内存单元的值，$\boldsymbol{x}_{(t)}$ 为输入数据。LSTM 单元的更新可以分以下几个步骤。

(1) 计算当前时刻的输入节点 $g(t)$，$\boldsymbol{W}_{xg}$、$\boldsymbol{W}_{hg}$、$\boldsymbol{W}_{cg}$ 分别是输入数据和上一时刻 LSTM 单元输出的权值：

$$\alpha_g^t = \boldsymbol{W}_{xg}^{\mathrm{T}} \boldsymbol{x}_{(t)} + \boldsymbol{W}_{hg}^{\mathrm{T}} \boldsymbol{h}_{(t-1)} + b_g$$

$$g_{(t)} = \sigma(\alpha_g^t)$$

(2) 计算输入门(input gate)的值 $i_{(t)}$。输入门用来控制当前输入数据对记忆单元状态值的影响。所有门的计算受当前输入数据 $\boldsymbol{x}_{(t)}$ 和上一时刻 LSTM 单元输出值 $\boldsymbol{h}_{(t-1)}$ 影响。

$$\alpha_i^t = \boldsymbol{W}_{xi}^{\mathrm{T}} \boldsymbol{x}_{(t)} + \boldsymbol{W}_{hi}^{\mathrm{T}} \boldsymbol{h}_{(t-1)} + b_i$$

$$i_{(t)} = \sigma(\alpha_i^t)$$

(3) 计算遗忘门的值 $f_{(t)}$。遗忘门主要用来控制历史信息对当前记忆单元状态值的影响,为记忆单元提供了重置的方式。

$$\alpha_f^t = \boldsymbol{W}_{xf}^{\mathrm{T}} \boldsymbol{x}_{(t)} + \boldsymbol{W}_{hf}^{\mathrm{T}} \boldsymbol{h}_{(t-1)} + b_f$$

$$f_{(t)} = \sigma(\alpha_f^t)$$

(4) 计算当前时刻记忆单元(核心节点)的状态值 $\boldsymbol{c}_{(t)}$。记忆单元的状态更新主要由自身状态 $\boldsymbol{c}_{(t-1)}$ 和当前时刻的输入节点的值 $g_{(t)}$ 组成,并利用乘法门通过输入门和遗忘门分别对这两部分因素进行调节。乘法门的目的是使 LSTM 存储单元存储和访问时间较长的信息,从而减轻消失的梯度。

$$\boldsymbol{c}_{(t)} = f_{(t)} \otimes \boldsymbol{c}_{(t-1)} + i_{(t)} \otimes g_{(t)}$$

(5) 计算输出门 $o_{(t)}$。输出门用来控制记忆单元状态值的输出。

$$\alpha_o^t = \boldsymbol{W}_{xo}^{\mathrm{T}} \boldsymbol{x}_{(t)} + \boldsymbol{W}_{ho}^{\mathrm{T}} \boldsymbol{h}_{(t-1)} + b_o$$

$$o_{(t)} = \sigma(\alpha_o^t)$$

(6) 计算 LSTM 单元的输出。

$$\boldsymbol{h}_{(t)} = o_{(t)} \otimes \tanh(\boldsymbol{c}_{(t)})$$

3. LSTM 解决梯度消失问题

LSTM 可以抽象成如图 11-6 所示。

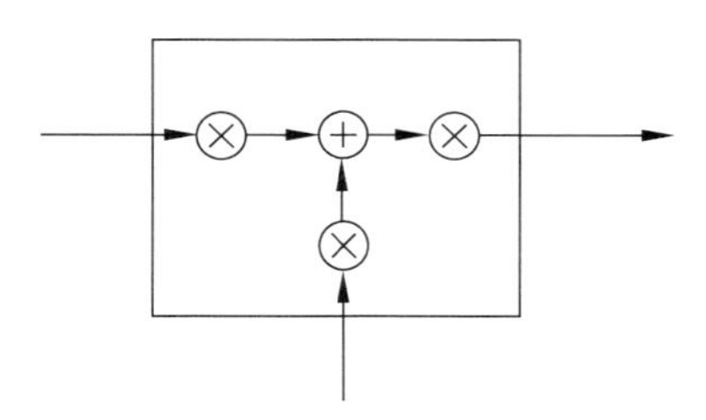

图 11-6 LSTM 抽象效果

图 11-6 中的 3 个圆圈内为乘号的符号分别表示遗忘门(forget gate,最关键部件),输入门(input gate),输出门(output gate)。这 3 个"门"是如何控制流入流出的呢?它们是通过 $f_{(t)}$、$i_{(t)}$、$o_{(t)}$ 三个函数来控制,因为 $\sigma(x)$(代表 sigmoid 函数)的值是介于 0 到 1 之间的,刚好用趋近于 0 时表示流入不能通过"门",趋近于 1 时表示流入可以通过"门"。

$$f_{(t)} = \sigma(W_f X_t + b_f)$$

$$i_{(t)} = \sigma(W_i X_t + b_i)$$

$$o_{(t)} = \sigma(W_o X_t + b_o)$$

当前的状态 $S_t = f_{(t)} S_{t-1} + i_{(t)} X_t$,将 LSTM 的状态表达式展开后得:

$$S_t = \sigma(W_f X_t + b_f) S_{t-1} + \sigma(W_i X_t + b_i) X_t$$

如果加上激活函数,即为

$$S_t = \tanh(\sigma(W_f X_t + b_f) S_{t-1} + \sigma(W_i X_t + b_i) X_t)$$

传统 RNN 求偏导的过程包含 $\prod_{j=k+1}^{t} \frac{\partial S_j}{\partial S_{j-1}} = \prod_{j=k+1}^{t} \tanh' W_s$,对于 LSTM 同样也包含这样的一项,但是在 LSTM 中,$\prod_{j=k+1}^{t} \frac{\partial S_j}{\partial S_{j-1}} = \prod_{j=k+1}^{t} \tanh' \sigma(W_f X_t + b_f)$,假设 $z = \tanh'(x)\sigma(y)$,则

z 函数的图像如图 11-7 所示。

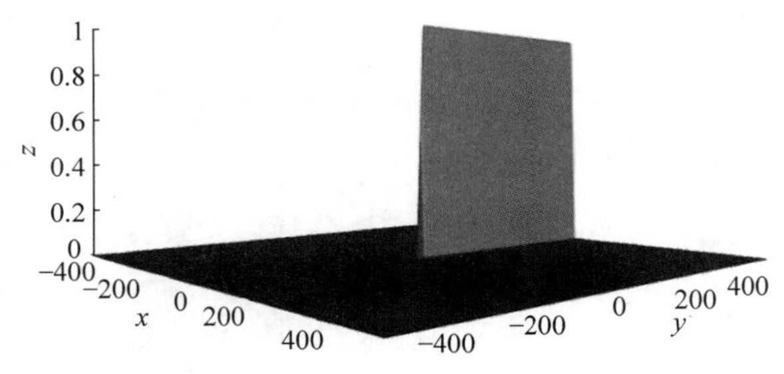

图 11-7 z 函数的图像

可以看到该函数的值基本上不是 0 就是 1。再看 RNN 求偏导过程中有

$$\frac{\partial L_3}{\partial W_s}=\frac{\partial L_3}{\partial O_3}\frac{\partial O_3}{\partial S_3}\frac{\partial S_3}{\partial W_s}+\frac{\partial L_3}{\partial O_3}\frac{\partial O_3}{\partial S_3}\frac{\partial S_3}{\partial S_2}\frac{\partial S_2}{\partial W_s}+\frac{\partial L_3}{\partial O_3}\frac{\partial O_3}{\partial S_3}\frac{\partial S_3}{\partial S_2}\frac{\partial S_2}{\partial S_1}\frac{\partial S_1}{\partial W_s}$$

如果在 LSTM 中，$\frac{\partial L_3}{\partial W_s}$可能会变成：

$$\frac{\partial L_3}{\partial W_s}=\frac{\partial L_3}{\partial O_3}\frac{\partial O_3}{\partial S_3}\frac{\partial S_3}{\partial W_s}+\frac{\partial L_3}{\partial O_3}\frac{\partial O_3}{\partial S_3}\frac{\partial S_2}{\partial W_s}+\frac{\partial L_3}{\partial O_3}\frac{\partial O_3}{\partial S_3}\frac{\partial S_3}{\partial S_2}\frac{\partial S_1}{\partial W_s}$$

这是因为

$$\prod_{j=k+1}^{t}\frac{\partial S_j}{\partial S_{j-1}}=\prod_{j=k+1}^{t}\tanh'\sigma(W_f X_t+b_f)\approx 0\mid 1$$

这就解决了传统 RNN 中梯度消失的问题。

11.1.4 序列模型实现

随着时间的推移，人们对电影的看法会发生很大的变化。事实上，心理学家甚至对这些现象做了相应说明：

- 锚定(anchoring)效应：基于其他人的意见做出评价。
- 享乐适应(hedonic adaption)：人们迅速接受并且适应一种更好或者更坏的情况作为新的常态。
- 季节性(seasonality)：少有观众喜欢在八月看圣诞老人的电影。有时，电影会由于导演或演员在制作中的不当行为变得不受欢迎。有些电影因为其极度糟糕只能成为小众电影。

简而言之，电影评分绝不是固定不变的。因此，使用时间动力学可以得到更准确的电影推荐。当然，序列数据不仅仅是关于电影评分的。下面给出了更多的场景：

- 在使用应用程序时，许多用户都有很强的特定习惯。
- 预测明天的股价要比过去的股价更困难，尽管两者都只是估计一个数字。
- 在本质上，音乐、语音、文本和视频都是连续的。如果它们的序列被重排，那就会失去原有的意义。
- 地震具有很强的相关性，即大地震发生后，很可能会有几次小余震，这些余震的强度比非大地震后的余震要大得多。事实上，地震是时空相关的，即余震通常发生在很短的时间跨度和很近的距离内。
- 人类之间的互动也是连续的，这可以从微博上的争吵和辩论中看出。

简而言之，序列模型十分关注序列时间的变化对预测结果的影响效果。

【例 11-1】 通过 RNN 实现时序分析。

具体步骤如下：

（1）训练。

```
import torch
from torch import nn
from d2l import torch as d2l

T = 1000                      #总共产生 1000 个点
time = torch.arange(1, T + 1, dtype = torch.float32)          #产生从 1 到 1000 的所有数据点
x = torch.sin(0.01 * time) + torch.normal(0, 0.2, (T, ))   #定义所有 time 对应的 x,对每一个 x
                                                            #还会添加对应的噪声分布
d2l.plot(time, [x], '时间', xlim = [1, 1000], figsize = (6, 3))  #绘图,如图 11-8 所示
```

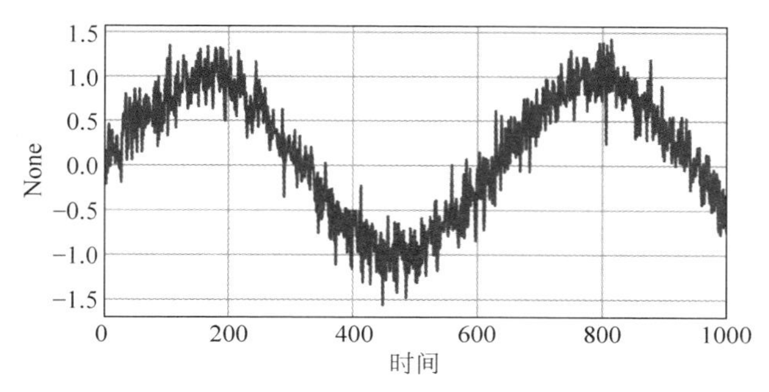

图 11-8　带噪声的数据分布效果

将这个序列转换为模型的“特征-标签”对。基于嵌入维度 τ，将数据映射为数据对 $y_t = x_t$ 和 $x_t = (x_{t-\tau}, \cdots, x_{t-1})$。这比提供的数据样本少了 τ，因为没有足够的历史记录来描述前 τ 个数据样本。一个办法是如果拥有足够长的序列就丢弃这几项；另一个办法是用 0 填充序列。此处，仅使用前 600 个“特征-标签”对进行训练。

```
tau = 4                                      #嵌入维度等于 4
features = torch.zeros((T - tau, tau))       #即特征的样本量为 996 行,4 列数据
#生成 996 行的样本
for i in range(tau):
    features[:, i] = x[i: T - tau + i]       #其中每行对应每个标签, features 对应每个样本
#labels 相当于标签结果
labels = x[tau:].reshape((-1, 1))
batch_size, n_train = 16, 600               #设置批量数据大小为 16,训练集大小为 600
#只有前 n_train 个样本用于训练,加载数据集为一个训练集的迭代器
train_iter = d2l.load_array((features[:n_train], labels[:n_train]), batch_size, is_train=True)
```

此处使用一个相对简单的架构训练模型：两个全连接层的多层感知机以及 ReLU 激活函数和平方损失。

```
#初始化网络权重的函数
def init_weights(m):
    if type(m) == nn.Linear:
        nn.init.xavier_uniform_(m.weight)
#一个简单的多层感知机
def get_net():
    net = nn.Sequential(nn.Linear(4, 10),
                        nn.ReLU(),
                        nn.Linear(10, 1))
    net.apply(init_weights)
    return net
#平方损失
```

```
loss = nn.MSELoss(reduction = 'none')
```

下面准备训练模型。

```
#定义训练函数
def train(net, train_iter, loss, epochs, lr):
    trainer = torch.optim.Adam(net.parameters(), lr)    #定义 Adam 优化器
    #多次迭代训练模型
    for epoch in range(epochs):
        for X, y in train_iter:
            trainer.zero_grad()                  #清空梯度
            l = loss(net(X), y)                  #计算损失
            l.sum().backward()                   #调用反向传播函数计算梯度
            trainer.step()                       #更新梯度
        print(f'epoch(迭代){epoch + 1}, '
             f'loss(损失): {d2l.evaluate_loss(net, train_iter, loss):f}')
net = get_net()
train(net, train_iter, loss, 5, 0.01)
epoch(迭代)1, loss(损失): 0.060282
epoch(迭代)2, loss(损失): 0.054637
epoch(迭代)3, loss(损失): 0.051455
epoch(迭代)4, loss(损失): 0.050511
epoch(迭代)5, loss(损失): 0.052370
```

(2) 预测。

由于训练损失很小,因此期望模型有好的工作效果。先检查模型预测下一个时间步的能力,也就是单步预测(one-step-ahead prediction)。

```
import matplotlib.pyplot as plt
plt.rcParams['font.sans-serif'] = ['SimHei']        #显示中文
plt.rcParams['axes.unicode_minus'] = False          #负号
onestep_preds = net(features)                       #定义一个网络,输出一步长的预测
d2l.plot([time, time[tau:]],                        #绘图预测,效果如图 11-9 所示
        [x.detach().numpy(), onestep_preds.detach().numpy()], '时间',
        'x', legend = ['数据', '1-步预处理'], xlim = [1, 1000],
        figsize = (6, 3))
```

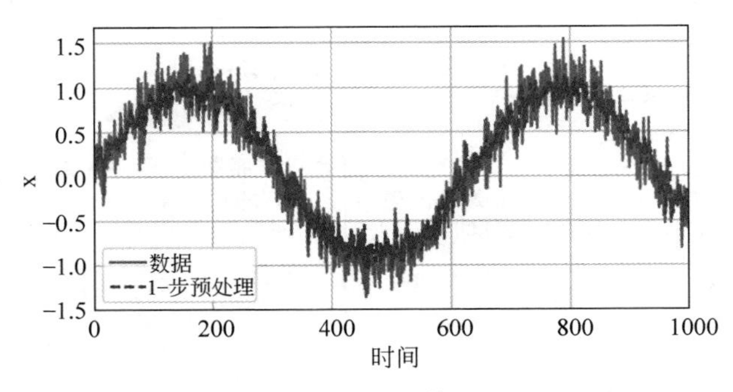

图 11-9 预测效果

从图 11-9 可看出,单步预测效果不错。即使这些预测的时间步超过了 600+4(n_train+tau),但结果仍然是可信的。存在一个小问题:如果数据观察序列的时间步只到 604,则需要一步一步地向前迈进:

$$\hat{x}_{605} = f(x_{601}, x_{602}, x_{603}, x_{604})$$

$$\hat{x}_{606} = f(x_{602}, x_{603}, x_{604}, x_{605})$$

$$\hat{x}_{607} = f(x_{603}, x_{604}, x_{605}, x_{606})$$

$$\hat{x}_{608}=f(x_{604},x_{605},x_{606},x_{607})$$

$$\hat{x}_{609}=f(x_{605},x_{606},x_{607},x_{608})$$

通常,对于直到 x_t 的预测序列,其在时间步 $t+k$ 处的预测输出 $\hat{x}_{t+k}$ 称为 k 步预测。前面已观察到 x_{604},它的 k 步预测是 $\hat{x}_{604+k}$。也即必须使用自己的预测(而不是原始数据)来进行多步预测。

```
multistep_preds = torch.zeros(T)
multistep_preds[: n_train + tau] = x[: n_train + tau]
# 此为多步预测,使用预测的样本值再次预测新数据,效果如图 11 - 10 所示
for i in range(n_train + tau, T):
    multistep_preds[i] = net(multistep_preds[i - tau:i].reshape((1, -1)))
d2l.plot([time, time[tau:], time[n_train + tau:]],
         [x.detach().numpy(), onestep_preds.detach().numpy(), multistep_preds[n_train +
tau:].detach().numpy()],
         '时间', legend = ['数据', '1 - 步预处理', '多步骤预处理'],
         xlim = [1, 1000], figsize = (6, 3))
```

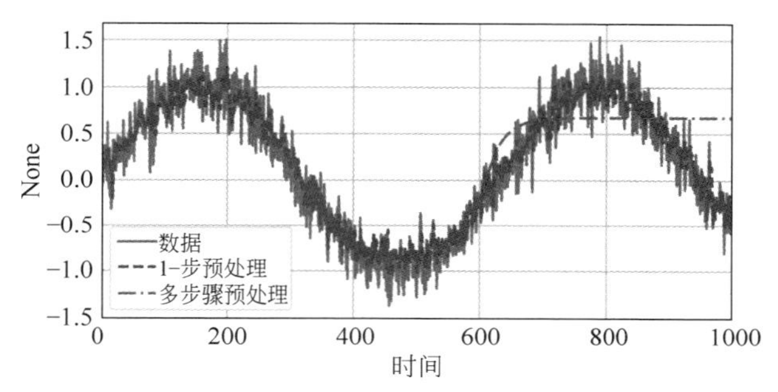

图 11-10 预测新数据效果

图 11-10 所示的多步骤预处理的预测显然并不理想。经过几个预测步骤后,预测的结果很快就会衰减到一个常数。之所以效果差是由于错误的累积:假设在步骤 1 之后,积累了一些错误 $\varepsilon_1=\bar{\varepsilon}$。步骤 2 的输入被扰动了 ε_1,结果积累的误差就依照次序的 $\varepsilon_2=\bar{\varepsilon}+c\varepsilon_1$ 进行,其中 c 为某个常数,后面的预测误差以此类推。因此,误差可能会相当快地偏离真实的观测结果。

基于 k 为 1、4、16、64,通过对整个序列预测的计算,更仔细地观察 k 步预测的困难。

```
max_steps = 64                                    # 设置的最大步长数为 64
features = torch.zeros((T - tau - max_steps + 1, tau + max_steps))
# 列 i (i < tau) 是来自 x 的观测,其时间步从 i 到(i + T - tau - max_steps + 1)
for i in range(tau):
    features[:, i] = x[i: i + T - tau - max_steps + 1]
# 使用预测得出的数据再次预测新的数据
# 列 i (i >= tau) 是来自(i - tau + 1)步的预测,其时间步从 i 到(i + T - tau - max_steps + 1)
for i in range(tau, tau + max_steps):
    features[:, i] = net(features[:, i - tau:i]).reshape(-1)
# 步数元组为(1, 4, 16, 64)
steps = (1, 4, 16, 64)
# 绘制出 4 个 x 的取值范围: (4, 937)、(7, 940)、(19, 952)、(67, 1000)
d2l.plot([time[tau + i - 1: T - max_steps + i] for i in steps],
        [features[:, (tau + i - 1)].detach().numpy() for i in steps],
        # 绘制出它们对应的预测值,效果如图 11 - 11 所示
        '时间', 'x', legend = [f'{i} - 步预处理' for i in steps],
        xlim = [5, 1000], figsize = (6, 3))
```

实例中说明了当预测步长更大时,预测的质量是如何变化的。虽然“4 步预测”看起来不

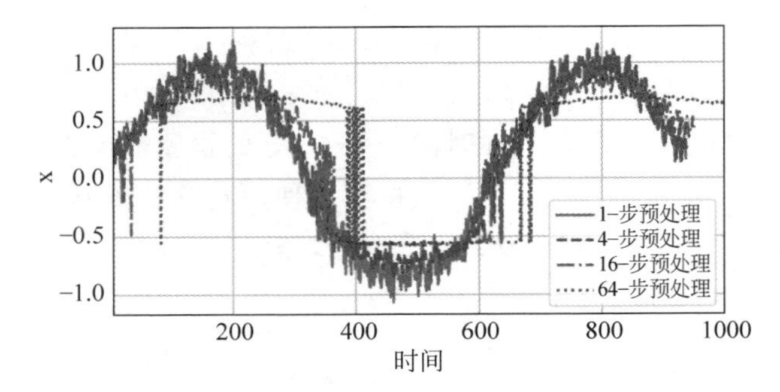

图 11-11 *k* 为 1、4、16、64 时的预测效果

错,但超过这个跨度的任何预测几乎都是无用的。

11.2 双向循环神经网络

RNN 和 LSTM 都只能依据之前时刻的时序信息来预测下一时刻的输出,但有些问题中当前时刻的输出不仅可能和之前的状态有关,还可能和未来的状态有关系。例如,预测一句话中缺失的单词不仅需要根据前文来判断,还需要考虑它后面的内容,真正做到基于上下文判断。双向循环神经网络(BRNN)由两个 RNN 上下叠加在一起组成,输出由这两个 RNN 的状态共同决定。图 11-12 为一个含单隐藏层的 BRNN 的架构。

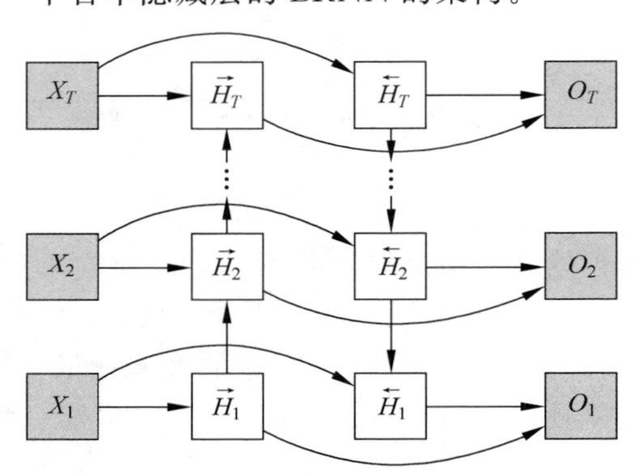

图 11-12 BRNN 架构

下面介绍 BRNN 的具体定义。给定时间步 t 的小批量输入 $X_t \in R^{n\times d}$(样本数为 n,输入个数为 d)和隐藏层激活函数 ϕ,在双向循环神经网络的架构中,设该时间步正向隐藏状态为 $\overrightarrow{H}_t \in R^{n\times h}$(正向隐藏单元个数为 h),反向隐藏状态为 $\overleftarrow{H}_t \in R^{n\times h}$(反向隐藏单元个数为 h)。可以分别计算正向隐藏状态和反向隐藏状态:

$$\overrightarrow{H}_t = \phi(X_t W_{xh}^{(f)} + \overrightarrow{H}_{t-1} W_{hh}^{(f)} + b_h^{(f)})$$

$$\overleftarrow{H}_t = \phi(X_t W_{xh}^{(b)} + \overleftarrow{H}_{t+1} W_{hh}^{(f)} + b_h^{(b)})$$

其中,权重 $W_{xh}^{(f)} \in R^{d\times h}$、$W_{hh}^{(f)} \in R^{h\times h}$、$W_{xh}^{(b)} \in R^{d\times h}$、$W_{hh}^{(b)} \in R^{h\times h}$ 和偏差 $b_h^{(f)} \in R^{1\times h}$、$b_h^{(b)} \in R^{1\times h}$ 均为模型参数。

使用连续两个方向的隐藏状态 $\overrightarrow{H}_t$ 和 $\overleftarrow{H}_t$ 得到隐藏状态 $H_t \in R^{n\times 2h}$,并将其输入到输出层。输出层计算输出 $O_t \in R^{n\times q}$(输出个数为 q):

$$O_t = H_t W_{hq} + b_q$$

【例 11-2】 BRNN 的 PyTorch 实现。

```
import torch
import torch.nn as nn
import torchvision
import torchvision.transforms as transforms
#设备配置
device = torch.device('cuda' if torch.cuda.is_available() else 'cpu')
#超参数
sequence_length = 28
input_size = 28
hidden_size = 128
num_layers = 2
num_classes = 10
batch_size = 100
num_epochs = 2
learning_rate = 0.003
# MNIST 数据集
train_dataset = torchvision.datasets.MNIST(root = '../../data/',
                                           train = True,
                                           transform = transforms.ToTensor(),
                                           download = True)
test_dataset = torchvision.datasets.MNIST(root = '../../data/',
                                          train = False,
                                          transform = transforms.ToTensor())
#数据加载器
train_loader = torch.utils.data.DataLoader(dataset = train_dataset,
                                           batch_size = batch_size,
                                           shuffle = True)
test_loader = torch.utils.data.DataLoader(dataset = test_dataset,
                                          batch_size = batch_size,
                                          shuffle = False)
#双向循环神经网络(多对一)
class BiRNN(nn.Module):
    def __init__(self, input_size, hidden_size, num_layers, num_classes):
        super(BiRNN, self).__init__()
        self.hidden_size = hidden_size
        self.num_layers = num_layers
        self.lstm = nn.LSTM(input_size, hidden_size, num_layers, batch_first = True,
bidirectional = True)
        self.fc = nn.Linear(hidden_size * 2, num_classes)        #表示双向

    def forward(self, x):
        #设置初始状态
        h0 = torch.zeros(self.num_layers * 2, x.size(0), self.hidden_size).to(device)
        c0 = torch.zeros(self.num_layers * 2, x.size(0), self.hidden_size).to(device)
        #前向传播 LSTM
        out, _ = self.lstm(x, (h0, c0))
        #解码上一个时间步的隐藏状态
        out = self.fc(out[:, -1, :])
        return out
model = BiRNN(input_size, hidden_size, num_layers, num_classes).to(device)

#损失和优化器
criterion = nn.CrossEntropyLoss()
optimizer = torch.optim.Adam(model.parameters(), lr = learning_rate)
#训练模型
total_step = len(train_loader)
for epoch in range(num_epochs):
    for i, (images, labels) in enumerate(train_loader):
```

```
        images = images.reshape(-1, sequence_length, input_size).to(device)
        labels = labels.to(device)
        #前向传播
        outputs = model(images)
        loss = criterion(outputs, labels)
        #向后优化
        optimizer.zero_grad()
        loss.backward()
        optimizer.step()
        if (i+1) % 100 == 0:
            print('Epoch [{}/{}], Step [{}/{}], Loss: {:.4f}'
                  .format(epoch+1, num_epochs, i+1, total_step, loss.item()))
#测试模型
with torch.no_grad():
    correct = 0
    total = 0
    for images, labels in test_loader:
        images = images.reshape(-1, sequence_length, input_size).to(device)
        labels = labels.to(device)
        outputs = model(images)
        _, predicted = torch.max(outputs.data, 1)
        total += labels.size(0)
        correct += (predicted == labels).sum().item()
    print('Test Accuracy of the model on the 10000 test images: {} %'.format(100 * correct /
total))
#模型保存
torch.save(model.state_dict(), 'model.ckpt')
```

运行程序，输出如下：

```
Epoch [1/2], Step [100/600], Loss: 0.6954
Epoch [1/2], Step [200/600], Loss: 0.3623
Epoch [1/2], Step [300/600], Loss: 0.1572
Epoch [1/2], Step [400/600], Loss: 0.1423
Epoch [1/2], Step [500/600], Loss: 0.1048
Epoch [1/2], Step [600/600], Loss: 0.0815
Epoch [2/2], Step [100/600], Loss: 0.1204
Epoch [2/2], Step [200/600], Loss: 0.1067
Epoch [2/2], Step [300/600], Loss: 0.1271
Epoch [2/2], Step [400/600], Loss: 0.0144
Epoch [2/2], Step [500/600], Loss: 0.0324
Epoch [2/2], Step [600/600], Loss: 0.0608
Test Accuracy of the model on the 10000 test images: 97.38 %
```

11.3 Seq2Seq 模型序列分析

Seq2Seq 是一个 Encoder-Decoder 结构的网络，它的输入是一个序列，输出也是一个序列。它涉及两个过程：

(1) Encoder 中将一个可变长度的信号序列变为固定长度的向量表达。

(2) Decoder 将这个固定长度的向量变成可变长度的目标的信号序列。

通常 Encoder 及 Decoder 均采用 RNN 结构，如 LSTM 或 GRU 等。Seq2Seq 可用于机器翻译、文本生成、语言模型、语音识别等领域。

11.3.1 Seq2Seq 模型

Seq2Seq 是一种重要的 RNN 模型，也称为 Encoder-Decoder 模型，模型包含两部分：

Encoder 用于编码序列的信息,将任意长度的序列信息编码到一个向量 $\boldsymbol{c}$ 中;Decoder 是解码器,解码器得到上下文信息向量 $\boldsymbol{c}$ 之后可以将信息解码,并输出为序列。Seq2Seq 模型结构有很多种,结构差异主要存在于 Decoder 部分。图 11-13~图 11-15 是几种比较常见的结构。

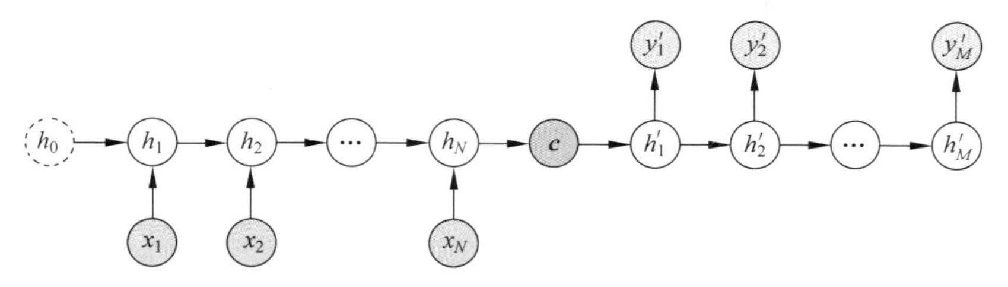

图 11-13 第一种结构

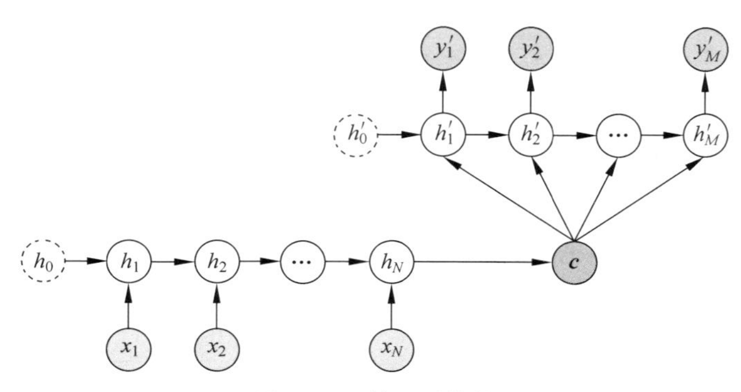

图 11-14 第二种结构

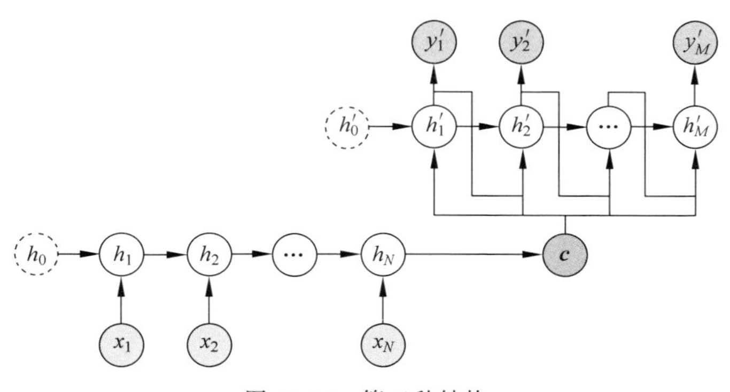

图 11-15 第三种结构

11.3.2 如何训练 Seq2Seq 模型

RNN 可以对字符或时间序列进行预测,例如输入 t 时刻的数据后,预测 $t+1$ 时刻的数据。为了得到概率分布,一般会在 RNN 的输出层使用 Softmax 激活函数,就可以得到每个分类的概率。

Softmax 在机器学习和深度学习中有着非常广泛的应用。尤其在处理多分类(分类数 $C>2$)问题时,分类器最后的输出单元需要 Softmax 函数进行数值处理。Softmax 函数的定义为

$$S_i = \frac{e^{V_i}}{\sum_i^C e^{V_i}}$$

其中，V_i 是分类器前级输出单元的输出；i 表示类别索引；总的类别个数为 C，表示当前元素的指数与所有元素指数和的比值。Softmax 函数将多分类的输出数值转换为相对概率，更容易理解和比较。

例如，一个多分类问题，$C=4$，线性分类器模型最后输出层包含了 4 个输出值，分别是

$$\mathbf{V}=\begin{pmatrix}-3\\2\\-1\\0\end{pmatrix}$$

经过 Softmax 处理后，数值转换为相对概率(和为 1，即被称为归一化的过程)：

$$\mathbf{V}=\begin{pmatrix}0.0057\\0.8390\\0.0418\\0.1135\end{pmatrix}$$

很明显，Softmax 的输出表征了不同类别之间的相对概率。可以清晰地看出，$S_1=0.8390$，对应的概率最大，则可以更清晰地判断预测为第 1 类的可能性更大。

利用 RNN 对于某个序列的时刻 t，它的词向量输出概率为 $p(x_t|x_1,x_2,\cdots,x_{t-1})$，则 Softmax 层每个神经元的计算如下：

$$p(x_t \mid x_1,x_2,\cdots,x_{t-1})=\frac{\exp(w_t h_t)}{\sum_{i=1}^{t}\exp(w_i h_t)}$$

其中，h_t 是当前第 t 个位置的隐藏状态，它与上一时刻的状态及当前输入有关，即 $h_t=f(h_{t-1},x_t)$；t 表示文本词典中的第 t 个词对应的下标；x_t 表示词典中第 t 个词；w_t 为词权重参数。

即整个序列的生成概率为

$$p(x)=\prod_{t=1}^{T}p(x_t \mid x_1,x_2,\cdots,x_{t-1})$$

表示从第一个词到第 T 个词一次生成，产生这个词序列的概率。

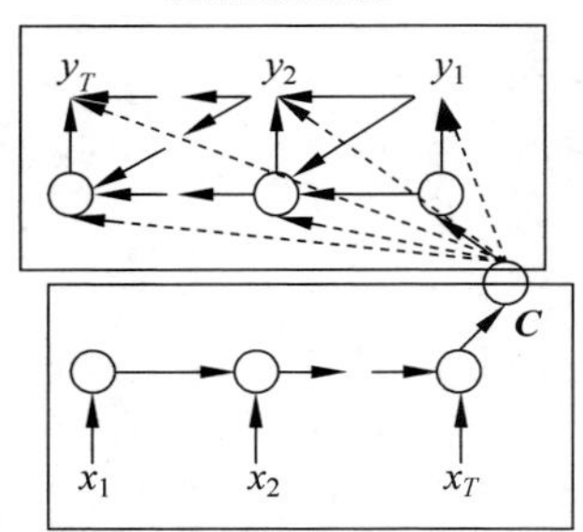

图 11-16 Encoder-Decoder 模型

Encoder-Decoder 模型如图 11-16 所示。

设有输入序列 $x_1,x_2,\cdots,x_T$，输出序列 $y_1,y_2,\cdots,y_T$，输入序列和输出序列的长度可能不同。那么就需要根据输入序列去得到输出序列可能输出的词概率，于是有下面的条件概率：$x_1,x_2,\cdots,x_T$ 发生的情况下，$y_1,y_2,\cdots,y_T$ 发生的概率等于 $p(y_t|v,y_1,y_2,\cdots,y_{t-1})$ 连乘，如式(11-1)所示。其中，$\boldsymbol{v}$ 表示 $x_1,x_2,\cdots,x_T$ 对应的隐藏状态向量(输入中每个词的词向量)，可以等同表示输入序列(模型依次生成 $y_1,y_2,\cdots,y_T$ 的概率)。

$$\begin{aligned}&p(y_1,y_2,\cdots,y_T \mid x_1,x_2,\cdots,x_T)\\&=\prod_{t=1}^{T}p(y_t \mid x_1,x_2,\cdots,x_{t-1},y_1,y_2,\cdots,y_{t-1})\\&=\prod_{t=1}^{T}p(y_t \mid v,y_1,y_2,\cdots,y_{t-1})\end{aligned}\tag{11-1}$$

此时，$h_t=f(h_{t-1},y_{t-1},\boldsymbol{v})$，Decode 中隐藏状态与上一时刻状态、上一时刻输出和状态 $\boldsymbol{v}$ 有关。于是 Decoder 的某一时刻的概率分布可用下式表示：

$$p(y_t \mid \boldsymbol{v},y_1,y_2,\cdots,y_{t-1})=g(h_t,y_{t-1},\boldsymbol{v})$$

对于训练样本，要做的就是在整个训练样本下，所有样本的 $p(y_1,y_2,\cdots,y_T|x_1,x_2,\cdots,x_T)$和最大。对应的对数似然条件概率函数为

$$\frac{1}{N}\sum_{n=1}^{N}\log(y_n \mid x_n,\theta)$$

使之最大化，θ 则是待确定的模型参数。

11.3.3　利用 Seq2Seq 进行时间序列预测

时间序列预测可以根据短期预测、长期预测，以及具体场景选用不同的方法。本节通过一个实例来演示利用 Seq2Seq 进行时间序列预测。

【例 11-3】　利用 Seq2Seq 进行时间序列预测。

具体实现步骤为：

(1) 导入所需要的包。

```
import tensorflow as tf
import numpy as np
import random
import math
from matplotlib import pyplot as plt
import os
import copy
```

(2) 数据准备。

生成一系列没有噪声的样本，效果如图 11-17 所示。

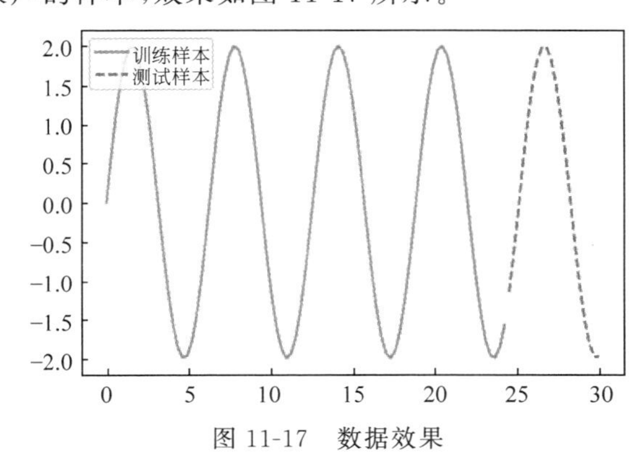

图 11-17　数据效果

```
plt.rcParams['font.family'] = ['sans - serif']          #中文
plt.rcParams['axes.unicode_minus'] = False              #负号
x = np.linspace(0, 30, 105)
y = 2 * np.sin(x)
l1, = plt.plot(x[:85], y[:85], 'y', label = '训练样本')
l2, = plt.plot(x[85:], y[85:105], 'c -- ', label = '测试样本')
plt.legend(handles = [l1, l2], loc = 'upper left')
plt.show()
```

为了模拟真实世界的数据，添加一些随机噪声，效果如图 11-18 所示。

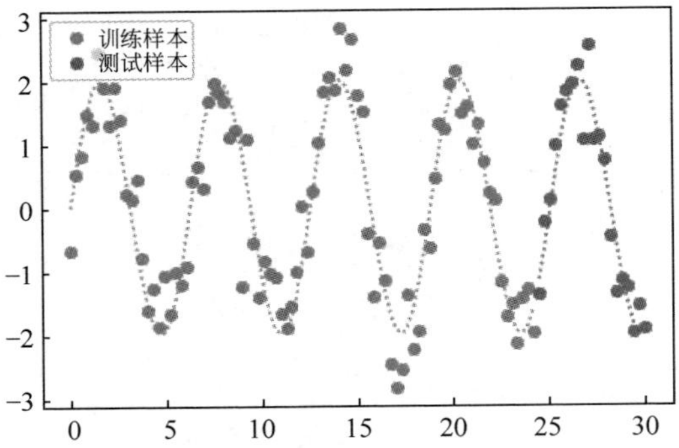

图 11-18 添加随机噪声效果

```
train_y = y.copy()
noise_factor = 0.5
train_y += np.random.randn(105) * noise_factor        #添加随机噪声
l1, = plt.plot(x[:85], train_y[:85], 'yo', label = '训练样本')
plt.plot(x[:85], y[:85], 'y:')
l2, = plt.plot(x[85:], train_y[85:], 'co', label = '测试样本')
plt.plot(x[85:], y[85:], 'c:')
plt.legend(handles = [l1, l2], loc = 'upper left')
plt.show()
```

然后，设置输入输出的序列长度，并生成训练样本和测试样本：

```
input_seq_len = 15
output_seq_len = 20
x = np.linspace(0, 30, 105)
train_data_x = x[:85]

def true_signal(x):
    y = 2 * np.sin(x)
    return y

def noise_func(x, noise_factor = 1):
    return np.random.randn(len(x)) * noise_factor

def generate_y_values(x):
    return true_signal(x) + noise_func(x)

def generate_train_samples(x = train_data_x, batch_size = 10, input_seq_len = input_seq_len,
output_seq_len = output_seq_len):
    total_start_points = len(x) - input_seq_len - output_seq_len
    start_x_idx = np.random.choice(range(total_start_points), batch_size)

    input_seq_x = [x[i:(i+input_seq_len)] for i in start_x_idx]
    output_seq_x = [x[(i+input_seq_len):(i+input_seq_len+output_seq_len)] for i in start_x_idx]

    input_seq_y = [generate_y_values(x) for x in input_seq_x]
    output_seq_y = [generate_y_values(x) for x in output_seq_x]

    return np.array(input_seq_y), np.array(output_seq_y)

input_seq, output_seq = generate_train_samples(batch_size=10)
```

通过代码实现对含有噪声的数据进行可视化，效果如图 11-19 所示。

```
results = []
```

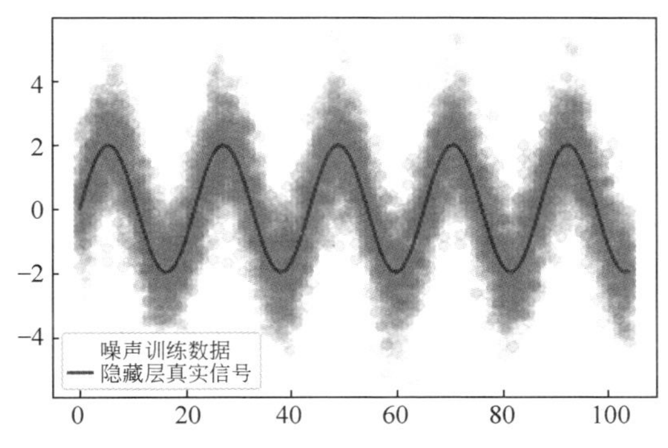

图 11-19　含有噪声的数据可视化

```
for i in range(100):
    temp = generate_y_values(x)
    results.append(temp)
results = np.array(results)

for i in range(100):
    l1, = plt.plot(results[i].reshape(105, -1), 'co', lw = 0.1, alpha = 0.05, label = '噪声
训练数据')
l2, = plt.plot(true_signal(x), 'm', label = '隐藏层真实信号')
plt.legend(handles = [l1, l2], loc = 'lower left')
plt.show()
```

(3) 建立基本的 RNN 模型。

- 参数设置。

```
#参数
learning_rate = 0.01
lambda_l2_reg = 0.003

#网络参数
input_seq_len = 15                  #输入信号长度
output_seq_len = 20                 #输出信号长度
hidden_dim = 64                     #LSTM 单元大小
input_dim = 1                       #输入信号数
output_dim = 1                      #输出信号数
num_stacked_layers = 2              #堆叠的 LSTM 层数
GRADIENT_CLIPPING = 2.5             #梯度裁剪,避免梯度爆炸
```

- 模型架构。

此处的 Seq2Seq 模型基本与 Tensorflow 在 Github 中提供的模型一致。

```
def build_graph(feed_previous = False):

    tf.reset_default_graph()
    global_step = tf.Variable(
                    initial_value=0,
                    name="global_step",
                    trainable=False,
                    collections=[tf.GraphKeys.GLOBAL_STEP,
tf.GraphKeys.GLOBAL_VARIABLES])

    weights = {
        'out': tf.get_variable('Weights_out', \
                               shape = [hidden_dim, output_dim], \
```

```
                                        dtype = tf.float32, \
                                        initializer = tf.truncated_normal_initializer()),
    }
    biases = {
        'out': tf.get_variable('Biases_out', \
                                        shape = [output_dim], \
                                        dtype = tf.float32, \
                                        initializer = tf.constant_initializer(0.)),
    }
    with tf.variable_scope('Seq2seq'):
        # 解码器: 输入
        enc_inp = [
            tf.placeholder(tf.float32, shape = (None, input_dim), name = "inp_{}".format(t))
                for t in range(input_seq_len)
        ]
        # 解码器:目标输出
        target_seq = [
            tf.placeholder(tf.float32, shape = (None, output_dim), name = "y".format(t))
              for t in range(output_seq_len)
        ]
        # 给解码器一个 GO 令牌.如果 dec_inp 作为输入送入解码器,则这是引导式训练; 否则只有第
        # 一个元素将作为解码器输入,是非引导式训练
        dec_inp = [ tf.zeros_like(target_seq[0], dtype = tf.float32, name = "GO") ] + target_
seq[: - 1]
        with tf.variable_scope('LSTMCell'):
            cells = []
            for i in range(num_stacked_layers):
                with tf.variable_scope('RNN_{}'.format(i)):
                    cells.append(tf.contrib.rnn.LSTMCell(hidden_dim))
            cell = tf.contrib.rnn.MultiRNNCell(cells)

        def _rnn_decoder(decoder_inputs,
                         initial_state,
                         cell,
                         loop_function = None,
                         scope = None):
          """用于 sequence - to - sequence(序列到序列)模型的 RNN 解码器"""
          with variable_scope.variable_scope(scope or "rnn_decoder"):
            state = initial_state
            outputs = []
            prev = None
            for i, inp in enumerate(decoder_inputs):
              if loop_function is not None and prev is not None:
                with variable_scope.variable_scope("loop_function", reuse = True):
                  inp = loop_function(prev, i)
              if i > 0:
                variable_scope.get_variable_scope().reuse_variables()
              output, state = cell(inp, state)
              outputs.append(output)
              if loop_function is not None:
                prev = output
          return outputs, state

        def _basic_rnn_seq2seq(encoder_inputs,
                               decoder_inputs,
                               cell,
                               feed_previous,
```

```
                                    dtype = dtypes.float32,
                                    scope = None):
            """基本的 RNNsequence - to - sequence 模型"""
            with variable_scope.variable_scope(scope or "basic_rnn_seq2seq"):
              enc_cell  = copy.deepcopy(cell)
              _, enc_state  =  rnn.static_rnn(enc_cell, encoder_inputs, dtype = dtype)
              if feed_previous:
                  return _rnn_decoder(decoder_inputs, enc_state, cell, _loop_function)
              else:
                  return _rnn_decoder(decoder_inputs, enc_state, cell)

        def _loop_function(prev, _):
            '''_rnn_decoder 循环函数的简单实现.将前一个时间步从维度[batch_size x hidden_dim]
            变换为[batch_size x output_dim],下一个时间步的 Decoder 输入'''
            return tf.matmul(prev, weights['out']) + biases['out']

        dec_outputs, dec_memory  =  _basic_rnn_seq2seq(
            enc_inp,
            dec_inp,
            cell,
            feed_previous  =  feed_previous
        )
        reshaped_outputs  =  [tf.matmul(i, weights['out']) + biases['out'] for i in dec_outputs]

    # 训练损失和优化器
    with tf.variable_scope('Loss'):
        # L2 损失
        output_loss  =  0
        for _y, _Y in zip(reshaped_outputs, target_seq):
            output_loss  +=  tf.reduce_mean(tf.pow(_y - _Y, 2))

        # 权重和偏差的 L2 正则化
        reg_loss  =  0
        for tf_var in tf.trainable_variables():
            if 'Biases_' in tf_var.name or 'Weights_' in tf_var.name:
                reg_loss  +=  tf.reduce_mean(tf.nn.l2_loss(tf_var))
        loss  =  output_loss  +  lambda_l2_reg * reg_loss

    with tf.variable_scope('Optimizer'):
        optimizer  =  tf.contrib.layers.optimize_loss(
                loss = loss,
                learning_rate = learning_rate,
                global_step = global_step,
                optimizer = 'Adam',
                clip_gradients = GRADIENT_CLIPPING)
    saver  =  tf.train.Saver
    return dict(
        enc_inp  =  enc_inp,
        target_seq  =  target_seq,
        train_op  =  optimizer,
        loss = loss,
        saver  =  saver,
        reshaped_outputs  =  reshaped_outputs,
        )
```

- 模型训练。设置了 batch-size 为 16,迭代次数为 100。

```
total_iterations  =  100
```

```
batch_size = 16
KEEP_RATE = 0.5
train_losses = []
val_losses = []

x = np.linspace(0, 30, 105)
train_data_x = x[:85]
rnn_model = build_graph(feed_previous = False)
saver = tf.train.Saver()
init = tf.global_variables_initializer()
with tf.Session() as sess:

    sess.run(init)
    for i in range(total_iteractions):
        batch_input, batch_output = generate_train_samples(batch_size = batch_size)
        feed_dict = {rnn_model['enc_inp'][t]: batch_input[:,t].reshape(-1,input_dim) for t
in range(input_seq_len)}
        feed_dict.update({rnn_model['target_seq'][t]: batch_output[:,t].reshape(-1,output_
dim) for t in range(output_seq_len)})
        _, loss_t = sess.run([rnn_model['train_op'], rnn_model['loss']], feed_dict)
        print(loss_t)

    temp_saver = rnn_model['saver']()
    save_path = temp_saver.save(sess, os.path.join('./', 'univariate_ts_model0'))
print("检查点保存于: ", save_path)
57.3053
32.0934
52.935
37.3215
37.121
36.0812
24.0727
…
22.38
20.1875
检查点保存于: ./univariate_ts_model0
```

(4) 预测。将模型用在测试集中进行预测。

```
test_seq_input = true_signal(train_data_x[-15:])
rnn_model = build_graph(feed_previous = True)
init = tf.global_variables_initializer()
with tf.Session() as sess:

    sess.run(init)
    saver = rnn_model['saver']().restore(sess, os.path.join('./', 'univariate_ts_model0'))
    feed_dict = {rnn_model['enc_inp'][t]: test_seq_input[t].reshape(1,1) for t in range(input_
seq_len)}
    feed_dict.update({rnn_model['target_seq'][t]: np.zeros([1, output_dim]) for t in
range(output_seq_len)})
    final_preds = sess.run(rnn_model['reshaped_outputs'], feed_dict)
    final_preds = np.concatenate(final_preds, axis = 1)
l1, = plt.plot(range(85), true_signal(train_data_x[:85]), label = '训练 truth')
l2, = plt.plot(range(85, 105), y[85:], 'yo', label = '目标 truth')
l3, = plt.plot(range(85, 105), final_preds.reshape(-1), 'ro', label = '目标预测')
plt.legend(handles = [l1, l2, l3], loc = 'lower left')
plt.show()
```

运行程序,得到的预测效果如图 11-20 所示。

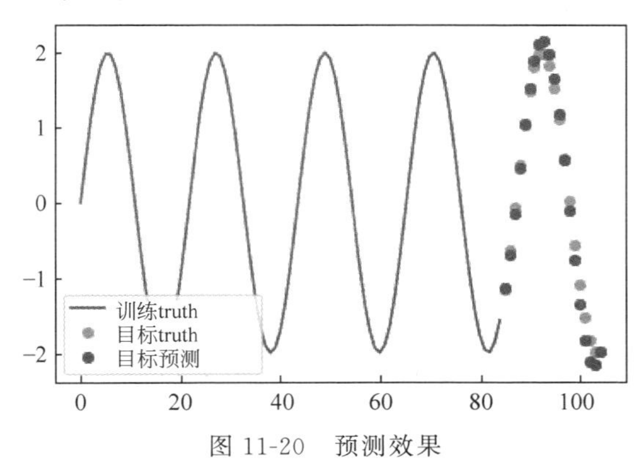

图 11-20　预测效果

第 12 章

使用生成对抗网络合成新数据

12.1 GAN 原理

生成对抗网络(Generative Adversarial Network,GAN)是通过生成器 G 来学习特定概率分布的生成模型。生成器 G 与判别器 D 实现极小极大博弈,同时二者均随着时间变化,直至达到纳什均衡(Nash equilibrium)。生成器尝试产生与给定的概率分布 $P(x)$ 相似的样例,判别器 D 试图从原始的分布中区分出来生成器 G 产生的假样例。生成器 G 尝试转换从一个噪声分布 $P(z)$ 中提取的样例 z,生成器会学习生成与 $P(x)$ 相似的样例。判别器 D 学习标记生成器 G 生成的假样本为 $G(z)$,将真样本标记为 $P(x)$。在极小极大博弈的均衡中,产生器会学习产生与 $P(x)$ 相似的样例,因此下面的表达式成立:

$$P(G(z)) \sim P(x)$$

图 12-1 为 GAN 的模型结构,从图中可以看到,图的左侧是生成式网络,右侧是判别网络。

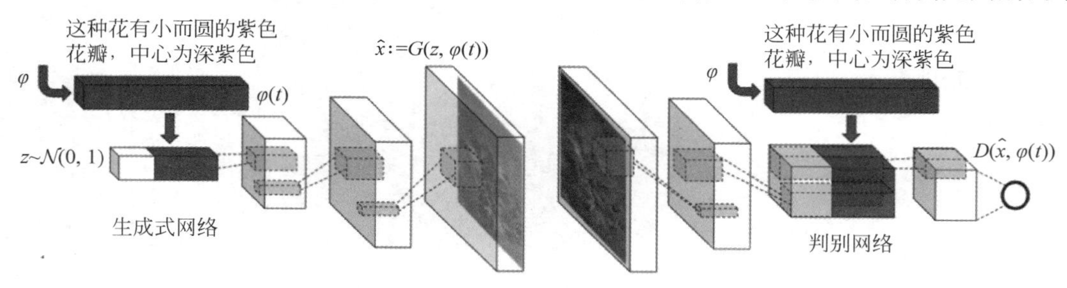

图 12-1　GAN 的模型结构

GAN 在训练过程中,生成网络 G 的目标就是尽量生成真实的图片去欺骗判别网络 D。而 D 的目标就是尽量辨别出 G 生成的假图像和真实图像。这样,G 和 D 构成了一个动态的"博弈过程",最终的平衡点即纳什均衡点。

12.2 GAN 应用

图 12-2 展示了一个学习 MNIST 数字概率分布的 GAN 架构。

判别器最小化的损失函数是二元分类问题的交叉熵,用于区分概率分布 $P(x)$ 中的真实数据和生成器(即 $G(z)$)产生的假数据:

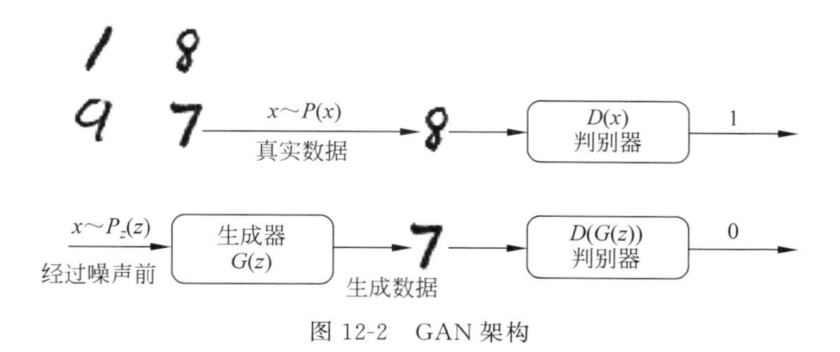

图 12-2 GAN 架构

$$U(G,D)=-E_{x\sim P(x)}[\log D(x)]-E_{G(z)\sim P(G(z))}[\log(1-D(G(z)))] \quad (12\text{-}1)$$

这个最优化问题可以通过效用函数(utility function)$U(G,D)$表示成一个极小极大博弈：

$$\min_D \max_G U(G,D)=\min_D \max_G -E_{x\sim P(x)}[\log D(x)]-E_{G(z)\sim P(G(z))}[\log(1-D(G(z)))] \quad (12\text{-}2)$$

通常来说，可以用 f 散度(f-divergence)来计算两个概率分布的距离，例如 Kullback-Leibler(KL)散度、Jensen Shannon 散度以及 Bhattacharyya 散度。可以通过以下公式表示两个概率分布 P 和 Q 相对于 P 的 KL 散度：

$$\mathrm{KL}(P\parallel Q)=E_P\log\frac{P}{Q}$$

相似地，P 和 Q 之间的 Jensen Shannon 散度如下所示：

$$\mathrm{JSD}(P\parallel Q)=E_P\log\frac{P}{\frac{P+Q}{2}}+E_Q\log\frac{Q}{\frac{P+Q}{2}}$$

因此，式(12-2)可以改写为

$$-E_{x\sim P(x)}[\log D(x)]-E_{x\sim G(x)}[\log(1-D(x))] \quad (12\text{-}3)$$

这里，$G(x)$是生成器的概率分布。通过将它的期望结果展开为积分形式，可以得到：

$$U(G,D)=-\int_{x\sim P(x)}P(x)[\log D(x)]-\int_{x\sim G(x)}[\log(1-D(x))] \quad (12\text{-}4)$$

对于固定的生成器分布 $G(x)$，当式(12-5)成立时，效用函数的值最小：

$$D(x)=\hat{D}(x)=\frac{P(x)}{P(x)+G(x)} \quad (12\text{-}5)$$

将式(12-5)中的 $D(x)$替换至式(12-3)中，可以得到：

$$V(G,\hat{D})=-E_{x\sim P(x)}\log\frac{P(x)}{P(x)+G(x)}-E_{x\sim G(x)}\log\frac{G(x)}{P(x)+G(x)} \quad (12\text{-}6)$$

现在，生成器的任务是最大化效用 $V(G,\hat{D})$，或最小化效用$-V(G,\hat{D})$，后者的表达式可被整理为

$$\begin{aligned}-V(G,\hat{D})&=E_{x\sim P(x)}\log\frac{P(x)}{P(x)+G(x)}+E_{x\sim G(x)}\log\frac{G(x)}{P(x)+G(x)}\\&=-\log 4+E_{x\sim P(x)}\log\frac{P(x)}{\frac{P(x)+G(x)}{2}}+E_{x\sim G(x)}\log\frac{G(x)}{\frac{P(x)+G(x)}{2}}\\&=-\log 4+\mathrm{JSD}(P\parallel G)\end{aligned}$$

因此，生成器最小化$-V(G,\hat{D})$等价于真实分布 $P(x)$和生成器 G(即 $G(x)$)产生的样例

的分布之间的 Jensen Shannon 散度的最小化。

【例 12-1】 利用 GAN 实现手写数据。

```
#设置 GPU 内存按需分配
from tensorflow.compat.v1 import ConfigProto
from tensorflow.compat.v1 import InteractiveSession
config = ConfigProto()
config.gpu_options.allow_growth = True
session = InteractiveSession(config=config)
import numpy as np
import time
import cv2 as cv
from tensorflow.keras.datasets import mnist
(X_train, y_train), (X_test, y_test) = mnist.load_data()

from tensorflow.keras.models import Sequential
from tensorflow.keras.layers import Dense,Activation,Flatten,Flatten, Reshape
from tensorflow.keras.layers import Conv2D, Conv2DTranspose, UpSampling2D
from tensorflow.keras.layers import LeakyReLU, Dropout
from tensorflow.keras.layers import BatchNormalization
from tensorflow.keras.optimizers import Adam,RMSprop
import matplotlib.pyplot as plt

class ElapsedTimer(object):
    def __init__(self):
        self.start_time = time.time()
    def elapsed(self,sec):
        if sec < 60:
            return str(sec) + " sec"
        elif sec < (60 * 60):
            return str(sec / 60) + " min"
        else:
            return str(sec / (60 * 60)) + " hr"
    def elapsed_time(self):
        print("Elapsed: %s " % self.elapsed(time.time() - self.start_time) )

class DCGAN(object):
    def __init__(self, img_rows=28, img_cols=28, channel=1):

        self.img_rows = img_rows
        self.img_cols = img_cols
        self.channel = channel
        self.D = None                   #判别器
        self.G = None                   #生成器
        self.AM = None                  #对抗性模型
        self.DM = None                  #判别模型

    #返回一个置信度
    def discriminator(self):
        if self.D:
            return self.D
        self.D = Sequential()
        depth = 64
        dropout = 0.4
        input_shape = (self.img_rows, self.img_cols, self.channel)      #14*14*1 的 img
        """
        padding ="SAME",输入和输出大小关系:输出大小等于输入大小除以步长向上取整
        padding = "VALID",输入和输出大小关系:输出大小等于输入大小减去滤波器大小加上 1,
        最后再除以步长
```

```
        """
        """
        64 个 5 * 5 大小的内核,步长为 2,input:(14,14,1),padding = 'same'保证输入和输出一样
        """
        self.D.add(Conv2D(64, 5, strides = 2, input_shape = input_shape,padding = 'same'))
                                                                  #14 * 14 * 64
        self.D.add(LeakyReLU(alpha = 0.2))
        self.D.add(Dropout(dropout))

        self.D.add(Conv2D(128, 5, strides = 2, padding = 'same'))         # 7 * 7 * 128
        self.D.add(LeakyReLU(alpha = 0.2))
        self.D.add(Dropout(dropout))

        self.D.add(Conv2D(256, 5, strides = 2, padding = 'same'))         # 4 * 4 * 256,向上取整
        self.D.add(LeakyReLU(alpha = 0.2))
        self.D.add(Dropout(dropout))

        self.D.add(Conv2D(512, 5, strides = 1, padding = 'same'))         # 4 * 4 * 512
        self.D.add(LeakyReLU(alpha = 0.2))
        self.D.add(Dropout(dropout))

        self.D.add(Conv2D(256, 5, strides = 1, padding = 'same'))         # 4 * 4 * 256
        self.D.add(LeakyReLU(alpha = 0.2))
        self.D.add(Dropout(dropout))
        self.D.add(Flatten())                   #扁平,4096 = 4 * 4 * 256
        self.D.add(Dense(1))                    #输出 1 个
        self.D.add(Activation('sigmoid'))       #二分类
        self.D.summary()
        return self.D

    '''生成模型'''
    #全连接大小为 7 * 7 * 256,返回一张图,大小为 28 * 28 * 1
    def generator(self):
        if self.G:
            return self.G
        self.G = Sequential()
        dropout = 0.4
        depth = 64 + 64 + 64 + 64
        dim = 7
        self.G.add(Dense(dim * dim * depth, input_dim = 100))       #全连接大小为 7 * 7 * 256
        """
        参数作用于 mean 和 variance 的计算上,此处借鉴优化算法里的 momentum 算法将历史 batch 里
的 mean 和 variance 的作用延续到当前 batch.一般 momentum 的值为 0.9、0.99 等.多个 batch 后,即多个
0.9 连乘后
        """
        self.G.add(BatchNormalization(momentum = 0.9))
        self.G.add(Activation('relu'))
        self.G.add(Reshape((dim, dim, depth)))          #7 * 7 * 256
        self.G.add(Dropout(dropout))
        self.G.add(UpSampling2D())                      #翻倍,14 * 14 * 256
        """
        输入图像通过卷积操作提取特征后,输出的尺寸常会变小,需要实现图像由小分辨率到大分辨
率的映射的操作,称为上采样(upsample).
        """
        self.G.add(Conv2DTranspose(int(depth/2), 5, padding = 'same'))  #反卷积大小为 14 * 14 * 128
        self.G.add(BatchNormalization(momentum = 0.9))
        self.G.add(Activation('relu'))
        self.G.add(UpSampling2D())                      # 28 * 28 * 128
        self.G.add(Conv2DTranspose(int(depth/4), 5, padding = 'same'))      # 28 * 28 * 64
```

```
        self.G.add(BatchNormalization(momentum = 0.9))
        self.G.add(Activation('relu'))
        self.G.add(Conv2DTranspose(int(depth/8), 5, padding = 'same'))      # 28 * 28 * 32
        self.G.add(BatchNormalization(momentum = 0.9))
        self.G.add(Activation('relu'))

        self.G.add(Conv2DTranspose(1, 5, padding = 'same'))        #输出一张特征图就是生成的
        #图像,大小为 28 * 28 * 1
        self.G.add(Activation('sigmoid'))
        self.G.summary()
        return self.G

    def discriminator_model(self):
        if self.DM:
            return self.DM
        optimizer = RMSprop(lr = 0.0002, decay = 6e - 8)
        self.DM = Sequential()
        self.DM.add(self.discriminator())
        self.DM.compile(loss = 'binary_crossentropy', optimizer = optimizer,\
            metrics = ['accuracy'])
        return self.DM

    def adversarial_model(self):
        if self.AM:
            return self.AM
        optimizer = RMSprop(lr = 0.0001, decay = 3e - 8)
        self.AM = Sequential()
        self.AM.add(self.generator())
        self.AM.add(self.discriminator())
        self.AM.compile(loss = 'binary_crossentropy', optimizer = optimizer,\
            metrics = ['accuracy'])
        return self.AM

class MNIST_DCGAN(object):
    def __init__(self):
        self.img_rows = 28
        self.img_cols = 28
        self.channel = 1
        (X_train, y_train), (X_test, y_test) = mnist.load_data()
        X_train = X_train / 255.0
        self.x_train = X_train.reshape( - 1, 28, 28, 1).astype(np.float32)

        self.DCGAN = DCGAN()
        self.discriminator = self.DCGAN.discriminator_model()
        self.adversarial = self.DCGAN.adversarial_model()
        self.generator = self.DCGAN.generator()
    def train(self, train_steps = 2000, batch_size = 256, save_interval = 0):
        noise_input = None
        if save_interval > 0:
            noise_input = np.random.uniform( - 1.0, 1.0, size = [16, 100])
        for i in range(train_steps):
            """
            第一轮,由于没有权重,产生随机噪声再对判别器进行训练后,loss 更新,生成器网络权重
更新
            """
            images_train = self.x_train[np.random.randint(0, self.x_train.shape[0], size =
batch_size), :, :, :]        #随机选取 128 张图像,大小为[128,28,28,1]
            noise = np.random.uniform( - 1.0, 1.0, size = [batch_size, 100])   #100 个[ - 1,1]
                                                                              #之间随机数
```

```
        images_fake = self.generator.predict(noise)        # 生成模型训练,图像大小为
                                                           # [128,28,28,1]
        """
        图像保存,每 5 轮保存一次生成器所生成的图像
        """
        if i % 5 == 0:
            plt.figure(figsize = (24, 24))
            for j in range(16):
                plt.subplot(4, 4, j + 1)
                image = images_fake[j, :, :, :]
                image = np.reshape(image, [28,28])
                plt.imshow(image, cmap = 'gray')
                plt.axis('off')
                plt.tight_layout()
            filename = './g/img_{}'.format(i)
            plt.close('all')

        """"
        在鉴别器的训练过程中,它显示为真实图像,并用于计算鉴别器损耗.
        """
        x = np.concatenate((images_train, images_fake))      # 256 * 28 * 28 * 1 维度拼接
        # (将训练图片与生成的向量拼接), axis = 0 表示按照行拼接,axis = 1 表示按照列拼接,
        # 默认 axis = 0
        print('4',x.shape)
        y = np.ones([2 * batch_size, 1])          # 生成(256,1)的全是 1 的数组
        y[batch_size:, :] = 0                     # 256 * 1,第 128～256 行的所有列全为 0
        d_loss = self.discriminator.train_on_batch(x, y)      # 鉴别
        """核心"""
        y = np.ones([batch_size, 1])                          # 128 * 1
        noise = np.random.uniform( - 1.0, 1.0, size = [batch_size, 100])       # 128 * 100
        a_loss = self.adversarial.train_on_batch(noise, y)

        log_mesg = " %d: [D loss: %f, acc: %f]" % (i, d_loss[0], d_loss[1])
        log_mesg = " %s: [A loss: %f, acc: %f]" % (log_mesg, a_loss[0], a_loss[1])
        print(log_mesg)

        if save_interval > 0:
            if (i + 1) % save_interval == 0:
                self.plot_images(save2file = True, samples = noise_input.shape[0],\
                    noise = noise_input, step = (i + 1))

def plot_images(self, save2file = False, fake = True, samples = 16, noise = None, step = 0):
    filename = 'mnist.png'
    if fake:
        if noise is None:
            noise = np.random.uniform( - 1.0, 1.0, size = [samples, 100])
        else:
            filename = "mnist_%d.png" % step
        images = self.generator.predict(noise)
    else:
        i = np.random.randint(0, self.x_train.shape[0], samples)
        images = self.x_train[i, :, :, :]

    plt.figure(figsize = (10,10))
    for i in range(images.shape[0]):
        plt.subplot(4, 4, i + 1)
        image = images[i, :, :, :]
        image = np.reshape(image, [self.img_rows, self.img_cols])
        plt.imshow(image, cmap = 'gray')
```

```
            plt.axis('off')
        plt.tight_layout()

if __name__ == '__main__':
    mnist_dcgan = MNIST_DCGAN()
    timer = ElapsedTimer()
    mnist_dcgan.train(train_steps = 10000, batch_size = 128, save_interval = 1000)
    timer.elapsed_time()
    mnist_dcgan.plot_images(fake = True)
    mnist_dcgan.plot_images(fake = False, save2file = True)
```

运行程序，效果如图 12-3 所示。

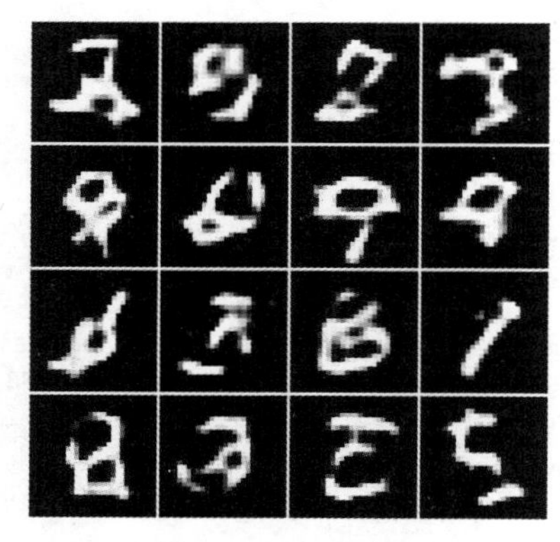

图 12-3 手写数据

12.3 强化学习

强化学习(Reinforcement Learning，RL)又称再励学习、评价学习或增强学习，是机器学习的范式和方法论之一，用于描述和解决智能体(agent)在与环境的交互过程中通过学习策略以达成回报最大化或实现特定目标的问题。

反复实验(trial and error)和延迟奖励(delayed reward)是强化学习最重要的两个特征。

12.3.1 强化学习的方式

强化学习与监督学习、非监督学习和半监督学习这 3 种学习方式的不同点在于：强化学习训练时，需要环境给予反馈，以及对应具体的反馈值。强化学习主要是指导训练对象每一步如何决策、采用什么样的行动可以完成特定的目的或使收益最大化。

12.3.2 强化学习系统与特点

1. 强化学习的组成部分

强化学习系统架构如图 12-4 所示，它主要包含 6 个要素：智能体(agent)、状态(state)、动作(action)、奖励(reward)、策略(policy)以及环境或者说是模型(model)。

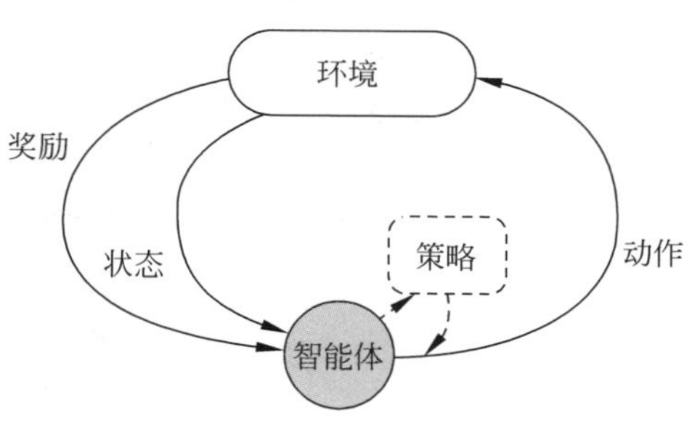

图 12-4 强化学习系统架构

- 智能体(机器人、代理)：强化学习的本体，作为学习者或者决策者。
- 环境：对环境的模拟，例如，当给出了状态与动作后，有了模型就可以预测接下来的状态和对应的奖励。需注意的一点是，并非所有的强化学习系统都需要有一个模型，因此有基于模型(model-based)、不基于模型(model-free)两种不同的方法,不基于模型的方法主要通过对策略和价值函数分析进行学习。

- 状态:一个表示环境的数据,状态集则是环境中所有可能的状态。
- 动作:基于当前的状态,智能体可以采取哪些动作,例如向左或右、向上或下;动作是和状态强挂钩的,如图12-4中很多位置都是有隔板的,很明显智能体在此状态下是不能向左或者向右的,只能向上或向下。
- 奖励:该信号定义了强化学习问题的目标,在每个时间步内,环境向强化学习发出的标量值即为奖励,它能定义智能体表现得好坏,因此可以理解为奖励信号是影响策略的主要因素。
- 策略:定义了智能体对给定状态所做的动作,换句话说,就是一个从状态到动作的映射,事实上状态包括了环境状态和智能体状态,因此可以认为策略是强化学习系统的核心,因为完全可以通过策略来确定每个状态下的动作。

2. 强化学习的主要特点

根据强化学习的系统架构,其有以下几个主要特点:

(1) 试错学习。强化学习需要训练对象不停地和环境进行交互,通过试错的方式去总结出每一步的最佳行为决策。所有的学习基于环境反馈,训练对象去调整自己的动作决策。

(2) 延迟反馈。强化学习训练过程中,训练对象的"试错"行为获得环境的反馈,有时可能需要等到整个训练结束以后才会得到一个反馈,这种情况下,在训练时一般都是进行拆解的,尽量将反馈分解到每一步。

(3) 时间是强化学习的一个重要因素。强化学习的一系列环境状态的变化和环境反馈等都和时间强挂钩,整个强化学习的训练过程是一个随着时间变化而状态与反馈也在不停变化的过程,所以时间是强化学习的一个重要因素。

(4) 当前的行为影响后续接收到的数据。在监督学习与半监督学习中,每条训练数据都是独立的,相互之间没有任何关联。但是强化学习中并不是这样的,当前状态以及采取的动作将会影响下一步接收到的状态。数据与数据之间存在一定的关联性。

12.3.3 GAN损失函数

在训练过程中,生成器和判别器的目标是相矛盾的,这种矛盾可以体现在判别器的判断准确性上。生成器的目标是生成尽量真实的数据,最好能够以假乱真、让判别器判断不出来,因此生成器的学习目标是让判别器上的判断准确性越来越低;相反,判别器的目标是尽量判别出真伪,因此判别器的学习目标是让判别准确性越来越高。

当生成器生成的数据越来越真时,判别器为维持住准确性,就必须向辨别能力越来越强的方向迭代。当判别器越来越强大时,生成器为了降低判别器的判断准确性,就必须生成越来越真的数据。在这个关系中,判别器判断的准确性由GAN定义的特殊交叉熵 V 来衡量,判别器与生成器共同影响交叉熵 V,同时训练、相互内卷,对该交叉熵的控制是此消彼长的,这是真正的零和博弈。

在生成器与判别器的内卷关系中,GAN的特殊交叉熵公式如下:

$$V(D,G)=\frac{1}{m}\sum_{i=1}^{m}[\log D(x_i)+\log(1-D(G(z_i)))]$$

其中,V 为指定用来表示该交叉熵的字母,对数log的底数为自然底数e,m 表示共有 m 个样本,因此以上表达式是全部样本交叉的均值表达式。

x_i 表示任意真实数据，z_i 表示与真实数据相同结构的任意随机数据，$G(z_i)$表示在生成器中基于 z_i 生成的假数据，而 $D(x_i)$表示判别器在真实数据 x_i 上判断出的结果，$D(G(z_i))$表示判别器在假数据 $G(z_i)$上判断出的结果，其中 $D(x_i)$与 $D(G(z_i))$都是样本为“真”的概率，即标签为 1 的概率。

在 GAN 中，交叉熵被认为是一种“损失”，但它有两个特殊之处：

- 不同于二分类交叉熵等常见的损失函数，V 不存在最小值，反而存在最大值。具体来看，$D(x_i)$与 $D(G(z_i))$都是概率，因此这两个值的范围都为(0,1)。对于底数为 e 的对数函数来说，定义域为(0,1)意味着函数的值为$(-\infty,0)$。因此，从理论上来说，V 的值域为$(-\infty,0)$。
- V 在判别器的判别能力最强时达到最大值，即判别器判断得越准确时，损失反而越大，从判别器和生成器角度分别来看公式 V，则可以快速理解。

在 V 的表达式中，两部分对数都与判别器 D 有关，而只有后半部分的对数与生成器 G 有关。因此，可以按如下方式分割损失函数。

$$\text{Loss}_D=\frac{1}{m}\sum_{i=1}^{m}[\log D(x_i)+\log(1-D(G(z_i)))]$$

从判别器的角度来看，由于判别器希望自己尽量能够判断正确，而输出概率又是“数据为真”的概率，所以最佳情况就是所有的真实样本上的输出 $D(x_i)$都无限接近 1，而所有的假样本的输出 $D(G(z_i))$都无限接近 0。因此对判别器来说，最佳损失值是：

$$\text{Loss}_D=\frac{1}{m}\sum_{i=1}^{m}[\log D(x_i)+\log(1-D(G(z_i)))]=\frac{1}{m}\sum_{i=1}^{m}[\log 1+\log(1-0)]=0 \tag{12-7}$$

这说明判别器希望式(12-7)中 Loss_D 越大越好，且最大值理论上可达 0，判别器追求 Loss_D 的本质是令 $D(x)$接近 1，令 $D(G(z))$接近 0。不难发现，对判别器而言，V 更像是一个存在上限的准确率。

从生成器的角度来看，生成器无法影响 $D(x_i)$，只能影响 $D(G(z_i))$，因此只有损失的后半段与生成器相关。因此

$$\text{Loss}_G=\frac{1}{m}\sum_{i=1}^{m}[\text{常数}+\log(1-D(G(z_i)))]$$

生成器的目标是令输出的数据越真越好，最好让判别器完全判断不出，因此生成器希望 $D(G(z_i))$越接近 1 越好。所以对生成器来说，最佳损失是(去掉常数项)：

$$\text{Loss}_G=\frac{1}{m}\sum_{i=1}^{m}\log(1-D(G(z_i)))=\log(1-1)=\infty \tag{12-8}$$

生成器希望式(12-8)中 Loss_G 越小越好，且最小理论值可达负无穷，Loss_G 的本质是 $D(G(z))$接近 1。对生成器而言，V 更像是一个损失，即算法表现越好，该指标的值越低。从整个 GAN 的角度来看，使用者的目标与生成器的目标相一致，因此对 V 被定义为损失，它应该越低越好。

该损失 V 被表示为

$$\min_G\max_D V(D,G)=E_{x\sim P_{\text{data}}(x)}[\log D(x)]+E_{z\sim P_z(z)}[\log(1-D(G(z)))]$$

先从判别器的角度令损失最大化，又从生成器的角度令损失最小化，即让判别器和生成器在共享损失的情况下实现对抗。其中 E 表示期望，第一个期望 $E_{x\sim P_{\text{data}}(x)}[\log D(x)]$是所有 x 都是真实数据时 $\log D(x)$的期望；第二个期望 $E_{z\sim P_z(z)}[\log(1-D(G(z)))]$是所有数据都

是生成数据时 $\log(1-D(G(z)))$ 的期望。当真实数据、生成数据的样本点固定时，期望就等于均值。

通过共享以上损失函数，生成器与判别器实现了在训练过程中互相对抗，$\min\limits_{G}\max\limits_{D} V(D, G)$ 的本质就是最小化 Loss_G 同时最大化 Loss_D。在最开始训练时，由于生成器生成的数据与真实数据差异很大，因此 $D(x_i)$ 应该接近 1，$D(G(x_i))$ 应该接近 0。理论上来说，最终 $D(x_i)$ 和 $D(G(x_i))$ 都应该非常接近 0.5，但实际上这样的情况并不常见。

12.3.4　马尔可夫决策

马尔可夫决策过程（Markov Decision Processes，MDP）就是一个智能体采取动作从而改变自己的状态获得奖励（reward）与环境发生交互的循环过程。

MDP 的策略完全取决于当前状态，这也是马尔可夫性质的体现，可表示为

$$M = \langle S, A, P_{s,a}, R \rangle$$

其中：

- $s \in S$：为有限状态集合，s 表示某个特定状态。
- $a \in A$：有限动作集合，a 表示某个特定动作。
- 转换模型 $T(S, a, S') \sim P_r(s'|s, a)$：根据当前状态 s 和动作 a 预测下一个状态 s'，此处的 P_r 表示从 s 采取动作 a 转移到 s' 的概率。
- 奖励 $R(s, a) = E[R_{t+1}|s, a]$：表示智能体采取某个动作后的即时奖励，它还有 $R(s, a, s')$、$R(s)$ 等表现形式，采用的形式不同，其意义略有不同。
- Policy $\pi(s) \to a$：根据当前状态来产生动作，可表现为 $a = \pi(s)$ 或 $\pi(a|s) = P[a|s]$，后者表示某种状态下执行某个动作的概率。

1. 回报

回报（return）主要涉及两个概念，分别为 $U(s_0, s_1, s_2, \cdots)$ 和折扣率（discount）$\gamma \in [0,1]$。其中，U 代表执行一组动作后所有的状态累计的奖励之和，但由于直接的奖励相加在无限时间序列中会导致无偏向，而且会产生状态的无限循环。因此在这个 Utility 函数里引入折扣率 γ，往后的状态所反馈回系数为奖励×折扣率，这意味着当下的奖励比未来反馈的奖励更重要。定义：

$$U(s_0, s_1, s_2, \cdots) = \sum_{t=0}^{\infty} \gamma^t R(s_t), \quad 0 \leqslant \gamma < 1$$

式中引入了折扣率，可以看到，这是把一个无限长度的问题转换为一个拥有最大值上限的问题。

强化学习的目的是最大化长期未来奖励，即寻找最大的 U。基于回报，再引入两个函数：

- 状态价值函数：$v(s) = E[U_t|S_t = s]$，为基于 t 时刻的状态 s，能获得的未来回报的期望，加入动作选择策略后可表示为 $v_\pi(s) = E_\pi[U_t|S_t = s]$（$U_t = R_{t+1} + \gamma R_{t+2} + \cdots + r^{T-t-1} R_T$）。
- 动作价值函数：$q_\pi = E_\pi[U_t|S_t = s, A_t = a]$，基于 t 时刻的状态 s，选择一个动作后能获得的未来回报的期望。

2. MDP 求解

MDP 求解指需要找到最优的策略使未来回报最大化。求解过程大致可分为两步：

（1）预测：给定策略，评估相应的状态价值函数和状态-动作价值函数。

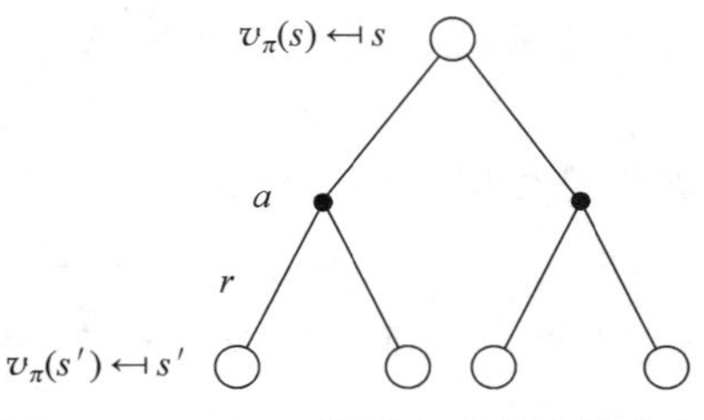

图 12-5 Bellman 期望方程的具体形式

(2) 行动：根据价值函数得到当前状态对应的最优动作。

3. Bellman 期望方程

Bellman 期望方程的具体形式如图 12-5 所示，第一层的空心圆代表当前状态，向下连接的实心圆代表当前状态可以执行两个动作，第三层代表执行完某个动作后可能到达的状态 s'。

$$v_\pi(s)=E[U_t \mid S_t=s]=\sum_{a\in A}\pi(a \mid s)(R_s^a+\gamma\sum_{s'\in S}P_{ss'}^a v_\pi(s'))$$

其中，$P_{ss'}^a=P(S_{t+1}=s' \mid S_t=s,A_t=a)$。

上式中，策略 π 是指给定状态 s 的情况下，动作 a 的概率分布，即 $\pi(a \mid s)=P(a \mid s)$。将概率和转换为期望，上式等价于：

$$v_\pi(s)=E_\pi[R_{t+1}+\gamma q_\pi(S_{t+1},A_{t+1}) \mid S_t=s,A_t=a]$$

如矩阵 $\begin{pmatrix} v(1) \\ \vdots \\ v(n) \end{pmatrix}=\begin{pmatrix} R_1 \\ \vdots \\ R_n \end{pmatrix}+\gamma\begin{pmatrix} P_{11} & \cdots & P_{1n} \\ \vdots & & \vdots \\ P_{n1} & \cdots & P_{nn} \end{pmatrix}\begin{pmatrix} v(1) \\ \vdots \\ v(n) \end{pmatrix}$ 所示，Bellman 方程也可以表达成矩阵形式 $\boldsymbol{v}=\boldsymbol{R}+\gamma\boldsymbol{P}\boldsymbol{v}$，可直接求出 $\boldsymbol{v}=(\boldsymbol{I}-\gamma\boldsymbol{P})^{-1}\boldsymbol{R}$；一般可通过动态规划、蒙特卡洛估计与时序差分学习(temporal difference learning)求解。

状态价值函数和动态价值函数的关系如下所示：

$$v_\pi(s)=\sum_{a\in A}\pi(a \mid s)q_\pi(s,a)=E[q_\pi(s,a) \mid S_t=s]$$

$$q_\pi(s,a)=R_s^a+\gamma\sum_{s'\in S}P_{ss'}^a\sum_{a'\in A}\pi(a' \mid s')=R_s^a+\gamma\sum_{s'\in S}P_{ss'}^a v_\pi(s')$$

即最优价值函数(optimal state-value function)可表示为

$$v_*(s)=\max_\pi v_\pi(s)$$

$$q_*(s,a)=\max_\pi q_\pi(s,a)$$

其意义为所有策略下价值函数的最大值。

而 Bellmax 最优方程可表示为

$$v_*(s)=\max_a q_*(s,a)=\max_a\left(R_s^a+\gamma\sum_{s'\in S}P_{ss'}^a v_*(s')\right)$$

$$q_*(s,a)=R_s^a+\gamma\sum_{s'\in S}P_{ss'}^a v_*(s')=R_s^a+\gamma\sum_{s'\in S}P_{ss'}^a\max_{a'}q_*(s',a')$$

其中：

- v：描述了处于一个状态的长期最优价值，即在这个状态下考虑所有可能发生的后续动作，并且都挑选最优的动作来执行的情况下这个状态的价值。
- q：描述了处于一个状态并执行某个动作后所带来的长期最优价值，即在这个状态下执行某一特定动作后，考虑在之后所有可能处于的状态并且在这些状态下总是选取最优动作来执行所带来的长期价值。

12.3.5 Q-learning 算法

Q-learning 算法是强化学习中的一种基于价值(values-based)的算法，最终会学习出一个表格(Q-table)，例如在一个游戏中有下面 5 种状态和 4 种动作，则表格如图 12-6 所示。

表格的每一行代表每个状态，每一列代表每个动作，表格的数值就是在各个状态下采取各个动作时获得的最大的未来期望奖励。通过 Q-table 就可以找到每个状态下的最优行为，通过找到所有最优的动作得到最大的期望奖励。

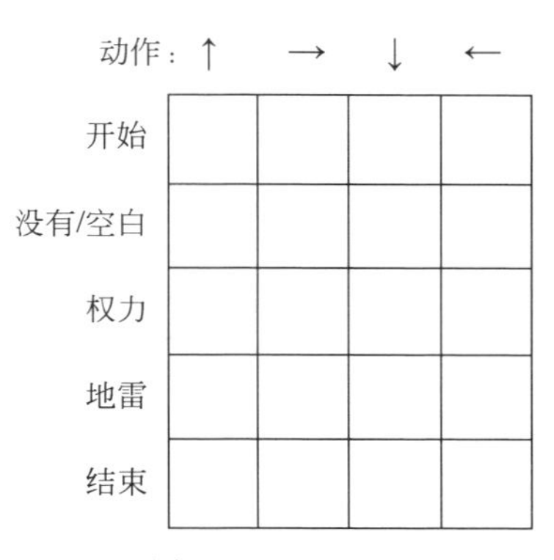

图 12-6　Q-table

因此计算表格的数值步骤为：

(1) Q-table 初始化为 0。

(2) 根据当前的 Q-table 给当前状态选择一个动作并执行。

执行过程是一直到本轮训练停止才算完成。所谓 ε 贪婪策略是指开始时通过设置一个较大的 ε，让智能体探索环境并随机选择动作。随着智能体对环境的了解，降低 ε，这样智能体开始利用环境做出动作。当某状态下选择了某个动作后，就可以用 Bellman 方程计算 Q 值：

$$q_{\pi}(s_t,a_t)=E[R_{t+1}+\gamma R_{t+2}+\gamma^2 R_{t+3}+\cdots][s_t,a_t]$$

其中，$q_{\pi}(s_t,a_t)$为给定特定状态下的状态 Q 值；$E[R_{t+1}+\gamma R_{t+2}+\gamma^2 R_{t+3}+\cdots]$为预期折扣累积奖励；$[s_t,a_t]$为给定状态和动作。

(3) 评估：采取动作得到了奖励后就可以用 Q 函数更新 $Q(s,a)$。

$$新\ Q(s,a)=Q(s,a)+\alpha[R(s,a)+\gamma \max Q'(s',a')-Q(s,a)]$$

其中，新 Q 值作为动作与状态；α 作为学习率；$R(s,a)$为在该状态下采取该动作的奖励；$Q(s,a)$为当前 Q 值；$\max Q'(s',a')$为给定新状态和在该新状态下的所有可能行动的最大预期未来奖励；γ 为折扣率。

【例 12-2】 利用 Python 实现 Q-learning 算法。

```
import pandas as pd
import random
import time

#参数
epsilon = 0.9                          #贪婪度
alpha = 0.1                            #学习率
gamma = 0.8                            #奖励递减值
#智能者的状态,即可到达的位置
states = range(6)                      #状态集
actions = ['left', 'right']            #动作集
rewards = [0, 0, 0, 0, 0, 1]           #奖励集
q_table = pd.DataFrame(data = [[0 for _ in actions] for _ in states], index = states, columns = actions)

def update_env(state):
    global states
    env = list('-----T')
    if state != states[-1]:
        env[state] = '0'
    print('\r{}'.format(''.join(env)), end = '')
    time.sleep(0.1)

def get_next_state(state, action):
    '''对状态执行动作后,得到下一状态'''
    global states

    if action == 'right' and state != states[-1]:      #除非最后一个状态(位置),向右就+1
```

```
        next_state = state + 1
    elif action == 'left' and state != states[0]:        # 除非最前一个状态(位置),向左就 -1
        next_state = state - 1
    else:
        next_state = state
    return next_state

def get_valid_actions(state):
    '''取当前状态下的合法动作集合,与奖励无关'''
    global actions                                       # ['left', 'right']
    valid_actions = set(actions)
    if state == states[-1]:                              # 最后一个状态(位置),则
        valid_actions -= set(['right'])                  # 不能向右
    if state == states[0]:                               # 最前一个状态(位置),则
        valid_actions -= set(['left'])                   # 不能向左
    return list(valid_actions)

for i in range(13):
    current_state = 0
    update_env(current_state)                            # 环境相关
    total_steps = 0                                      # 环境相关

    while current_state != states[-1]:
        # 探索
        if (random.uniform(0, 1) > epsilon) or ((q_table.loc[current_state] == 0).all()):
            current_action = random.choice(get_valid_actions(current_state))
        else:
            current_action = q_table.loc[current_state].idxmax()          # 利用(贪婪)
        next_state = get_next_state(current_state, current_action)
        next_state_q_values = q_table.loc[next_state, get_valid_actions(next_state)]
        q_table.loc[current_state, current_action] += alpha * (
                    rewards[next_state] + gamma * next_state_q_values.max() - q_table.loc
[current_state, current_action])
        current_state = next_state
        update_env(current_state)                        # 环境相关
        total_steps += 1                                 # 环境相关

    print('\rEpisode {}: total_steps = {}'.format(i, total_steps), end = '')    # 环境相关
    time.sleep(2)                                        # 环境相关
    print('\r ', end = '')                               # 环境相关
print('\nq_table:')
print(q_table)
```

运行程序,输出如下:

```
q_table:
   left     right
0   0.0   0.002646
1   0.0   0.017490
2   0.0   0.085685
3   0.0   0.302924
4   0.0   0.745813
5   0.0   0.000000
```

12.3.6 策略梯度

在强化学习中,假设有一个策略 $\pi_\theta(a|s)$,智能体根据这个策略 $\pi_\theta(a|s)$ 在环境中探索,它会得到一条轨迹 $\tau=\{s_1,a_1,r_1,s_2,a_2,r_2,\cdots,s_T,a_T,r_T,s_{T+1}\}$,这条轨迹出现的概率为

$$p_\theta(\tau)=p(s_1)\prod_{t=1}^{T}\pi_\theta(a_t \mid s_t)p(s_{t+1} \mid s_t,a_t)$$

定义 $r(\tau)$为轨迹 τ 的累计回报：

$$r(\tau)=\sum_{t=1}^{T}r(s_t,a_t)$$

即目标为优化 $\pi_\theta(a|s)$，让高回报的轨迹出现概率变大，低回报的轨迹出现概率变小。定义目标函数 $J(\theta)$：

$$J(\theta)=E_{\tau\sim\pi_\theta(\tau)}[r(\tau)]=\int\pi_\theta(\tau)r(\tau)\mathrm{d}\tau$$

优化目标为

$$\theta^*=\arg\max_\theta J(\theta)$$

对 $J(\theta)$求梯度有

$$\begin{aligned}\nabla_\theta J(\theta)&=\int\nabla_\theta\pi_\theta(\tau)r(\tau)\mathrm{d}\tau=\int\pi_\theta(\tau)\nabla_\theta\log\pi_\theta(\tau)r(\tau)\mathrm{d}\tau\\&=E_{\tau\sim\pi_\theta(\tau)}[\nabla_\theta\log\pi_\theta(\tau)r(\tau)]\end{aligned}\tag{12-9}$$

上式中，使用了对数求导公式：

$$\pi_\theta(\tau)\nabla_\theta\log\pi_\theta(\tau)=\pi_\theta(\tau)\frac{\nabla_\theta\pi_\theta(\tau)}{\pi_\theta(\tau)}=\nabla_\theta\pi_\theta(\tau)$$

由于

$$\log\pi_\theta(\tau)=\log p(s_1)+\sum_{t=1}^{T}\{\log\pi_\theta(a_t \mid s_t)+\log p(s_{t+1} \mid s_t,a_t)\}$$

则

$$\begin{aligned}&\nabla_\theta\log\pi_\theta(\tau)\\&=\nabla_\theta\left[\log p(s_1)+\sum_{t=1}^{T}\{\log\pi_\theta(a_t \mid s_t)+\log p(s_{t+1} \mid s_t,a_t)\}\right]\\&=\sum_{t=1}^{T}\nabla_\theta\log\pi_\theta(a_t \mid s_t)\end{aligned}$$

因此，式(12-9)可写为

$$\begin{aligned}\nabla_\theta J(\theta)&=E_{T\sim\pi_\theta(\tau)}\left[\left(\sum_{t=1}^{T}\nabla_\theta\log\pi_\theta(a_t \mid s_t)\right)\sum_{t=1}^{T}r(s_t \mid a_t)\right]\\&\approx\frac{1}{N}\sum_{i=1}^{N}\left(\sum_{t=1}^{T}\nabla_\theta\log\pi_\theta(a_{i,t} \mid s_{i,t})\right)\left(\sum_{t=1}^{T}r(s_{i,t} \mid a_{i,t})\right)\end{aligned}\tag{12-10}$$

由式(12-10)可以得到策略梯度(policy gradient)算法如下：

(1) 利用策略 $\pi_\theta(a|s)$，在环境中交互得到轨迹$\{\tau^i\}$。

(2) 根据式(12-10)计算这一批轨迹$\nabla_\theta J(\theta)$。

(3) 使用梯度上升更新 θ，$\theta\leftarrow\theta+\alpha\nabla_\theta J(\theta)$，并回到 i。

总体来说，策略梯度算法就是让高回报的轨迹出现的概率变大，低回报的轨迹出现的概率变小，从而得到一个较好的策略。

12.3.7 强化学习的经典应用

本节通过深度 Q 实现一个无人驾驶车。在这个问题中，驾驶员和车对应智能体，跑道及四周对应环境。这里直接使用 OpenAI Gym CarRacing-v0 的数据作为环境，这个环境对智能体返回状态和奖励。在车上安装前置摄像头，拍摄得到的图像作为状态。环境可以接受的动作是一个三维向量 $\boldsymbol{a} \in \mathbf{R}^3$，三个维度分别对应如何左转、如何向前和如何右转。智能体与环境交互并将交互结果以 $(s,a,r,s')_{i=1}^{m}$ 元组的形式进行保存，作为无人驾驶的训练数据。

1. 动作离散化

三维的连续动作空间对应着无穷多个 Q 值，深度 Q 值的输出层不可能给出无穷多个预测 Q 值。假设动作空间的三维如下：

转向(steering)：范围为[－1,1]。

加油(gas)：范围为[0,1]。

刹车(brake)：范围为[0,1]。

动作空间的三个维度可以转换为驾驶中最基本的 4 个动作：

刹车：[0.0,0.0,0.0]。

左急转(sharp left)：[－0.6,0.05,0.0]。

右急转(sharp right)：[0.6,0.05,0.0]。

直行(straight)：[0.0,0.3,0.0]。

2. 深度双 Q 网络实现

由于状态是一系列图像，深度双 Q(Double Deep Q Network，Double DQN)采用 CNN 架构来处理状态图片并输出所有可能动作的 Q 值。实现代码为(DQN.py)：

```
import keras
from keras import optimizers
from keras.layers import Convolution2D
from keras.layers import Dense, Flatten, Input, concatenate, Dropout
from keras.models import Model
from keras.utils import plot_model
from keras import backend as K
import numpy as np
'''深度双 Q 网络实现'''
learning_rate = 0.0001
BATCH_SIZE = 128
class DQN:
    def __init__(self,num_states,num_actions,model_path):
        self.num_states = num_states
        print(num_states)
        self.num_actions = num_actions
        self.model = self.build_model()              #基本模型
        self.model_ = self.build_model()             #目标模型
        self.model_chkpoint_1 = model_path + "CarRacing_DDQN_model_1.h5"
        self.model_chkpoint_2 = model_path + "CarRacing_DDQN_model_2.h5"
        save_best = keras.callbacks.ModelCheckpoint(self.model_chkpoint_1,
                                                    monitor = 'loss',
                                                    verbose = 1,
                                                    save_best_only = True,
                                                    mode = 'min',
                                                    period = 20)
        save_per = keras.callbacks.ModelCheckpoint(self.model_chkpoint_2,
                                                    monitor = 'loss',
                                                    verbose = 1,
                                                    save_best_only = False,
                                                    mode = 'min',
                                                    period = 400)
        self.callbacks_list = [save_best,save_per]
```

```
    #接收状态并输出所有可能动作的Q值的卷积神经网络
    def build_model(self):
        states_in = Input(shape = self.num_states,name = 'states_in')
        x = Convolution2D(32,(8,8),strides = (4,4),activation = 'relu')(states_in)
        x = Convolution2D(64,(4,4), strides = (2,2), activation = 'relu')(x)
        x = Convolution2D(64,(3,3), strides = (1,1), activation = 'relu')(x)
        x = Flatten(name = 'flattened')(x)
        x = Dense(512,activation = 'relu')(x)
        x = Dense(self.num_actions,activation = "linear")(x)
        model = Model(inputs = states_in, outputs = x)
        self.opt = optimizers.Adam(lr = learning_rate, beta_1 = 0.9, beta_2 = 0.999, epsilon =
None,decay = 0.0, amsgrad = False)
        model.compile(loss = keras.losses.mse,optimizer = self.opt)
        plot_model(model,to_file = 'model_architecture.png',show_shapes = True)
        return model
    #训练功能
    def train(self,x,y,epochs = 10,verbose = 0):
        self.model.fit(x, y, batch_size = (BATCH_SIZE), epochs = epochs, verbose = verbose,
callbacks = self.callbacks_list)

  #预测功能
    def predict(self,state,target = False):
        if target:
            #从目标网络中返回给定状态的动作的Q值
            return self.model_.predict(state)
        else:
            #从原始网络中返回给定状态的动作的Q值
            return self.model.predict(state)
    #预测单态函数
    def predict_single_state(self,state,target = False):
        x = state[np.newaxis,:,:,:]
        return self.predict(x,target)
    #使用基本模型权重更新目标模型
    def target_model_update(self):
        self.model_.set_weights(self.model.get_weights())
```

从代码中可以看到，两个模型中的一个模型是另外一个模型的副本。基本网络和目标网络分别被存储为 GarRacing_DDQN_model_1.h5 和 CarRacing_DDQN_model_2.h5。

通过调用 target_model_update 函数更新目标网络，使其与基本网络拥有相同的权值。

3. 智能体设计

在某个给定状态下，智能体与环境交互的过程中，智能体会尝试采取最佳的动作，动作的随机程度由 epsilon 的值来决定。初时，epsilon 的值被设定为 1，动作完全随机化。当智能体有了训练样本后，epsilon 的值一步步减小，动作的随机程度随之降低。这种用 epsilon 的值来控制动作随机化程度的框架被称为 Epsilon 贪婪算法。此处可定义两个智能体：

- Agent：给定一个具体的状态，根据 Q 值来采取动作。
- RandomAgent：执行随机的动作。

智能体有 3 个功能：

- act：智能体基于状态决定采取哪个动作。
- observe：智能体捕捉状态和目标 Q 值。
- replay：智能体基于观察数据训练模型。

实现智能体的代码为(Agents.py)：

```
import math
from Memory import Memory
```

```
from DQN import DQN
import numpy as np
import random
from helper_functions import sel_action, sel_action_index
#智能体和随机智能体的实现
max_reward = 10
grass_penalty = 0.4
action_repeat_num = 8
max_num_episodes = 1000
memory_size = 10000
max_num_steps = action_repeat_num * 100
gamma = 0.99
max_eps = 0.1
min_eps = 0.02
EXPLORATION_STOP = int(max_num_steps * 10)
_lambda_ = - np.log(0.001) / EXPLORATION_STOP
UPDATE_TARGET_FREQUENCY = int(50)
batch_size = 128
class Agent:
    steps = 0
    epsilon = max_eps
    memory = Memory(memory_size)
    def __init__(self, num_states,num_actions,img_dim,model_path):
        self.num_states = num_states
        self.num_actions = num_actions
        self.DQN = DQN(num_states,num_actions,model_path)
        self.no_state = np.zeros(num_states)
        self.x = np.zeros((batch_size,) + img_dim)
        self.y = np.zeros([batch_size,num_actions])
        self.errors = np.zeros(batch_size)
        self.rand = False
        self.agent_type = 'Learning'
        self.maxEpsilone = max_eps

    def act(self,s):
        print(self.epsilon)
        if random.random() < self.epsilon:
            best_act = np.random.randint(self.num_actions)
            self.rand = True
            return sel_action(best_act), sel_action(best_act)
        else:
            act_soft = self.DQN.predict_single_state(s)
            best_act = np.argmax(act_soft)
            self.rand = False
            return sel_action(best_act),act_soft

    def compute_targets(self,batch):
        #0:当前状态索引
        #1:指数的动作
        #2:奖励索引
        #3:下一状态索引
        states = np.array([rec[1][0] for rec in batch])
        states_ = np.array([(self.no_state if rec[1][3] is None else rec[1][3]) for rec in batch])
        p = self.DQN.predict(states)
        p_ = self.DQN.predict(states_,target = False)
        p_t = self.DQN.predict(states_,target = True)
        act_ctr = np.zeros(self.num_actions)

        for i in range(len(batch)):
```

```
            rec = batch[i][1]
            s = rec[0]; a = rec[1]; r = rec[2]; s_ = rec[3]
            a = sel_action_index(a)
            t = p[i]
            act_ctr[a] += 1
            oldVal = t[a]
            if s_ is None:
                t[a] = r
            else:
                t[a] = r + gamma * p_t[i][ np.argmax(p_[i])]    # DDQN

            self.x[i] = s
            self.y[i] = t

            if self.steps % 20 == 0 and i == len(batch) - 1:
                print('t',t[a], 'r: %.4f' % r,'mean t',np.mean(t))
                print ('act ctr: ', act_ctr)
            self.errors[i] = abs(oldVal - t[a])
        return (self.x, self.y,self.errors)

    def observe(self,sample):
        _,_,errors = self.compute_targets([(0,sample)])
        self.memory.add(errors[0], sample)
        if self.steps % UPDATE_TARGET_FREQUENCY == 0:
            self.DQN.target_model_update()
        self.steps += 1
        self.epsilon = min_eps + (self.maxEpsilone - min_eps) * np.exp( - 1 * _lambda_ *
self.steps)

    def replay(self):
        batch = self.memory.sample(batch_size)
        x, y,errors = self.compute_targets(batch)
        for i in range(len(batch)):
            idx = batch[i][0]
            self.memory.update(idx, errors[i])
        self.DQN.train(x,y)

class RandomAgent:
    memory = Memory(memory_size)
    exp = 0
    steps = 0
    def __init__(self, num_actions):
        self.num_actions = num_actions
        self.agent_type = 'Learning'
        self.rand = True
    def act(self, s):
        best_act = np.random.randint(self.num_actions)
        return sel_action(best_act), sel_action(best_act)
    def observe(self, sample):                              #(s, a, r, s_)格式
        error = abs(sample[2])                              #奖励
        self.memory.add(error, sample)
        self.exp += 1
        self.steps += 1
    def replay(self):
        pass
```

4. 自动驾驶车的环境

自动驾驶车的环境采用 OpenAI Gym 中的 GarRacing-v0 数据集，因此智能体从环境得到的状态是 CarRacing-v0 中的车前窗图像。在给定状态下，环境能根据智能体采取的动作返回

一个奖励。为了让训练过程更加稳定，所有奖励值被归一化到(−1,1)。实现环境的代码为(environment.py)：

```
import gym
from gym import envs
import numpy as np
from helper_functions import rgb2gray,action_list,sel_action,sel_action_index
from keras import backend as K

seed_gym = 3
action_repeat_num = 8
patience_count = 200
epsilon_greedy = True
max_reward = 10
grass_penalty = 0.8
max_num_steps = 200
max_num_episodes = action_repeat_num * 100
'''智能体交互环境'''
class environment:
    def __init__(self, environment_name,img_dim,num_stack,num_actions,render,lr):
        self.environment_name = environment_name
        print(self.environment_name)
        self.env = gym.make(self.environment_name)
        envs.box2d.car_racing.WINDOW_H = 500
        envs.box2d.car_racing.WINDOW_W = 600
        self.episode = 0
        self.reward = []
        self.step = 0
        self.stuck_at_local_minima = 0
        self.img_dim = img_dim
        self.num_stack = num_stack
        self.num_actions = num_actions
        self.render = render
        self.lr = lr
        if self.render == True:
            print("显示 proeprly 数据集")
        else:
            print("显示问题")

    #执行任务的智能体
    def run(self,agent):
        self.env.seed(seed_gym)
        img = self.env.reset()
        img = rgb2gray(img, True)
        s = np.zeros(self.img_dim)
        #收集状态
        for i in range(self.num_stack):
            s[:,:,i] = img
        s_ = s
        R = 0
        self.step = 0
        a_soft = a_old = np.zeros(self.num_actions)
        a = action_list[0]
        while True:
            if agent.agent_type == 'Learning' :
                if self.render == True :
                    self.env.render("human")

            if self.step % action_repeat_num == 0:
```

```
    if agent.rand == False:
        a_old = a_soft
    # 智能体的输出指令
    a,a_soft = agent.act(s)
    # 智能体的局部最小值
    if epsilon_greedy:
        if agent.rand == False:
            if a_soft.argmax() == a_old.argmax():
                self.stuck_at_local_minima += 1
                if self.stuck_at_local_minima >= patience_count:
                    print('陷入局部最小值,重置学习率')
                    agent.steps = 0
                    K.set_value(agent.DQN.opt.lr,self.lr * 10)
                    self.stuck_at_local_minima = 0
            else:
                self.stuck_at_local_minima = max(self.stuck_at_local_minima - 2, 0)
                K.set_value(agent.DQN.opt.lr,self.lr)
    # 对环境执行操作
    img_rgb, r,done,info = self.env.step(a)
    if not done:
        # 创建下一状态
        img = rgb2gray(img_rgb, True)
        for i in range(self.num_stack - 1):
            s_[:,:,i] = s_[:,:,i+1]
        s_[:,:,self.num_stack - 1] = img
    else:
        s_ = None
    # 累积奖励跟踪
    R += r
    # 对奖励值进行归一化处理
    r = (r/max_reward)
    if np.mean(img_rgb[:,:,1]) > 185.0:
    # 如果汽车在草地上,就要处罚
        r -= grass_penalty
    # 保持智能体值的范围为[-1,1]
    r = np.clip(r, -1 ,1)
    # 智能体有一个完整的状态、动作、奖励和下一个状态可供学习
    agent.observe((s, a, r, s_))
    agent.replay()
    s = s_
else:
    img_rgb, r, done, info = self.env.step(a)
    if not done:

        img = rgb2gray(img_rgb, True)
        for i in range(self.num_stack - 1):
            s_[:,:,i] = s_[:,:,i+1]
        s_[:,:,self.num_stack - 1] = img
    else:
        s_ = None
    R += r
    s = s_
if (self.step % (action_repeat_num * 5) == 0) and (agent.agent_type=='Learning'):
    print('step:', self.step, 'R: %.1f' % R, a, 'rand:', agent.rand)

self.step += 1

if done or (R <-5) or (self.step > max_num_steps) or np.mean(img_rgb[:,:,1]) > 185.1:
    self.episode += 1
```

```
                self.reward.append(R)
                print('Done:', done, 'R<-5:', (R<-5), 'Green>185.1:',np.mean(img_rgb[:,:,1]))
                break
        print("集 ",self.episode,"/", max_num_episodes,agent.agent_type)
        print("平均集奖励:", R/self.step, "总奖励:", sum(self.reward))

    def test(self,agent):
        self.env.seed(seed_gym)
        img = self.env.reset()
        img = rgb2gray(img, True)
        s = np.zeros(self.img_dim)
        for i in range(self.num_stack):
            s[:,:,i] = img
        R = 0
        self.step = 0
        done = False
        while True :
            self.env.render('human')
            if self.step % action_repeat_num == 0:
                if(agent.agent_type == 'Learning'):
                    act1 = agent.DQN.predict_single_state(s)
                    act = sel_action(np.argmax(act1))
                else:
                    act = agent.act(s)
                if self.step <= 8:
                    act = sel_action(3)
                img_rgb, r, done,info = self.env.step(act)
                img = rgb2gray(img_rgb, True)
                R += r
                for i in range(self.num_stack-1):
                    s[:,:,i] = s[:,:,i+1]
                s[:,:,self.num_stack-1] = img
            if(self.step % 10) == 0:
                print('Step:', self.step, 'action:',act, 'R: %.1f' % R)
                print(np.mean(img_rgb[:,:,0]), np.mean(img_rgb[:,:,1]), np.mean(img_rgb[:,:,2]))
            self.step += 1

            if done or (R< -5) or (agent.steps > max_num_steps) or np.mean(img_rgb[:,:,1]) > 185.1:
                R = 0
                self.step = 0
                print('Done:', done, 'R<-5:', (R<-5), 'Green> 185.1:',np.mean(img_rgb[:,:,1]))
                break
```

上述代码中，函数 run 实现了智能体在环境中的所有行为。

5. 连接所有代码

脚本 main.py 将环境、深度双 Q 学习网络和智能体的代码按照逻辑整合在一起，实现基本增强学习的无人驾车。代码为：

```
import sys
from gym import envs
from Agents import Agent,RandomAgent
from helper_functions import action_list,model_save
from environment import environment
import argparse
import numpy as np
import random
from sum_tree import sum_tree
from sklearn.externals import joblib
'''这是训练和测试赛车应用的主要模块'''
```

```
if __name__ == "__main__":
    #定义用于训练模型的参数
    parser = argparse.ArgumentParser(description = 'arguments')
    parser.add_argument('--environment_name',default = 'CarRacing-v0')
    parser.add_argument('--model_path',help = 'model_path')
    parser.add_argument('--train_mode',type = bool,default = True)
    parser.add_argument('--test_mode',type = bool,default = False)
    parser.add_argument('--epsilon_greedy',default = True)
    parser.add_argument('--render',type = bool,default = True)
    parser.add_argument('--width',type = int,default = 96)
    parser.add_argument('--height',type = int,default = 96)
    parser.add_argument('--num_stack',type = int,default = 4)
    parser.add_argument('--lr',type = float,default = 1e-3)
    parser.add_argument('--huber_loss_thresh',type = float,default = 1.)
    parser.add_argument('--dropout',type = float,default = 1.)
    parser.add_argument('--memory_size',type = int,default = 10000)
    parser.add_argument('--batch_size',type = int,default = 128)
    parser.add_argument('--max_num_episodes',type = int,default = 500)
    args = parser.parse_args()
    environment_name = args.environment_name
    model_path = args.model_path
    test_mode = args.test_mode
    train_mode = args.train_mode
    epsilon_greedy = args.epsilon_greedy
    render = args.render
    width = args.width
    height = args.height
    num_stack = args.num_stack
    lr = args.lr
    huber_loss_thresh = args.huber_loss_thresh
    dropout = args.dropout
    memory_size = args.memory_size
    dropout = args.dropout
    batch_size = args.batch_size
    max_num_episodes = args.max_num_episodes
    max_eps = 1
    min_eps = 0.02
    seed_gym = 2                          #随机状态
    img_dim = (width,height,num_stack)
    num_actions = len(action_list)

if __name__ == '__main__':
    environment_name = 'CarRacing-v0'       #应用 CarRacing-v0 环境数据
    env = environment(environment_name,img_dim,num_stack,num_actions,render,lr)
    num_states = img_dim
    print(env.env.action_space.shape)
    action_dim = env.env.action_space.shape[0]
    assert action_list.shape[1] == action_dim,"length of Env action space does not match action buffer"
    num_actions = action_list.shape[0]
    #设置 Python 和 NumPy 内置的随机种子
    random.seed(901)
    np.random.seed(1)
    agent = Agent(num_states, num_actions,img_dim,model_path)
    randomAgent = RandomAgent(num_actions)
    print(test_mode,train_mode)

    try:
        #训练智能体
        if test_mode:
```

```
            if train_mode:
                print("初始化随机智能体,填满记忆")
                while randomAgent.exp < memory_size:
                    env.run(randomAgent)
                    print(randomAgent.exp, "/", memory_size)
                agent.memory = randomAgent.memory
                randomAgent = None
                print("开始学习")
                while env.episode < max_num_episodes:
                    env.run(agent)
                model_save(model_path, "DDQN_model.h5", agent, env.reward)

            else:
                #载入训练模型
                print('载入预先训练好的智能体并学习')
                agent.DQN.model.load_weights(model_path + "DDQN_model.h5")
                agent.DQN.target_model_update()
                try :
                    agent.memory = joblib.load(model_path + "DDQN_model.h5" + "Memory")
                    Params = joblib.load(model_path + "DDQN_model.h5" + "agent_param")
                    agent.epsilon = Params[0]
                    agent.steps = Params[1]
                    opt = Params[2]
                    agent.DQN.opt.decay.set_value(opt['decay'])
                    agent.DQN.opt.epsilon = opt['epsilon']
                    agent.DQN.opt.lr.set_value(opt['lr'])
                    agent.DQN.opt.rho.set_value(opt['rho'])
                    env.reward = joblib.load(model_path + "DDQN_model.h5" + "Rewards")
                    del Params, opt
                except:
                    print("加载无效 DDQL_Memory_.csv")
                    print("初始化随机智能体,填满记忆")
                    while randomAgent.exp < memory_size:
                        env.run(randomAgent)
                        print(randomAgent.exp, "/", memory_size)
                    agent.memory = randomAgent.memory
                    randomAgent = None
                    agent.maxEpsilone = max_eps/5
                print("开始学习")
                while env.episode < max_num_episodes:
                    env.run(agent)
                model_save(model_path, "DDQN_model.h5", agent, env.reward)
        else:
            print('载入和播放智能体')
            agent.DQN.model.load_weights(model_path + "DDQN_model.h5")
            done_ctr = 0
            while done_ctr < 5 :
                env.test(agent)
                done_ctr += 1
            env.env.close()
    #退出
    except KeyboardInterrupt:
        print('用户中断,gracefule 退出')
        env.env.close()
        if test_mode == False:
            # Prompt for Model save
            print('保存模型: Y or N?')
            save = input()
            if save.lower() == 'y':
```

```
            model_save(model_path, "DDQN_model.h5", agent, env.reward)
        else:
           print('不保存模型')
```

6. 帮助函数

下面是一些增强学习用到的帮助函数，用于训练过程中的动作选择、观察数据的存储、状态图像的处理以及训练模型的权重保存(helper_functions.py)：

```
from keras import backend as K
import numpy as np
import shutil, os
import numpy as np
import pandas as pd
from scipy import misc
import pickle
import matplotlib.pyplot as plt
from sklearn.externals import joblib
huber_loss_thresh = 1
action_list = np.array([
                        [0.0, 0.0, 0.0],          #刹车
                        [-0.6, 0.05, 0.0],        #左急转
                        [0.6, 0.05, 0.0],         #右急转
                        [0.0, 0.3, 0.0]] )        #直行
rgb_mode = True
num_actions = action_list.shape[0]
def sel_action(action_index):
    return action_list[action_index]
def sel_action_index(action):
    for i in range(num_actions):
        if np.all(action == action_list[i]):
            return i
    raise ValueError('选择的动作不在列表中')
def huber_loss(y_true,y_pred):
    error = (y_true - y_pred)
    cond = K.abs(error) <= huber_loss_thresh
    if cond == True:
        loss = 0.5 * K.square(error)
    else:
        loss = 0.5 * huber_loss_thresh ** 2 + huber_loss_thresh * (K.abs(error) - huber_loss_thresh)
    return K.mean(loss)
def rgb2gray(rgb,norm = True):
    gray = np.dot(rgb[...,:3], [0.299, 0.587, 0.114])
    if norm:
        #归一化
        gray = gray.astype('float32') / 128 - 1
    return gray
def data_store(path,action,reward,state):
    if not os.path.exists(path):
        os.makedirs(path)
    else:
        shutil.rmtree(path)
        os.makedirs(path)
    df = pd.DataFrame(action, columns = ["Steering", "Throttle", "Brake"])
    df["Reward"] = reward
    df.to_csv(path + 'car_racing_actions_rewards.csv', index = False)
    for i in range(len(state)):
        if rgb_mode == False:
            image = rgb2gray(state[i])
        else:
```

```
            image = state[i]
        misc.imsave(path + "img" + str(i) + ".png", image)
def model_save(path,name,agent,R):
    '''在数据路径中保存动作、奖励和状态(图像)'''
    if not os.path.exists(path):
        os.makedirs(path)
    agent.DQN.model.save(path + name)
    print(name, "saved")
    print('...')
    joblib.dump(agent.memory,path+name+'Memory')
    joblib.dump([agent.epsilon, agent.steps, agent.DQN.opt.get_config()], path+name+
'AgentParam')
    joblib.dump(R,path+name+'Rewards')
    print('Memory pickle dumped')
```

7. 训练结果

刚开始,无人驾驶车常会出错,一段时间后,无人驾驶车通过训练不断从错误中学习,自动驾驶的能力越来越好。图 12-7 和图 12-8 分别展示了在训练初及训练后的行为。

图 12-7　训练初无人驾驶车的行为(跑到草地上)

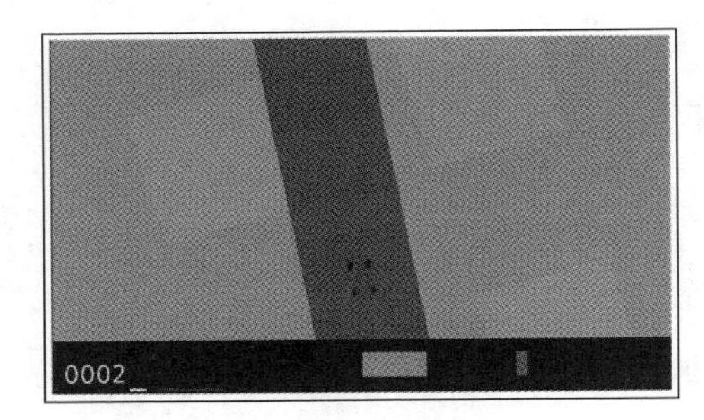

图 12-8　训练后无人驾驶车的行为

图书资源支持

感谢您一直以来对清华版图书的支持和爱护。为了配合本书的使用,本书提供配套的资源,有需求的读者请扫描下方的"书圈"微信公众号二维码,在图书专区下载,也可以拨打电话或发送电子邮件咨询。

如果您在使用本书的过程中遇到了什么问题,或者有相关图书出版计划,也请您发邮件告诉我们,以便我们更好地为您服务。

我们的联系方式:

清华大学出版社计算机与信息分社网站:https://www.shuimushuhui.com/

地　　址:北京市海淀区双清路学研大厦 A 座 714

邮　　编:100084

电　　话:010-83470236　010-83470237

客服邮箱:2301891038@qq.com

QQ:2301891038(请写明您的单位和姓名)

资源下载:关注公众号"书圈"下载配套资源。

资源下载、样书申请

书圈

图书案例

清华计算机学堂

观看课程直播